직무별 현직자가 말하는

자동차 직무 바이블

자동차 취업을 위해 꼭 알아야 하는 직무의 모든 것!

직무 선택부터 취업과 이직을 위해 현직자가 알려주는 취업의 지름길

나와 맞는 직무를 찾는 것이 막막할 때

원하는 직무에 맞는 취업 방법을 알고 싶을 때

주위에 조언을 구할 현직자가 없을 때

차호철, 김민철, 네모김, 보전가이드, 렛유인연구소 지음

직무별 현직자가 말하는
자동차 직무 바이블

1판 2쇄 발행 2023년 6월 12일
지은이 차호철, 김민철, 네모김, 보전가이드, 렛유인연구소
펴낸곳 렛유인북스

총괄 송나령
편집 권예린, 김근동
표지디자인 감다정

홈페이지 https://letuin.com
카페 https://cafe.naver.com/letuin
유튜브 취업사이다
대표전화 02-539-1779
대표이메일 letuin@naver.com

ISBN 979-11-92388-12-0 13550

자동차 산업의 현재와 미래는 전혀 다르게 접근해야 합니다

차호철

최근 반도체, 2차전지, 디스플레이 등 주요 제조업 산업군과 IT 산업군은 기존 시장에서 진보된 기술력을 바탕으로 자사의 점유율과 수익률을 높이는 전략에 주력하고 있습니다. 이는 자본주의 사회에서 영리단체로 살아남기 위해 반드시 달성해야만 하는 목표입니다. 그렇다면 자동차 산업은 어떤 상황일까요? 자동차 산업도 위와 같은 목표를 가지고 있지만, 궁극적으로 발전하고자 하는 방향은 현재와 전혀 다르게 사업영역을 확장할 준비를 하고 있습니다. 이는 2022년 새해 현대차그룹의 정의선 회장이 언급한 소프트웨어 원천기술을 확보하여 미래 사업의 스마트 영역을 제시하겠다는 신년사로 유추해 볼 수 있습니다.

현대차, 기아차를 포함한 주요 글로벌 자동차 제조사들은 파리협정을 통해 전 세계에 점진적 온실가스 감축이 의무화가 되면서 기존에 내연기관 베이스로 자동차를 생산하던 체계를 친환경 자동차로 전환하는 패러다임을 경험하고 있습니다. 이러한 변화에 대응하는 것만으로도 자동차 산업에서는 기존에 확보하였던 흑자의 수익구조를 적자 상태에서 만회해야 하는 큰 부담을 가지고 있습니다. 하지만, 자동차 산업은 이것보다 더 큰 변화를 준비하고 있습니다. 자율주행, 전장부품 확대, SW 보안 솔루션 확대, 사용자 편의 기능 확대 등 SW 기반 기술 개발 트렌드를 통해 자동차는 앞으로 단순한 운송 수단에 그치지 않고 새로운 UX[1]를 제공하는 서비스업의 형태로 발전할 것을 예측할 수 있습니다.

---

1 UX: User Experience(사용자 경험)

하나의 예시로 완전한 자율주행이 된다고 가정을 해볼까요? 이 기능은 자동차를 보유한 운전자에게 엄청난 서비스이며, 직접 운전이 필요 없는 형태로 변화하면서 자동차 내부 구조를 소유자 선택에 따라 구성할 수 있게 됩니다. 누군가에게는 움직이는 일터가 될 수 있고, 누군가에게는 움직이는 작은 쉼터가 될 수도 있는 것입니다. 즉, 자동차 산업에서 완전한 자율주행 기술 구현 여부에 따라 우리가 알고 있는 자동차의 형태는 완전히 달라질 것이라는 점입니다.

자동차 산업은 앞으로 환경을 생각하는 운송수단의 형태와 새로운 서비스를 제공하는 이동수단의 형태로 변화할 것입니다. 다시 말하면, 자동차 산업은 전통적인 제조업 산업의 노하우와 IT 산업의 새로운 서비스를 결합한 세계 최대의 융합 분야로 성장할 가능성이 가장 큰 산업이라고 볼 수 있습니다.

인간이라면 본능적으로 미래가 유망한 회사에서 근무하길 희망하게 됩니다. 새로운 미래를 맞이하기 위하여 각기 다른 직무에서 경험한 현직자의 진솔한 이야기를 바탕으로 복잡하고 막연하게 생각하던 자동차 산업에서 여러분의 꿈을 찾길 바랍니다.

상상 속에 존재하던 기술을
현실로 만들어가는 사람들에 대한 이야기

김민철

빠른 이동에 대한 열망은 사람들로 하여금 '자동차'라는 물건을 만들어내도록 하였습니다. 단순한 이동수단의 개념을 넘어서 안전성, 편의성, 즐거움과 같은 것을 자동차에게 요구하기까지는 그리 오랜 시간이 걸리지 않았고, 이러한 요구를 만족시킬 수 있도록 자동차는 그 개념을 바꿔나가고 있습니다.

4차 산업혁명, 미래 모빌리티와 같은 키워드에 대해서 이야기할 때 항상 빠지지 않고 언급되는 기술이 바로 '자율주행'입니다. 어느 한 가지 전공의 전유물이 아닌 모든 최신 기술의 집약체이고 지금도 관련 기술들은 완전 자율주행 구현을 위해서 끊임없이 발전하고 있습니다. 하지만 여전히 100%의 안전과 편의를 제공할 수 있는 자율주행에 도달하기까지 해결해야 할 과제들이 많이 남아있기 때문에 열정 있고 뛰어난 분들이 자율주행 기술 개발에 동참해주셔야 합니다.

이 책에서는 자율주행에 대한 기본적인 정의와 필요한 기술, 지식들에 대한 내용을 전달합니다. 자율주행 분야에서 일하기 희망하는 분들을 위해 꼭 필요하다고 생각되는 내용들을 추려서 이론 학습부터 자기소개서 작성, 면접준비와 같이 취업을 준비하는 것까지 넓은 과정에 대한 명확한 가이드를 제공할 것입니다. 그뿐만 아니라 현업 자율주행 SW 개발자로서 보고 느낀 점을 전달하여 많은 분들이 해당 직무에 대해서 명확하게 이해할 수 있도록 도움을 드릴 것이라 확신합니다.

흥미롭고 매력적인 자율주행 분야로 진출하고자 하는 모든 분들에게 이 책이 도움이 되길 바랍니다.

폭스바겐에서 테슬라로, 변화의 중심에서 선 자동차의 심장을 만드는 방법

네모김

과거 우리가 미래자동차라고 여겨왔던 전동화 자동차는 어느새 수십 년 동안 우리의 삶 속에 있었던 전통적인 자동차를 밀어내고 점점 그 영역을 확대해나가고 있습니다. 특히 테슬라가 지난 2년간 보여주었던 가치와 파장은 앞으로 자동차 업계가 나아갈 방향을 제시해 준 것과 같은 것이라고 볼 수 있겠지요. 기존의 내연기관은 친환경 전기모터로 대체되고, HW 중심으로 개발되었던 차량은 점차 SW 중심으로 개발될 것입니다.

그러나 한편으로, 자동차라는 상품은 그 어떤 상품보다도 안전에 굉장히 민감해하고 또 중요시하는 상품이지요. 이러한 변혁은 다른 한편으로 기존의 '안전한' 프로세스를 변화하는 흐름에 맞게 어떻게 적용시키고 또 변경할 것인가란 물음을 공학자에게 던져주곤 합니다.

이 책에서는 그러한 물음에 대한 대답을 실무자의 입장, 그리고 한때는 취업준비생이었던 저의 입장에서 조심스럽게 풀어나가는 책이라고 볼 수 있겠습니다. 맨 처음 자동차 분야에 대한 저의 고민과 더불어 실제 실무를 하기 위해 어떤 노력을 했는지, 그리고 실무를 겪어보면서 현직자들이 어떤 지식을 가지고 있는지 최대한 이해가 되도록 풀어보았습니다

너무 어렵지도, 하지만 그렇다고 너무 얕은 내용들을 품고 있지 않도록 최대한 고민하고 또 고민해서 내용을 담았습니다. 이러한 내용들이 부디 자동차 중 전동화 분야를 준비하는 여러분들께 단비 같은 도움이 되셨으면 좋겠습니다.

직무에 대한 정확한 정보를 바탕으로 직무를 선택할 수 있다면 어떨까?

보전가이드

첫 취직, 이직 등을 준비함에 있어 가장 절실한 정보는 해당 직무에 대한 정보라고 생각합니다. 채용 과정 중 지원 동기나 앞으로 이룰 목표 등에 도움을 받기 위해서이기도 하며, 그곳에 가서 만족스러운 직장 생활을 할 수 있을지 알고 싶어서이기도 합니다. 요즘 다양한 커뮤니티를 통해 과거보다는 현실적인 정보들을 어느 정도 얻을 수 있으나 직무가 워낙 다양하다 보니 딱 나에게 필요한 정보를 얻기는 쉽지 않습니다. 특히 자동차 업계의 경우 이전 공개채용과 다르게 지금은 부서를 정확하게 정해서 지원해야 하기 때문에 직무를 선택하는 것이 더 어려워졌습니다.

지금 시대는 '어느 기업에 취직하느냐' 보다 '중요한 것이 개인이 성장해 갈 것인가'가 더욱 중요하다고 생각합니다. 평생직장이라는 말이 무의미해진 지금 시대에 경험을 쌓아 최종적으로 본인이 어떤 모습의 커리어맨이 되어있을지 정하는 것은 직무이기 때문입니다. 하지만 그에 비해 직무에 대한 정확한 정보도 모른 채 주변에서 들은 이야기, 막연한 직무설명, 커뮤니티에서 본 내용들을 기준으로 직무를 선택해야 하는 지금 현실이 안타깝습니다.

이 책은 자동차 회사에 있는 다양한 직무에 대한 소개의 시작으로, 자동차 회사에 취직하고 싶은 준비생들에게 막연한 직무 선택에 있어 현실적인 경험을 간접적으로 느끼고 직무를 선택할 수 있는 기준을 제시해 줄 것입니다.

이 책을 본 독자들이 저의 설비관리 직무 경험을 간접적으로 경험해 앞으로의 인생에 중요한 선택이 될 직무 선택에 있어 큰 도움을 받았다고 느낄 날을 고대합니다.

CONTENTS

자동차 산업 알아보기

PART
2

현직자가 말하는 자동차 직무

현직자 인터뷰

'현직자 인터뷰'에 포함된 현직자들의 솔직 Interview

01 자기소개
02 직무 & 업무 소개
03 취업 준비 꿀팁
04 현업 미리보기
05 마지막 한마디

PART 01
자동차 산업 알아보기

Chapter

01

직무의 중요성

취업의 핵심, '직무'

1 신입 채용 시 가장 중요한 것은 '직무관련성'

지난 2021년 고용노동부와 한국고용정보원이 매출액 상위 500대 기업을 대상으로 취업준비생이 궁금해 하는 사항을 조사했습니다. 이미 제목에서도 알 수 있지만, 조사 결과에 따르면 **신입 채용 시 입사지원서와 면접에서 가장 중요한 요소로 '직무 관련성'**이 뽑혔습니다. 입사지원서에서는 '전공의 직무관련성'이 주요 고려 요소라는 응답이 무려 47.3%, 면접에서도 '직무관련 경험'이 37.9%로 조사되었습니다.

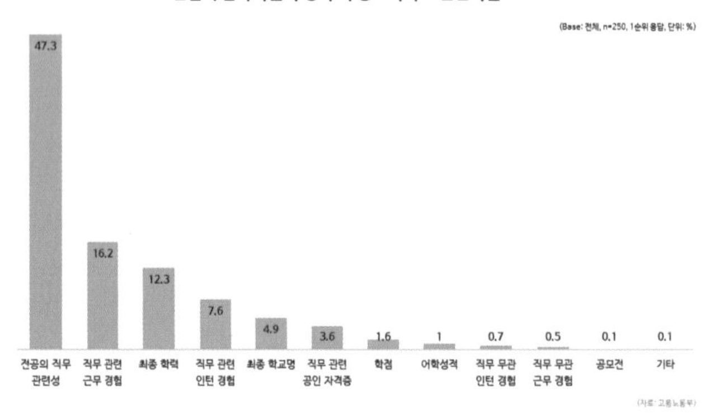

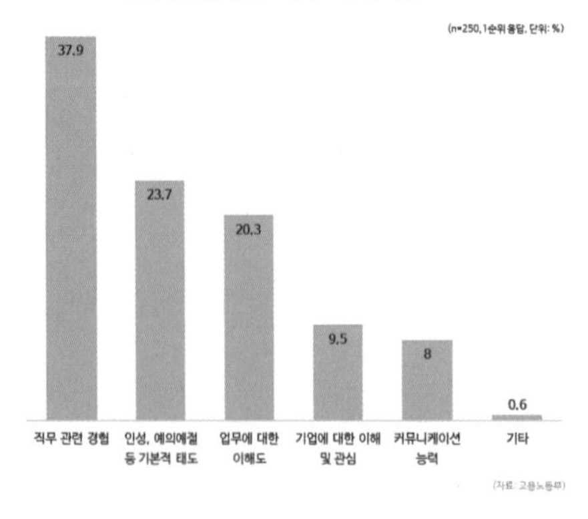

경력직 또한 입사지원서에서 '직무 관련 프로젝트 · 업무경험 여부'가 48.9%, 면접에서는 '직무 관련 전문성'이 76.5%로 신입직보다 더 직무 능력을 채용 시 가장 중요하게 보는 요소로 조사되었습니다.

이 수치를 보았을 때, 여러분은 어떤 생각이 들었나요? 수시 채용이 점점 확대되면서 직무가 점점 중요해지고 있다는 등의 이야기를 많이 들었을 텐데, 이렇게 수치로 보니 더 명확하게 체감할 수 있는 것 같습니다. 1위로 선정된 내용 외에 '직무 관련 근무 경험', '직무 관련 인턴 경험', '직무 관련 자격증', '업무에 대한 이해도' 또한 결국은 직무에 대한 내용으로, 신입과 경력 상관없이 '직무'는 채용시 기업이 보는 가장 중요한 요소가 되었습니다.

참고 고용노동부 보도자료 원문

(500대) 기업의 청년 채용 인식조사 결과 발표

보도일 2021-11-12

– 신입. 경력직을 불문하고 직무 적합성과 직무능력을 최우선 고려
– 채용 결정요인으로 봉사활동, 공모전, 어학연수 등 단순 스펙은 우선순위가 낮은 요인으로 나타남

고용노동부(장관 안경덕)와 한국고용정보원(원장 나영돈)은 매출액 상위 500대 기업을 대상으로 8월 4부터 9월 17일까지 채용 결정요인 등 취업준비생이 궁금해하는 사항을 조사해 결과를 발표했다.

이번 조사는 지난 10월 28일 발표된 "취업준비생 애로 경감 방안"의 후속 조치로, 기업의 채용정보를 제공하여 취준생이 효율적으로 취업 준비 방향을 설정하도록 돕기 위한 목적으로 실시됐다. 조사 결과는 취업준비생이 성공적인 취업 준비 방향을 설정할 수 있도록 고용센터, 대학일자리센터 등에서 취업.진로 상담 시 적극적으로 활용되도록 할 예정이다.

신입 채용시 입사지원서와 면접에서 가장 중요한 요소는 직무 관련성
(입사지원서: 전공 직무관련성 47.3%, 면접: 직무관련 경험 37.9%)

조사 결과에 따르면, 신입 채용 시 가장 중요하게 고려하는 요소는 입사지원서에서는 전공의 직무관련성(47.3%)이었고, 면접에서도 직무관련 경험(37.9%)으로 나타나 직무와의 관련성이 채용의 가장 중요한 기준으로 나타났다.

입사지원서에서 중요하다고 판단하는 요소는 '전공의 직무 관련성' 47.3%, '직무 관련 근무 경험' 16.2%, '최종 학력' 12.3% 순으로 나타났다. 한편, 면접에서 중요한 요소는 '직무 관련 경험' 37.9%, '인성, 예의 등 기본적 태도' 23.7%, '업무에 대한 이해도' 20.3% 순으로 나타났다. 반면, 채용 결정 시 우선순위가 낮은 평가 요소로는 '봉사활동'이 30.3%로 가장 높았고, 다음으로는 '아르바이트' 14.1%, '공모전' 12.9%, '어학연수' 11.3% 순으로 나타났다.

경력직 채용시 입사지원서와 면접에서 가장 중요한 요소는 직무능력
(입사지원서: 직무관련 프로젝트 등 경험 48.9%, 면접: 직무 전문성 38.4%)

경력직 선발 시 가장 중요하게 고려하는 요소는 입사지원서에서는 직무 관련 프로젝트/업무 경험 여부(48.9%)였고, 면접에서도 직무 관련 전문성(76.5%)으로 나타나 직무능력이 채용의 가장 중요한 기준으로 나타났다.

구체적으로 살펴보면, 입사지원서 평가에서 중요하다고 판단하는 요소는 '직무 관련 프로젝트 · 업무경험 여부' 48.9%, '직무 관련 경력 기간' 25.3%, '전공의 직무 관련성' 14.1% 순으로 나타났다. 한편, 면접에서 중요한 요소로 '직무 관련 전문성'을 꼽은 기업이 76.5%로 압도적으로 높은 것으로 나타났다. 반면, 채용 결정 시 우선순위가 낮은 요소로는 '봉사활동'이 38.4%로 가장 높았고, 다음으로 '공모전' 18.2%, '어학연수' 10.4%, '직무 무관 공인 자격증' 8.4% 순으로 나타났다.

탈락했던 기업에 재지원할 경우, 스스로의 피드백과 달라진 점에 대한 노력, 탈락 이후 개선을 위한 노력이 중요한 것으로 나타남

이전에 필기 또는 면접에서 탈락 경험이 있는 지원자가 다시 해당 기업에 지원하는 경우, 이를 파악한다는 기업은 전체 250개 기업 중 63.6%에 해당하는 159개 기업으로 나타났다. 탈락 이력을 파악하는 159개 기업 중 대다수에 해당하는 119개 기업은 탈락 후 재지원하는 것 자체가 채용에 미치는 영향은 '무관'하다고 응답했다.

다만, 해당 기업에 탈락한 이력 자체가 향후 재지원 시 부정적인 영향을 미칠 수 있다고 생각해 불안한 취준생들은 '탈락사유에 대한 스스로의 피드백 및 달라진 점 노력'(52.2%), '탈락 이후 개선을 위한 노력'(51.6%), '소신있는 재지원 사유'(46.5%) 등을 준비하면 도움이 될 것이라고 조언했다.

고용노동부는 이번 조사를 통해 기업이 단순 스펙인 어학성적, 공모전 등보다 직무능력을 중시하는 경향을 실증적으로 확인하였고, 이를 반영해 취업준비생을 위한 다양한 직무체험 기회를 확충할 예정이다. 또한, 인성.예의 등 기본 태도는 여전히 중요하므로 모의 면접을 통한 맞춤형 피드백을 받을 수 있는 기회를 확대할 계획이다.

고용노동부는 이번 조사에 대해 채용의 양 당사자인 기업과 취업준비생의 의견을 수렴한 결과, 조사의 취지와 필요성을 적극 공감했음을 고려하여, 앞으로도 청년들이 궁금한 업종, 내용을 반영해 조사대상과 항목을 다변화하여 계속 조사해나갈 예정이다.

권창준 청년고용정책관은 "채용경향 변화 속에서 어떻게 취업준비를 해야 할지 막막했을 취업준비생에게 이번 조사가 앞으로의 취업 준비 방향을 잡는 데에 도움을 주는 내비게이션으로 기능하기를 기대한다."라고 하면서, 아울러, "탈락 이후에도 피드백과 노력을 통해 충분히 합격할 수 있는 만큼 청년들이 취업 성공까지 힘낼 수 있도록 다양한 취업지원 프로그램을 통해 끝까지 응원하겠다."라고 말했다.

연구를 수행한 이요행 한국고용정보원 연구위원은 "조사 결과에서 보듯이 기업들의 1순위 채용 기준은 지원자의 직무적합성인 것으로 나타났다."라면서, "취업준비생들은 희망하는 직무를 조기에 결정하고 해당 직무와 관련되는 경험과 자격을 갖추기 위한 노력을 꾸준히 해나가는 것이 필요하다."라고 조언했다.

2 취업준비생의 영원한 적, '직무'

그렇다면 기업들이 직무에 대해 이렇게 중요하게 생각하고 있는데, 취업준비생인 여러분은 직무에 대해 얼마큼 알고 준비하고 있나요? 대부분은 어떤 직무를 선택할지 막막해 아직 정하지 못하거나 정했더라도 정말 이 직무가 나에게 맞는 직무인지 고민이 있을 것이라고 생각합니다.

렛유인 자체 조사에 따르면 "취업을 준비하면서 가장 어려운 점은 무엇인가요?"라는 질문에 약 33%가 '직무에 대한 구체적인 이해'라고 답했습니다. 그 외 대답으로 '직무에 대한 정보 부족', '직무 경험', '무엇을 해야 될지 모르겠다', '무엇이 부족한지 모르겠다', '현직자들의 생각과 자소서 연결 방법' 등이 있었습니다. 이를 합치면 취업준비생의 과반수가 '직무'로 인해 취업 준비에 어려움을 겪고 있음을 알 수 있습니다.

취업준비생들이 직무로 인해 취업 준비에 어려움을 느끼는 이유를 짐작하자면, 취업을 원하는 산업에 어떤 직무들이 있고, 각각 어떤 일들을 하는지 제대로 알지 못하기 때문이라고 생각합니다. 또한 인터넷 상에 많은 현직자들이 있다지만, 직접 만날 수 있는 기회는 적은데 인터넷에 있는 내용은 너무 광범위하고 신뢰성을 파악하기 어려운 내용들이 많다는 이유도 있을 것입니다.

이렇게 직무로 인해 어려움을 겪고 있는 취업준비생들을 위해 단 1권으로 여러 직무를 비교하며 나에게 맞는 직무를 찾을 수 있고, 여러 현직자들의 이야기를 들으며 만날 수 있으며, 직접 경험해보지 않아도 책으로 간접 경험을 할 수 있도록 하기 위해 이 도서를 만들게 되었습니다. 『자동차 직무 바이블』은 차량 프로젝트 관리(PM), 자율주행 SW 개발, 제어기 SW 개발, 플랜트 운영(설비관리)까지 4명의 현직자들이 직접 본인의 직무에 대해 A부터 Z까지 상세하게 기술해놓았으며, 그 외 차체 설계, 배터리 개발, 연료전지 개발, 생산기술 직무는 짧지만 깊이 있는 내용의 인터뷰로 총 8명의 현직자들이 집필하였습니다.

다만, 이 책은 단순히 여러분들이 취업하는 그 순간만을 위해 직무를 설명해놓은 책은 아닙니다. 정말 현실적이고 사실적인 현직자들의 이야기를 통해 해당 직무에 대한 정확한 이해와 더불어 내가 이 직무를 선택했을 때 나의 5년 뒤, 10년 뒤 커리어는 어떻게 쌓을 수 있을지 도움을 주고자 하는 것이 이 책의 목적입니다.

현직자들 또한 이러한 마음으로 진심을 담아 여러분에게 많은 이야기를 해주고자 노력하였습니다. 다만 현직자이다 보니 본명이나 얼굴, 근무 중인 회사명에 대해 공개하지 않고 집필한 점은 여러분께 양해를 구하고 싶습니다. 그만큼 솔직하고 과감하게 이야기를 풀어놓았으니 이 책이 취업준비생 여러분들에게 많은 도움이 되었으면 하는 바입니다.

이 책을 읽으면서 추가되었으면 하는 직무나 내용이 있다면 아래 링크를 통해 설문지 제출해주시면 감사드리겠습니다. 더 좋은 도서를 위해 다음 개정판에서 담을 수 있도록 하겠습니다.

설문지 제출하러 가기 ☞

Chapter

02

현직자가 말하는 자동차 산업과 직무

들어가기 앞서서

이번 챕터에서는 급격히 변하는 자동차 산업의 미래 트렌드를 알아보고, 이에 대응하기 위하여 어떤 회사들이 연관되어 있는지 소개하겠습니다. 마지막으로는 자동차 산업에 대기업부터 협력사까지 어떤 직무들이 있고, 이곳에 취업하기 위해서 대학교 학년별로 자동차 산업에 맞춘 취업 로드맵을 제시하였으므로 어렵고 복잡한 자동차 산업에 도전할 수 있는 배경지식을 얻게 될 것입니다.

01 현직자가 말하는 자동차 산업

1 자동차 산업과 기술동향

자동차는 현재까지 엔진을 동력원으로 사용하여 우리 인간들의 운송수단으로 활용되어 왔습니다. 하지만 최근에는 지구온난화 현상의 가속화로 전 세계에서 탄소 중립 정책을 시행하면서 친환경 자동차라는 키워드가 갑자기 떠오르게 되었습니다. 뿐만 아니라 최근 현대자동차에서는 로보틱스, UAM[1]과 같은 자동차의 형태에서 완전히 벗어난 새로운 비즈니스를 확장할 것이라고 밝혔습니다. 이러한 방향성을 수립한 이유는 이제 자동차는 단순한 운송수단이 아닌 하나의 서비스 형태로 제공할 수 있는 Software 기반 산업으로 변화한다는 의미를 내포하고 있기 때문입니다.

하지만, 비즈니스를 확장하기 위해서는 현 자동차 산업의 현실적인 위험요소를 먼저 대응하는 것이 중요합니다. 따라서, 자동차 산업에서는 위험요소를 대처할 계획과 그 해결방안에 대해서도 확인해야 합니다.

1. 친환경 자동차

앞으로 모든 글로벌 자동차 시장에서 전기차(EV)와 수소전기차(FCEV)를 사용하는 비중이 점점 커질 것입니다. 이런 예측을 누구도 반박할 수 없는 상황이지만, 우리는 이런 상황이 발생할 수밖에 없는 원인에 집중해야 합니다. 예를 들어, 면접에서 "친환경차가 앞으로 판매량이 얼마나 올라갈 것이라 생각하시나요?"라는 질문을 받았다고 가정을 해보겠습니다. 이에 대한 답변으로는 지구온난화, 탄소 중립 정책 등 보편적으로 잘 알려진 상식보다는 다른 지원자와의 차별을 두기 위해서 정확한 수치와 근거로 답변하는 연습이 필요합니다.

아래는 주요 국가별 내연기관 판매중단 선언 시점을 도표화한 자료입니다. 각 국가의 상황마다 해당 시점은 변동될 수 있지만, 이런 자료를 면접에서 적극 활용한다면 자동차 산업에 대한 관심도를 표현할 수 있을 뿐만 아니라 논리적으로 표현할 수 있으므로 좋은 점수를 받을 수 있을 것입니다. 이처럼 당연한 현상에 대해서는 다른 지원자와 차별되는 나만의 무기를 만드는 연습을 하는 것이 가장 좋습니다.

---

1 Urban Air Mobility의 약자로 도심항공 모빌리티 산업을 뜻함

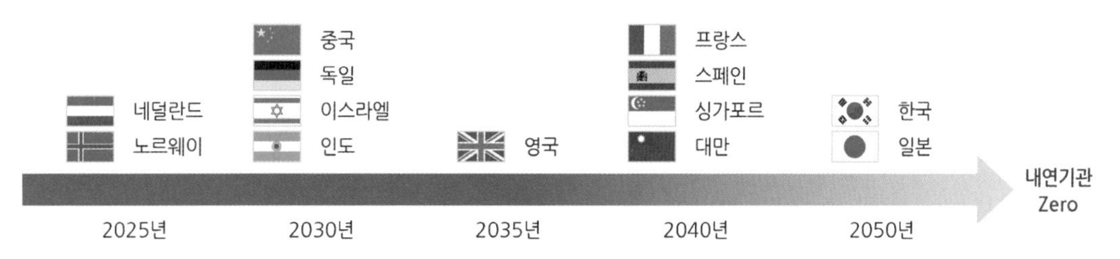

[그림 2-1] 주요 국가별 내연기관 판매중단 선언 시점

2. 자율주행

자율주행 기술은 운전자가 개입하지 않고 자동차 스스로가 상황을 판단하여 움직이는 것을 의미합니다. 하지만 현재 기술로는 운전자가 완전히 개입하지 않는 기술은 구현되지 않았습니다. 이러한 기술이 상용화되기 위해서는 자동차 제조사의 기술 개발 뿐만 아니라, 실시간 5G 통신이 구현되어야 가능한 기술입니다. 이를 위해서 정보통신 산업에서도 자율주행 상용화를 위해 많은 노력을 기울이고 있습니다.

자율주행 기술 단계를 구분한 것은 국제자동차기술자협회(SAE International)에서 정의하였고, 완전 수동인 Lv. 0부터 Lv. 5까지 총 6단계로 나누어져 있습니다. 2020년대에 양산된 차량을 기준으로는 자율주행 Lv. 2가 대부분 적용되어 있는 상황이고, Major 자동차 제작 업체들은 Lv. 3을 상용화하기 위해서 많은 준비를 하고 있습니다.

현대차에서는 자율주행 Lv. 3은 일부 구현이 가능하고, Lv. 4를 구현하는 아이오닉5 로보택시 프로젝트를 준비하고 있습니다. 2023년 하반기에 양산된다는 소문이 있지만, 실제 기술구현이 가능할지 관심이 주목되고 있습니다. 해당 프로젝트는 현대차와 미국의 앱티브라는 자율주행 개발 업체가 합작하여 모셔널이라는 법인을 설립하였고, 해당 법인에서 프로젝트를 주도하여 개발하고 있습니다.

3. OTA(Over The Air)

해당 용어는 자동차에 탑재되어있는 모든 Software를 무선통신 방식으로 업데이트하는 것을 의미합니다. 즉, 자동차에 OTA 통신이 가능한 부품들은 차량 내부 또는 App을 통하여 고장상태를 점검할 수 있고, 정비소를 방문하지 않고 Software 무선 업데이트를 바로 수행할 수 있는 환경이 구축됩니다. 현재는 인포테인먼트 시스템 위주로 업데이트가 되지만, 향후에는 에어 서스펜션의 수준을 컨트롤하는 등 샤시 시스템까지도 확대될 전망입니다.

하지만 이런 편리한 기능 속에도 취약점은 존재합니다. 해당 서버에 해킹 공격을 받으면, 시스템에 연동된 모든 차량에 문제가 발생하는 사회적 이슈가 있습니다. 이를 방지하기 위해서는 보안 솔루션을 지속해서 강화해야 합니다.

4. 모빌리티

이상적인 모빌리티가 구현되기 위해서는 위의 세 가지 기술이 상용화된 후에 가능할 것으로 전망하고 있습니다. 가장 이상적인 컨셉은 운전대가 없는 형태의 자동차에서 원하는 곳으로 이동하면서 무엇인가를 할 수 있는 것입니다. 이와 같은 이유로 유저마다 원하는 모빌리티 환경이 다를 수밖에 없을 것입니다. 따라서 사용자가 원하는 대로 커스터마이징이 가능해야 하기 때문에 다품종 소량생산 체계를 갖추어야 합니다.

이를 위해서는 자동화 공장이 필수적으로 필요하며, 현대차에서는 이런 환경에 대응하기 위해 싱가포르 공장에 무인자동화 시스템을 적용할 계획입니다. 해당 공장은 2022년 말 완공하여 현대차에서 개발하는 모빌리티 차량을 생산할 예정입니다.

5. 로보틱스

현대차는 미국의 보스턴 다이나믹스 회사를 인수하고 본격적으로 로보틱스 산업을 확장하고 있습니다. 그 이유는 위의 모빌리티 자동차를 생산하기 위해서는 로봇의 도움 없이 공장을 운영할 수 없기 때문입니다. 물론 작업자가 직접 물품을 싣고 운반할 수도 있겠지만, 단순한 반복 작업을 수행하는 것은 인간보다 로봇이 더욱더 효율적이고 안전하기 때문입니다.

6. UAM

UAM은 항공 모빌리티 산업으로, 완전한 자율주행 시스템이 구현된다면 자동차뿐만 아니라 모든 운송수단에 모빌리티 시스템을 적용할 수 있다는 가정으로부터 나온 신규 형태의 모빌리티입니다. 도로 위를 달리는 자동차보다도 고려할 사항이 많아서 당장 양산하기는 어렵지만, 현대차에서는 소재 경량화 검토부터 시작하여 실제 양산할 수 있도록 선행기술을 다각도로 검토하고 있습니다.

2 자동차 산업이슈

자동차는 소비자가 직접 이용하는 물건의 형태이기 때문에, 인간과 연관된 각종 규제나 기술적 규제를 받는 복잡한 형태의 산업입니다. 기술의 발전과 인간의 존엄성이라는 두 가지의 얽히고설킨 관계 속에서 솔루션을 찾는 것은 정말 어려운 숙제입니다. 여러 이슈 중에서 우리가 3년 이내에 집중해야 하는 이슈에 대해 알아보도록 하겠습니다.

1. 차량용 반도체 수급 부족

차량용 반도체는 지금까지 단 한 번도 이슈화가 되지 않다가 갑자기 발생하여 상당히 오랜 기간 해결되지 않고 있습니다. 우리나라는 글로벌 탑티어에 해당하는 삼성전자와 SK하이닉스 공장을 보유하고 있는 반도체 강국임에도 불구하고, 차량용 반도체 수급을 해결할 수 없는 이유는 상식적으로 이해가 되지 않을 수 있습니다. 하지만 이런 현상이 발생한 데에는 합리적인 이유가 있습니다.

전자 기술이 고도화됨에 따라 우리는 High Tech의 반도체 기술이 필요합니다. High Tech는 단위 면적당 데이터를 처리하는 속도가 높은 수준을 의미하는데, 상대적으로 기술 수준이 낮은 반도체(eMMC, UFS 등)를 사용하는 자동차 업계에서는 전혀 관련이 없는 현상이었습니다.

하지만 친환경 차의 갑작스러운 인기와 전장품 사양의 확대전개 등으로 차량용 반도체 발주가 이전보다 2배 이상 필요해졌지만, 기존에 High Tech 위주로 생산하던 반도체 라인의 생산계획을 갑자기 수정할 수가 없게 되었습니다. 같은 시간이라면 High Tech를 더 팔아서 영업이익을 남기는 것이 반도체 회사 관점에서는 당연한 선택이기 때문입니다.

이를 해결하기 위해 차량용 반도체만 생산하는 업체가 출범하는 등 다양한 움직임을 보이지만, 반도체 라인을 세팅하는 것은 단기간에 해결할 수 없는 구조입니다. 따라서 해당 이슈는 쉽게 해소되지 않을 것입니다.

2. 사이버보안 및 Software Update

자동차 사이버보안 및 Software Update 법규를 전 세계 중 EU에서 최초로 제정하여, 모든 자동차 회사에서 해당 법규에 대응하기 위해 많은 준비를 하고 있습니다. 최근 자동차가 전장품의 비중이 높아지고 OTA를 준비하면서 자동차 소유자들은 해킹 공격으로부터 취약한 상황에 처하게 되었습니다. 이를 강화하기 위해서 EU에서는 해당 보안 법규를 발효하였으며, 2022년 7월부터 신규 차종에는 반드시 적용, 2024년 7월까지는 현재 생산하고 있는 차종에도 시스템을 적용하도록 강력히 권고하고 있습니다.

자동차 시장에서 법규는 해당 기준을 충족하지 못하면 해당 국가에서 자동차를 더는 판매할 수 없다는 것을 의미하므로 제조사 입장에서는 반드시 맞출 수밖에 없는 상황입니다. 보통 유럽에서 법규가 시행되면 미국이나 한국에서도 수평 전개될 가능성이 매우 크며, 실제 한국에서도 해당 법규 도입을 검토하고 있는 것으로 알려져 있습니다. 자동차 산업은 기존에 Hardware 중심의 제조업이었다면, 향후 Software 중심의 제조업 형태로 변화될 것이라고 시사하는 것을 바로 알 수 있습니다.

3 알아두면 좋은 상식

"자동차 구조와 부품 용어를 다 학습해야 할까요?"

많은 취업준비생이 저에게 물어보는 질문입니다. 예를 들어, 반도체 관련 직무 강의 또는 공정 실습 과정은 반도체 기업을 지원하는 취업준비생들의 필수 학습영역으로 분위기가 형성되어 있지만, 자동차 관련 직무강의는 관련 학습 자료나 실습 수업을 찾아보기가 쉽지 않습니다. 그러다 보니 많은 자동차 취업준비생은 모든 자동차 부품에 대해 학습하는 시도를 포기하게 됩니다. 따라서 이런 상황에서 무엇부터 준비해야 할지 방황하게 되고, 다시 원점으로 돌아와서 자신의 프로젝트 경험과 연결하는 데에만 집중하는 현상이 발생합니다.

이런 상황에서 가장 추천하는 방법은 자신이 관심 있는 모듈(시스템)에 집중해서 해당 구조를 암기하는 것입니다. 연구개발본부 채용 직무소개 파일에는 시스템별 설계팀이 나열되어 있습니다. 그 리스트 중에서 가장 관심 있는 파트를 선택하여 해당 시스템의 구조와 용어를 학습하는 것부터 시작하는 것이 좋습니다. 예를 들어 바디시스템개발에는 총 11개의 설계팀이 있습니다. 바디시스템은 매우 광범위하지만 사실상 크게 차체 / 외장 / 내장파트 세 가지로 범주화를 할 수 있습니다. 이 안에서 자신이 관심 있는 분야를 1개 설정하여 학습한다면 그 분야에 대한 자동차 구조공학 마스터가 되고, 이는 다른 직무 채용공고에도 활용이 가능할 것입니다. 다시 말하면, 생산기술 / 품질 / 구매 / 파이롯트 등 모든 직무에서 '차체'와 관련한 공고에 동일한 소재로 자기소개서를 작성할 수 있다는 것을 의미합니다.

품질 부문도 사실상 모든 부품을 검사하는 담당자는 존재하지 않습니다. 연구소에서 설정한 큰 시스템 단위로 담당자가 구분되어 있어, 품질을 향상시키는 담당자도 시스템별로 전문가가 존재합니다. 생산기술 및 구매 직무도 동일한 상황입니다. 위와 같은 상황을 실제 채용공고에 대입해보면, 하나의 시스템을 학습하면 최소 5번 이상의 지원 기회를 활용할 수 있다는 사실을 발견할 수 있습니다. 차체부품을 개발하는 협력사까지 포함한다면 그 기회는 더 많아질 것입니다.

취업은 자신이 가지고 있는 지식을 최대한 많이 활용하여 효율적이고 전략적으로 접근하는 것이 중요합니다. 자신이 1순위로 생각하고 있는 회사에 합격하는 것이 확실치 않기 때문에, 공고가 나오는 대로 지원할 수밖에 없는 현실 속에서 최종합격이라는 결과를 빠르게 받아볼 수 있는 유일한 방법입니다. 지금까지 나는 어떤 취업전략을 가지고 지원했는지 다시 한번 돌아보고 다음 취업 시즌에는 전략적으로 취업 시장에 도전하길 바랍니다.

02 취업 준비 방법과 직무소개

자동차는 우리가 일상생활에서 반드시 이용할 수밖에 없는 수단이지만, 자동차가 어떻게 제작이 되는지를 이해하기는 쉽지 않습니다. 왜냐하면, 그만큼 시스템이 복잡하고 하나의 자동차를 생산하는 데 필요한 부품 수만 2만 개가 넘기 때문입니다.

자동차를 제작하는 기술 수준은 반도체만큼 보안이 필요한 영역은 아니므로 마음만 먹으면 인터넷에서 원하는 정보를 찾을 수 있습니다. 그러나 이 정보의 양이 너무 많고 광범위하므로 자동차 구조에 대한 학습을 시도하는 사람은 극히 일부일 것입니다.

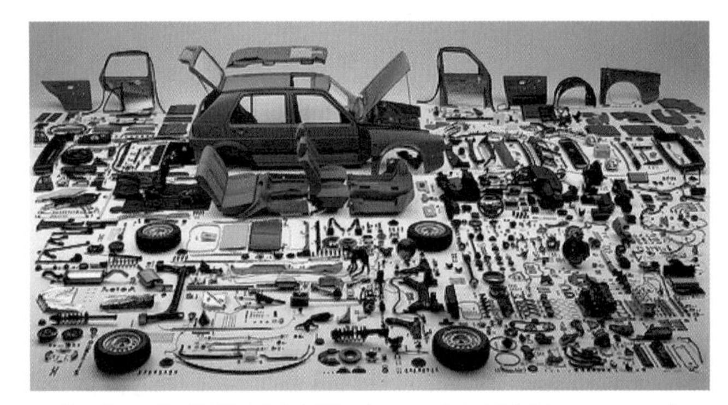

[그림 2-2] 자동차 주요 부품 리스트 이미지 (출처: spareshub)

이번 섹션에서는 자동차 전문가가 아닌 우리가 자동차 산업에 취업하기 위해서 어떻게 학습하는 것이 가장 효율적인지 소개하겠습니다. 자동차는 어떻게 구성되어있고, 이를 담당하는 회사는 어떤 곳이 있는지 간단하게 소개한 후에 우리가 취업할 수 있는 직무는 무엇이 있는지 대기업부터 계열사, 협력사까지 알아보도록 하겠습니다.

1 자동차 구조 학습 방법과 채용 준비 방법

1. 자동차 구조

자동차 구조를 한마디로 정의하면 '우리가 모든 시스템을 알기 쉽지 않다'입니다. 자동차 회사에서 근무하는 Project Management 담당자조차 모든 시스템을 이해하는 데 수년의 시간이 걸립니다. 결론적으로 신입사원 채용에서 현직자도 알기 어려운 수준의 관련 지식을 요구하지 않을 것이므로, 주요한 부품 리스트는 파트 2-챕터 2의 10 **현직자가 많이 사용하는 용어**만 봐도 충분할 것입니다. 이외에 조금 더 공부가 필요한 직무들은 관심 있는 시스템 1개를 정해서 각 Hardware의 용어와 메커니즘을 학습하는 수준으로 준비하는 것이 가장 효율적입니다. 시스템 단위를 설정하기 어려운 분은 제가 제시해드리는 시스템 내에서 1개 정도를 골라 학습하는 것을 추천합니다.

2. 자동차 구조 학습방법

자동차 구조를 학습하기 가장 좋은 방법은 해당 부품 관련 협력사 리스트를 조사하고, 해당 홈페이지에 부품 소개를 학습하는 것입니다. 1, 2차 협력사는 해당 부품을 전문적으로 생산하는 업체이기 때문에 자신의 회사에서 만드는 부품에 대한 리스트나 설명이 잘 되어있는 경우가 많습니다. 어디서부터 시작해야 할지 모를 때는 아래 협력사 리스트를 참고하여 차량 구조를 학습하는 것을 추천합니다.

만약, 대기업 취업이 안 되는 경우에는 연관검색어에서 나오는 협력사들을 참고하여 중견/중소기업으로 시야를 넓혀서 취업 준비를 하는 것을 추천합니다. 현대차 또는 기아차에서 수시채용을 도입한 지 꽤 많은 시간이 흘렀기 때문에 협력사에서 경험을 쌓고 중고신입으로 채용에 도전하여 이직하는 경우가 종종 있기 때문입니다.

최종 목적지가 현대차 또는 기아차와 같은 완성차 제조업체라면, 관련 직무 경험을 쌓는 방안도 전략적으로 검토해보는 것이 좋습니다.

> 협력사의 직무 이름과 완성차의 직무 이름이 같아도, 두 회사의 직무 관점 차이점은 반드시 언급해야 합니다. 협력사는 완성차가 요구하는 스펙에 맞추기만 하면 되고, 완성차는 여러 유관부서에서 요청하는 사항을 조율하는 큰 차이가 있습니다.

3. 나만의 협력사 리스트 및 채용 일정 정리

위에서 소개했던 방식대로 자동차 부품 협력사 리스트를 작성했다면, 해당 업체에서 과거에 채용했던 채용 및 직무 리스트를 정리하고 올해 예상되는 채용 시기를 작성해 보는 것이 좋습니다. 최근 자동차 산업 채용 트렌드는 직무 관련 내용을 많이 검증하기 때문에, 최대한 여러 회사에서 면접 경험을 쌓는 것이 좋습니다. 이러한 경험을 바탕으로 향후 면접의 예상질문을 예측해볼 수 있는 장점이 있습니다. 따라서, 취업할 수 있는 시기를 최대한 앞당기기 위해서는 협력사 채용도 적극 활용해야 합니다.

위와 같이 집중해야 할 자동차 구조 시스템과 회사별 예상 채용 시기를 정리한다면 자동차 채용 준비가 절반 정도는 되었다고 볼 수 있습니다. 이러한 방법은 자동차 산업뿐만 아니라 타 산업에서도 활용할 수 있으므로, 이를 확대하면 나만의 연간 취업전략 페이지를 하나 만들 수 있을 것입니다.

〈표 2-1〉 자동차 부품 협력사 리스트

시스템	관련 설계팀	협력사	
차체	차체	성우하이텍	일지테크
		엠에스오토텍	세원물산
		아진산업	신영
무빙 (도어,후드, 테일게이트)	클로저 클로저 메커니즘 바디 메커니즘	동원금속	광진상공
		대동도어	인알파코리아
		태흥테크	코리아오토글라스
샤시	현가 조향 타이어 냉각	삼보모터스	평화산업
		화신	코리아휠
		플라스틱옴니엄	한국/금호/넥센타이어
내장	내장 공조 칵핏 시트	서연이화	NVH코리아
		덕양산업	코모스
		두원공조	다스
		한온시스템	오토리브
		경창산업	
외장	외장 외장램프	서연이화	에코플라스틱
		SL	금강화학
		코리아오토글라스(KAC)	LX하우시스
		트래닛	

시스템	관련 설계팀	협력사	
전자	통신제어 와이어링 전력제어 전자편의	LS오토모티브	서연전자
		유라코퍼레이션	콘티넨탈
		경신	보쉬
자율주행 (ADAS)	자율주행 자율주차	현대모비스	MIDONG
		만도	삼보모터스
		옵트론텍	
인포 테인먼트	클러스터 네비게이션 사운드 커넥티드카	휴맥스 오토모티브	HARMAN
		모트렉스	BOSE
		모비스	오토엔
		LG전자	
Power Electric 시스템	모터 감속기 인버터 배터리	LG전자	서진오토모티브
		SK온	성창오토텍
		LS전선	비테스코테크
		SNT모티브	
수소연료 시스템	셀/스택 수소저장 운전장치 MEA PEM	유니크	모토닉
		세종공업	코오롱인더스트리
		효성첨단소재	비나텍

2 자동차 산업 직무 소개

자동차 산업은 타 산업보다 복잡한 구조를 가지고 있어서 채용 직무가 가장 세분화된 산업이라고 정의할 수 있습니다. 그에 따라 근무하는 인원도 다른 산업에 비해 규모가 큰 편이기 때문에 현대차와 기아차를 합쳐서 우리나라에만 근무지가 열 군데 넘게 나누어져 있습니다. 관심 있는 직무가 회사를 결정하는데 가장 높은 우선순위겠지만, 근무지 또한 중요한 시대가 되었습니다. 아래는 직무별 근무 위치에 대한 이해를 돕기 위해 하나의 도표로 정리를 했습니다. 현대차 연구소는 개발하는 아이템에 따라 근무지가 분리되어 있으며, 아래의 표를 통해 근무지와 직무 간의 관계를 확인할 수 있습니다. 생소한 용어에 대해서는 아래에서 자세하게 소개하도록 하겠습니다.

〈표 2-2〉 직무별 근무 위치(현대자동차 기준)

근무지	서울	R&D(남양)	R&D(의왕)	R&D(마북 or 판교)	공장
본사	○				
R&D(선행개발)	○		○	○	
R&D(내연기관)		○			
R&D(전기차)		○			
R&D(수소전기차)				○	
부품개발		○			
부품구매	○				
생산기술/관리		○(선행)	○(선행)	○(선행)	○
품질		○(선행)			○

현대차와 기아차는 하나의 연구소에서 개발한 동일한 엔진 기종과 전기차 또는 수소 전기차에 탑재되는 PE 시스템을 공유하여 사용하고 있습니다. 하지만 R&D 직무로 지원하고 싶은 분들은 반드시 현대차 공고에만 지원할 수 있습니다. 기아차는 디자이너를 제외하고는 R&D 직무를 채용하지 않습니다. R&D 직군에 지원하는 분들은 현대차 공고 내에서 중복 지원이 되지 않는 점을 고려하여 채용 프로세스를 진행해야 합니다.

1. 본사

본사 직무는 크게 두 가지 카테고리로 나눌 수 있습니다. 자동차를 만들어 수익성을 낼 수 있다는 선행 검토 조직, 실제 차량을 판매하면서 수익을 벌어들이는 액션 조직으로 구분할 수 있습니다. 전자의 조직은 상품 기획과 상품 전략, 경영 기획과 수익성을 검토하는 재경 조직으로 범주화할 수 있으며, 후자의 조직은 마케팅, 홍보, 인사/총무/노무, 영업/서비스 직무로 범주화할 수 있습니다. 선행 검토 조직은 실제 차량 개발과 밀접한 관계에 있으므로 연구소나 공장 담당자와 협업하는 경우가 상당히 많습니다. 따라서 선행 조직에서 근무하는 인원은 회사의 개발 스펙에 대해 이해도가 높아야 업무를 수월하게 진행할 수 있는 특징이 있습니다.

참고 공대생들도 본사 직무에 지원할 수 있나요?

본사 채용을 유심히 확인하면 전공 무관이라고 적혀있는 직무를 볼 수 있습니다. 이 중에서 공대생이 지원했을 때 유리한 직무가 있습니다. 대표적인 직무가 바로 '상품전략' 직무입니다. 채용 공고를 보면 상품전략 직무는 시장조사나 소비자 예측 등 시장 예측을 하는 업무가 있지만, 연구소 조직인 디자인/설계 부문과도 협업을 통해서 상품 기획서를 작성해야 하는 업무도 메인 업무에 해당합니다. 즉, 엔지니어링 지식을 기반으로 비엔지니어가 이해할 수 있도록 설명하는 것도 상품전략 직무 내에 필요한 업무이기 때문에 대학교 프로젝트나 공모전에서 관련 과제를 리딩해 본 경험이 있다면 해당 직무에 지원할 수 있습니다. 또한, '부품구매' 직무도 엔지니어링 지식 기반으로 내용을 검토하기 때문에 공대생에게 더 유리합니다.

자신이 가진 강점과 전공에 제한이 없다는 두 가지 측면을 고려한다면, 자동차 산업 내에서는 공대생이 본사에서 근무할 수 있는 확률은 존재합니다.

2. R&D

R&D 직무는 말 그대로 연구하고 개발하는 특성을 가지므로 실제로 연구한 것을 검증하는 실험실이 필요합니다. 그러기 위해서는 넓은 부지를 확보하는 것이 필연적이기 때문에 수도권 내에 넓은 부지를 갖춘 연구소에서 대부분 근무합니다. 하지만 선행개발 조직은 대부분 컴퓨터 시뮬레이션 검증을 통해 업무를 수행하기 때문에 해당 업무 구성원은 대부분 서울이나 판교에서 근무하고 있습니다. 그리고 현대차는 내연기관, 전기차, 수소전기차 세 가지의 자동차 종류를 모두 개발하고 있으므로 근무지를 차량 특성에 맞게 나누어 업무 환경이 분리되어 있습니다. 또한, 신사업(로보틱스/UAM)은 현재 의왕연구소에서 업무를 수행하고 있습니다.

현대차 연구소 조직은 선행기획, 차량설계/평가, 파워트레인, Software, 파이롯트, 재료, 기술경영, 해석/도면검증, 디자인으로 나누어져 있으며, 각 단위 내에는 부품 또는 시스템별로 별도의 팀이 세분되어 있습니다. 따라서 연구소 내에 모든 팀들 유기적으로 협력할 수 있는 시스템이 갖춰져 있으며, 필요시에는 실제 Proto/Pilot 차량을 탑승하여 문제점을 검증하고 이를 개선하는 업무도 동시에 수행하고 있습니다.

또한, 최근에는 해외 차종 프로젝트의 증가로 별도 법인의 해외연구소가 주요 역할을 수행하고 있습니다. 해당 거점에는 주재원이 파견되어 있고, 해당 주재원이 팀의 리드 역할을 맡아 현지인들을 교육하고 업무를 수행시키는 막중한 업무를 수행하고 있습니다. 수출하는 차종의 경우 현지에서의 소비자 조사와 현지평가 결과가 의사결정에 많은 역할을 하므로 해외연구소 담당자와의 커뮤니케이션이 점점 더 중요해지고 있습니다.

3. 부품개발 및 부품구매

부품개발과 구매 직무는 현대차 연구소와 공장에서 만들고 싶은 차량의 형태를 각 협력사에서 부품 단위로 잘 공급할 수 있도록 회사와 협력사 간의 중간 커뮤니케이션을 하는 조직입니다. 물론 연구소 엔지니어 또는 공장 엔지니어와 협력사 담당자가 직접 소통을 하는 것도 가능하지만, 해당 관계가 성립되기까지 상당히 많은 인자를 고려하기 때문에 부품개발과 구매 직무가 별도로 구성되어 있습니다.

공정거래에 위반하지 않기 위해서 특정 협력사의 독과점을 막고, 경쟁입찰 제도를 통해 같은 부품을 조금 더 싼 가격에 낙찰할 수 있는 구조도 회사의 경쟁력을 키우는 데 중요한 프로세스입니다. 또한, 국내 협력사와 외국 협력사를 비교, 분석하기 위해서는 회사 내부의 판단 기준 수립이 필요하고, 실제로 업체에 방문하는 실사도 필요하기 때문에 상당히 많은 리소스가 투입됩니다.

또한, 부품을 제작하기 위해서는 안정적인 원자재 공급처를 확보해야 하는데, 중장기적인 원자재 수급 계획이 없다면 협력사에서 즉각 대응이 거의 불가능한 상황입니다. 하나의 예시가 바로 반도체 수급 부족 현상입니다. 이러한 현상이 발생하면 회사에서 기존에 계획했던 판매 물량보다 적게 판매할 수밖에 없는 결과를 초래하기 때문에, 부품구매팀에서는 해당 리스크를 최소화하는 방안을 지속적으로 검토하고 보완 및 수정하는 작업을 끊임없이 수행합니다. 추가로 해외 업체가 선정되는 경우에는 부품의 이동수단 및 통관 등 고려할 인자가 추가되기 때문에, 해당 리스크들도 미리 검토하여 사전에 이슈를 차단하는 역할도 수행합니다.

4. 생산기술 및 생산관리

생산기술 엔지니어는 부품을 제작하는 스펙이 확정이 되면 해당 부품을 균일하고 동일한 스펙으로 만들어 내는 것입니다. 이 목표를 달성하기 위해서는 최적의 금형 설계 및 T/O(Try Out)를 통한 검증이 반드시 필요합니다. 하지만 자신이 담당하는 공정의 스펙을 충족시킴에도 불구하고, 인접 공정의 레시피나 작업 순서 변경으로 최종 산출물의 품질 편차가 굉장히 달라지는 결과를 초래할 수 있습니다. 따라서, 최종 산출물의 품질 편차가 기준 이내에 들어올 때까지 지속적으로 점검하고 튜닝해야 합니다. 또한 생산기술 엔지니어는 최소의 리드타임을 고려하여 생산성을 향상시키는 미션도 있습니다. 하지만 투자할 수 있는 돈이 한정적이기 때문에 합리적인 자원 안에서 최고의 효과를 낼 수 있도록 공정 통합, 부품 구조 개선을 통한 원가 절감 등 장비뿐만 아니라 설계 스펙 변경도 제안하여 앞서 이야기했던 목표를 달성하는데 의견을 제시할 수 있습니다.

생산관리 엔지니어는 위와 같은 현상을 사전에 점검하고, 공장에서 발생할 수 있는 이슈(품질 저하, 공장 셧다운, 자원 부족 등)를 유동적으로 대처할 수 있는 플랜을 제시하는 것이 주된 업무입니다. 대부분 생산관리 직무는 계획된 생산량에 최대한 근접하게 생산하는 것을 주된 업무로 생각하는 분들이 많은데, 이는 실제로 업무에 속하지도 않을 만큼 사소한 업무에 불과합니다. 위에서 설명했던 Risk Management(원인 파악 - 해결방안 수립 - 담당자 설정 - 진행 상황 체크 - 대처 완료)에 많은 시간과 노력을 투자합니다. 따라서 생산관리 엔지니어는 모두를 리드할 수 있는 능력과 문제 해결 능력이 뛰어난 사람을 선호합니다.

5. 품질

품질 직무의 미션은 아주 간단합니다. 불량률 0%를 달성하는 것이 이상적인 목표이지만, 불량이 발생할 수밖에 없는 것이 바로 제조업이자 자동차 산업입니다. 불량률을 최소화하기 위해서는 사전에 불량이 나오는 것을 방지해야 하고, 이를 수행하기 위해서는 연구소에서 개발되는 차량의 스펙을 결정하는 것부터 관여합니다. 그 후에도 예측하지 못한 문제가 발생하면 해당 부품을 강건화하기 위한 방안을 제시합니다. 이를 반드시 적용할 수 있도록 관련 설계자와 평가자 그리고 스펙을 최종 결정하는 PM과의 마찰을 피할 수가 없습니다.

따라서 품질 엔지니어는 어떤 한 부품의 전문가가 되는 것이 필수적입니다. 아는 것이 많아야 부품 수준을 상향할 방안을 제시할 수 있고, 이를 적용할 수 있도록 논리적으로 유관부서를 설득할 수 있기 때문입니다. 6-Sigma 등 품질을 안정화할 수 있는 지표를 찾아내는 통찰력도 물론 중요하지만, 부품에 대한 마이크로 매니징을 수행하기 위해서는 자동차 구조의 전문가가 되어야 합니다.

6. 직무별 상관 관계

자동차 개발 시 자신의 조직만 독립적으로 업무를 잘 수행했다고 해서 좋은 결과를 낼 수는 없습니다. 차량 설계팀을 예로 들면 차량 설계팀은 모든 팀과 업무를 수행해야만 합니다. 차량의 컨셉을 결정할 때 본사 조직과 커뮤니케이션이 필요하고, 해당 부품을 사용하기 위해서는 재경팀의 수익성 확인을 받아야 합니다. 연구소 내에서는 하나의 부품을 적용하기 위해서 주변 부품과의 상관성 및 조립 이슈를 확인해야 하며, 차량 디자인과 밀접하게 연관된 부분은 디자인 철학을 유지하도록 설계해야 합니다. 다음으로 해당 부품을 협력사에서 잘 제작할 수 있도록 현실적인 어려움을 조율하기 위해 부품개발/구매팀과의 협업이 필요하며, Proto/Pilot 테스트를 수행하는 데 문제가 없는지 파이롯트, 품질 담당자와 지속적으로 체크를 해야 합니다. 마지막으로 해당 차량을 양산공장에서 문제없이 생산할 수 있도록 생산기술 담당자에게 해당 부품의 스펙과 특성을 잘 전달해야 합니다.

위와 같은 프로세스를 고려한다면, 모든 담당자는 회사 내에 대부분 팀과 소통이 필요하다는 결론을 얻을 수 있습니다. 연구소 엔지니어라고 해서 특정 부분만 고려해서 일하는 것을 업무를 잘 하는 것이라고 생각하지 말아야 합니다. 이렇게 관련된 부문이 많다는 것을 참고하여 면접에서 돌발 질문이 들어와도 협력과 소통을 잘 하는 엔지니어를 강조하는 것이 자연스럽게 표현될 수 있도록 직무학습을 꼼꼼하게 해야 합니다.

3 완성차사와 계열사/협력사 직무는 어떤 차이가 있을까?

위에서는 완성차사의 전체 직무를 알아보았습니다. 그렇다면 완성차사와 완성차사에 부품을 납품하는 계열사와 협력사의 직무는 어떤 차이가 있는지 비교해보겠습니다. 이 직무 분석을 통해 자동차 산업을 준비하시는 분들은 완성차사의 직무와 협력사 지원 시 선택해야 할 직무를 명확하게 구분할 수 있게 될 것입니다.

1. 엔지니어는 업무 영역의 차이가 있습니다.

완성차 엔지니어는 자신의 담당 부품만 보는 것이 아니라 주변 부품과의 연관성을 체크해야 하고, 협력사 엔지니어는 자신의 담당 부품의 스펙과 생산성을 높이는 데에 주력합니다. 그래서 완성차 엔지니어는 자신의 부품을 직접 설계하는 업무도 중요하지만, 주변 부품과의 이슈를 해결하는 데도 업무를 할애해야 합니다. 그러다 보니 실제 담당 부품의 기구 설계 또는 회로 설계는 협력사에서 수행하는 비중이 상당히 큽니다.

2. 본사 조직에서 검토하는 주요 고객층이 다릅니다.

완성차 조직은 주요 고객이 소비자이고, 협력사의 주요 고객은 자사의 부품을 사용할 완성차입니다. 하나의 예시를 들면, 같은 영업팀이 있다고 해도 현대차는 B2B/B2C 영업을 전략적으로 나눠서 수행하고, 협력사 영업팀은 B2B 영업을 수행합니다. 각자의 포지션에서 가진 역할이 다르므로 바라보는 관점이 달라지는 것입니다.

위와 같이 같은 이름을 가진 조직이라 할지라도, 각 회사의 역할이 다르므로 실제 업무에 차이가 발생합니다. 이러한 차이를 인지하고 채용공고 리스트를 체크해야 합니다. 다른 제조업도 위와 같은 밸류체인이 구성된 점을 참고하길 바랍니다.

참고 중소/중견 기업에서 대기업으로 이직 가능한가요?

많은 취업준비생이 고민하는 가장 큰 난제입니다. 결론적으로는 가능하지만, 힘든 이유는 바로 직무 연관성을 고려하지 않고 대기업의 네임벨류로 Jump-up을 희망하기 때문이라고 생각합니다.

처음부터 취업 로드맵을 계획할 때 현대차 OO 설계팀을 가고 싶다는 구체적인 목표를 설정했다면, 그 설계팀과 연관된 협력사에 가는 것이 가장 좋은 방법일 것입니다. 하지만 일단 급해서 들어가 보니 연관성을 찾기 쉽지 않고, 결국은 대기업으로 이직하기 쉽지 않게 되는 것입니다.

최근에는 직무 연관성을 강조하고 있기 때문에, 자신이 가진 경험이 지원하는 직무와 연관성이 높다면 합격 가능성이 높아지는 시장이 되었습니다. 중소/중견 기업에 최종합격을 하고 입사를 고민하고 있는 분이 있다면, 향후 나의 커리어를 발전시키는 데 도움이 되는 직무인지 먼저 고민해보고 입사를 결정하는 것을 추천합니다.

MEMO

03 지원 직무별, 학년별 취업 로드맵

1 지원 직무별 취업 로드맵

최근 자동차 산업은 환경차로의 개발로드 전환과 미래 자동차 분야의 신규투자로 인하여 채용 직무가 짧은 기간 내에 다양해졌습니다. 그만큼 더욱더 전문적인 인력을 선호하게 된 현대차 내부의 분위기를 엿볼 수 있으므로, 이에 맞게 취업 전략도 변해야 할 것입니다. 친환경차에 포커스를 맞춘 분이라면 환경차 시스템에 맞는 과목을 집중하여 수강하는 전략을 세우면 될 것이고, 모빌리티나 로보틱스 등 미래자동차 분야에 관심이 있는 분은 Software 언어나 AI/딥러닝 등 IT 환경이나 임베디드 Software 또는 제어공학에 주력해야 합니다. 따라서 지원자가 연구소나 생산기술 직무에 관심이 많다면 자신이 가고 싶은 분야와 관련된 수업을 수강하는 것이 좋습니다. 아래는 카테고리별로 우선순위가 높은 수강과목 리스트를 작성했습니다.

1. **전기차** : 전력변환, 에너지응용(에너지변환), 회로기초
2. **수소전기차** : 연소와 연료전지, 열역학/열전달(열관리 시스템)
3. **제어** : 로봇공학, 제어공학, 임베디드 시스템
4. **차량시험** : 소음진동, 동역학, 계측
5. **차량설계** : CAD/CAM(해석 직무는 CAE 중심), 4대 역학
   전자/인포테인먼트/자율주행은 회로설계, 전력설계, C++/Python

제가 취업을 준비하던 시기와 비교하면, 과거의 Hardware 중심의 자동차 산업 개발 구조가 Software 중심의 개발로 많이 변화한 것을 느낄 수 있습니다. 저 역시도 이렇게 빠르게 자동차 산업이 변화할 줄은 몰랐지만, 현대자동차의 신년사를 다시 돌이켜보면 현대차가 Software 중심으로 변화하겠다고 선언했던 것을 알게 되었습니다.

앞서 설명해 드린 내용을 토대로 유추할 수 있는 내용으로 자동차 산업은 Hardware 중심으로 사업을 확장할 계획이 없다는 것입니다. 만약 기계공학과처럼 Hardware 설계에 집중하는 전공이라면, 향후 변하는 산업 트렌드에 맞춰 제어공학을 수강하거나 임베디드 Software 분야를 접목할 수 있는 프로젝트 수행 경험을 만드는 것이 좋습니다. 특히 엔지니어 직무 지원자는 자신이 활용할 수 있는 Software 기반 프로그램이 많을수록 여러 직무에서 경쟁력을 어필할 수 있는 가능성이 높아집니다.

참고 First Mover가 아니라면, Fast Follower로

자신이 선호하는 분야가 Hardware 중심의 성향이라면 Software를 병행하는 Fast Follower로 전환해야 합니다. 물론 시장이 변화한다고 하더라도 Hardware를 설계하는 기구개발 직무는 존재하겠지만, 해당 직무는 유지/보수하는 인원이 충분하기 때문에 신규 채용 규모가 축소될 가능성이 높습니다.

시장은 점점 소프트웨어 엔지니어에게 더 많은 기대와 보상을 주는 체계로 변화할 것입니다. 지금이라도 늦지 않았다는 생각을 가지고 주변에 있는 사람들과 협력하여 자신만의 무기를 만들 수 있도록 노력하는 것이 중요합니다.

현대차 연구개발본부 1차 면접을 준비하다 보면 포트폴리오를 제출하는 과제를 주고, 아래와 같이 자신이 수강했던 모든 전공 과목을 성적과 연관지어 자신을 소개하는 장표가 있습니다. 이는 수강 과목과 지원한 직무의 연관성을 파악하겠다는 의도이므로 졸업생이라면 강점과 단점을 명확하게 구분하여야 하고, 현재 재학 중인 분이라면 졸업할 때까지 수강할 과목이 연관 지을 수 있는 수준인지 커리큘럼을 점검하는 시간을 가져야 합니다. 혼자서 점검하기 어렵다면, 주변의 학과 선배의 도움을 받아 피드백을 받아보는 것이 좋습니다.

위와 같이 **기업별로 정형화된 면접 패턴이나 과제 형식이 존재합니다.** 모든 기업의 프로세스에 맞춰서 미리 자료를 준비하는 것은 현실적으로 불가능하지만, 조금만 관심을 가지면 자신이 원하는 기업에서 주로 평가하는 지표가 무엇인지 어느 정도 미리 판단한다면 취업을 준비하는 관점에서 유리한 자리를 선점했다고 볼 수 있습니다.

주변에 현대차 입사를 희망하는 친구들을 굉장히 많이 봤지만, 취업준비를 장기적으로 해서 2, 3년이 지난 후에 어렵게 서류에 합격하고 면접에 간다고 해도 직무 면접의 시간과 포트폴리오 자료 양식을 들어본 적이 없다는 말을 정말 많이 들었습니다. 최종합격은 결론적으로 모든 전형을 통과해야만 가질 수 있는 값진 결과입니다. 따라서 주변의 경쟁자보다 조금 더 앞서나가는 방법이 없는지 다양한 형태로 고민하는 것이 필요합니다. 당장에 아이디어가 없다면 **가고 싶은 회사의 채용 프로세스를 미리 파악해 보는 것을 추천합니다.**

2 학년별 취업 로드맵

취업은 스펙만 좋다고 해서 성공할 수 있는 것이 아닙니다. 또한, 면접장에서 뛰어난 언변만으로 합격을 보장하는 것도 쉽지 않습니다. 왜냐하면, 내가 평소에 말을 잘한다고 해서 면접장에서 의도대로 유창하게 말을 할 수 있다는 보장을 할 수 없기 때문입니다. 그만큼 힘들고 긴장되는 프로세스이기 때문에 자신의 역량을 제때 발휘하기가 쉽지 않습니다. 어렵게 찾아온 면접의 기회를, 최종합격의 결과를 얻기 위해서는 지금 이 Section을 보는 순간부터 준비해야 합니다.

기업은 점점 직무 역량을 갖춘 사람을 선호하지만, 대학교에서는 직무 역량을 갖추는 방법에 대해서 알려주지 않습니다. 그래서 대학생들은 기업에서 중요하게 생각하는 직무 역량을 키우는 것이 아니라, 시험점수로 받는 학점을 가장 중요하게 생각할 수밖에 없습니다. 또한, 기업에서는 학점을 지원자의 성실도를 평가하는 지표로 보기 때문에 대다수의 학생들은 높은 학점만을 받기 위해 힘을 쏟는 아이러니한 상황에 있습니다. 이런 혼란스러운 상황에서는 결국 외부 정보를 통해 취업에 성공하는 팁을 얻어야 합니다. 제가 다시 대학교로 돌아간다면 학년별로 취업에 도움이 될 만한 내용을 1~2개씩 강조하고자 합니다.

1. 공통(취업준비생 포함)

어학성적이 취업 시장에서 고고익선은 아니지만, 최근 트렌드를 보면 현대차는 어학성적 최소 기준이 올라갔습니다. 일반 공학 계열 직무는 토익 스피킹 최소기준은 Lv. 5(110점)에서 Lv. 6(130점)으로, 오픽 최소기준은 IL에서 IM2로 토익스피킹 점수는 20점, 오픽은 두 단계씩 상향되었습니다. 또한, 빅데이터 등 본사 기획직무와 연관성이 높은 엔지니어 직무는 토익스피킹 Lv. 7(160점) 또는 오픽 IH를 최소 점수로 요구하고 있습니다. 갑작스러운 어학 기준 상향 때문에 주변의 제 지인은 서류조차도 제출하지 못한 사례가 발생했습니다. 또한, 회사 내부에서는 해외 연구소 또는 해외 협력업체와 업무를 수행하는 비중이 점점 커지고 있으므로, 일상회화를 잘 하는 직원이 더 좋은 평가를 받고 있습니다. 영어회화를 잘 한다면 미국이나 유럽 등 주요 선진국의 주재원 발령에도 많은 도움이 됩니다.

결국 영어회화 성적은 고고익선으로 변화되고 있다고 볼 수 있습니다. 공대생들도 영어를 접하는 환경이 점점 많아지고 있다는 사례가 많아지고 있습니다. 향후 커리어 발전에 관심이 있는 분은 토익스피킹 Lv. 6(150점) 또는 오픽 IM3 취득을 목표로 하는 것이 좋습니다. 토익은 대기업에서 인정하지 않기 때문에 스피킹 점수 취득에만 몰두하면 됩니다. 단, 공기업을 준비하는 분은 토익 점수가 필요합니다.

2. 1~2학년

최근 트렌드는 문과생의 경우 경영/경제학과를 복수전공하는 방법을 많이 선택하고, 이과생의 경우 특성상 취업이 잘되는 학과로 전과하는 경향이 있습니다. 취업이 잘되는 컴퓨터공학과/전자공학과 등 Software와 연관성이 높은 전공은 자동차 산업 취업에 불이익이 없을 수 있지만, 기계공학과/신소재공학과 등 Software 분야에서 강점을 드러내기 힘든 전공은 지원할 수 있는 공고의 개수도 많지 않은 것이 현실입니다.

따라서 자신의 주 전공과 분석 Tool을 사용하는 프로그램을 융합하여 프로젝트 경험을 할 수 있는 과목을 수강한다면 향후 취업 시장에서 지원의 기회가 많아질 것입니다. 그런 과목이 전공 내에 없다면 난도가 낮은 타 전공과목을 1~2개 정도 섞어서 수강하는 것이 좋습니다.

3. 3학년

3학년은 자신의 주 전공수업만 수강하고 과제 제출하고 시험을 보기에도 버거운 시점입니다. 따라서 자신의 학점을 최대한 올릴 수 있도록 학업에 집중해야 합니다. 추가로 시간을 할애할 수 있다면 프로젝트성 공모전, 학부 연구생 또는 다른 전공 사람들과 어울릴 수 있는 대외활동에 참여하여 자신의 경험을 넓혀야 합니다. 취업 시장은 생각보다 다양한 경험과 정보로 성공하는 경우가 많으므로 '나'라는 사람을 부각하는 방법을 고민하는 것이 제일 중요합니다. 면접관들은 매일 비슷한 소재를 듣기 때문에 흥미로운 소재에 관심을 가질 확률이 높습니다.

4. 4학년

실제 업무 경험을 쌓을 수 있는 인턴의 기회를 최대한 찾아야 합니다. 최근 취업 시장은 중고신입의 신입 채용 지원율이 점점 높아지고 있기 때문에, 나와 경쟁하는 상대가 회사에서 근무한 경험을 토대로 채용에 임하는 사람임을 인지해야 합니다. 그만큼 취업에 간절한 사람이 많다는 것을 염두에 둬서 4학년 1학기부터 지원할 수 있는 채용공고를 많이 찾아보고 지원해보는 것이 좋습니다. 지원해서 탈락할 수는 있지만, 그동안 자신의 자기소개서를 작성하는 습관을 점검할 수 있습니다. 또한, 면접에서는 자신의 좋지 못한 발화 습관을 되돌아볼 수 있는 좋은 경험이 될 가능성이 큽니다.

또한, 3학년 때 바빠서 공모전 또는 학부 연구생을 경험하지 못했다면 이 기간을 활용하여 경험하는 것도 좋습니다.

5. 취업준비생

이제는 학교 수업에서 벗어나 온전히 취업준비에만 몰두할 수 있는 상황입니다. 그래서 취업시즌이 끝나는 시점부터 바로 준비를 시작해야 합니다. 예를 들어 6월에 상반기 채용이 끝났다면 6월부터 바로 하반기 취업준비를 시작해야 합니다. 그 이유는 회사들이 수시 채용으로 전환하면서 7월에도 바로 공고가 올라오는 경우가 많기 때문입니다.

가장 중요한 것은 지원할 산업 군, 산업 군별 지원할 직무, 자소서 경험 작성 전략을 미리 세우는 것입니다. 직무를 파악하는 데도 상당한 시간이 소요될 뿐만 아니라, 갑자기 예상치 못하게 1주일에 3개 이상의 자기소개서를 작성해야 하는 경우가 생길 수도 있습니다. 그렇게 되면 해당 회사와 직무 정보를 충분히 학습하지 못하고 취업 전형을 시작하게 됩니다. 시간이 없어서 자기소개서를 꼼꼼하게 작성하지 못했다는 결과가 나와서는 안 됩니다.

삼성이나 SK 등 적성검사를 시행하는 회사도 있습니다. 인적성 준비는 시험일로부터 2달 전부터 대비하는 것이 좋습니다. 취약한 영역에서 고득점을 얻기 위해서는 상당한 시간이 소요됩니다. 서류 합격 이후 주어진 시간 내에 인적성 시험을 준비하여 합격할 수는 있겠지만, 오래전부터 준비해도 탈락할 수 있는 것이 인적성 시험입니다. 그만큼 변수가 많기 때문에 미리 준비하는 습관을 들여야 합니다.

좋은 회사에 취업한다는 것은 매우 기쁜 일이지만, 그 합격을 맞이하기 위해서는 굉장한 노력이 필요합니다. 경쟁이 심화되는 채용 시장에서 합격이라는 결과를 얻기 위해서는 미리 준비해야 합니다.

최종 합격을 위해 가장 중요한 두 가지 키워드는 지원하는 산업에 대한 **"산업 트렌드"**와 **"직무 역량"**을 갖추는 것입니다. 다음 파트에서는 이 두 가지 키워드를 갖춘 경쟁력 있는 인재가 되기 위한 방법을 설명할 것입니다. 특히, 채용에서 가장 중요하게 생각하는 직무 역량을 갖춘 인재가 되기 위해서 어떤 것들을 준비해야 하는지 해당 직무를 수행하는 현직자들이 가이드를 제시할 것입니다. 추가로 현업에서는 업무를 어떻게 하는지 실제 하루 일과를 살펴보면서 상세한 직무 관련 정보를 얻을 수 있을 것입니다.

우리는 이제 사회에 진출하여 각자가 보유하고 있는 역량을 펼칠 때가 됐습니다. 현직자의 조언을 통해 여러분이 미처 생각하지 못했던 내용을 학습하여 더 폭넓은 시야를 가졌으면 좋겠습니다. 대학교에서 배울 수 없었던 자동차 산업의 지식을 학습하고 목표한 기업에 합격하여 미래 자동차 산업의 중요한 역할을 담당할 수 있기를 진심으로 기원합니다.

이런 것도 있어요!

지금 나의 전공, 스펙으로 어떤 직무를 선택해야 할까…?

합격 가능성이 높은 직무를 추천해드려요!

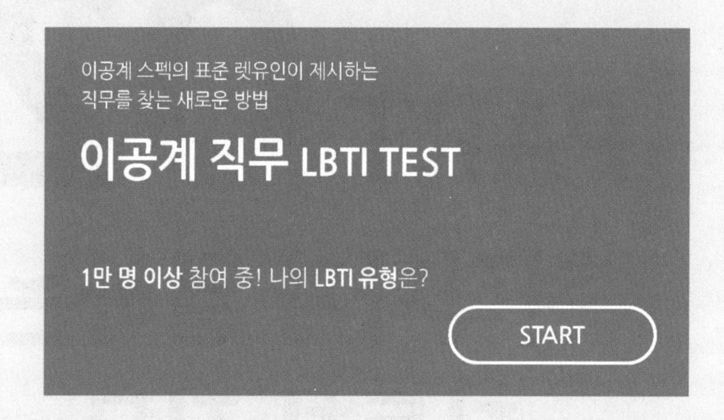

전공, 수강과목, 자격증, 보유 수료증, 인턴 경험 등
현재의 상황에서 가장 적합한 직무를 제시해드려요!
추가로 합격자와 비교를 통한 **직무 적합도와 스펙 차이**까지
합격을 위한 가장 빠른 직무선정을 도와드립니다!

지금 나의 상황을 입력하고
합격 가능성이 높은 직무선정부터
필요한 스펙까지 확인해보세요!

PART 02

현직자가 말하는 자동차 직무

Chapter

01

차량 프로젝트 관리(PM)

들어가기 앞서서

이번 챕터에서는 자동차의 A to Z를 모두 경험할 수 있는 차량 프로젝트 관리 직무를 소개하겠습니다. 단순히 엔지니어링 측면에서 좋은 차를 만드는 것이 가장 좋지만, 현실적인 여건을 고려하여 차량을 성공적으로 양산하는 것이 이 직무의 목표입니다. 이 목표를 달성하기 위하여 어떤 것을 고려하는지 학습할 수 있습니다.

01 저자와 직무 소개

저자 소개

차호철

기계공학과 학사 졸업

중소기업 에너지기준팀
1) 도시가스 안전관리 기준 제정/개정
2) 자동차 수소충전소 안전관리 기준 제정/개정

반도체 S사 NAND 제품 생산관리
1) 서버용 SSD, 모바일向, TSOP 진도관리
2) 파운드리 PKG/PKT 생산라인 초기 셋업
3) 양산품질 관리 및 사후품질 Risk Management

자동차 H사 차량 프로젝트 관리(PM)
1) 개발차량 프로젝트 일정 관리
2) 세부 개발방안 수립(디자인, 엔진성능, 연비, 사양, 국가별 법규 등)
3) 투자계획 수립 및 R&D 용도차 평가방안 수립
4) 품질 확보 목표 수립(개발품질/양산품질/사후품질)

중소기업 경험을 시작으로 연관되지 않은 산업의 대기업 PM 직무를 오기까지 많은 경험을 했던 차호철입니다. 제가 지금까지 해온 업무의 성향을 보면 엔지니어의 직무성향을 가지고 있지 않습니다. 대학교 졸업할 때에는 엔지니어 직무로 입사하여 전문성을 기르는 목표를 가지고 있었지만, 첫 회사에서의 업무 경험을 통해 엔지니어 분야가 아닌 기획/관리 직무도 괜찮다는 생각을 하게 되었습니다. 개인적인 생각으로는 한 분야에서 최고의 엔지니어가 되기 위해서는 박사과정 졸업이 필수라고 생각했습니다. 그래서 국내 기계공학 석/박사 통합과정도 잠시 경험하긴 했지만, 현실적인 문제와 많은 내적갈등으로 해당 과정을 포기하기도 했습니다. 결론적으로는 경험할 수 있었던 것은 모두 해봤다고 생각하여 후회되지는 않습니다. 이러한 많은 시도와 고민 끝에 현재의 자리에 오게 되었고, 해당 업무에 대해 굉장한 매력을 느끼고 있습니다.

차량 프로젝트 관리는 현업에서 한 단어로 표현하면 'Project Mother'로 불리고 있습니다. PM은 자신이 맡은 개발 프로젝트의 엄마가 되어 A부터 Z까지 모든 것을 케어해야하는 숙명이 있습니다. 그러다 보니 어떠한 가이드도 없는 업무를 스스로 헤쳐 나가야 하는 경우가 많습니다. 위에 사수뿐만 아니라 팀장님, 상무님 등 여러 선배님들이 계시겠지만, 새로운 일은 그분들도 처음 겪는 일이기 때문에 문제를 빠르게 파악하고 해결방안을 제시할 줄 아는 능력이 가장 우선시됩니다.

1. PM 직무 선택은 왜 하셨나요?

이전 회사에서 생산관리 업무를 경험하면서 PM 직무로 입사해야겠다고 다짐했습니다. 가장 큰 이유는 기획자가 선행개발부터 공장/품질 부문까지 박학다식한 지식을 가지고 있으면, 모든 프로젝트를 효율적으로 개발하여 성공할 수 있다고 생각했습니다.

공장의 생산관리는 모든 이벤트의 마지막 단계를 담당하여 개발 이벤트와 양산 업무를 병행하게 됩니다. 그러나 기획 단계에서의 무리한 요청으로 양산 공장에서의 업무 로드가 증가하고, 비효율적인 업무 처리방식을 강요받게 되었습니다. 어느 정도 공장의 협조가 필요한 것은 사실이지만, 이러한 경우가 비일비재하였고 업무를 조금 더 스마트하게 해보고 싶어서 PM 직무를 희망하게 되었습니다.

실제로 PM 업무를 수행하면서 양산공장의 애로사항과 이슈를 종합적으로 고려해본 결과, 업무를 수행하는 데 굉장히 수월해졌습니다. 모든 제조업은 신기술을 갖춘 제품(자동차)도 잘 개발해야겠지만, 이를 생산하는 공장의 설비 또한 굉장히 중요합니다. 어느 하나 개발이 잘 되지 못한다면, 이는 양산할 수 없는 결과를 가져오게 됩니다. 참고로 해당 프로세스는 자동차, 반도체뿐만 아니라 모든 제조업에서는 동일 프로세스를 따르고 있습니다.

추가로, 공학 계열을 전공하신 분이라면 이 업무는 처음 경험하는 분이 상당히 많을 것으로 생각합니다. 바로 예산 관리입니다. 모든 수업에서 최적 설계를 진행하며 '가격이 가장 저렴해야 한다', '이 신기술에는 이 정도 투자할 만한 가치가 있다' 등 여러 가설을 세웠겠지만, 이것이 실제 이익으로 돌아오는 것은 계산해 본 적이 없으실 겁니다. 하지만 PM에서는 실제 수익을 얼마나 남길 수 있는지를 철저하게 계산하여 이를 관리합니다. 모든 부품의 단가를 세세하게 알 필요는 없지만, 목표한 수익률을 맞추기 위해서는 어떤 부품이 수익성에 악영향을 끼치는지, 이 정도 규모로 투자한다면 금액 회수는 가능한지 등 수백억 또는 수천억 단위에서 검토합니다. 이외에도 많은 업무를 수행하게 될 것인데 이와 관련한 상세한 내용은 바로 뒤에 나오는 02 **현직자와 함께 보는 채용공고**에서 살펴보겠습니다.

2. PM은 무엇을 강점으로 준비해야 할까요?

PM을 한마디로 정의하면 정답이 없는 스토리를 풀어나가야 하는 직무입니다. 따라서 PM을 준비하고 싶은 분은 다른 엔지니어를 준비하는 분과 준비하는 방향성이 달라야 합니다. 아래는 제가 생각하는 PM이 되기 위한 최소한의 정량적 강점을 나열해 보겠습니다.

- **1순위:** 프로젝트 리더 경험 – 새로운 문제점을 만났을 때, 해결 방법 제시
- **2순위:** 커뮤니케이션 스킬 – 문제 해결을 위한 회의 진행, 담당자와의 협상 스킬
- **3순위:** 외국어 역량 – 영어가 가장 중요
- **4순위:** PPT 작성능력 – 하루의 일과는 PPT로 시작하여 PPT로 끝납니다.

최근 중요도가 높아진 것은 바로 외국어 역량입니다. 자동차 업계가 순수 국내 협력사와 업무를 하기보다는 외국에 있는 우수한 협력사, 해외 연구소/공장 가동률 확대 등 외국 비즈니스를 확대하고 있는 추세입니다. 그래서 PM뿐만 아니라 엔지니어가 영어로 의사소통을 하는 경우가 상당히 많아졌습니다. 저 또한 입사할 때만 해도 영어를 전혀 못 하고, 오픽 IM2 성적을 겨우 취득했던 기억이 납니다. 그러나, 어느 시점에 해외 차종 프로젝트로 갑자기 전환되면서 영어를 하나도 할 줄 몰라 많은 어려움을 겪었던 기억도 있습니다. 현재는 외국어 공부를 병행하여 지금도 해외 차종 업무를 수행하고 있습니다. 확실한 것은 영어 능력을 키우는 것은 향후 커리어 개발에 무조건 도움이 되기 때문에, 지금이라도 취업을 준비하면서 영어 공부를 꾸준히 하는 것을 추천합니다.

3. 타 직무 대비 많은 업무를 수행하는 데, 회사에서 보상체계가 다를까요?

안타깝게도 동일 연차 내 보상은 다르지가 않습니다. 이것은 현대자동차뿐만 아니라 다른 대기업도 마찬가지일 겁니다. 다만 회사 내에서 PM이라고 하면 모두가 중요하게 생각하고 그만큼 힘이 있는 부서입니다. 전사를 아우를 수 있는 팀은 바로 PM뿐이며, 그만큼 인정을 받기 때문에 향후 커리어 개발 측면에도 많은 도움이 됩니다. 또한, 임원급(상무/전무)과 직접적으로 업무를 수행하기 때문에 커뮤니케이션 능력이 월등히 향상되며, 중요한 사내 고급정보를 많이 얻을 수 있습니다. 자리가 자리인 만큼 많은 책임감이 따르겠지만, 대기업에서 이렇게 큰 역량을 펼칠 수 있는 가장 베스트인 직무라고 말씀드리고 싶습니다.

MEMO

02 현직자와 함께 보는 채용공고

1 수행직무

차량 프로젝트 관리 직무를 취업준비생 관점에서 이해하기 쉽도록 채용공고에 작성되어 있는 수행직무를 보면서 어떤 업무를 하는지 자세히 살펴보도록 하겠습니다. 차량 프로젝트 관리 수행 직무는 아래와 같습니다.

- **개발 차종 상품성 및 목표 관리**
  - 개발목표 수립, 단계별 품질 확보/점검, 개발목표 달성
- **수익 목표 관리**
  - 개발 차종 수익성 관리(목표 투자비[1], 재료비[2] 달성 등)
- **개발 차종 일정 관리**
  - 개발 차종 일정 수립 및 달성, 신차 개발 활동 등
- **프로젝트 관리 기타**
  - 프로젝트 회의/게이트 심의회 운영, 경영층 의사결정 지원 등

채용공고 차량개발 프로젝트 관리(PM)

주요 업무	관련 전공
• 신차 제품기획부터 양산까지 프로젝트 관리 • 신차 개발 일정/수익성 관리 및 품질/상품성 목표 관리 • 경영층 의사결정 지원 및 차량개발 프로젝트 기획 및 관리	• 기계, 자동차, 전기/전자, 산업공학

[그림 1-1] 현대자동차 차량개발 프로젝트 관리 채용공고 ①

---

1 [10. 현직자가 많이 쓰는 용어] 1번 참고
2 [10. 현직자가 많이 쓰는 용어] 2번 참고

차량 프로젝트 관리 직무는 삼성그룹 채용 공고의 Job Description처럼 구체적으로 작성되어 있지 않아서, 해당 업무들을 수행하기 위해서 구체적으로 어떤 역량을 발휘해야 할지 머릿속으로 그리기 어려울 것입니다. 특히나 모든 직무가 '관리'로 끝나다 보니, 정답이 없는 직무라는 것을 캐치했을 것으로 생각합니다.

그래서 PM 직무를 지원하고자 하는 분은 "내가 하나의 개발 차량을 책임지고 주도하여 모든 사람을 이끌 수 있을까?"라는 질문을 해보고, "Yes!"라고 답할 수 있는 분들은 언제든지 환영합니다. 그럼 각 수행직무에 대해 어떤 업무를 수행하는지 알아보도록 하겠습니다.

첫째, 개발차종 상품성 및 목표관리는 담당하게 되는 하나의 차량(프로젝트)을 어느 수준으로 개발할지 수치화하여 상품성을 예측하고 목표를 수립하여 관리하는 과정을 말합니다. 예를 들면, 크게 자동차를 정지 상태에서의 상품성과 주행 상태에서의 상품성으로 분류하고, 해당 사양들을 각 범주에 맞게 분류하여 목표를 수립하는 것입니다. 정지 상태에서는 시트, 공조, ADAS[3] 등 자동차에서 소비자가 직접적으로 사용하는 사양의 수준, 조작 편의성, 공간성 등 다양한 인자를 고려하여 해당 개발목표를 숫자로 표시합니다. 그리고 주행 상태에서는 NVH[4], R&H[5], 엔진 동력성능, 연비 등 자동차를 주행하면서 소비자가 인지하는 상품성에 대한 지표를 수치화하여 개발목표를 수립합니다.

이러한 개발목표 수립내용을 기반으로 최종적으로 제품개발 계획을 수립합니다. 흔히 기획서나 제안서라는 단어로 명명되며, 해당 장표에는 프로젝트의 추진 배경부터 시장/소비자 분석, 상품성 목표 및 주요 사양별 개발항목까지 적게는 20장 많게는 50장까지 제안서를 작성합니다. 해당 제안서는 프로젝트를 개발하는 데 모든 부문에서 바이블처럼 활용하는 보고서로, PM에서는 해당 제안서를 만들기 위해 많은 시간과 노력을 기울입니다.

이렇게 수립된 개발목표는 연구소/품질 부문에서 공식적으로 관리하는 수치로 설정되며, 개발 단계별로 경쟁차 비교 평가를 통한 수치 검증, Proto[6]/Pilot[7] 단계의 개발 차량 실차 점검을 통해 최종 양산 차량의 개발목표를 검증하고 달성하는 업무를 수행합니다.

둘째, 수익 목표 관리는 담당하고 있는 개발 차량의 재료비와 투자비가 정해진 가이드에 달성할 수 있도록 목표를 협의하고 관리하는 이벤트를 말합니다. 차 한 대의 전체 부품에 재료비가 얼마인지 추정하고, 재경본부(수익성을 관리하는 조직)가 제시하는 목표 재료비를 달성할 수 있는지 각 부문의 달성계획을 바탕으로 최종 협의합니다. 재료비를 달성하기 위해서는 여러 인자(부품 단가, 재료의 시세 변동성, 임금 인상, 환율 변동성 등)를 고려해야 하며, 예측에 벗어났을 때는 차량을 양산할 때까지 지속적으로 협의가 필요합니다.

다음은 투자비 목표 관리입니다. 해당 차량 양산에 필요한 공장(생산기술) 설비 투자비, 공장 운영비, 협력사 금형 제작비, SW 개발비 등 일시금으로 지급되어야 하는 항목에 대한 비용을 관

3 [10. 현직자가 많이 쓰는 용어] 3번 참고
4 [10. 현직자가 많이 쓰는 용어] 4번 참고
5 [10. 현직자가 많이 쓰는 용어] 5번 참고
6 [10. 현직자가 많이 쓰는 용어] 6번 참고
7 [10. 현직자가 많이 쓰는 용어] 7번 참고

리해야 합니다. 해당 비용을 심의하는 것은 PM의 권한이며, 적정한 비용으로 추정되었는지 과거의 사례와 타 프로젝트의 Case를 비교, 분석하여 최종 투자금액을 제시할 수 있어야 합니다.

재료비/투자비를 최적화하여 추정했음에도 불구하고, 추가적인 수익 확보를 위해서는 본사 상품 부문과 차량 판매 가격을 상향하는 등 기타 비용에 대해서도 수익 확보를 위해 별도의 요청 가능합니다. 이러한 모든 인자를 고려하여 차량이 양산될 때까지, 목표한 재료비/투자비를 달성하는 방안을 수립하고 진행 현황을 항상 체크해야 합니다.

셋째, 개발 차종 일정 관리는 사내에서 업무 표준으로 제정된 가이드를 따라서 각 개발 차종 Case에 맞게 개발 일정을 수립하고, 이벤트별 진행 현황을 이행하는 업무를 수행합니다. 아래 그림은 신차 개발업무를 수행하는 데 진행되어야 하는 메이저 개발 일정입니다. 크게 네 가지 카테고리(선행기획 단계, 상품기획 및 디자인 단계, 제품개발 단계, 양산준비 단계)로 나눌 수 있으며, 실제 수행하는 상세 업무는 이보다 더 많은 업무를 수행해야 합니다. 해당 기준은 신차 개발(FMC, Full Model Change) 프로세스를 따르고 있으며, 부분 변경(Facelift) 모델은 별도의 프로세스를 따라 개발업무를 수행합니다.

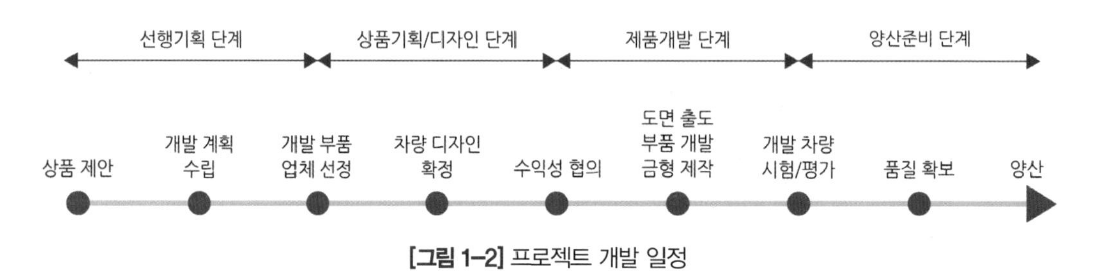

[그림 1-2] 프로젝트 개발 일정

하지만, 모든 개발 일정은 업무 표준을 그대로 따라서 개발되지 않습니다. 예측하지 못한 문제 발생 시, 개발 차종 프로젝트 현상에 맞게 개발 일정을 수정하여 계획을 수립하고 전사 차원의 공감대를 형성한 후에 프로젝트 개발을 추진할 수 있습니다. 결론적으로 일정 관리는 사내에서 제정된 업무 프로세스를 따르되, 문제 발생 시 PM이 각 부문의 의견을 수렴하여 최적의 시나리오를 수립하고 프로젝트를 추진할 수 있도록 방향성을 제시할 수 있어야 합니다.

넷째, 기타 업무는 위의 세 가지 업무를 수행하는 데 있어 부수적으로 진행되어야 할 모든 업무를 말합니다. 목표나 일정 관리는 모두 프로젝트 회의를 통해 결정이 필요하며, 경영층의 결심을 통해 프로젝트의 방향성을 결정하는 경우도 있기 때문에 이를 대응하기 위한 회의체도 구성해야 합니다. 여기서 추가로 언급된 게이트 심의회는 현업에서 사용하는 단어이긴 하지만, 취업준비생 입장에서는 중요한 단어가 아니고 어떤 업무를 진행하는지 추측하기도 어렵기 때문에 해당 내용은 제외하도록 하겠습니다.

이처럼 차량 프로젝트 관리 직무는 관리 업무를 수행한다고 정의했지만, 실제 Activity는 굉장히 다양하게 수행되어야 합니다. 모든 현안이 동시다발적으로 발생하기 때문에, 현안별로 우선순위를 설정하여 개발 일정을 관리하는 능력이 가장 중요한 직무입니다.

2 지원 자격

채용공고 차량개발 프로젝트 관리(PM)

지원 자격
• 학교를 졸업하였거나, 졸업 예정자(학사 또는 석사 학위 소지자) • 자동차공학, 기계공학, 전기/전자, 산업공학을 전공하신 분 • 최근 2년 내 취득한 다음의 영어성적을 보유하고 있는 분 : SPA, TOEIC SPEAKING, TEPS SPEAKING, OPIC(영어) ※ 영어를 공식어로 하는 국가에서 학위를 취득한 경우, 영어성적 불요

[그림 1-3] 현대자동차 차량개발 프로젝트 관리 채용공고 ②

석사 학위로 최종 합격 시, 2년의 경력으로 인정됩니다. 공학적 지식을 다루는 분야이므로 공학 계열을 우대하는 경향이 있습니다. 최근 대기업 채용 트렌드로는 스피킹 성적만 인정됩니다. 토익 성적은 인정되지 않습니다.

03 주요 업무 TOP 3

주요 업무는 위에 채용 공고에서 언급했었던 4가지 업무와 유사합니다. 따라서 이번 파트에서는 채용 공고에 명기되어있지 않는 업무 중에서 입사하면 **반드시 담당하는 중요한 업무 세 가지**를 소개하겠습니다. 해당 업무들은 현업에서 반복으로 진행해야만 할 수 있는 잡무로 분류되지만, 하나의 자동차를 양산하기까지 필요한 업무를 소개하고자 합니다. **2 그 외 기타 업무** 내용은 실제 면접에서 다루어지지 않는 업무 리스트이지만, 실제 현업에서 수행하는 업무의 이해도를 높이기 위하여 설명된 내용임을 명심하시기 바랍니다.

1 주요 업무 TOP 3

1. 설계 BOM과 연계되는 연구소 사양 리스트 작성 및 옵션 운영안 제작 지원

설계 BOM(Bill Of Materials)을 구성하기 위해서는 회사 내부 시스템에 등재가 필요합니다. 이를 등재하기 위해서는 어떤 시스템을 구성해야 하는데, 하나의 차종에는 전체 사양서를 구성해야 하는 규칙이 있습니다. 이를 바탕으로 차량의 개발 사양 리스트, 지역별 개발 사양 리스트를 점검하고 향후 해당 리스트를 바탕으로 Proto/Pilot 단계 용도차 사양 구성이 가능합니다. 이 리스트를 바탕으로 실제 차량으로 검증해야 할 용도차 사양을 구성하고, 양산 이후에도 해당 리스트를 바탕으로 사양을 추가 개발하거나 삭제합니다. 결론적으로 한 차량당 부품이 평균 2만 개 이상임을 감안하면, 연구소 사양 리스트에서 관리하는 부품 수가 상당히 많다는 것을 추측할 수 있을 것입니다. PM은 해당 사양을 모두 총괄하는 권한이 있으므로, 모든 부품이 어떻게 구성되는지 알아야 합니다.

이 사양서는 모든 부품이 잘 구성되어 있는지 한 눈에 볼 수 있도록 PM이 전체 수정할 수 있는 권한을 부여받습니다. 오류가 있다면 해당 설계팀에 조치를 취할 수 있도록 알려주고, 서로 상대측 부품에 대한 오류 발생 시 해당 문제를 해결할 수 있도록 협의체를 형성해야 합니다. 상품팀에서는 해당 사양서를 바탕으로 소비자가 선택할 수 있는 사양 리스트를 제작하는데, 이를 소비자가 현대자동차 홈페이지에서 선택할 수 있는 사양(흔히 옵션이라고 부름) 리스트가 완성됩니다. 해당 사양 리스트는 PM과 연구소, 상품, 재경팀의 많은 협의를 통해 결정하며, 이 모든 것이 BOM 리스트를 기반으로 생성되는 구조를 이해하는 것이 중요합니다. 결국, 연구소 사양서가 완벽해야만 소비자가 받는 차량의 사양 구성이 완벽해지는 것이므로 해당 업무는 굉장히 중요합니다.

그랜저

※ 선택 품목을 포함한 최종 가격은 개별소비세 최대 인하 금액에 따라 상이 할 수 있습니다.(최종 판매가는 견적서 확인 필요)
※ 모든 선택 품목 가격은 개별소비세 감면 전 기준으로 표기 하였으며 개별소비세 감면액이 반영된 실제 판매가는 견적시 필히 확인 바랍니다.
※ 본 가격표 상의 품목(사양, 컬러 등) 및 가격은 차량 신규 이벤트나 성능 개선, 관련 법규, 당사 사정에 따라 예고 없이 변경될 수 있습니다.

단위 : 원

구분	판매가격 공급가액(부가세)	기본 품목	선택 품목
Premium (프리미엄)	34,550,000 31,409,091(3,140,909) 개별소비세 3.5% 적용 시 33,920,000	• **파워트레인/성능** : 스마트스트림 가솔린 2.5엔진, 스마트스트림 8단 자동변속기, 전동식 파워 스티어링, 통합 주행 모드, 전자식 변속버튼 • **지능형 안전 기술** : 전방 충돌방지 보조(차량/보행자), 차로 이탈방지 보조, 운전자 주의 경고, 전방차량 출발 알림, 하이빔 보조, 차로 유지 보조 • **안전** : 9에어백 시스템(앞좌석 어드밴스드, 운전석 무릎, 앞/뒷좌석 사이드, 전복 대응 커튼), 급제동 경보기능, 유아용 시트 고정장치(2열 2개), 후석 승객알림 • **외관** : 반광 크롬 라디에이터 그릴, Full LED 헤드램프(프로젝션 타입), LED 주간주행등, LED 방향지시등(앞), LED 리어콤비램프, LED 보조제동등, 17인치 알로이 휠 & 타이어, 이중접합 차음유리(윈드실드, 1열/2열도어), 자외선차단유리(전체도어), 아웃사이드 미러(열선, 전동조절, 전동접이, LED 방향지시등), 퍼들램프, 도어 포켓 라이팅(앞), 듀얼 머플러, LED 번호판 램프 • **내장** : 클러스터(12.3인치 컬러 LCD), 터치식 공조 컨트롤러, 패드프린트 디자인(도어트림 가니쉬), 가죽 스티어링 휠(열선포함) • **시트** : 천연가죽 시트, 운전석 8way 전동시트, 운전석 2way 럼버서포트, 동승석 4way 전동시트, 전좌석 열선시트, 뒷좌석 고급형 암레스트 • **편의** : 버튼시동 & 스마트키, 패들쉬프트, 듀얼풀오토 에어컨(오토 디포그/미세먼지 센서/공기청정모드), 마이크로 에어 필터, 도어 글라스 통합 컨트롤, 크루즈 컨트롤, 전동식 파킹 브레이크(오토홀드 포함), 전방/후방 주차 거리 경고, 후방 모니터, 스마트 트렁크, 세이프티 파워 윈도우(전좌석), 하이패스 시스템, ECM 룸미러, 레인센서, 파워아웃렛(1열 1개, 2열 1개), USB 충전기(1열 1개, 2열 1개) • **인포테인먼트** : 12.3인치 내비게이션(블루링크, 폰 프로젝션, 현대 카페이), 일반 오디오 시스템(8스피커, 라디오, MP3, 블루투스 핸즈프리)	프리미엄/익스클루시브 공통 선택 품목 ▸ 파노라마선루프 [1,100,000] ▸ 헤드업디스플레이 [1,000,000] ▸ 빌트인캠 플러스 [750,000] 엔진선택품목 ▸ 가솔린3.3+랙구동형전동식파워스티어링(R-MDPS)+18인치알로이휠&미쉐린타이어 [2,900,000] ▸ 현대 스마트센스 [1,050,000] ▸ 프리미엄 초이스 [750,000] ▸ 파킹 어시스트 플러스 [1,050,000] ▸ 18인치 알로이 휠 & 미쉐린 타이어 (스마트스트림 가솔린2.5 선택 가능) [450,000] ▸ 19인치 알로이 휠 & 미쉐린 타이어 (가솔린 3.3 선택가능) [350,000]

[그림 1-4] BOM 리스트 기반으로 작성된 옵션 운영안 (출처: 현대자동차)

2. 투자비 사용계획 작성 및 예산 사용 통제

하나의 차량 개발을 위해 많게는 수천억까지 비용이 발생합니다. 이를 승인받기 위해서는 모든 부문의 투자비 사용계획을 점검해야 하며, 비용을 축소하는 목표를 할당받으면 이를 달성하기 위해 더욱더 꼼꼼하게 투자비 발생 내역을 체크해야 합니다. 그만큼 모든 부문에 대해 전문가 수준으로 알면 가장 좋겠지만, 현실적으로는 모든 내용을 디테일하게 파악하기는 어렵습니다. 이를 검증하기 위해서는 자신의 경험도 중요하지만, 타 프로젝트에서 얼마만큼의 비용을 잡았는지 참고하여 자신이 담당하고 있는 프로젝트의 비용을 추정하는 것도 하나의 방법이 될 수 있습니다.

승인받은 예산은 바로 사용할 수 없습니다. 은행으로 비유를 하자면 현재 통장에 잔고가 형성이 된 것이며, 이를 인출하기 위해서는 여러 조건이 있습니다.

첫째, 승인받은 예산은 연도별로 사용계획을 제출하고, 승인된 비용만 사용할 수 있습니다.

둘째, 예산을 사용하는 도중 예측하지 못한 초과 비용 발생 시, 타 팀의 예산을 빌려서 사용할 수 있습니다.

셋째, 타 프로젝트 간의 비용 이관은 절대 불가능하며, 반드시 동일 프로젝트 내에서 예산을 확보해야 합니다. 비용 초과 시, 추가 품의를 통하여 비용 확보가 가능합니다.

이외에도 수많은 조건이 있지만, 모든 팀에서 예산을 잘 사용할 수 있도록 주기적인 공지가 필요합니다. 또한, 해당 프로세스를 잘 이해하지 못한 경우에는 비용 산정에 문제가 없도록 업무를 지원하여 실제 개발비용 청구 시 부족하지 않게 안내를 해야 합니다.

3. Proto/Pilot 용도차 사용계획 점검

최적의 개발품질을 확보하기 위해서는 각 부서에서 신청한 만큼 용도차를 제작하면 좋겠지만, 그것 또한 비용 낭비이기 때문에 최적의 평가 계획을 수립하여 최소한의 용도차로 개발 품질을 점검할 수 있도록 평가 계획을 검증합니다. 자동차 한 대당 판매 가격을 고려하면, 그랜저 제작 계획을 4대만 축소해도 약 1억 원의 비용을 절감할 수 있는 효과가 있습니다.

제작된 용도차는 완벽한 품질 검증을 위해 해외 현지 평가를 진행합니다. 또한, 해외공장 프로젝트 시 Pilot 용도차는 해외공장에서 생산하여 마지막 검증을 진행하는 경우도 있습니다. 금형을 국내에서 만들어서 해외공장으로 이관하는 경우, 국내에서 검증했던 공장 상황과 다르기 때문에 현지 공장에서 생산한 차량을 바탕으로 마지막 평가를 하기도 합니다.

2 그 외 기타 업무

프로젝트의 완성도를 높이기 위하여 기타 제반 업무를 조율하고 향후 계획을 수립합니다. 이를 위해서는 사무실에서만 업무를 수행하지 않고, 필요에 따라서 오프라인 회의에도 참석하여 회의를 주도합니다.

〈표 1-1〉 차량 프로젝트 관리(PM) 기타 업무

업무	상세 내용
용도차 평가	담당하는 차량의 개발수준을 인지하고 개발 방향성을 명확화할 의무가 있습니다.
출장계획 수립	개발단계에 필요한 정보를 수집하기 위해 현지 소비자 조사, 경쟁차 시승 평가, 현지 개발 방향성 점검 등 다양한 출장을 주도하고 해당 계획을 수립하여 추진합니다.
개발차 품질 확보 지원	각 용도차 단계별 품질 확보 수준은 업무 표준으로 정해져 있으나, 해당 품질 수준을 확보하기 위한 달성 책임은 PM에게 주어져 있습니다. 이를 확보하기 위하여 관련 부문과 품질 확보 달성방안을 확정하고, 향후 계획을 수립합니다.
리스크 매니지먼트	A라는 부품을 개발하면 발생하게 되는 Side Effect를 예측하여, 발생할 문제를 사전에 검증하고 문제 발생 시에는 해결방안을 모색하기 위하여 관련 팀의 협의를 이끕니다. 필요시 실제 차량 평가 계획을 수립하여 검증하는 이벤트도 구성하고, 이를 검증하기도 합니다.

에피소드 **가장 힘들었던 업무**

가장 힘들었던 업무는 동일 국가에 진출하고 있는 6개의 프로젝트의 상황을 정리하고, 이에 대한 투자비 집행계획서를 보고하고 승인받은 것이었습니다.

자신이 담당하고 있는 프로젝트의 투자비 집행계획서를 보고하고 승인을 얻는 것은 최소 한 달의 기간이 소요됩니다. 그러나 상황의 시급성과 모든 프로젝트가 동시에 같은 사양을 개발해야 하는 공통점을 감안하여, 제가 담당자로 지정되어 해당 투자비 승인을 주도하게 되었습니다.

각 PM 담당자분들께서는 본인 차종에 해당하는 자료를 정리해서 주지만, 타 프로젝트와 비교했을 때 상이한 부분을 보정하고 이를 정리해서 보고하는 것은 정말 어려운 일이었습니다. 같은 사양을 개발하고 대응하는 것이지만, 차종마다 개발 전략도 상이하고 판매 전략도 엄청 다르다는 사실이 놀라웠습니다.

업무의 효율성을 위해서 누군가가 모든 프로젝트의 현황을 점검하고, 차이분에 대한 보정 작업을 진행해야 하지만, 그만큼 차종을 개발하는 시야를 넓힐 수 있는 좋은 기회였습니다. 이를 정리하는 것이 굉장히 힘들었지만, 인접 차급의 상황을 파악하여 개발 현황을 모니터링 해야 한다는 중요성을 깨닫게 되었고, 역량이 한 층 성장하게 된 계기였습니다.

04 현직자 일과 엿보기

● 프로젝트를 진행 할 때

아래 시간표는 집필 당시 진행했던 프로젝트 종류와 현안을 정리해놓은 장표입니다. PM은 자신이 담당하는 차종만을 대표로 하겠지만, 하나의 프로젝트에는 수많은 파생 프로젝트가 추가될 수도 있습니다. 단일 공장에서 생산되는 차종을 담당하면 1개의 프로젝트만 진행합니다. 하지만 한 개의 모델이 여러 지역, 여러 공장에서 생산되는 차종을 담당하면 관리해야 할 프로젝트의 개수가 늘어납니다. 해당 업무는 혼자 하는 것은 아니며, 차종을 총괄하는 담당자가 적당한 업무 배분을 통해 동시다발적으로 현안을 점검합니다. 결론적으로 저는 총 7개의 프로젝트를 동시에 수행하고 있습니다. 크게는 A / B / C 3개의 프로젝트를 수행하고 있으며, 뒤에 붙어 있는 숫자는 파생 프로젝트를 의미합니다.

〈표 1-2〉 일일 업무 시간표

	오전 업무 (08:00 ~ 12:00)	점심	오후 업무 (13:00 ~ 17:00)
공통 업무	메일 확인 / 문의 대응	• 점심식사 • 티타임 • 산책	메일 확인 / 문의 대응
프로젝트 A (양산준비 단계)	• Pilot 용도차 제작현안 점검 • 인증 계획 / 평가일정 수립		• 현안 점검 회의 진행 (13:30) 회의록 작성
프로젝트 A-1 (양산준비 단계)	• Pilot 용도차 제작 사양 점검		(오전 업무 지속)
프로젝트 A-2 (제품개발 단계)	• 신규 개발 사양 리스트 점검 (부품별 개발 일정, 현안 등)		• 현안 점검 회의 진행 (14:30) 회의록 작성
프로젝트 A-3 (선행기획 단계)	• 신규공장 투입방안 점검, 수익성 점검 등		(오전 업무 지속)
프로젝트 B-1 (양산준비 단계)	• Pilot 용도차 품질 확보방안 점검		• 현안 점검 회의 진행 (16:00) 회의록 작성
프로젝트 B-2 (선행기획 단계)	• 신규 개발 사양 리스트 점검 (부품별 개발 일정, 현안 등)		(오전 업무 지속)
프로젝트 C (상품기획/디자인)	• 개발 사양 리스트 전산화 • 개발현안 점검(국가별 법규, 중량, 동력성능, 연비 등)		(오전 업무 지속)

모든 프로젝트는 앞서 설명해 드렸던 4가지 카테고리로 나누어져 업무를 수행하는데, 〈표 1-2〉와 같이 개발 단계가 모두 상이한 것을 볼 수 있습니다. 정해진 개발 일정을 준수하기 위해서는 프로젝트별로 점검해야 하는 업무가 다르므로, 각 단계에서 중요하게 생각하는 업무를 사전에 점검하는 것이 중요합니다. 이후에는 우선순위를 결정하여 중요한 순서대로 업무를 추진합니다. 그럼 프로젝트 1개당 어떤 업무를 수행하는지 상세하게 볼 수 있습니다.

1. 공통 업무

하루 일과는 메일을 확인하며 시작합니다. 동시에 여러 프로젝트가 진행되기 때문에 하루 평균 50통의 메일을 읽고 회신을 합니다. 또한, 관련 부문의 문의가 많은 편이라 하루 평균 20통의 전화를 받고, 30통 이상의 메신저 쪽지를 받습니다. 프로젝트를 추진하면서 관련 상황을 가장 빠르게 전달받을 수 있는 부문이 PM이기 때문에, 타 부서의 질의응답에 대응하는 것도 굉장히 중요한 일입니다.

2. 프로젝트 A: Facelift 모델 개발(양산준비 단계)

A 프로젝트는 현재 양산 4개월을 앞두고 있어, 양산을 진행하기 전 마지막 Pilot 용도차를 제작하여 최종 품질 검증을 하는 이벤트만 남아있습니다. 이를 검증하기 위해 마지막으로 최종 확인을 위한 용도차를 생산하고 있으나, 최근 반도체 부족 현상, 일부 품목의 품질 확보 수준 미흡으로 현안이 발생했습니다. 이를 점검하기 위하여 각 부문의 의견을 수렴하고, 대응 방안을 확정하기 위해 13시 30분부터 약 1시간 동안 회의를 진행하여 관련 부분의 진행 현황을 점검합니다.

두 번째로는 차량을 판매하기 위해서는 인증장 취득이 필요합니다. 이를 위해서 모든 엔진/변속기, 연비 Variation을 검토하여 인증장 취득 계획을 수립합니다. 일정 내 인증장을 취득하기 위해서는 차량별로 사전 평가 일정을 수립하고, 사전 결과가 좋지 않은 점을 대비하여 플랜B도 수립합니다.

3. 프로젝트 A-1: 양산준비 단계

A-1 프로젝트는 A 프로젝트의 첫 번째 파생 프로젝트로 앞으로 다가오는 Pilot 제작이벤트를 준비하고 있습니다. 용도차를 생산하기 위해서는 가장 먼저 점검해야 할 용도차별 제작 사양을 점검하고, 해당 사양 리스트가 이상이 없는지 연구소 관련 부문과 점검을 진행합니다. 점검 후 이상이 없으면 해당 리스트를 공장 생산 부서와 구매 부서에 전달하여 실제 부품 발주를 진행할 수 있도록 업무를 지원하게 됩니다.

4. 프로젝트 A-2: 제품개발 단계

A-2 프로젝트는 A 프로젝트 양산 이후 1년 뒤에 있을 23년식 모델을 준비하는 프로젝트입니다. 현재 제품개발 단계로 어떤 사양을 개발할지 개발 사양 리스트를 점검하고, 초안으로 세워놓은 개발 일정에 영향은 없는지 부품별로 현안 점검을 진행합니다. 그러나 해당 일정에 문제가 발생하는 부분이 생겨 14시 30분부터 약 1시간 동안 회의를 진행하여 관련 부분의 점검 결과를 검토하고 향후 대책을 수립합니다.

5. 프로젝트 A-3: 선행기획 단계

A-3 프로젝트는 선행기획 단계로 신규지역에 진출하기 위한 상품 본부의 제안이 있어, 관련 현안을 점검하는 프로젝트입니다. 신규지역에 진출하다 보니 다른 공장에서 생산하는 방안을 검토하고 있으며, 수익성 등 기타 이슈를 점검하고 있는 상황입니다. 앞서 설명했던 차량의 재료비/투자비를 점검 완료하였고, 모든 부품과 생산 설비의 준비 기간을 고려하여 프로젝트 추진 여부를 검토하고 있습니다. 해당 프로젝트는 현재 부문별 의견이 정리되어, 최종 결정을 위해 사장님 보고를 준비하고 있습니다.

6. 프로젝트 B: New Model 개발완료

B 프로젝트는 개발이 완료된 프로젝트이므로, 아래와 같이 파생 프로젝트만 기입해 두었습니다.

7. 프로젝트 B-1: 양산준비 단계

B 프로젝트는 A와 다른 컨셉으로 생산 중인 프로젝트로, 비슷한 시점의 양산을 앞둔 양산준비 단계의 프로젝트입니다. 지난달 Pilot 용도차 개발 수준을 점검했지만, 품질 확보에 대한 이슈가 다수 발생하여 품질 확보 방안을 점검하는 이벤트를 수립하고 있습니다. 해당 이슈는 연구소/품질/생산 부문과 모두 연관이 있으므로, 16시부터 회의를 진행하여 향후 계획을 수립하고 후속 업무를 추진하게 됩니다.

8. 프로젝트 B-2: 선행기획 단계

B-2 프로젝트는 B-1 프로젝트의 23년식 모델을 준비하는 프로젝트입니다. A-3 프로젝트와 거의 유사한 프로세스로 진행 중이며, A-3 프로젝트와는 다른 신규 개발 사양이 제안되어있기 때문에 별도의 점검이 필요합니다. 그러나 A-3 프로젝트에서 사전에 검토되었던 현안을 참고하여, B-2 프로젝트의 리스크를 감소시키는 효과를 얻게 되었습니다.

9. 프로젝트 C: FMC 모델 개발(상품기획/디자인 협의 단계)

C 프로젝트는 A 프로젝트의 후속 신차(FMC) 프로젝트로, 현재 상품 기획/디자인 점검 단계에서 관련 액티비티를 점검하고 있습니다. FMC는 New Model과는 다른 용어입니다. FMC는 기존에 개발되었던 차량의 후속 모델을 의미하고, New Model은 말 그대로 시장에 진출한 적이 없는 신규 차량을 의미합니다. C 프로젝트는 차량을 개발하기 위해 기초가 되는 개발 사양 리스트 초안을 작성하여 관련 부문의 의견을 점검 중인 상황입니다. 추가로 해당 리스트를 기반으로 현안이 되는 사항들을 디테일하게 점검하여, 실제 개발에 문제가 없는지 연구소와 생산기술 부문과 같이 검토하게 됩니다. 해당 이벤트는 현재 부문별 의견을 수렴 중이며, 차주 회의를 통해 부문별 의견을 교환할 예정입니다.

추가로 개발 사양들은 차량의 디자인과 밀접한 연관이 있기 때문에, 모든 점검은 디자이너들과 의견 교류를 통해 논의가 필요한 상황입니다. 또한, 정해진 수익 목표가 있기 때문에 가용할 수 있는 예산 한도 내에서 최고의 상품 가치를 구현할 수 있도록 상세 협의가 필요한 단계입니다. 해당 업무 단계는 PM에서 가장 목소리를 크게 낼 수 있는 단계로, 선행 기획을 디테일하게 한 만큼 해당 프로젝트의 완성도를 높일 수 있는 아주 중요한 단계입니다.

참고 내 담당 프로젝트만 잘 하면 될까?

PM은 담당 차종의 프로젝트를 리딩하지만, 인접 차급에서 동시에 개발하고 있는 타 PM과의 업무 협업이 과연 중요할까요? 결론은 타 PM과의 업무 협업은 굉장히 중요합니다.

PM은 하나의 프로젝트 단위로 업무를 진행하지만, 같이 일하는 업무 파트너들은 대부분 같은 아이템을 여러 차종에서 담당하고 있는 경우가 많습니다. 그러다 보면 관련 엔지니어들은 아래와 같은 의문을 많이 가지게 됩니다.

"A라는 프로젝트는 이렇게 진행하고 있던데,
왜 이 프로젝트는 이런 방향성을 가지고 가는 건가요?"

해당 질문을 받으면 우선 먼저 당황스러운 것이 사실이지만, 이 질문은 프로젝트를 리딩하는 입장에서 굉장히 좋은 지적이라고 생각합니다. 물론 프로젝트마다 고유의 특징은 있지만, 해당 질문을 통해 미처 생각하지 못했던 방향성에 대해서도 점검할 수 있게 되는 장점이 있습니다.

또한, 경영층은 여러 차종의 현안을 동시에 점검하다 보니 다른 프로젝트와 비교하여 부합하지 않는 상황에 대한 질문을 많이 합니다. 이에 대응하기 위해 다른 프로젝트의 상황을 파악하고, 이것을 결국 정리하는 결과를 초래합니다.

결론적으로, 나의 프로젝트를 성공하기 위해서는 인접 프로젝트의 상황을 반드시 지속적으로 모니터링 해야 합니다. 또한, 현대/기아는 같은 연구소에서 개발하되, 판매 전략이 다른 브랜드라는 차이점이 있습니다. 이러한 상황을 고려한다면, 타 프로젝트의 전략에 대해서 항상 귀를 기울여야 합니다. 그러다 보면 생각지도 못한 부분에서 팁을 얻게 되는 상황이 많이 발생합니다.

05 연차별, 직급별 업무

일반 직원은 크게 두 가지 명칭으로 부릅니다. 연구원과 책임 연구원으로 나뉘는데, 아직은 삼성이나 SK와 같이 모든 직급을 통합하는 명칭은 검토되고 있지 않습니다. PM 직무는 담당하는 업무를 크게 구분하지는 않습니다. 아무래도 프로젝트를 리딩하는 직급이다 보니, 신입사원으로 입사하면서부터 조그만 프로젝트라도 리딩할 수 있는 역량을 강조하게 됩니다. 그래서 신입사원들도 커뮤니케이션 역량이 중요하며, 임원급에게도 수시로 직접 보고하는 업무를 담당하기도 합니다. 하지만, 실제 업무는 직급별로 차등을 두어 진행이 되고 있어서 연차와 직급별로 하는 업무가 어떻게 다른지 살펴보도록 하겠습니다.

1 연구원(사원~대리급)

1. 하는 일

최근 현대자동차 그룹은 수시 채용으로 전환하면서 신입사원 연수를 최대한 간소화를 하고, 바로 현업 업무에 투입이 되는 제도로 변경되었습니다. 현업 부서도 최종면접 합격발표 시에 명기가 되는 만큼 조기 전력화를 염두에 두고 채용을 진행합니다. 또한, 팀별로 입사 시기가 모두 다르기 때문에 적정 인원수가 모집될 때까지는 현업 업무를 수행하다가 입사 1년 전후로 그룹 신입사원 연수를 진행합니다.

처음 신입으로 입사하면 팀별로 자체 교육을 하는 시기는 모두 다릅니다. 하지만 PM 직무의 경우에는 별도의 교육보다도 담당하는 프로젝트를 직접 경험하면서 배우는 것을 선호합니다. 그 이유는 프로젝트별로 업무를 진행하는 단계가 다를 뿐만 아니라, 모든 업무를 교육으로 먼저 진행하는 데에는 많은 한계가 있기 때문입니다. 바로 업무에 투입되면 당연히 두려움이 많겠지만, 그 부분은 걱정하지 않아도 됩니다. 모든 프로젝트 선배들과 팀 선배들까지 업무를 가르쳐주면서, 바로 일을 수행할 수 있게 많은 서포트를 해주기 때문입니다.

일반적으로 연구원급들은 위에서 언급했던 주요업무 TOP3를 주로 진행합니다. 해당 업무는 책임연구원급에서는 담당하지 않기 때문에 바로 위의 사수나 주변 선배들의 도움을 받아 진행하는 경우가 많습니다. 부수적으로는 책임급 프로젝트 리더(차종장)의 지시를 받아 프로젝트 업무를 진행할 수 있도록 회의 소집, 회의록 작성, 간단한 종합 업무, 보고서 작성 지원 등 다양한 업무를 수행합니다. 아무리 서포트 업무를 수행한다고 할지라도, 해당 업무의 진행결과는 직접 해당 부서의 팀장님이나 상무님/전무님께 보고해야 합니다. 이것이 바로 다른 직무와의 가장 큰 차이점이라고 할 수 있습니다.

2. 커리어 패스

연구원 직급에서 스스로 프로젝트를 리딩하기까지의 역량을 쌓기 위해서는 많은 시간이 소요됩니다. 갑자기 난이도 높은 현안이 발생하는 경우가 많기 때문에 많은 경험을 통해 프로젝트를 성공적으로 리딩하는 커리어를 쌓아야 합니다. 따라서 실제 프로젝트를 리딩하는 차종장이 되기 위해서는 최소 연구원 7년 차 이상이 되어야 가능하다고 판단하기 때문에, 그 전까지는 많은 케이스 스터디를 통해 업무 역량을 향상하는 데 주력해야 합니다.

다음으로는 석사/박사와 같은 대학원을 진학하기를 희망하는 분을 볼 수 있지만, PM 직무에서는 대학원 과정이 실제 업무에 크게 도움이 되지는 않습니다. 그렇기 때문에 회사에서도 PM 직무에서는 대학원 과정을 고려하는 커리어가 존재하지 않습니다. 개인적인 욕심으로 야간 대학원을 다니는 분을 가끔 본 적은 있습니다만, 해당 직무 커리어 패스에는 큰 도움이 되진 않습니다.

마지막으로 자격증입니다. PM 직무에서 가장 유용하다고 생각하는 자격증은 프로젝트 관리 전문가(PMP, Project Management Professional)입니다. 실제 업무를 수행하는 데 이점은 없지만, 많은 분이 관심을 가지고 취득하는 자격증입니다. 응시 자격은 최소 3년 이상의 경력이 있어야 하며, 관련 교육 또한 이수해야 합니다. 해당 자격증은 미국의 프로젝트 관리 협회에서 주관하다 보니 취득 시 국제 자격증으로 인정이 됩니다.

2 책임 연구원(과장급 이상)

1. 하는 일

해당 직급부터는 담당하는 차종을 총괄하여 부사수들과 업무 시너지를 바탕으로 프로젝트를 리딩합니다. PM 직무는 경영층에 직접적으로 보고하는 이벤트가 많다 보니, 많은 보고업무를 부수적으로 진행하게 됩니다. 따라서 책임급 PM 담당자는 차종을 개발하는 것은 물론이고, 임원이나 경영진에게 업무 진행현황을 보고하는 자료에 대응하는 업무를 수행합니다.

2. 커리어 패스

첫 번째는 진급입니다. PM 직무 특성상 10명 내외로 하나의 팀을 구성하는 경우가 많습니다. 그러다 보니 타 팀에 비하면 팀장 이상으로 진급의 기회가 많습니다. 그래서 진급을 바라보고 열심히 업무를 하는 분이 많습니다.

두 번째는 해외 주재원 진출입니다. PM은 모든 업무를 총괄하다 보니, 해외 연구소 PM이나 다른 직무의 주재원 자리로 진출할 수 있습니다. 해외에서 근무해야 하므로 해당 국가에서 자주 사용하는 외국어 역량을 갖춰야지만 지원할 수 있습니다. 또한, 주재원의 직급은 현지에서 팀장 대행의 역할을 수행하기 때문에 주재원 복귀 이후에는 새로운 커리어를 수행할 수 있습니다.

세 번째는 신규 프로젝트에 대한 지원입니다. 최근 현대자동차가 친환경 자동차뿐만 아니라 모빌리티를 중심으로 변화하려는 움직임을 보이고 있습니다. 이러한 신규 프로젝트에는 반드시 PM이 필요하기 때문에 기회가 된다면 새로운 비즈니스를 담당하여 자신만의 커리어 로드맵을 만들 수 있습니다. 직급은 책임으로 업무를 수행하더라도 실제 담당하는 업무 영역은 해당 프로젝트의 리더 역할을 맡게 됩니다. 신규 업무를 진행하다 보면 새로운 프로세스를 정립하면서 업무를 수행해야 하는 어려움이 있지만, 해당 프로젝트가 성공한다면 향후 많은 인정을 받을 수 있는 계기가 됩니다.

참고 현실적으로, PM 직무는 유망한가요?

결론적으로 PM 직무가 관리 직군이다 보니, 종사하고 있는 산업을 제외하면 전문성을 발휘하기가 쉽지 않습니다. 또한, 완성차 PM이라는 직무가 다른 회사로 전향할 만한 기회도 많이 없기 때문에 연구원급 연차에서는 미래 진로에 대해 많은 고민을 하게 됩니다. 이 회사에서 평생 다닌다고 생각한다면 해당하지 않겠지만, 전문성이 있다고 말하기에는 쉽지 않은 것 같습니다. 이런 딜레마에 빠져서 헤어 나오지 못하는 경우에 새로운 커리어로 전향하는 케이스도 많이 봤습니다. 이는 경험했던 업무가 광범위하기 때문에 가능한 것 같습니다(IT 산업의 PM과는 다른 점을 명심하시기 바랍니다).

이제는 평생직장의 시대가 아니기 때문에 PM 직무를 지원하거나 합격한 신입사원분들은 다시 한 번 진로에 대해 진지하게 고민해보기를 추천해 드립니다. 이전에 어떤 선배님께서는 입사하고 해당 직무가 맞지 않는다고 생각이 들면 3년 안에 새로운 커리어를 찾아가라고 말씀하셨던 것이 생각납니다. PM이라는 직무가 생각보다 고독하고 외로운 싸움을 많이 하게 됩니다. 그러다 보면 감정적으로 지치는 경우가 많은데, 이를 PM 직무에 적합성이 맞아서 슬기롭게 헤쳐 나가는 분이 PM 업무를 끝까지 잘 하는 걸 보게 됐습니다. 대부분 사람들과 유기적인 관계 형성에 능하신 분이 재밌게 업무를 하시는 것 같습니다.

마지막으로 강조하고 싶은 것은 PM은 절대로 그냥 대기업 입사의 꿈으로만 버틸 수 있는 직무가 아닙니다. 책임감을 가지고 많은 사람과 협업을 통해 하나의 목표를 지향할 수 있는 리더가 되고 싶은 분들에게 적극 추천해드리고 싶습니다.

3 PM(팀장)

팀장이 되면 그동안 진행했던 하나의 프로젝트를 여러 개 총괄하는 담당자로 승급합니다. 그러다 보니 실제 실무를 수행하기보다는 각 프로젝트에서 발생하는 어려움을 보다 효율적이고 빠르게 해결할 수 있도록 가이드 역할을 수행하게 됩니다. 또한, 신규 프로젝트를 시작함에 있어서 PM의 자격으로 종합적인 판단이 가능하기 때문에 전 부문을 아우를 수 있는 권한이 생깁니다. 해당 업무의 범위는 어떤 회사의 경영진이 한 사안을 결정할 만큼의 업무 퍼포먼스를 발휘할 수 있는 정도라고 할 수 있습니다. 그 이후로는 임원으로 승진한 후에 은퇴하여 협력사의 임원으로 진출하는 경우도 가끔 있습니다.

06 직무에 필요한 역량

1 직무 수행을 위해 필요한 인성 역량

1. 대외적으로 알려진 인성 역량

CUSTOMER
고객최우선

CHALLENGE
도전적 실행

COLLABORATION
소통과 협력

PEOPLE
인재존중

GLOBALITY
글로벌지향

도전 실패를 두려워하지 않으며, 신념과 의지를 가지고 적극적으로 업무를 추진하는 인재
창의 항상 새로운 시각에서 문제를 바라보며 창의적인 사고와 행동을 실무에 적용하는 인재
열정 주인의식과 책임감을 바탕으로 회사와 고객을 위해 헌신적으로 몰입하는 인재
협력 개방적 사고를 바탕으로 타 조직과 방향성을 공유하고 타인과 적극적으로 소통하는 인재
글로벌 마인드 타 문화의 이해와 다양성의 존중을 바탕으로 글로벌 네트워크를 활용하여 전문성을 개발하는 인재

[그림 1-5] 현대자동차 인재상

회사에서 중요하게 생각하는 인재상은 크게 다섯 가지로 분류는 되어있지만, 해당 키워드를 고려하여 자기소개서를 작성하는 것은 사실 의미가 크지 않습니다. 이제는 직무 적합성이 중요한 시대가 되었기 때문에, 내가 지원하는 이 분야에서 어떤 강점을 가지고 업무를 수행할 수 있을지를 더욱 어필해야 하는 것이 현재 채용 트렌드입니다.

결론적으로 인성 역량을 강조하기보다는, 현재 가지고 있는 경험을 바탕으로 지원하는 산업군의 직무와 얼마나 잘 맞는지 논리적으로 설명하는 것이 중요합니다. 자동차 산업을 지원한다고 해서 꼭 자동차 관련 경험만 작성하라는 의미는 아닙니다. 구체적으로 어떻게 자소서를 작성해야 할지는 아래에서 상세하게 설명해 드리겠습니다.

2. 현직자가 중요하게 생각하는 인성 역량

아래 질문을 하나 예시로 들어보겠습니다. 이 책을 읽으시는 분들께서는 아래와 같은 질문을 해본 적이 있는지 한번 스스로에 질문해보길 바랍니다.

"회사 내에서는 어떤 사람이 일을 잘한다고 생각하나요?"

해당 카테고리는 취업 준비생분들과 대화를 나눠보면 직무 관련 질문 다음으로 가장 많이 받는 질문입니다. 이 질문을 받으면서 개인적으로 한 생각은 일을 잘하는 사람의 모습을 따르는 것이 최종 합격을 하는 데 가장 도움이 된다고 느끼기 때문에 이와 같은 질문을 하는 것으로 추정했습니다.

저도 그렇지만 채용을 실제로 담당하는 팀장님이나 임원분들의 의견을 종합해보면, 일을 잘하는 신입사원이 왔으면 좋겠다고 항상 말씀하십니다. 구체적으로 이야기하자면 많은 케이스가 있겠지만 여러 의견을 종합했을 때 가장 많이 나오는 이야기는 딱 두 가지입니다.

(1) 자기 주도적 역량

어떤 업무를 한 가지 지시하면, 대부분 신입사원은 업무를 잘 모르기 때문에 시킨 것에 대해서만 업무 파악을 하고 그 이후는 잘 모르겠다고 하는 경우가 상당히 많습니다. 이는 당연한 현상이지만 개인적으로 한 가지 아쉬운 게 있습니다.

"궁금한 게 있다면 상대방에게 한두 번 정도 더 물어볼 수 있는 건 아닐까?"

입사한지 얼마 되지 않았다면 모든 내용이 낯선 것은 당연한 사실입니다. 그러나 자기주도적 역량을 갖춘 사람이라면, 최소한 모르는 용어에 대해서 파악을 하고 이후 업무를 어떻게 진행할지 조언을 구해야 한다고 생각합니다. 업무를 잘한다고 파악하는 지표는 스스로 그 업무를 얼마만큼 해낼 수 있는지를 보는 것입니다.

예를 들어, 어떤 사람에게 A라는 업무를 지시하고, 30%의 완성도를 요구하는 수준으로 피드백 받는 것을 가정해봅시다. 그런데 50%의 완성도를 갖춘 결과가 나왔다면 이런 결론을 어떻게 도출했는지 논의하게 됩니다. 그 과정에서 기대 이상으로 많은 부분을 고려했다는 디테일함을 보여준다면, 그 직원은 일을 잘한다고 생각됩니다.

결론적으로 일을 잘한다는 것은 일을 지시한 사람의 기대보다 더 많은 결과를 가져오는 것입니다. 신입사원은 완벽한 결과를 도출하기가 쉽지는 않습니다. 조금이라도 더 고민한 흔적을 보여준다면 일을 잘한다는 인식을 심어줄 수 있습니다. 이것만 명심하신다면 일을 잘한다는 평가를 받을 수 있을 것입니다.

(2) 책임감

다른 직무에 비해 타 부문을 리딩하는 업무를 수행하는 경우가 월등히 많기 때문에, 책임감이 그 다음으로 중요한 역량이라고 생각합니다. 업무를 수행하다 보면 다른 부서의 실수로 인해 프로젝트 방향성을 다시 검토해야 하는 경우가 오기도 합니다. 그때마다 남을 탓할 수는 없는 상황이니, 현 상황에서 최선의 방법을 찾기 위해 많은 노력을 해야 합니다. 그 노력은 자신의 프로젝트를 어떻게든 마무리해야 한다는 책임감이 반드시 뒷받침되어야 합니다. 과오와 부주의에 대해 인과관계를 점검하여 같은 상황이 재발하지 않도록 조치를 취하는 것도 필요하겠지만, 그것을 빨리 잊어버리고 새로운 방향성에 집중해야 합니다. 그것이 바로 PM의 숙명이 아닐까 합니다.

이러한 역경을 이겨내고 프로젝트를 다시 정상 궤도에 올려놓는다면, 굉장한 뿌듯함을 느끼게 될 것입니다. 내가 아니었다면 아무도 하지 못했을 것이라는 자부심을 가지고 업무를 진행할 수 있게 될 것입니다. 그것이 다시 프로젝트를 잘 이끌어보자는 마음을 가지게 되는 원동력이 됩니다.

(3) 외국어 역량

최근 해외 업체 또는 해외 연구소/공장 현지인과 업무를 수행하는 비중이 점점 증가하고 있으며, 연구소 내부적으로도 중요 임원이 외국인으로 선임되는 경우가 증가하고 있습니다. 따라서 연구소 내부적으로도 업무를 수행하기 위해서는 글로벌 역량, 바로 외국어 커뮤니케이션 능력이 강조되고 있습니다. 실무뿐만 아니라, 경영층 업무 보고도 외국인 임원이 모두 이해할 수 있도록 영문 버전의 보고서를 동시에 작성하고 있습니다. 물론 번역기를 통해서 업무를 수행해도 되지만, 기본적인 영어 실력이 있는 분들은 외국어 보고서를 작성하는 데 시간을 단축하는 경우를 많이 봤습니다. 또한, 팀장님 이상 보직자분들은 최근 모든 신입사원이 영어 실력을 기본적으로 갖추고 있다고 가정하기 때문에, 외국어 역량을 쌓기 위한 노력을 꾸준히 하시기를 추천합니다.

2 직무 수행을 위해 필요한 전공 역량

결론적으로는 PM 직무에 입사하기 위해서는 채용공고에 적혀있는 전공을 졸업하는 것이 유리할 수는 있겠지만, 공학 계열 전공자라면 지원 가능합니다. 따라서 본 내용은 PM 직무를 입사에 도움이 되는 전공과목 수강 리스트를 추천하는 방식으로 설명하겠습니다.

1. 매니지먼트 관련 교과목 수강

저는 기계공학과를 졸업했지만, 처음부터 매니지먼트 직무에 관심이 있지는 않았습니다. 그러나 PM 직무를 학부생 시기부터 원한다면 매니지먼트 관련 교과목을 수강하는 것도 하나의 방법이 될 수 있습니다. 저는 다시 대학교로 돌아간다면 매니지먼트 관련 타 전공 수업을 여러 개 수강했을 것 같습니다. 예를 들면, 경영학과의 생산운영통제, 조직관리, 오퍼레이션 관리 등 전공기초 과목을 수강하거나, 조금 더 경험을 쌓고 싶다면 선택 전공과목의 경영 또는 매니지먼트 관련 수업을 수강하여 조별 프로젝트의 경험을 해보는 것도 좋은 기회가 될 수 있습니다.

만약 문과 계열 수업은 학점 취득하기가 어렵다고 부담이 된다면, 산업공학과의 전공 필수 또는 전공 선택 과목을 수강하는 것도 좋습니다. 경영학과와 비슷한 과목을 수강할 많은 기회가 있습니다. 생산시스템, 품질경영, 프로젝트 관리 등 공학적인 역량과 매니지먼트 역량을 함께 발휘할 수 있는 경험을 쌓을 수 있을 것입니다.

2. 복수 전공 또는 부전공 선택

마지막으로 "경영학과나 산업공학과를 복수 전공으로 수강하는 것은 어떨까요?"라는 질문을 하실 수도 있을 것 같아서 개인적인 의견을 적어보겠습니다. 사실 매니지먼트 직무에서 강점을 드러내는 것은 주어진 상황에 맞게 프로젝트 리딩을 잘 하는 역량입니다. 따라서 지원하는 분야가 제조업 분야라면 공학 계열을 주 전공으로 학위를 취득하는 것이 좋다고 생각합니다.

자동차 회사 지원 시 하드웨어 측면으로는 기계공학과, 소프트웨어 측면으로는 컴퓨터공학과나 전자공학과 출신을 선호하는 것처럼 자신의 주 전공을 어필하는 것이 좋습니다. 오히려 기계공학과나 전자공학을 복수 전공하는 공학 계열 복수 전공은 더 좋습니다. 예를 들면, 메카트로닉스공학과에서 학부 시절에 많은 프로젝트로 고생한 분들이라면 엔지니어 역량을 쌓고 나서 그 이후에 PM 직무로 전환하는 것도 하나의 방법이 될 수 있습니다. **공대 복수 전공은 발휘할 수 있는 역량이 배가 되겠지만, 그만큼 졸업하기가 매우 힘들기 때문에 자신의 역량을 고려하여 고민해보길 바랍니다.**

> 개인적으로는 대외활동이나 공모전을 선호합니다. 공대 복수 전공은 한 번 더 고민해보세요

3 필수는 아니지만 있으면 도움이 되는 역량

1. 자동차 구조 이해

차량 프로젝트 관리 직무는 모든 설계/시험팀에서 이야기하는 엔지니어링 언어를 이해해야 합니다. 따라서 자동차의 수많은 복잡한 구조를 모두 이해할 수 있는 수준이 되어야 업무를 진행하기 수월합니다. 모든 부품의 위치와 역할을 이해하는 것이 가장 좋겠지만, 그것이 어렵다면 대표적으로 하나 또는 두 개 정도의 시스템을 완벽하게 이해할 수 있는 자동차 지식을 갖추는 것이 중요합니다.

예를 들면, 외장 파트에는 범퍼(전면/후면)[8], 램프(전면/후면), 라디에이터 그릴[9], 스포일러 등 수많은 부품이 존재합니다. 각각의 위치와 역할에 대해서 학습하고 취업에 임한다면 자동차의 관심도를 어필할 수 있을 뿐만 아니라 면접에서 합격 가능성을 높여줄 것입니다.

추가적으로 자작자동차 동아리 활동을 하는 것도 방법이 될 수 있습니다. 자신이 자동차를 개발하는 데 있어 하나의 파트를 담당한다면 관련 지식을 쌓는 데 굉장히 유용한 활동이 될 것입니다. 예를 들어, NVH 또는 R&H 파트 담당이었다면, 이를 개선하기 위해 노력했던 활동을 정리하면서 관련 용어에 대해 조금 더 심화된 내용을 학습하는 것도 하나의 방법이 될 수 있습니다.

2. 프로젝트 리더 경험(+갈등해결 경험)

말 그대로 프로젝트 관리 직무는 관리 업무를 주로 진행하기 때문에 팔로워의 역할보다는 리더의 역할을 잘 수행할 수 있어야 합니다. 이를 증명하기 위해서는 한 프로젝트의 리더로서 성공적으로 프로젝트를 마쳤던 경험이 반드시 필요합니다.

자소서를 작성하거나 면접을 볼 때 여기에서 가장 중요하게 강조해야 하는 역량은 그 결과를 얻기 위해서 어떤 일을 했는지를 구체적으로 이야기하는 것입니다. 목표 설정은 어떻게 했고, 갈등 경험은 어떻게 해결했으며, 위기에 봉착했을 때는 어떠한 가설을 설정하고 접근했는지, 그 결과는 어땠는지 등 프로젝트의 시작부터 마무리까지 각 단계에서 어떤 역할을 수행했는지가 모두 담겨야 합니다.

8 [10. 현직자가 많이 쓰는 용어] 8번 참고
9 [10. 현직자가 많이 쓰는 용어] 9번 참고

수많은 프로젝트 경험 중에서 가장 중요한 것은 **위기관리 능력**입니다. 아무리 마음이 맞는 인원끼리 프로젝트를 진행했다고 할지라도 의견이 충돌하는 경우가 생길 수밖에 없습니다. 대학교 때는 아무리 많아도 10명 정도를 이끌고 프로젝트를 진행했다면, 대기업은 최소 수백 명의 사람을 리딩해야 하는 자리에 있게 됩니다. 심지어 나보다 직급이 높은 사람들이 수두룩합니다. 이러한 환경에서 업무를 잘 수행하기 위해서는 위기관리 능력을 반드시 검증하기 때문에, 갈등 해결을 구체적으로 어떻게 해결했는지를 이야기할 수 있는 수준으로 준비하셔야 합니다. 간혹 마음 맞는 사람들끼리 해서 다툼이 없었다고 말씀하시는 분이 있는데, 그런 프로젝트 경험은 개인적으로는 성공한 프로젝트겠지만 자소서나 면접 때에 어필할 수 있는 경험은 아니라고 생각합니다. 반드시 위기관리 능력을 보여줄 수 있는 경험을 선택하시길 바랍니다.

3. 공모전 참여 경험

공모전은 학점을 취득하기 위해서 반드시 수행해야 하는 대학교 프로젝트와는 다른 성격을 가지고 있습니다. 바로 자발성과 자기 주도적인 역량을 어필할 수 있는 최고의 경험이라는 점입니다. 대학교 생활 동안 기회가 주어진다면 몇 개의 공모전에 참여하여 결과를 받아보시길 바랍니다. 자소서에는 실패 경험을 바탕으로 향후 발전된 모습을 보이는 경험을 써도 됩니다.

07 현직자가 말하는 자소서 팁

현대자동차 자소서는 다른 대기업보다 직무 역량을 더욱 강조하고 있는 것을 확인할 수 있습니다. 결론적으로는 자신이 가지고 있는 역량 중에서 지원한 직무와 가장 잘 맞는다고 생각하는 에피소드를 끌어내는 것이 가장 중요합니다.

많은 분이 가장 오해하는 부분은 자동차 회사에 지원할 때 자동차 관련 경험이 있다면 매우 유리할 것으로 생각하는데, 그것이 꼭 유리한 것은 아닙니다. 아래 질문을 보면 본인이 적합하다고 판단되는 이유 / 본인의 역량을 기술하는 것을 요구하고 있습니다. 자동차 분야와 반드시 엮어야 한다고 하는 단어는 존재하지 않습니다. 여기서 가장 중요한 것은 문항에서 요구하고 있는 내용을 자신의 논리에 맞게 서술하는 것입니다. 추가적으로 자동차 산업에서 일하는 것을 결정하게 된 배경이 있다면 더욱더 설득력 있는 자소서가 될 것입니다.

다음으로 강조하고 싶은 것은 자소서 합격이 최종 합격의 첫 단추를 끼우는 일이지, 그것이 끝이 아니라는 점입니다. 자신이 작성했던 자소서는 면접까지 활용되는 기초 참고자료이므로 자소서를 작성할 때 면접에서도 어필할 수 있는 부분만을 작성해야 합니다. 오히려 자소서에 작성한 소재가 잘못하면 면접에서는 공격의 대상이 될 수 있는 소재가 되기 때문에, 자소서를 작성할 때는 항상 면접을 염두에 두고 작성해야 합니다. 그렇다면 위의 내용을 고려하여 각 문항에 대한 자소서 작성 전략을 알아보겠습니다.

1 현대자동차 자소서 작성하기

1. R&D

해당 공고 및 세부 수행직무를 희망하는 이유와 본인이 적합하다고 판단할 수 있는 이유 및 근거를 제시해주십시오.

해당 문항은 지원동기와 직무 적합성을 요구하는 항목입니다. 항목에서 요구하는 순서대로 작성하는 것이 가장 좋습니다. 자동차 산업을 선택한 이유, 해당 직무를 선택한 이유 그리고 왜 그렇게 생각하는지 정확하게 이 3가지 내용만 들어간다면 문항에서 요구하는 내용을 모두 담게 됩니다.

① 자동차 산업을 선택한 이유

과거의 어떤 경험(프로젝트 또는 자동차 산업 관련 학습/기사 등)이 자동차 산업을 선택하게 된 계기가 됐는지 최대 3문장 이내로 요약하면 됩니다. 작성할 내용이 없다면 생략해도 무방하며, 다음 ②번부터 작성해도 됩니다.

② 해당 직무를 선택한 이유

위의 경험을 바탕으로 해당 직무에서 어떤 기여를 할 수 있는지 자세하게 기입해야 합니다. 1번 문항에서 가장 중요한 부분이기 때문에 최대한 육하원칙에 따라 모든 내용을 담아야 합니다.

③ ①+②를 주장하는 근거

위의 내용을 뒷받침하는 문장이기 때문에 향후 회사에서의 포부를 제시하는 것이 글의 흐름상 가장 좋은 방법입니다. ②번에서 많은 내용을 담기 위해 글자가 모자랄 수는 있지만, 글의 구성을 위해서는 1줄이라도 반드시 작성해야 합니다. ②번에서 끝나면, 결론적으로 하고 싶은 게 무엇인지 궁금하게 되기 때문에 불완전한 문장 구성이 되는 것을 명심하시기 바랍니다.

Q2 본인의 역량을 나타낼 수 있는 주요 전공과목(최대 5개)을 선정하여, 해당 과목에서 습득한 역량 및 성취도(학점)를 기술해 주십시오.

해당 문항은 대학교 학부 수업에서 배운 내용을 기술하는 항목입니다. 학점이 높은 분은 좋은 학점을 바탕으로 어필할 것이 많겠지만, 반대로 학점이 낮은 분은 학점이 상대적으로 높은 과목을 강조할 것입니다. 하지만 강조할 과목이 많이 없는 분은 아예 한 과목만 선정하여 해당 과목에서 있었던 일을 구체적으로 강조해도 됩니다.

추가적으로 전공과목에서 배웠던 역량을 강조하는 방법은 구체적으로 무슨 역량을 배웠는지를 작성하는 것입니다. 열전달이라는 과목을 어필하고 싶다면 전도/복사/대류 열전달의 차이점을 구체적으로 명기하여, 면접 때 관련 질문이 나온다면 바로 대답할 수 있을 정도로 관련 전공 내용을 학습해서 면접에 참여해야 합니다. 또한, 자소서에 작성하지 않은 다른 전공지식을 물어볼 수도 있으니 최대한 많은 면접 기출문제를 확보하여 답변을 미리 준비하는 방식으로 준비하시기를 추천해 드립니다.

2. 제조(생산기술/공장)

Q1 본인의 장점과 단점을 기술해주시고, 단점을 극복하기 위한 노력을 말씀해 주십시오.

해당 문항은 직무 관련 역량 측면으로 장점을 어필하는 것이 가장 좋습니다. 지원자의 주장을 뒷받침할 수 있는 경험이 있다면, 한 줄로 간략하게 설명하여 완성도를 높여야 합니다. 직무 관련 내용이 없다면 성향(성격) 키워드를 제시해도 무방합니다.

단점은 성격 측면의 단점을 언급하는 것이 일반적이며, 단점은 결론적으로 자신의 약점을 드러내는 것이므로 이를 극복하기 위한 노력과 그로 인한 결과는 어떻게 개선되는지 결론을 보여주어야 합니다.

Q2 지원하신 직무에 지원한 동기는 무엇이며, 해당 직무에 대하여 본인이 가지고 있는 강점을 구체적 사례와 함께 말씀해 주십시오.

해당 문항은 R&D 자소서 1번 문항과 동일한 내용을 묻고 있는 내용입니다. 자세한 내용은 앞 페이지를 참고하여 작성하면 됩니다.

Q3 본인이 지원한 직무와 관련된 이슈를 선정하여 그에 대한 본인의 생각을 기술해 주십시오.

해당 문항 작성을 위한 방법은 두 가지로 나누어서 접근할 수 있습니다.

① 직무 관련 경험이 있는 경우

해당 공정/생산 이슈에 관한 내용을 작성하고, 그 경험으로 인해 깨달은 점을 작성합니다. 그다음으로 입사 후에는 이를 기반으로 어떻게 개선하고 싶다는 지원자의 포부를 작성하면 됩니다.

② 직무 관련 경험이 없는 경우

인터넷 검색을 통해 최근 산업 이슈를 먼저 작성합니다. 예를 들면 친환경 자동차로의 전환이라면 해당 이슈가 지원한 직무에 미치는 영향을 작성하여 자동차 산업의 관심도를 먼저 드러냅니다. 이후에는 관련 직무에서 있을 법한 상황을 가정한 후, 이를 기반으로 어떻게 대응할지를 제시하여 지원자의 포부를 작성하면 됩니다.

Q4 본인의 경험 중 가장 의미 있다고 생각하는 경험은 무엇이며, 그 이유에 대하여 말씀해 주십시오.

해당 문항 역시 직무 적합성을 확인하는 문항으로 직무 관련된 경험을 작성하는 것이 가장 좋습니다. 해당 경험이 없다면, 어떤 경험을 바탕으로 지원하는 직무에 관심을 갖게 됐는지, 해당 직무에서 업무를 원활하게 수행하기 위하여 여러 활동을 경험한 후에 이러한 역량을 쌓았다고 어필하면 됩니다.

자동차 관련 기업은 현대자동차뿐만 아니라 현대모비스 /클레무브(구 만도) 등 1차 부품 협력사도 굉장히 많습니다. 결론적으로 자동차 산업의 모든 기업은 직무 역량 어필을 중점적으로 보고 있습니다. 다음은 저자가 여러 기업 자소서에 작성했던 항목들을 예시로 두었습니다. 구체적으로 어필하는 방법을 참고하여 자신의 경험에 맞도록 수정해보길 바랍니다.

2 3가지 대표 문항으로 보는 저자의 합격 자소서 예시

1. 지원동기 (현대자동차 기술경영)

Q1 지원 분야를 선택한 이유와 본인이 이 직무에 적합하다고 판단할 수 있는 근거를 기술해 주십시오.

[기술경영의 중요성]

저는 독특한 기술로 사람의 마음을 훔치는 사람이 되고 싶습니다. 그러나 이 꿈을 이루기 위하여 단순히 뛰어난 제품만을 개발한다는 것은 한계점이 있습니다. 시장의 변화를 감지하고 고객의 요구에 맞게 적절한 제품을 개발하는 사람이 고객의 마음을 훔칠 수 있다고 생각합니다.

기술경영 직무는 시장이 요구하는 전략을 수립하는 회사의 가이드라인이라고 생각합니다. 초기에 가이드라인을 잘 세우면, 개발부터 양산 그리고 판매할 때 예측하지 못한 변수를 보다 능숙하게 대처할 수 있고, 안정성 있는 회사로 거듭날 가능성이 있습니다. 현대자동차는 안정적인 회사 운영을 위해 기술경영 직무에 힘을 싣고 있는 움직임이 보여 지원하게 되었습니다.

제가 기술경영 직무에 적합하다고 판단한 근거는 다음과 같습니다.

① PM 실무경험

저는 반도체 완제품 제조관리 직무를 담당하면서 수많은 유관부서와의 협업이 필요하다고 생각했습니다. 개발/양산 라인, 영업/마케팅, 외주 업체 및 품질보증 부서는 서로 각기 다른 목표를 가지고 있지만, 회사의 안정적인 발전을 위해 PM의 중요성을 깨달았습니다.

산업이 달라도 직무적합성에 맞게 어필 가능합니다.

② 지적재산권의 중요성 이해 및 특허출원 경험

제품을 직접 개발하고 제작하는 프로젝트에서 우리의 지적재산권을 보호하기 위하여 규칙에 따라 특허 도면을 작성하였습니다. 또한, 명세서 및 청구항을 변리사와 함께 작성하여 특허출원을 시도하였습니다.

③ 법 개정/제정 및 기준 마련 실무경험

2022년 한국형 배관건전성관리프로그램 기준마련, 차량용 수소충전소 기준개발[산업부 주관 국책과제 5개년 중 1년 차] 프로젝트의 일원으로서 법 제정 및 기준마련 방안을 기획하는 업무를 경험하였습니다. 이 업무를 통해 한국의 도시가스사업법을 공부하며, 우리나라의 법/시행령/시행규칙 및 기준마련 Process를 이해하였습니다.

Q2 새로운 것을 접목하거나 남다른 아이디어를 통해 문제를 개선했던 경험에 대해 서술해 주십시오.(SK하이닉스 자소서 문항)

[직접 체험하는 실험으로 아이들에게 특별한 추억을 선물하다]

> 지원 산업과 관련된 직무 경험이 없다면, 개인적 경험을 언급하는 것도 가능합니다.

2022년 친구 두 명과 저를 포함한 총 3명이 국립중앙과학관에서 주관하는 과학전시품제작대회에 출전하였습니다. 실험적 경험을 통해 과학을 배우게 하자는 목표의식을 가지고 열심히 임하여 총 세 가지의 아이디어를 제출하였고, 최종 시연에 한 가지의 아이디어가 선정되었습니다. 그 아이디어는 빛의 굴절 현상과 산란 현상을 동시에 잘 보여주는 포그머신을 결합한 프리즘 실험 장치입니다.

기존 방식과의 차이점은 아이들이 눈으로 보는 것으로 현상을 이해하는 것이 아닌, 오감을 활용한 학습으로 오랫동안 기억에 남도록 하는 것이었습니다. 빛과 관련된 이론을 실험하는 장비는 거의 없기 때문에 아이들이 과학 수업을 들을 때 교과서 중심의 이론 공부가 아닌, 실무 중심의 공부를 하기 바랐습니다. 기존의 실험 장치는 빛의 굴절 현상과 산란 현상을 각각 실험할 수밖에 없었습니다. 그 이유는 레이저 빛을 사용해야 하는 위험성 때문이었습니다. 그래서 저희 팀은 빛이 위로 넘어오면 레이저가 꺼지도록 디지털 신호 방식으로 아두이노를 활용하여 간단한 코딩 설계를 했습니다.

(디지털 신호 방식, 빛이 닿으면 아두이노 프로세서로 신호를 보낼 때 빛이 안 들어오는 코딩을 0으로 설정하고 빛이 들어온다면 1로 인식하게 함. 또한 빛의 세기별로 등급을 나누어서 레이저의 빛의 세기를 측정한 다음, 레이저 출력에 맞게 설정함)

> 자소서를 쓸 때 이렇게 예상되는 면접 질문에 대한 답변을 추가하면서 작성하는 것이 효율적입니다.

또한, 산란 현상을 실험하기 위해서 밀폐 공간이 필요합니다. 공간이 밀폐되면 아이들이 직접 체험할 수 없고 실험자가 대신 수행해야 합니다. 그래서 아이들이 직접 자신의 생각으로 빛의 굴절 현상을 학습하고, 산란 효과를 동시에 이해하도록 하고 싶었습니다. 왜냐하면 빛이 눈에 보이는 것은 산란 효과를 전제로 하는 사실을 알려주기 위한 목적이 있기 때문이었습니다. 이 점을 착안하여 작품을 제작하였습니다.

체험이 가능한 실험 장치를 통해 창의적 인재가 많이 나오기 위해 우리가 먼저 시도해야 한다는 주인의식을 가지고 최선을 다하여 작품을 성공적으로 제작했습니다. 그러나 대회 당일 납땜한 곳이 끊어져서 완성도가 떨어져 좋은 심사를 받지 못했지만, 마지막까지 최선을 다해 발표하여 장려상을 받았습니다. 대회 종료 후, 수상작품을 대상으로 1주일간 국립중앙과학관에서 작품을 전시하는 혜택을 얻게 되었습니다. 심사위원의 레이저 빛에 대한 안전성 우려가 있었지만, 직접 체험하며 신기하다고 말하며 즐거워하는 아이들을 보니 굉장히 보람차고 뿌듯했습니다.

Q3 프로젝트 경험 정리

[냉방부하 절감 프로젝트로 최고의 성과를 내다]

2022년 가을에 공조냉동(HVAC&R) 교과목에서 팀원 4명이 냉방부하 절감 프로젝트를 진행했습니다. 각 면의 길이가 3m인 큐브하우스에서 100만 원의 재료비 내에서 원래 부하의 95% 이상을 절감해야 하는 것이었습니다.

> 결과를 구체적으로 제시하는 것이 좋습니다! 숫자로 표현할 수 있는 목표가 있다면 더 좋습니다.

이 프로젝트에서 맡은 역할은 태양열 부하 및 하우스 내부로의 열전달량을 계산하는 것이었습니다. 이를 계산하기 위하여 열역학/열전달 이론 지식과 많은 계산과정이 포함되는데, 이론값과의 차이를 확인하기 위하여 계산에 도움이 되기 위해 RTS SAREK 이라는 프로그램을 사용했습니다. 이 프로그램은 상황에 맞는 계절, 태양광이 닿는 면적, 그리고 월별 태양광의 각도와 온도 데이터를 제공하여 상황에 맞게 설정할 수 있었습니다. 그래서 이론적인 공식보다 더 많은 설계인자를 고려할 수 있다는 장점이 있었습니다.

저는 이론적인 공식과 프로그램에서 산출된 예상된 결과를 바탕으로 부하량을 계산했습니다. 전도와 대류 열전달량은 이론적으로 학습하여 계산하기 쉬웠지만, 복사 열전달량은 고려해야 할 사항이 많았습니다. 그래서 팀원들은 모두 같은 교과목을 이수했기 때문에 복사 열전달량을 계산하는 정합성을 검증하기 위하여 많은 회의를 진행했습니다.

설계 방향을 검토한 결과, 태양열 부하를 줄일 수 있는 최고의 방법은 차양막과 차단필름 그리고 바닥 부분의 빈 공간이었습니다. 3D 모델링을 통하여 햇빛의 반사 각도와 투과 각도를 계산하여 가장 합리적인 차양막의 길이를 증명했습니다. 또한, 하우스 아래 빈 공간은 지열의 영향을 최소화할 수 있도록 일반적인 땅이 아닌, 공기가 가득한 밀폐된 공간을 인위적으로 설정했습니다. 그 이유는 지면의 열전도율보다 공기의 대류열전달계수의 영향이 적다는 것을 열에너지 방정식으로 증명했기 때문입니다.

그 결과, 프로젝트를 진행했던 다섯 팀 중에서 가장 많은 설계인자를 고려하였고, 가장 적은 비용인 97만 3천원을 사용하여 최고로 높은 점수를 받을 수 있었습니다.

08 현직자가 말하는 면접 팁

위에서 언급한 수많은 Tip이 있지만, 최종적으로 면접에서 탈락하면 결론적으로는 서류지원부터 다시 해야 하는 절망적인 상황이 찾아올 것입니다. 따라서 최종 합격의 꿈을 이루기 위해서는 면접 준비가 가장 중요할 것입니다. 중요도를 고려하여 면접 관련 팁을 최대한 많이 드릴 수 있도록 다양한 Case와 Tip을 제시하겠습니다.

저는 최종적으로 합격한 대기업이 두 군데였습니다. 그 전에는 대기업 최종면접에서만 6번 탈락하여 면접을 어떻게 준비해야 할지 많은 고민을 했습니다. 과거의 경험을 기반으로 면접에서 합격할 수 있는 Tip을 최대한 자세하게 이야기해보겠습니다.

1 면접에서 합격할 수 있는 팁

1. 직무 면접/임원 면접 준비 방식의 차이점은 없습니다.

직무 면접이나 임원 면접에서 중요하게 생각하는 것은 지원자의 업무 역량보다도, 우리 조직에 잘 융화되어 업무를 수행할 수 있는지 입니다. 임원 면접을 진행하는 임원이 직무 면접 실무자보다 경험이 많을 수는 있겠지만, 결국 그들도 한 조직에서 같은 결과를 내기 위해 노력하는 사람입니다. 따라서 면접관 각자의 성향 차이로 인해 직무 면접과 임원 면접에서 합격과 불합격이 나뉜다고 생각합니다.

면접이라는 것이 사람의 주관적 판단 때문에 합격 여부가 결정되므로 어느 정도의 운도 필요합니다. 자신감을 가지고 자신의 역량을 모두 보여주겠다는 마음으로 면접에 임하시면 됩니다.

2. 지원하는 회사가 좋다고 말하는 것은 지원동기가 아닙니다.

지원동기는 본인 생각을 논리적으로 표현하는 것입니다. 그러나 간혹 회사의 상황을 필두로 설명하기도 합니다. 예를 들면, '현대자동차가 글로벌 5위, 자동차 판매량 800만대 달성 등 회사의 성과가 이와 같아서 이 회사의 일원으로 일하고 싶어서 지원하게 되었습니다'라는 지원동기를 말씀하는 분이 있습니다. 회사의 정보를 공부해서 지식을 알고 있다는 것을 강조하는 의도는 파악할 수 있지만, 자신이 가지고 있는 역량을 표현할 수는 없습니다. 따라서, 지원자가 회사에 필요한 사람인지 어필하는 것이 바로 지원동기입니다.

회사마다 지원동기를 다르게 만들어내는 것은 결코 쉬운 일은 아닙니다. 그러나 다른 지원자에 비해 두각을 나타내기 위해서 가장 먼저 어필해야 하는 항목인 만큼 더욱더 내가 특별하다는 것을 강조해야 합니다. 자소서와 면접은 기억에 남는 지원자를 뽑는 전형입니다. 그만큼 면접관과 인사담당자에게 감동을 줄 수 있는 지원자라고 하면, 회사에 들어와서도 업무를 잘 할 것이라는 추측과 함께 합격할 수 있는 것입니다.

3. 무조건 두괄식으로 말해야 합니다.

면접에 참여하는 분들은 지금까지 수많은 보고를 하거나 받는 분들입니다. 보고는 핵심을 먼저 강조하고 그 뒤에 뒷받침 문장으로 설명해야 하므로, 이분들은 그런 문화에 익숙합니다. 주저리주저리 많은 이야기를 한다고 해도, 무슨 이야기를 하고 싶은지 정리가 안 되면 그 사람의 이야기를 듣기 싫어집니다. 면접에서 당황하면 생각나는 말부터 하게 되겠지만, 질문을 듣고 한 문장으로 요약할 수 있는 순발력을 기르는 데 집중해야 합니다.

4. 모르는 질문이 나왔을 때 침묵하지 말고, 유연하게 대처해야 합니다.

지원자분들은 면접에는 정답이 없다는 것을 항상 명심해야 합니다. 자신의 논리대로 질문에 대답하는 것이 원칙이며, 대답하기 어려운 질문이 나온다면 모르는 것을 인정하고 침묵하지 않는 태도를 보여야 합니다.

"면접관님 제가 너무 당황해서 생각이 나지 않아 조금만 시간을 주시겠습니까?"

그래도 생각이 나지 않는다면,

"지금은 생각이 안 나서 면접 종료 전에 다시 말씀드려도 될까요?"

위와 같이 잠시 시간을 확보하는 방법을 사용하는 것도 좋습니다. 실제로 제가 면접 때 많이 사용했던 방식이었고, 이렇게 대답을 해도 합격했던 사례가 있습니다. 면접은 그 사람의 역량을 테스트하기 위한 전형이지, 정답을 어필하는 전형이 아닙니다. 업무를 하다가도 모르는 내용이 나오면, 조금 더 알아보고 말씀드리겠다는 이야기를 많이 합니다. 반드시 그 자리에서 바로 대답해야 한다는 강박관념을 버리길 바랍니다.

5. 면접 후 집으로 돌아와 면접 질문과 답변을 바로 복기하세요.

면접 대상자가 되었다는 기쁨도 잠시, 면접을 보고 나면 예상하지 못했던 질문도 많이 나오거나 자신의 안 좋은 모습을 발견하는 경우가 다수 발생할 겁니다. 면접이라는 게 한 번에 붙어서 회종 합격이 되면 좋겠지만, 생각보다 최종면접에서 떨어지는 경우가 많습니다. 저 역시도 처음에는 무엇이 문제인지를 몰랐지만, 면접 내용을 복기하고 취업 컨설턴트나 학교 취업 상담소에서 상담을 받아 보니 어떤 점이 부족했는지를 바로 알 수 있었습니다. 결국, 다음 최종면접에서 합격하고 입사하는 기회를 얻게 되었습니다.

면접 합격률은 나의 취약점이 무엇인지를 정확히 파악하고 그것을 고쳤을 때 높아집니다. 제가 면접에서 탈락했던 가장 큰 원인은 바로 당황했을 때 아무 말을 하지 못했던 것이었습니다. 결국에는 생각하다가 잘 모르겠다고 말을 해버리거나, 면접관이 기다리게 만든 것이었죠. 이는 면접 내용을 복기하고 면접장의 분위기를 전달하면서 알게 된 내용이었습니다. 하지만 이 태도가 면접 점수에 큰 악영향이 있는지를 알게 되고, 이를 대처하는 방법을 알고 난 후에는 같은 실수를 하지 않게 되었습니다. 그 Tip은 바로 위에 4번 항목입니다. 처음에는 '이게 될까?'라고 생각했지만, 굉장히 유용한 Tip이 되었습니다.

면접을 마치고 돌아오면 지치고 힘들겠지만, 다음에 똑같은 실수를 반복하지 않기 위해서는 반드시 복기해야 합니다. 언젠가는 그동안 쌓아왔던 면접 복기 노트가 빛을 발휘할 때가 올 겁니다.

2 저자 면접 질문 리스트

● 프로젝트 개발 중에 가장 우선으로 생각하는 것은?

실제 제가 면접에서 받았던 질문입니다!

- Quality(품질), Cost(비용), Delivery(개발 일정) 중 하나를 선택하고, 이것을 선택하게 된 이유
- 현대자동차의 일본 진출에 대한 지원자의 의견
- 중국시장 점유율을 높이기 위한 지원자의 의견

참고 현대자동차 R&D 직무 면접 포트폴리오 준비방법

지원하는 부문에 따라 다르겠지만, 현대자동차 R&D 채용 과정 중 1차 면접(직무 면접)에는 아래와 같이 포트폴리오를 제출하는 과제도 있습니다. 지원하는 분야가 포트폴리오를 제출했던 적이 있는지 과거 채용 이력을 검색하여 정보를 미리 확인하길 바랍니다.

해당 포트폴리오는 PPT 자유 양식이며, 정해진 분량 내에서 자신을 얼마나 잘 드러낼 수 있는지를 평가하는 방식입니다. 그만큼 PPT 작성능력을 한눈에 파악할 수 있습니다.

아래의 그림은 제가 컨설팅했던 학생의 PPT 자료 일부입니다. 지원자 소개부터 입사 후 포부까지 PPT 상단에 진행 과정을 표시하여 가독성을 높였으며, 이수 전공과목 포지셔닝 맵에서 자신이 수강했던 수업 중에서 장점을 부각할 수 있는 영역과 그렇지 못한 영역을 구분하여 자신의 장단점을 명확하게 제시하였습니다.

서류 전형에 합격한 후 해당 포트폴리오를 작성하는 데 많은 시간이 주어지지 않으므로, 현대자동차의 과거 전형을 미리 파악한다면 합격의 가능성을 높일 수 있을 것입니다.

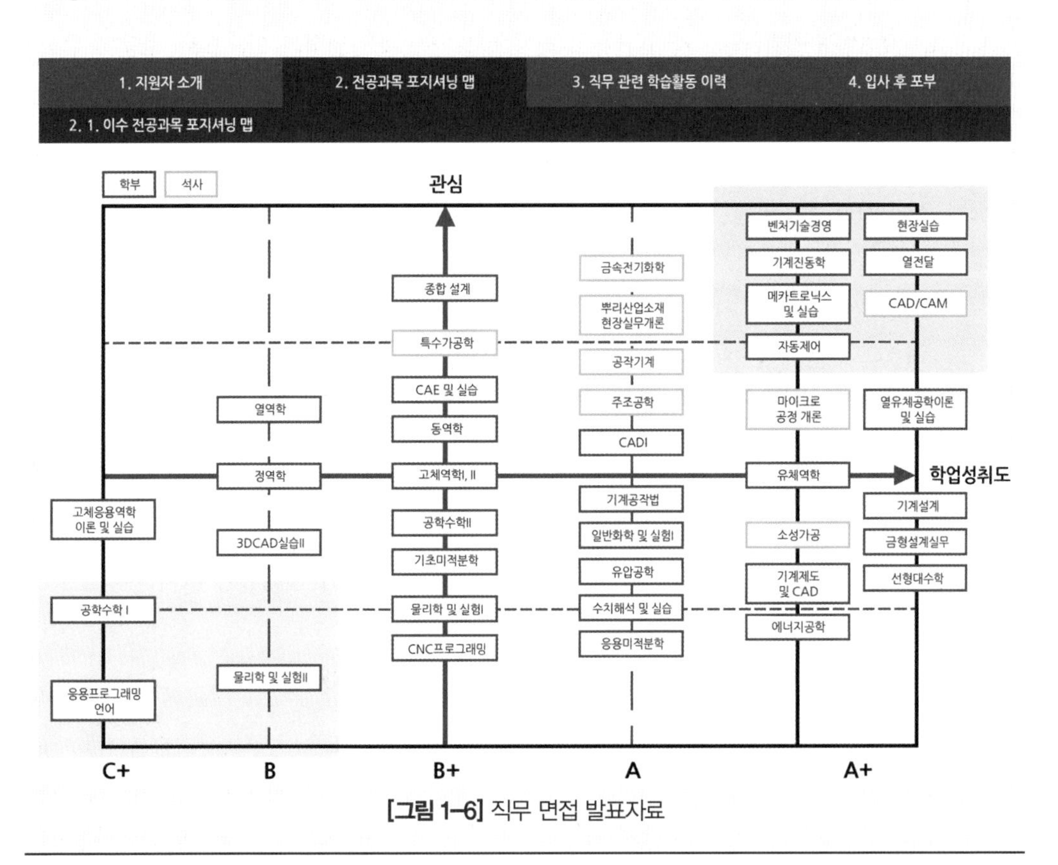

[그림 1-6] 직무 면접 발표자료

09 미리 알아두면 좋은 정보

1 취업 준비가 처음인데, 어떤 것부터 준비하면 좋을까?

1. 선배들은 어떤 회사를 갔는지 취업센터 또는 학과사무실에서 정보를 얻자

학과 선배들과 친한 경우에는 해당 정보를 주변에서 쉽게 얻을 수 있겠지만, 그렇지 못한 경우에는 정보를 얻기가 쉽지 않을 것입니다. 그러나 학교마다 취업센터가 있으므로 해당 사무실에 방문하면 생각보다 정보를 얻기가 쉽습니다. 취업센터를 방문하기 조금 부담스럽다면, 학과사무실에 찾아가면 선배들의 취업 정보를 얻을 수 있습니다. 해당 정보를 통해 우리 학과를 졸업하면 어느 업계로 취업할 수 있는지 한눈에 파악할 수 있습니다. 가능하다면 내가 취업하고 싶은 회사에 재직 중인 선배님 연락처를 얻어서 현직자 관점에서의 현업 정보를 얻을 수 있을 것입니다. 선배님들은 여러분이 생각하는 것 이상으로 잘 도와줄 겁니다.

이것이 바로 학연의 순기능 아닐까요?

2. 취업센터에서 어떤 도움을 받을 수 있는지 과거 프로그램을 검색하자

우리가 비싼 등록금을 내고 받는 혜택이 많이 없다고 불만을 갖지만, 이 등록금은 취업센터로부터 많은 혜택을 누리는 데 충분합니다. 무료로 기업 인사팀이나 현직자가 직접 특강을 하기도 하고, 취업 컨설턴트를 초빙하여 취업 노하우를 전수받을 수도 있습니다. 또한, 이벤트를 통해 양질의 취업 정보를 얻을 수가 있습니다. 취업은 정보전임을 항상 명심해야 합니다.

3. 합격 수기에 있는 정량적인 스펙은 절대 참고하지 말자

취업하는 데 가장 쓸모없는 일이 바로 합격자 스펙과 자신의 스펙을 비교하는 것입니다. 상대방의 스펙이 좋든 나쁘든 자신이 취업하는 데 전혀 연관성이 없습니다. 오히려 자신감을 하락시키거나 우울하게 만드는 요소로 작용할 수 있으니, 해당 정보를 봤다고 할지라도 바로 무시해야 합니다. 취업은 오로지 자신이 지원한 직무 내에서 상대평가로 진행되는 싸움입니다.

4. 취업 관련 사이트에서 무료 정보를 많이 활용하자

최근 SNS나 취업 관련 사이트에서 취업 정보를 배포하는 이벤트를 상당히 많이 볼 수 있을 것입니다. 이 자료가 합격으로 가는 지름길은 아니겠지만, 처음 취업을 준비하는 입장에서 어떤 내용을 준비해야 하는지 감을 잡을 수 있습니다. 면접 기출문제나 해당 기업의 산업 트렌드와 같은 자료가 있다면 굉장히 좋은 자료일 가능성이 높습니다. 이런 자료는 정보를 찾아보는 시간을 단축시켜주기 때문에 일단 받을 수 있는 건 최대한 많이 신청해서 저장해 놓길 추천합니다. 언젠가 자신에게 도움이 될 자료일지도 모릅니다.

5. 사기업과 공기업 둘 중 하나만 고르자

다다익선으로 지원해서 합격의 가능성을 높이는 시대는 지났습니다. 사기업에서는 직무 역량을 굉장히 강조하고 있고, 공기업에서는 NCS, 기사자격증 등을 중요하게 평가하고 있기 때문에 사기업과는 준비해야 할 항목이 많이 다릅니다. 자신이 어떤 성향인지를 먼저 생각해보고, 사기업과 공기업 둘 중 하나에 집중해서 취업 준비를 해야 합니다. 저자는 취업 준비 기간 도중 공백기가 많이 길어지는 시기가 있어서 두 가지를 모두 준비했었으나, 굉장한 부담이 있어서 처음 취업을 준비하는 분들께는 추천하지 않습니다.

6. 지원하고자 하는 산업의 종류를 파악하고, 산업별 타겟 직무를 선정하자

이 문장의 의미는 자격요건이 된다고 아무 곳이나 지원하지 말자는 것입니다. 많은 학생이 잡코OO이나 사람O에 자소서를 등록하고, 자신의 전공에 관련한 채용공고가 있으면 살짝 수정하여 제출합니다. 그 후에 50개, 100개를 지원했는데 다 떨어졌다고 취업의 방향성을 못 찾겠다고 하소연하는 학생들이 있습니다. 이것은 굉장히 좋지 못한 습관입니다.

취업의 합격률을 높이는 방법은 해당 기업에 대한 관심도와 함께 관련 직무 역량을 어필하는 것입니다. 채용공고가 나오는 대로 지원한다는 생각을 버리고, 어떤 산업, 어떤 직무에 지원할지 자신만의 가이드를 수립해야 합니다. 지금은 힘들고 시간이 많이 들겠지만, 최종적으로는 합격하는 데 시간을 단축하게 될 것입니다.

7. 방학 때 인적성과 경험정리는 반드시 먼저 하자

채용은 보통 학기가 시작하는 3월이나 9월에 시작하는 경우가 많아서, 대부분 보통 이 시기부터 시작하면 된다는 생각을 가집니다. 하지만 동시다발적으로 뜨는 채용공고에 모두 지원하다 보면 자소서를 꼼꼼하게 정리할 시간도 없고 다음 전형을 준비할 시간도 거의 없습니다. 이런 준비시간을 단축하기 위해서는 딱 두 가지는 미리 해두셔야 합니다. 바로 **'인적성'과 '경험 정리'** 입니다.

인적성은 단기간에 실력이 늘기 쉽지 않습니다. 인적성 시험 전, 최소 두 달 이상은 확보하여 자신의 실력을 향상하는 데 집중해야 합니다. 그다음으로는 경험 정리입니다. 대학교 4년 동안 진행했던 프로젝트나 기타 경험들은 자소서 형식에 맞추어 미리 정리할 필요가 있습니다. 카테고리에 맞게 경험 정리를 잘 해두면, 자소서를 작성하는 데 많은 시간을 줄일 수가 있습니다. 가능하다면 자소서 형식으로 작성하여 첨삭을 미리 받아놓으면 자소서 작성 시간을 더욱더 아낄 수 있습니다.

2 현직자가 참고하는 사이트와 업무 팁

1. 메이커별 공식 홈페이지

PM 업무를 하다 보면 항상 자신이 담당하는 포지션의 경쟁차를 참고하게 됩니다. 회사 내에서 단독적인 시야를 가지고 차량을 개발했는데, 경쟁차는 우리보다 더 좋은 사양을 개발할 수도 있는 것입니다. 그래서 PM 업무를 수행할 때는 항상 타 브랜드의 경쟁차 정보를 수집하기 위하여, 해당 브랜드의 공식 홈페이지를 접속하여 카탈로그를 많이 참고합니다. 이 자료를 통해 어떤 점이 강점인지 그리고 단점인지를 참고하고, 차량 기획안에 반영하여 개발을 추진합니다.

2. 구글 검색

새로운 차를 출시하면 많은 언론과 카마스터들이 해당 차량을 리뷰 합니다. 그 리뷰에서는 실제 차량을 탑승하는 경우가 많기 때문에, 소비자 입장에서 피드백을 생생하게 받을 수 있습니다. 이런 정보들은 인터넷 서칭을 통하여 그들의 목소리를 쉽게 들을 수 있는 가장 빠른 방법입니다. 또한, 지역별로 자주 애용하는 자동차 리뷰 사이트가 있습니다. 해당 사이트에는 많은 정보를 압축해놓은 경우가 많기 때문에, 지역별로 유명한 홈페이지를 List-up 하여 항상 체크하면 업무에 많은 도움이 됩니다.

3 현직자가 전하는 개인적인 조언

첫 직장은 무조건 큰 기업으로 가야 한다는 강박관념을 버려도 된다.

이 문장을 통해 정량적인 스펙이 된다면 지속적으로 도전해도 되지만, 거듭 탈락을 하는 경우에는 전략을 바꿔야 한다고 말씀드리고 싶습니다.

이제는 신입사원도 업무에 빨리 적응하여 현업에 투입되기를 바라는 시대가 되었습니다. 이제 처음 회사에 입사한 신입인데, 채용 단계에서부터 사회 경험을 우대한다고 하는 이상한 상황을 종종 볼 수 있습니다. 업무 경험은 어디에서 쌓아서 오라는 건지 이해가 되지 않고, 입사 후에는 빨리 1인분을 해야 한다는 팀원들의 압박을 받는 경우도 있습니다.

이러한 사회 분위기가 시사하는 바는 예전과 다르게 정량적인 스펙보다도 업무 능력을 중요하게 생각한다는 것입니다. 물론 정량적인 스펙이 좋다면 좋은 회사에 입사할 확률은 높을 수는 있겠지만, 그것이 절대적인 채용 지표가 되지 않습니다. 다시 말하면, 이것이 바로 중고신입을 선호하는 문화로 변화했다는 것입니다. 코로나 이후에 경제회복이 느려 채용 규모가 줄어든 느낌이 있기 때문에, 휴학을 통해 정량적인 스펙을 상향하기 위한 많은 노력을 하는 경우를 볼 수 있습니다. 또한, 졸업유예를 통해 공백기를 최소화하는 것이 취업에 도움이 되는 시대적 흐름도 느낄 수 있을 것입니다.

그러나 저는 이러한 활동이 취업을 빨리하는 지름길이라고 생각하지 않습니다. 자신이 최종 목표로 삼은 기업에 언젠가 들어갈 수 있는 전략을 세우는 것이 가장 중요하다고 생각합니다. 즉, 중소기업이나 중견기업으로 입사하여 Jump-up을 통해 최종적으로 원하는 기업을 가는 것도 하나의 중요한 전략이라고 할 수 있습니다.

일을 잘한다는 느낌을 주기 위해서는 회사 경험을 풀어내는 것은 어떤가요? 주어진 업무 내에서 문제를 어떻게 해결했는지 말할 수 있기 때문에, 이것이 하나의 스펙이 될 수 있습니다. 우리가 생각하는 좋은 기업의 합격자들은 중고신입 출신일 가능성이 높아졌습니다. 해당 경험은 회사에서 직무 역량을 가지고 있다고 판단하기에 좋은 스펙이기 때문입니다. 게다가 많은 교육을 하지 않아도 바로 현업에 투입할 수 있다는 장점이 있기 때문에 대다수의 회사에서 중고신입을 선호할 수도 있습니다.

또한, 현재 종사하고 있는 회사에서 느꼈던 바와 개인적인 가치관을 지원동기로 삼는다면 원하는 회사에 입사하는 데 플러스 요인이 될 수 있습니다. 영어 성적이 높은 것, 자격증 하나 더 있는 것을 취업을 위한 노력이라고 할 수는 있지만, 지원동기와 연결하기에는 쉽지 않은 내용입니다. 이러한 노력은 대부분의 취준생이 하는 것이므로 다른 지원자와 차별점을 어필하기 어렵습니다.

이러한 상황에서 회사에서의 업무 경험을 바탕으로 지원동기와 직무 역량을 어필한다면 어떻게 될까요? 해당 케이스는 논리적으로 지원동기와 직무 역량을 잘 어필할 수 있다는 전제하에 해당합니다. 정말 취업이 급해서 아무 곳이나 취업을 한다고 해도, 더 좋은 곳으로 갈 수 있는 회사인지 빠른 판단을 해야 합니다. 일단 다녀보고 생각해보자는 마인드가 향후 자신의 인생을 어떻게 바꿀 수 있는지 신중하게 생각해보시길 바랍니다.

10 현직자가 많이 쓰는 용어

1 익혀두면 좋은 용어

PM 직무를 수행하면서 가장 어려운 것은 모든 부문에서 사용하는 용어를 이해하고 사용하는 것입니다. 입사한 이후에도 수많은 용어를 학습하는 것이 가장 어려울 것이지만, 현대자동차를 지원하면서 반드시 알아야 하는 용어를 아래 리스트로 정리해 두었습니다. 아래는 자동차 기본 용어 학습이나 자동차의 관심도를 어필할 수 있는 주요 부품들의 명칭에 관해 설명해두었습니다.

만약 궁금한 용어가 아래 리스트에 없다면, 그 용어가 중요하지 않아서 작성하지 않은 것은 아닙니다. 아래 리스트에 없는 용어들은 자동차 부품 검색 시에도 쉽게 연관되어 학습할 수 있으므로, 시간이 있는 분들은 별도의 용어 리스트를 정리하여 학습하는 것을 추천해 드립니다.

1. 투자비 주석 1

차량을 개발하기 위해 발생하는 모든 비용을 의미합니다. 협력사에서 부품을 개발/생산하는 금형비와 Software 개발비, 생산 공장 설비 투자비, 사내 용도차 제작비/시험비 등 발생하는 모든 비용을 말합니다.

2. 재료비 주석 2

부품의 단가를 의미하기도 하며, PM에서는 차량 1대를 제작하기 위한 전체 재료비를 점검하기 위해 활용하는 용어입니다. 이 수치는 한 프로젝트가 완료될 때까지 수시로 변동하는 사양을 체크하여 초기에 목표했던 수치를 양산 전까지 초과하지 않도록 모니터링 합니다.

3. ADAS 주석 3

Advanced Driver Assistance system의 약자로, 자동차 운전 도중에 외부환경 및 운전자 상태를 분석하여 주행/주차에 대한 기능을 보조해주는 전장 기능입니다.

4. NVH 주석 4

소음/진동분야의 용어로 활용되며, 자동차 산업에서도 동일하게 사용합니다. Noise, Vibration and Harshness의 약자이며, 차량 개발 도중에 가장 많은 문제점이 도출되는 부분입니다.

5. R&H(현가장치/조향장치) 주석 5

현가장치와 조향장치를 모두 일컫는 용어이며, Ride&Handling의 약자입니다. 대표적으로 조향장치의 스티어링휠과 현가장치의 서스펜션이 주요 부품입니다.

6. Proto 주석 6

개발 부품의 초기 품질 상태로 실제로 양산 차량과 동일하게 제작하는 차량을 의미합니다. Proto 단계의 용도차로 설계, 생산, 조립, 품질 수준을 종합적으로 평가할 수 있으며, 완성도 높은 양산 차량을 만들기 위한 검증 과정으로 활용하는 용도차입니다.

7. Pilot 주석 7

개발 부품을 양산 품질 수준과 유사한 형태로 제작하며, 소비자에게 판매하기 전 마지막으로 검증하는 용도차를 의미합니다. Proto와 동일한 프로세스로 차량을 점검하며, 가장 마지막 단계에는 생산 공장에서 직접 차량을 생산하여 완벽한 품질을 점검하는 용도차입니다.

8. 범퍼 주석 8

자동차의 앞/뒤에서 차체를 보호하기 위하여 설치되어 있는 장치로, 일부 충격을 흡수하기도 한다. 현재는 우레탄을 사용하면서 충격 흡수 정도를 증가시켰다.

[그림 1-7] 범퍼

9. 라디에이터 그릴 주석 9

차량 프론트 부분의 엔진룸과 외부 공기의 흐름을 연결해주는 부분으로, 차량의 디자인 요소를 담당하면서 엔진룸의 냉각속도를 좌우하는 중요한 요소로 작용합니다. 일반적으로 그릴의 막음량이 크면 공기의 흐름이 적어서, 상대적으로 엔진룸의 온도가 증가하는 결과를 초래합니다.

10. 풀체인지

자동차의 전체적인 부품을 모두 변경하는 것으로 기존 차종 대비 디자인을 완전히 변경하는 모델을 의미합니다. 외장 디자인으로는 차량의 크기, 차체의 외판 등 모든 요소를 변경하고, 내장 디자인도 개발 차량 컨셉에 맞게 신규 개발하는 프로젝트입니다. 일반적으로 풀체인지 모델은 6~7년 주기로 진행합니다.

11. 페이스리프트 또는 상품성개선

자동차의 외장/내장 디자인을 일부 변경하여 기존 모델의 이미지를 개선하는 모델입니다. 또한, 상품성 향상을 위해 소비자가 인식하는 수준의 옵션도 개발하여 판매 모멘텀을 유지하는 목적으로 개발합니다. 해당 프로젝트는 풀체인지 후 3~4년 이후에 양산합니다.

12. 연식변경

22년형, 23년형 모델이라는 의미로, 매년 기존 차에서 사양을 일부 개발하여 편의사양을 추가하는 프로젝트를 의미합니다. 외장 디자인의 변경은 전혀 없으며, 편의사양 위주로 개발이 진행되는 특징을 가지고 있습니다.

13. 전비

전력소비량 1kWh당 주행할 수 있는 거리(km)를 의미하는 단위로, 기존 내연기관 자동차의 연비와 유사한 단위입니다.

[그림 1-8] 전비

14. 제원

차량의 크기를 의미하며, 대표적인 값으로 전장(길이, L), 전폭(세로, W), 전고(높이, H)가 있습니다. 단위는 보통 mm를 사용하며, cm/m를 사용하는 경우는 거의 존재하지 않습니다. 이외에도 휠베이스(전후 휠 사이 거리) 등 다른 요소들도 포함합니다.

15. 배기량

엔진 실린더 내부의 체적 공간의 크기를 의미하며, 보통 cc 단위로 말합니다. 예를 들어, 1.6 엔진이라고 하면 1,600cc를 의미합니다. 국내 승용차의 경우에는 배기량에 따라 차급을 구분하기도 합니다. 해당 차급으로 인해 세금이나 톨게이트 이용 금액이 상이합니다.

16. 전장, 전폭, 전고

- 전장: 차량의 가로길이를 의미합니다.
- 전폭: 차량의 세로길이를 의미합니다.
- 전고: 차량의 높이를 의미합니다.

해당 수치는 모두 mm를 일반적으로 사용합니다.

17. RPM

Revolution Per Minute의 약자로, 일반적인 자동차 산업에서는 엔진이 1분간 몇 번 회전하는지를 표기하는 단위입니다. 통상적으로 대부분의 차량은 시동을 켠 후 공회전 시에도 750~1000 rpm을 유지합니다.

18. 마력

자동차 업계에서는 엔진이 일정 시간 동안 낼 수 있는 일의 단위를 의미합니다. 마력이 높다고 해서 반드시 엔진 힘이 좋은 것은 아니며, 토크와의 상관관계도 중요합니다.

19. 토크

동력이 엔진 축으로 전달되는 힘을 의미하며, 토크가 높으면 가속도가 좋아 목표 속도에 빨리 도달합니다.

20. 필러(Pillar)

자동차의 기둥을 의미하며, 차체와 루프를 연결하며 지탱하는 역할을 합니다.

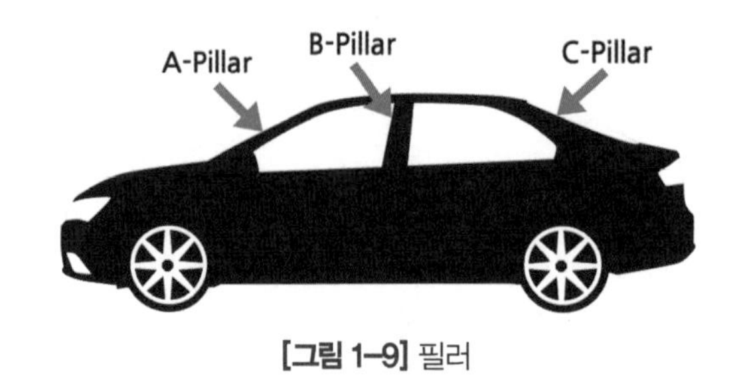

[그림 1-9] 필러

21. 펜더

차체 판넬 중에서 타이어를 덮고 있는 휠하우스 상단부를 의미합니다. 해당 위치는 전면 2개, 후면 2개 총 4개 면을 모두 의미합니다.

[그림 1-10] 펜더

22. 스티어링 휠

자동차의 진행 방향을 컨트롤하는 조향장치로, 경적을 울리거나 기타 편의사양과의 연동 기능을 사용할 수 있습니다.

[그림 1-11] 스티어링 휠

23. 클러스터

흔히 계기판이라고 하며, 스티어링휠 뒷부분에 장착된 인포테인먼트 사양입니다. 차량 주행 간에 운전자에게 다양한 기능을 제공합니다.

24. 기어 노브

기어봉이라고 많이 부르지만, 정식 명칭을 알아두는 것이 좋습니다. 최근에는 전자식 기어를 사용하면서 사라지는 추세입니다.

25. 헤드라이닝

차량 내부에 루프 부분과 맞닿아있는 천장부로, 충격 흡수제가 들어있으며 다양한 실내 디자인을 결정할 수 있도록 색상과 재질을 선택할 수 있습니다.

26. 도어 트림

도어 내측 부를 감싸는 부품으로, 창문을 컨트롤하는 버튼과 손잡이 부분을 합친 Assembly를 의미합니다. 현직에서 어셈블리는 종종 Ass'y(아세이)로 부릅니다.

27. 플랫폼

자동차의 차량외판을 제외한 언더바디부 전체를 의미하며, 비슷한 차급에서 동일한 부품을 공용으로 사용하기 위해 정립된 개념입니다.

플랫폼의 효과는 하나의 시스템을 다른 차량에도 접목시켜 개발비를 축소하고, 부품 일부를 변형하여 또 다른 컨셉을 가진 차량을 개발하기 용이합니다.

[그림 1-12] 플랫폼 (출처: 현대자동차)

28. MSRP

권장소비자가격(Manufacturer's Suggested Retail Price)을 의미하며, 자동차 판매 가격과 동일한 용어입니다. 국내를 제외하고는 판매가격을 해당 용어로 사용합니다.

29. CC, SCC

Cruise Control(크루즈 컨트롤)이라고 부르며, ADAS 기능 중 주행보조 기능으로, 일정 속도 이상 주행 시 앞차와의 위치 정보를 판단하여 주행속도를 수동으로 조절하는 기능을 말합니다.

Smart Cruise Control은 위의 기능을 자동차가 자동으로 판단하여 속도를 자동으로 조절해줍니다.

30. 테일게이트

차량 후면부의 트렁크를 사용하기 위해 장착된 무빙 계열 부품으로, 차량 도어와 같은 역할을 합니다. 최근에는 운전자가 차량 후면부에 위치하면, 차량 키의 정보를 바탕으로 자동으로 테일게이트가 오픈되는 기능도 개발되어 있습니다.

31. 윈드실드 글라스

차량 앞 유리를 의미합니다. 앞 유리라고 말하는 것보다, 해당 용어를 사용하면 자동차 부품에 대해 잘 알고 있다는 인상을 심어줄 수 있습니다.

32. 인사이드 미러

차량 내부에서 후면을 볼 수 있게 보조해주는 거울을 의미하며, 전석 헤드라이닝부 중간부에 위치합니다.

33. 아웃사이드 미러

차량 내부에서 후면을 볼 수 있게 보조해주는 거울을 의미하며, 외측 펜더 상단부와 A필러 사이, 양측에 위치하고 있습니다.

34. 사이드 스텝

SUV 차량 같은 차체가 높은 차량의 옆면에 장착하여 승하차를 편리하게 할 수 있도록 보조해주는 발판을 의미합니다. 주로 도어 하단 사이드부에 장착할 수 있습니다.

35. 정션 박스

전선의 접속 및 분기를 집중적으로 배치한 부분으로, 보통 운전석 하단 Crash Pad 바로 아래 부분에 위치하고 있습니다. 자동차의 기능을 튜닝하거나 수리를 할 때 자주 사용합니다.

36. 선 바이저

태양의 직사광선으로부터 운전자와 동승자의 눈을 보호하기 위한 부품을 의미합니다. 전석에 앉는 소비자를 위해 선 바이저는 보통 접이식으로 활용하여 필요시에만 펼쳐서 사용합니다.

37. DRL

Daytime Running Light의 약자로 차량 전면부에 주간동안 상시로 점등하여 운전자의 가시성을 향상시키는 목적으로 장착된 부품입니다. 야간에는 해당 램프가 포지셔닝 램프로써 역할을 수행하여, 야간에도 운전자의 가시성을 향상시킵니다.

2 현직자가 추천하지 않는 용어

아래 용어들은 자동차 업계에서 자주 사용하는 것을 볼 수 있으나, 실제 자동차 개발 간에는 거의 사용하지 않는 단어입니다. 해당 리스트에 용어를 알고 있더라도 면접에서 사용할 경우 마이너스가 될 수 있는 요소임을 참고하시면 좋겠습니다.

38. 보닛/본넷

후드라는 정식 용어 대신 사용하는 일본식 표현입니다. 자동차 개발 간에는 사용하지 않습니다.

39. 마후라

후면에 배출가스를 처리해주는 파이프가 있는 머플러를 지칭하는 일본식 표현입니다. 자동차 개발 간에는 사용하지 않습니다.

40. 백미러

인사이드 미러, 아웃사이드 미러를 혼용하는 용어로, 어떤 미러를 의미하는지 알 수 없는 혼동스러운 용어입니다.

41. 다마

벌브(전구)를 의미하지만, 정비소에서 많이 사용하는 용어입니다. 자동차 개발 간에는 사용하지 않습니다.

42. 쇼바

쇽 옵셔버(Shock Absorber) 또는 댐퍼(Damper) 대신 사용하는 일본식 용어로, 역시 다마와 마찬가지로 정비소에서 많이 사용하지만, 자동차 개발 간에는 사용하지 않습니다.

MEMO

11 현직자가 말하는 경험담

1 저자의 개인적인 경험

PM이라는 직무는 신입사원 입장에서 큰 꿈을 가지기에 좋은 직무입니다. 내가 현대자동차라는 큰 기업에 입사하여 멋진 차를 주도적으로 개발하는 자리에 있다고 가정하면 얼마나 멋있을까요? 하지만 PM이라는 직무는 생각보다 알아야 할 내용도 많고, 감당해야 할 어려운 상황에 많이 직면하게 됩니다. 최근 입사하는 신입사원들과 대화하다 보면 PM에 어떻게 지원하게 됐는지를 많이 물어봅니다. 상당수의 인원은 다른 직무보다 지원 요건이 까다롭지 않고, 내가 가지고 있는 역량으로 지원할 수 있기 때문에 지원했다고 합니다. 결론적으로는 입사한다는 합격의 기쁨도 잠시, 내가 생각한 회사가 아닐 수도 있습니다.

직무적합성이 맞지 않는 경우라고 판단되어, 실제 업무할 때 많이 힘들어합니다.

저는 PM이라는 직무를 정말 하고 싶어서 왔지만, 제가 입사한 후에 개인적으로 당황했었던 경험을 두 가지만 소개하고자 합니다.

1. 좋은 차를 담당하고 싶다는 환상 속에, 그렇지 못한 현실이 올 수 있습니다.

PM을 준비하는 분들께서 가장 원하는 시나리오는 제네OO, 전기차와 같은 멋지고 좋은 차를 담당하는 것일 겁니다. 그러나 입사와 동시에 어떤 급의 차량을 담당하게 될지 정해집니다. 자신이 원하는 프로젝트가 있다고 할지라도 현실은 이미 정해져 있습니다. 향후에도 타 프로젝트를 원해서 맡게 되는 경우는 극히 드물다는 현실을 어느 정도 인지하셨으면 좋겠습니다.

2. 알아야 할 게 너무 많아서 자꾸 잊어버립니다.

처음에는 제가 금붕어 같은 기억력을 가진 줄 알았습니다. 분명 엊그제 들었던 용어인데, 다시 보면 또 잊어버리게 됩니다. 저는 스스로 머리가 나쁜 줄 알았는데, 주변 동기들도 다 비슷한 상황이었습니다.

PM은 모든 설계 사양의 용어와 쓰임새를 정확히 알아야 하지만, 단기간에 모든 시스템을 이해하기는 어려울 것입니다. 하지만 모든 용어를 단기간에 완벽히 이해하지 않아도 괜찮습니다. 여러분의 선배님들도 헷갈리는 내용이 많습니다. 모르면 물어보면 됩니다. 여러분들과 같이 일하는 담당 설계팀 / 시험팀 엔지니어 분들에게 물어보면 친절히 답변을 해주시니 너무 걱정하지 않아도 됩니다.

소제목에서는 단점과 같은 맥락으로 이해할 수 있겠지만, PM 업무를 수행하는 데 그만큼 많은 지식이 필요하다는 내용입니다. 내가 담당하는 차량의 전문가가 되어야 한다는 마음가짐을 가지고 자동차 지식을 배워야합니다.

위와 같이 어려운 현실 속에서도 얻을 수 있는 장점도 많고, 추가로 다른 부서에서는 연차가 낮을 때 경험하지 못하는 업무도 많이 있습니다. 개인적으로 가장 좋은 장점은 두 가지인 것 같습니다.

3. 해외 출장을 자주 갑니다.

저는 이 부분이 업무를 하면서 가장 매력적이라고 생각합니다. PM은 담당 차종이 해외 지역에 진출하게 되면, 해당 국가에서 확인해야만 하는 활동들이 몇 가지 있습니다. 대부분 프로젝트는 국내에만 진출하는 경우가 드물기 때문에, 사실 모든 프로젝트가 해외 출장의 기회가 있다고 생각하면 됩니다.

예를 들어, 그 지역의 소비자 조사나 현지 실도로 주행평가, 개발 수준 점검(품질 확보 활동) 등 PM은 직간접적으로 모든 이벤트에 영향이 있습니다. 따라서 업무를 하면서 해외 출장의 기회가 생각보다 많이 있기 때문에 그 나라의 문화를 체험할 수 있으며 업무의 만족도를 향상해줍니다.

4. 외국어 커뮤니케이션 역량이 많이 향상됐습니다.

저는 해외 전략 차종을 담당하고 있기 때문에 같이 업무를 수행하는 인원의 절반 정도가 영어를 사용합니다. 그러나 저는 영어를 정말 할 줄 모르는 사람이었습니다. 처음에는 이 프로젝트를 담당했을 때 '내가 할 수 있을까?' 생각했습니다. 외국인에게 전화가 오면 당황해서 끊은 적도 많았지만 언젠가는 극복해야 할 산이라고 생각했습니다.

이제는 현지인들과 영어로 회의하거나 전화를 할 수 있게 되었습니다. 그동안 많이 어렵고 힘들었지만, 회사의 업무 환경을 바탕으로 영어 커뮤니케이션 능력을 향상할 수 있게 되어 굉장히 만족스럽습니다. 그 결과, 해외 출장을 가면 현지인 집에 놀러 오라는 초대도 많이 받게 되었습니다. 코로나가 끝나고 나면 많은 현지인 친구들과 그들의 문화를 체험하고 싶습니다.

2 지인들의 경험

Q 주변 동료들에게 일 잘한다는 평가를 받기 위한 비결이 뭔가요?

우리 팀 에이스
A PM 연구원님

제가 일을 잘한다고 생각해본 적은 없고, 그냥 하고 싶은 대로 했어요. 주변의 문제 해결 이력을 보고 우리 프로젝트에 대입해보는 방식을 많이 사용했어요!

만인의 스타
B PM 책임님

나 아니면 해결할 사람이 없다는 마인드로 임했던 것 같아요. 스스로 문제를 헤쳐가려고 많은 고민을 하다 보니 그게 경험이 쌓여서 지금의 제가 된 것 같아요. 딱히 비결은 없는 것 같아요.

옆 팀
훈남
C PM 연구원님

PM 업무는 롱런을 해야 한다고 생각해서, 운동을 꾸준히 하기 시작했어요. 원래 운동을 좋아하긴 했는데, 체력이 좋으니까 일의 활력소가 생기고 좋은 영향력이 생기게 되더라고요~

업무의 정석
D PM 팀장님

달성하기 힘든 목표를 주고, 이를 달성하기 위해서 가능한 아이디어를 많이 모으다 보니 결과가 좋았던 것 같아요. 제가 잘했다기보다는, 유관부문이 힘을 합쳤기 때문에 좋은 결과가 나왔다고 생각해요.

현업
30년 차
E PM 책임님

매일 업무일지를 모두 작성하는 것이 비결인 것 같아요. PM 업무가 동시에 진행하는 게 많다 보니, 오늘 할 일, 내일 할 일, 다음 주 할 일 등 단계를 나눠서 우선순위를 계속 점검했어요.

MEMO

12 취업 고민 해결소(FAQ)

Topic 1. 차량개발 프로젝트 관리(PM) 그것이 알고 싶다!

Q1 PM 직무의 경우 사실 설계나 개발 같은 엔지니어링 분야보다는 비교적 전문적인 지식을 요하지 않는 것이 사실인데, 이 분야로 처음 시작하게 되면 전문성을 갖추기 어려워 제 커리어를 쌓는데 어려움이 있을까요?

A PM은 하나의 직무에 대해 전문성을 가지는 엔지니어 직군과는 완전 다른 업무범위를 수행해야합니다. PM의 핵심역량은 엔지니어 관점의 전문성을 갖춘 것이 아닌, 담당 프로젝트가 문제없도록 관리하는 Risk Management입니다. 한 분야에 대해 전문성을 갖추기 위해서는 엔지니어 업무를 수행할 수 있는 부서로 입사하셔야 합니다.

Q2 차량개발 프로젝트 관리(PM) 직군만의 매력이 있다면 어떤 것이 있을까요?

A 각 팀에서 발생하는 문제를 주어진 상황 내에서 최선의 선택을 할 수 있다는 점이 가장 매력인 것 같습니다. 모두가 큰 문제로 갈 방향을 찾지 못할 때, 모든 부서를 하나의 방향으로 리드할 수 있는 권한을 가진 것이 가장 큰 장점이라고 생각합니다.

Q3 차량개발 프로젝트 관리(PM)에 지원할 때 자소서나 면접에서 어필하면 좋은 역량은 어떤 것들이 있을까요?

A 자동차 산업에 대한 관심과 주도적인 성향으로 문제를 해결했던 경험을 어필하는 것이 좋습니다. PM 업무 특성 상 주변에서 한 번도 경험하지 못한 문제가 발생하는 경우가 많이 있습니다. 그럴 때에는 현재 처한 상황을 빠르게 인지하고 가장 쉽게 풀 수 있는 해결책을 제시하는 능력이 가장 중요합니다.

Q4 원래 반도체를 주로 준비했는데 이번에 자동차 산업에 지원하려고 합니다. 반도체 생산관리에서 자동차 PM 직군으로 들어가셨는데 반도체 경험을 어떻게 어필하셨나요?

A 반도체 관련 산업 지식은 자동차 산업에서 많이 중요하지 않습니다. 저는 산업 군이 아닌, 생산관리와 PM이라는 제조업 직무의 특성을 강조했습니다. 제조업은 산업군이 달라도 직무 포지션은 매우 유사합니다. 직무의 포지션을 잘 안다는 것은 회사의 업무 프로세스를 잘 이해하고 있다는 측면을 강조했습니다. 결론적으로는 내가 반도체 관련 역량이 뛰어난 것이 아닌, 자동차 산업을 입사하고 싶은 나만의 지원동기와 직무 역량이 가장 중요합니다.

Q5 혹시 생산관리나 생산기술 혹은 그 외 품질/설비 등으로 입사해서 현장 경험이나 실무를 익힌 후에 상품기획/프로젝트 매니저로 가고 싶은데 이렇게 직무이동이 가능할까요? 이런 경우가 빈번한지, 현장경험을 큰 메리트로 봐줄지 궁금합니다!

A 기획 업무와 생산 현장의 업무는 거의 연관이 없습니다. 기획은 자동차를 어떤 스펙으로 개발하고, 목표 소비자를 어떻게 할 것인지 결정하는 곳이고, 현장은 결정된 스펙에 맞춰 효율적으로 생산하는 곳입니다. 따라서 두 부문의 공통점은 거의 없습니다. 최종 직무가 기획 직무라고 한다면, 처음 입사부터 기획 직무로 지원하시는 것이 가장 좋습니다.

Topic 2. 이제 진짜 마지막! 면접은 어떻게 보는 게 좋을까?

Q6 1차 면접(직무 면접)에서의 팁이 있으신가요? 직무 면접에서 중점적으로 두어야할 점이 있을까요?

A 직무 면접은 지원자의 직무 역량을 기반으로 제작한 포트폴리오(PPT)의 구성과 자기소개서 기반의 면접입니다. 지원자의 성향을 드러낼 수 있는 PPT 디자인과 서론 - 본론 - 결론의 논리 구조를 잘 갖춘 발표를 하는 것이 가장 중요합니다.

Q7 최종 합격자이면서 현직자로서 임원 면접 합격을 위해 어떻게 접근해야 하는지 그리고 합격률을 높일 수 있는 방법 같은 조언 부탁드립니다. (2차 면접 전 반드시 준비해야할 것들을 추천해주실 수 있을까요?)

A 임원 면접은 직무 역량 뿐만 아니라, 지원자의 면접 태도를 가장 중요하게 생각합니다. 답변할 때 무의식적으로 나오는 시선 처리, 몸의 움직임 등 사소하더라도 불안정한 태도를 보이지 않는 것이 중요합니다. 예를 들어, 당황스러운 질문이 나왔을 때 생각을 오랫동안 하느라 대답하지 않는 태도는 정말 위험합니다. 정중하게 시간을 조금 더 요청하거나 생각이 잘 안 나서 면접 말미에 말씀드리는 요청 등 침묵의 시간을 최소화하는 솔직한 태도가 좋습니다.

앞에서 언급했던 면접 팁과 같은 내용인데, 그만큼 중요하다는 의미입니다.

Topic 3. 어디서도 들을 수 없는 현직자 솔직 답변!

Q8 H사의 경우 회사를 다니면서 석사, 박사 학위를 따는 환경이 가능한지? 그리고 다른 부서로 이동하는 것이 쉬울지 궁금해요!

A 회사의 지원으로 석/박사 학위를 취득하는 것은 굉장히 어려우나, 개인의 시간 관리로 수업이 있는 날에는 시간을 조율하여 석사를 취득하는 사람은 많이 봤습니다. 그리고 부서를 이동하는 것은 자신의 담당하는 직무와 연관이 있는 부서의 경우에 이동할 가능성이 높습니다. 현재 신입으로 지원하는 것처럼 현업 지원동기와 관련 직무 역량을 어필해야 이동할 수 있습니다.

Q9 H사를 다니시면서 H사의 미래 비전에 대해 어떻게 생각하시나요?

A 최근 현대자동차가 운송수단의 자동차를 넘어서 새로운 영역으로 확장하고 있기 때문에, 충분히 경쟁력 있는 회사가 될 것이라고 생각합니다. 전기차와 수소전기차의 투트랙 개발전략 그리고 Robotics, UAM 등 비자동차 부문으로의 확장도 신규 매출을 창출할 수 있는 좋은 전략이라고 생각합니다.

Topic 4. 신입 vs 중고신입

Q10 차호철 선생님은 중소기업부터 반도체 S사 생산관리까지 PM 직무 경험이 있으신데, 아무래도 관리직이기 때문에 PM 직무에 신입으로 입사하는 건 힘들까요?

A 입사하는 후배님들을 보면 업무 경력이 없어도 입사하는 비중이 높습니다. 업무 경력이 없다고 해도 전혀 문제가 되지 않습니다. 자동차 산업에 대한 관심도와 학교 프로젝트 등 직무 역량을 어필하면 입사가 가능합니다.

Q11 중고신입으로 지원한다면 이런 부분을 어필하면 좋을 것 같다는 현직자 입장에서 팁이 있으실까요?

A 중고신입의 가장 큰 장점은 회사 시스템에 빨리 적응할 수 있다는 점입니다. 학교의 프로젝트보다는 전직 회사의 프로젝트를 바탕으로 어떤 결과를 냈고, 이 결과를 바탕으로 업무에 빠르게 기여할 수 있는 점을 가장 크게 어필하셔야 합니다. 또한, 유관 부서와의 관계를 언급하여 실무 프로세스를 이해하고 있다는 점을 강조하시는 것이 좋습니다.

MEMO

Chapter

02

자율주행 SW 개발

들어가기 앞서서

이번 챕터에서는 미래 모빌리티의 핵심기술에 해당하는 자율주행 SW 개발 직무에 대해서 알아보도록 하겠습니다. 자율주행 SW를 구성하는 요소 기술들에 대해서 정리를 하고 해당 직무를 준비하기 위해서 필요한 역량들에 대해서 알아보는 시간이 될 것입니다. 이 챕터를 마무리할 때쯤 자율주행 SW 개발자로 필요한 역량과 무엇을 어떻게 준비를 해야 하는지에 대해서 스스로 자신의 상황을 분석하고 직무 준비 계획을 세울 수 있는 능력을 기를 수 있을 것입니다.

01 저자와 직무소개

1 저자 소개

로봇공학 학사 졸업
자율주행 관련 석사 졸업

자율주행 SW 개발
1) 자율주행 인지 기술 연구개발
2) 실차 수준에서의 자율주행 SW 개발 및 검증
3) 딥러닝 기반 인공지능 기술 연구

안녕하세요! 저는 현재 모빌리티 관련 대기업에서 자율주행 SW 개발업무를 담당하고 있는 김민철이라고 합니다. 저는 대학원에 진학하여 자율주행 관련 연구실에서 석사 학위를 취득한 후, 현재 회사로 입사하였습니다. 연구실에서 주로 이론적으로 공부했던 자율주행 기술이 실제 차량에서 구현되는 것에 큰 매력을 느껴 현재의 직업을 선택하게 되었고, 고객들에게 더 안전하고 편안한 주행을 가능케 하는 자율주행 기술을 실현하기 위해서 지금도 열심히 일하고 있습니다.

자율주행을 구현하기 위해서는 수많은 기술들이 필요합니다. 어떤 특정한 전공이나 하나의 기술만으로 완성되는 것도 아니고, 한 명의 사람이 처음부터 끝까지 개발할 수도 없습니다. 실제 현업에서도 다양한 배경과 경험을 가진 연구원들이 함께 모여서 일을 하고 있습니다.

'자율주행'이라는 용어가 대중에게 널리 알려지게 된 계기는 인공지능 기술의 발전과 성공사례에 있다고 생각합니다. 기존 전문가들의 지식으로는 해결하기 어려웠던 다양한 문제에 (딥러닝 기반의) 인공지능 기술을 적용하면서 좋은 성과가 나오는 경우가 늘어났고, 난제 중 하나였던 자율주행에도 이러한 기술을 적용해 보려는 시도가 늘어나게 되었습니다. 이러한 상황과 기존에 여러 매체에서 접한 약간의 공상 과학과도 같은 자율주행의 이미지로 인해 많은 사람들이 자율주행을 **End to End**[1] 방식으로 떠올리고는 합니다. '다양한 센서로부터 얻어진 많은 데이터를 인공지능 모델이 학습하고 알아서 처리해서, 차량에 적절한 명령을 내릴 수 있지 않을까?'라고 생각하는 것입니다.

---

1 [10. 현직자가 많이 쓰는 용어] 1번 참고

실제로 이러한 End to End 방식의 자율주행 기술을 연구하는 곳도 있습니다. GPU로 유명한 회사인 Nvidia에서도 이와 관련된 연구를 발표한 적이 있습니다. 여러 대의 카메라에서 들어오는 이미지를 입력으로 받은 다음, 인공지능 모델이 이를 처리하여 출력 값으로 적절한 차량의 조향값을 예측할 수 있는 인공신경망 모델을 제안한 것입니다. 이러한 예측 값이 전문가(인간)의 운전 데이터와 비슷해지도록 훈련시키면 이미지 데이터만으로도 바로 차량을 제어할 수 있는 신호를 생성해 낼 수 있다는 아이디어입니다.

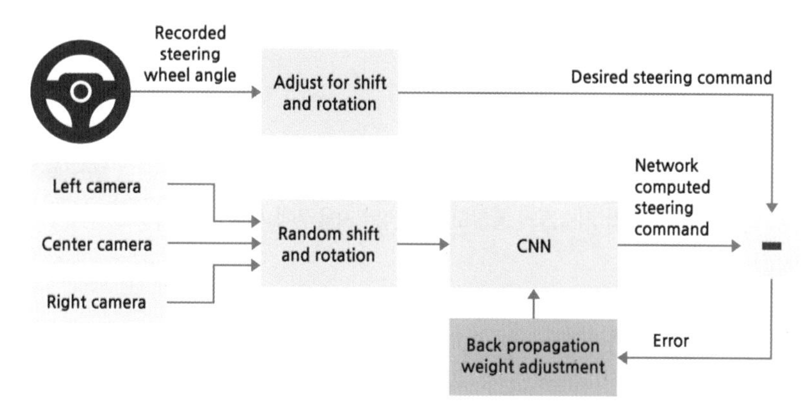

[그림 2-1] Nvidia에서 발표한 End to End 방식의 자율주행 기술
(출처: Mariusz Bojarski 외, 「End to End Learning for Self-Driving Cars」, NVIDIA, 2016, p.3)

하지만 이러한 방식은 현재까지도 인간의 운전과 비교할 수 없을 정도로 성능이 낮고 불안정하므로 대부분의 자율주행 회사들은 End to End 방법보다는 좀 더 고전적인 접근법을 사용합니다. 초기 연구자들은 전체 시스템을 한 번에 구현하기보다는 자율주행에 필요한 세부 기술들을 먼저 구분한 다음, 각 세부 기술을 따로 개발해서 성능을 높이고, 어느 정도 완성된 기술들을 잘 통합하면 자율주행을 구현할 수 있다고 생각했습니다. 이것 또한 아주 이상적인 방법이라고 확신할 수는 없었지만, 다양한 상황에서 효과적으로 동작할 수 있음을 보여 주었고 이로 인해 대부분의 자동차 회사들과 연구기관들은 이 방법론을 따라서 기술개발을 시작했습니다. 이 과정에서 탄생한 것이 **첨단 운전자 보조 시스템**(ADAS, Advanced Driving Asistance System)[2] 입니다. 현재 판매되고 있는 차량에도 들어가 있는 기술로 운전자들에게 많은 편의성을 제공하고 있습니다. 물론 여기에서 만족하지 않고 완전자율주행 기술을 개발하기 위하여 각 세부 기술의 성능을 높이고 기술들을 잘 통합하기 위한 연구는 계속해서 진행되고 있습니다.

2 [10. 현직자가 많이 쓰는 용어] 2번 참고

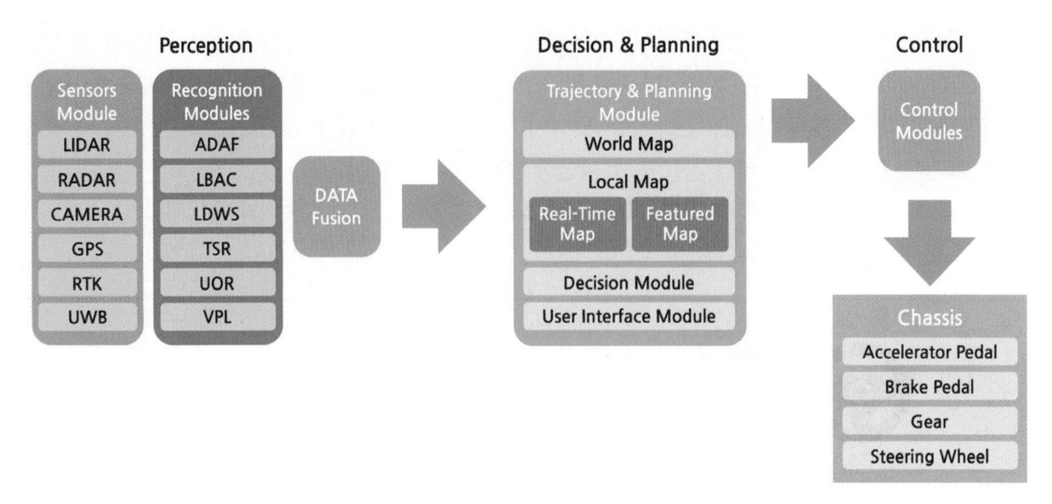

[그림 2-2] 여러 기술들의 통합으로 구성된 자율주행 시스템 (출처: MDPI)

일반적으로 자율주행 기술은 '인지(Perception)', '측위(Localization)', '예측(Prediction)', '판단(Decision Making)', '계획(Planning)', '제어(Control)'와 같은 세부 기술들로 구분할 수 있습니다. 다양한 센서로 취득된 주행 환경의 데이터로부터 자율주행에 필요한 여러 가지 정보를 추출하는 '인지', 차량의 위치를 정확하게 알아내는 '측위', 주변 객체들과 주행 상황이 미래에 어떻게 행동하고 변화할 것인지에 대한 '예측', 주어진 정보들을 바탕으로 차량의 주행 전략을 결정하는 '판단', 그리고 계획대로 차량을 움직이게 하는 신호를 생성하는 '제어'를 통해서 자율주행을 달성할 수 있다고 많은 연구자들이 생각하고 있으며, 실제로 많은 회사에서 이러한 방법론을 따라 개발을 하고 있습니다.

참고로 위의 기술을 더 포괄적으로 묶어서 '인지-판단-제어'로 구분하기도 합니다.

이렇게 다양한 기술 중에서 저는 **인지**와 **머신러닝**에 관련된 연구를 하고 있습니다. 차량이 주행하는 환경에는 매우 다양한 인식 대상이 존재합니다. 차량이나 보행자부터 도로, 차선, 횡단보도, 신호등과 같은 것들까지 모두 인식 대상에 해당합니다. 사람은 눈(目)을 통해서 인식 대상에 대한 신호(데이터)를 받아들이고 뇌를 이용해 신호를 정보로 변환할 수 있습니다. 이를 인지라고 하는데, 사람은 이러한 일을 매우 쉽게 할 수 있으므로 다양한 변수가 존재하는 복잡한 도로에서도 상황에 맞게 운전을 할 수 있습니다. 그러나 자동차는 사람과 달리 눈과 뇌가 없기 때문에 다양한 센서와 컴퓨팅 장비를 사용해서 인지 기능을 구현해줘야 합니다.

[그림 2-3] 주행 이미지에 대해서 인지 알고리즘을 적용한 결과 (출처: 현대모비스)

저는 라이다, 카메라와 같은 센서들을 이용해서 데이터를 취득하고, 이렇게 얻어진 데이터로부터 자율주행에 필요한 다양한 인식 대상에 대한 정보를 추출하는 알고리즘에 대한 연구개발 업무를 하고 있습니다. 특히 고전적인 **신호처리, 컴퓨터비전 알고리즘**뿐만 아니라 최근 자율주행 쪽에서 좋은 성능을 보여주고 있는 **머신러닝, 딥러닝 기반 인공지능**에 대한 연구도 진행하고 있습니다.

2 왜 자율주행 분야와 직무를 선택했나?

저는 학부생 때부터 로봇에 관심이 많았습니다. 우리에겐 로봇청소기로 많이 알려진 모바일 로봇부터 인간과 비슷한 형태의 휴머노이드까지, 어떤 기계를 필요에 따라 적절하게 움직이게 만드는 것에 매력을 느꼈습니다. 그중에서 특히 **모바일 로봇**에 더 흥미가 있었습니다. 목적지까지 효율적으로 안전하게 도달한다는 목적 달성을 위해서 다양한 기술과 알고리즘이 적용된다는 점과 다른 종류의 로봇들보다 빠른 시일 안에 사람들에게 서비스될 수 있다는 그 가치가 크다고 생각했기 때문입니다. 또한 모바일 로봇 기술의 다양한 적용 분야 중에 '자율주행 자동차'에 더욱 깊은 관심을 가지게 되었습니다. 일반적인 로봇청소기나 서비스 로봇보다 더 크지만 빠르게 움직이며 복잡한 상황에서 동작해야 한다는 조건들로 인해 자율주행 자동차가 다른 모바일 로봇에 비해 기술적으로 완성하기 어려울 것 같다고 판단하여 이왕이면 더 어려운 문제를 해결해 보고 싶다는 생각이 들었기 때문입니다.

저는 자율주행 자동차를 로봇의 일종이라고 생각하고 있습니다.

[그림 2-4] 도심에서 움직이고 있는 모바일 로봇 (출처: RGo Robotics)

이렇게 연구 분야를 정한 다음, 자율주행에 대해 좀 더 깊이 있는 공부를 해 보고 싶다는 생각이 들어 석사과정에 지원하였고 자율주행 관련 연구실에 진학하였습니다. 연구실에서 공부하면서 자율주행 분야에 대해 깊게 이해하게 되었고, 앞에서 제가 말했던 자율주행의 다양한 세부 분야에 대해서도 알게 되었습니다. 그리고 본격적으로 주 연구 분야를 결정해야 하는 시기가 왔을 때, 저는 '인지' 분야를 연구하기로 결정했습니다. 인지에 대한 연구는 그 당시에도 활발하게 진행되고 있었지만 그럼에도 주행 환경을 정확하게 인지하는 것이 쉽지 않을 것 같다고 생각했던 것이 첫 번째 이유였습니다.

인지가 완벽하게 된다면 그 이후의 문제들은 생각보다 쉽게 해결될 수 있을 거라 생각하였고, 저는 되도록 어려운 분야에 도전해 보고 싶었습니다.

두 번째 이유는 인지 분야를 연구하면 당시 유망한 분야로 떠오르던 인공지능, 머신러닝 쪽도 함께 공부할 수 있을 것으로 판단했기 때문입니다.

이렇게 세부 연구 분야를 결정한 다음에 필요한 지식을 쌓기 위해서 영상처리, 컴퓨터비전, 머신러닝과 같은 관련 과목들을 공부하였고, 온라인상에 공개된 각종 자율주행 데이터들을 이용한 기존 연구 결과들을 따라가면서 최종적으로는 저만의 주제를 잡고 연구를 진행하였습니다. 석사과정 동안 자율주행 연구에 대해 다양한 경험을 쌓으며 학위를 취득하였고, 현재 회사에 입사하여 인지기술을 개발하는 연구원으로서 근무하고 있습니다.

MEMO

02 현직자와 함께 보는 채용공고

국내 대기업의 자율주행 관련 부서 채용공고를 함께 보면서 분석해 보고, 지원자가 숙지해야 할 점에 관해서 이야기해 보겠습니다.

1 자율주행사업부 조직소개

조직소개 자율주행사업부

자율주행사업부는 보편적 안전과 선택적 편의라는 개발 철학을 바탕으로, 부분 자율주행(Lv.0~3) 시스템 및 완전 자율주행(Lv.4~5) 시스템을 개발하고 있습니다. 시스템을 구성하는 인지/판단/제어 SW는 자체적으로 개발하고 있으며, 통합제어기를 중심으로 하는 확장형 아키텍처를 바탕으로 자체 개발한 SW로 양산 및 시범서비스 등 다양한 비즈니스 모델에 대응하고 있습니다.

[그림 2-5] 현대자동차 자율주행사업부 조직소개

'조직소개' 항목을 보면 한 가지 주목할 사항이 있습니다. 바로 자율주행사업부라고 되어있지만, Lv 4, Lv 5 자율주행뿐만 아니라 Lv 3 이하의 기술(보통 ADAS에 해당하는 기술)을 개발하는 부서도 함께 포함되어 있다는 것입니다. 이처럼 공고를 낸 기업이 자율주행만을 위해서 설립된 회사가 아닌 기존에 자동차 관련 연구를 하던 회사일 경우, 자율주행뿐만 아니라 ADAS와 관련된 부서도 함께 존재하는 경우가 많습니다.

최근에는 ADAS 관련 부서도 자율주행이라는 용어로 많이 통합되고 있습니다. 대표적인 사례가 '부분 자율주행', '고속도로 자율주행'이라는 표현입니다. 제한된 조건, 구간 내에서는 자율주행에 상응하는 기능을 제공하겠다는 의미로 해석할 수 있는데, 한 가지 주의할 점은 이러한 기술을 개발하는 부서는 우리가 일반적으로 생각하는 자율주행 기술을 개발하는 곳이 아닐 수 있다는 점입니다. 따라서 지원하고자 하는 직무, 부서 이름에 자율주행이라는 단어가 포함되어 있더라도 실제 업무는 ADAS 개발일 수 있으므로 JD를 꼼꼼하게 확인하는 것이 중요합니다.

일반인이 보기에는 비슷해 보이겠지만 ADAS와 자율주행은 기술 완성을 위해 고려해야 할 점에서 많은 차이가 있습니다.

2 자율주행사업부 SW개발 채용공고

채용공고 자율주행 SW 개발

주요 업무
• **자율주행 인지 SW 개발** - 자율주행 시스템의 영상 인식 SW 개발 (딥러닝 기반) - 자율주행 시스템의 라이다 인식 SW 개발 (딥러닝 기반) - 자율주행 시스템의 센서퓨전 SW 개발 (카메라, 레이더, 라이다 등 센서 신호 융합) - 자율주행 시스템의 정밀측위 SW 개발 • **자율주행 판단/제어 SW** - 자율주행 시스템의 경로생성/주행 판단 SW 개발 - 자율주행 시스템의 종/횡방향 제어 SW 개발

[그림 2-6] 현대자동차 자율주행 SW 개발 채용공고

'수행직무' 항목을 보면 자율주행의 세부 분야가 언급된 것을 볼 수 있습니다. 각 분야에 대해서 직무 적합성이 높은 맞춤형 인재를 채용하겠다는 것입니다. 여기에서 생각해 볼만한 부분을 이야기해 보겠습니다.

1. 채용공고에 있는 수행직무 내용의 디테일에 따라서 채용하려는 인력에 대한 요구, 기대 수준을 짐작할 수 있습니다.

신입 JD의 수행직무에 있는 분야별 내용이 매우 단순하고 일반적인 내용 위주로 기술되어 있다는 점을 확인했을 것입니다. 학/석사급 채용에 대해서는 상시, 수시 채용이라 할지라도 회사에서는 매우 전문적인 수준까지는 요구하지 않습니다. 물론 학사라고 할지라도 관련 분야에 대한 전문적인 지식과 논문, 대회 참가/수상 경험과 같은 참고할 만한 자료가 많다면 더 구체적으로 평가를 할 수 있겠지만 회사에서는 애초에 학부생들이 경험할 수 있는 것에 대해 한계가 있다는 것을 알고 있습니다. 그것을 고려해서 수행직무 항목에서는 최대한 포괄적인 내용을 기술하는 것입니다.

채용공고 영상인식 알고리즘 개발

주요 업무	자격 요건
• **영상인식 알고리즘 개발** - Deep Learning 기반 영상인식 개발 및 검증 - Computer Vision 기반 영상인식 개발 및 검증 - Tracking 알고리즘 개발 및 검증 • **Embedded Porting** - 영상인식 알고리즘의 Embedded Porting (TI, Qualcomm, NVIDIA 등) • **AP / MCU SW Optimization**	• 경력: 신입 • 학력: 석사 이상 • 전공: 컴퓨터, 전기, 전자공학 관련 전공 **우대 사항** • 자동차 분야 경력 2년 이상 • 자율주행 및 로보틱스 관련 개발 경력 2년 이상 • Python/C/C++ 등 프로그래밍 언어 활용 능력

채용공고 센서 퓨전 알고리즘 개발

주요 업무	자격 요건
• **센서 퓨전 알고리즘 개발** - 이중 센서 간 퓨전 알고리즘 개발 - Tracking 알고리즘 개발 및 검증 • **자율주행 인식 알고리즘 검증** - 이중 센서 간 퓨전 알고리즘 개발 - 인식 SW 검증을 위한 SIL(Software In the Loop) 및 HIL(Hardware In the Loop) 테스트 환경 개발 - 인식 SW 검증 시나리오 도출 및 스크립트 구현을 통한 검증 자동화 SW 개발	• 경력: 신입 • 학력: 석사 이상 • 전공: 컴퓨터, 전기, 전자공학 관련 전공 **우대 사항** • 자동차 분야 경력 2년 이상 • 자율주행 및 로보틱스 관련 개발 경력 2년 이상 • Python/C/C++ 등 프로그래밍 언어 활용 능력

[그림 2-7] HL클레무브 자율주행 신입 채용공고

이것은 또 다른 자율주행 기업의 신입 채용공고입니다. 자격요건이 석사 이상이지만, 주요업무, 자격요건 자체는 앞에서 봤던 학/석사 신입 채용 JD와 크게 다르지 않음을 알 수 있습니다. 자격요건이 석사 이상이기 때문에 지원자는 본인의 연구주제와 석사 기간 동안 진행한 과제에 대해서 더 어필할 수 있겠지만, 전반적으로 신입 채용에 있어서는 공고들 간에 큰 차이가 없다는 것을 알 수 있습니다. 지원자 입장에서는 학사, 석사의 차이가 커 보일 수 있지만 채용하는 입장에서는 그렇게 큰 의미를 두지 않습니다.

수행직무에 대해서 좀 더 자세하게 파악하여 맞춤형으로 준비하고 경험을 쌓고 싶은데, 신입 채용공고의 JD만으로는 어떤 업무를 하게 될지 명확하게 알기가 어려울 수 있습니다. 이럴 때는 **신입 채용공고보다 경력직 채용공고를 확인**하는 것이 더 도움이 될 수 있습니다.

채용공고 자율주행 SW 개발 (영상 인식) 경력

주요 업무

- **딥러닝 기반 영상인식 기술 개발**
  - 전방, 전측방, 후측방, 광각, 후방 카메라 자율주행/자율주차 영상인식 기술 개발
  - 영상인식 딥러닝 네트워크 개발
  - 영상 전처리/후처리 알고리즘 개발
  - 멀티카메라 영상인식 기술 개발
  - 영상인식 로직 기능/성능 검증
- **딥러닝 기반 영상인식 기술 임베디드 SW 개발**
  - PC 기반 영상인식 알고리즘 SW Integration 및 임베디드 최적화 개발
  - 제어기 (MCU, CPU, GPU, FPGA 등) 기반 영상인식 로직 SW Integration 및 임베디드 최적화 개발
  - PC 및 제어기 기반 영상인식 임베디드 시스템 통합 검증
- **카메라 및 딥러닝 요소 기술 개발**
  - 카메라, 라이다 Low Level 퓨전 인식기술 개발
  - 멀티노드 서버기반 딥러닝 네트워크 학습 속도 개선 기술 개발
  - 카메라 Calibration 기술 개발
  - 영상 기반 Fail Safe (악천후, 저조도, 렌즈오염, Blockage 등) 기술 개발
  - 영상 기반 Vehicle Dynamic Compensation 기술 개발
  - 딥러닝 네트워크 자동화 개발 환경 구축

[그림 2-8] 현대자동차 경력 채용공고(영상인식)

채용공고 자율주행 SW 개발 (라이다 인식) 경력

주요 업무
• 라이다 기반 객체 검출 및 추적 기술 개발 - 차량용 다채널 라이다 기반 자율주행 인식 기술 요구사양 및 인터페이스 개발 - 다채널 라이다별 검출 객체의 출력 정보 정합/추적 기술 개발 - 신호처리 기반 다채널 라이다 객체/상황 인식 기술 개발 **• 라이다 기반 딥러닝 인식 기술 개발** - 라이다 학습 데이터 및 딥러닝 네트워크 기반 인식 기술 사양 개발 - 딥러닝 네트워크 기반 자율주행 객체/상황 인식 기술 개발 - 인식 성능 확보를 위한 GT 및 학습 네트워크 최적화 **• 라이다 융합 기반 주변 상황 인식 및 예측 기술 개발** - 다채널 라이다 퓨전 기반 주행 상황 인식 알고리즘 개발 - 신호처리 및 딥러닝 기반 다채널 라이다 객체 정합 기술 개발 - 검출 객체 신뢰성 향상을 위한 차량 정보 후처리 기술 개발 **• 인식 로직 최적화 및 임베디드 S/W 개발** - 인식 로직 감지 성능 및 속도 개선을 위한 S/W 최적화 1) 임베디드 S/W 구현을 위한 로직 아키텍처 개발 2) 병렬처리 기반 수행속도, 메모리 최적화 개발 **• 인식 성능 검증 및 개선** - 인식 성능 검증 시나리오 개발 및 테스트 셋 마련 - 인식 성능 정량화 평가를 위한 사양 개발 - 실차 기반 성능 검증 프로세스 확립 및 개선 방안 수립

[그림 2-9] 현대자동차 경력 채용공고(라이다 인식)

위의 두 가지 JD는 각각 영상인식, 라이다 인식 SW 개발 부서의 경력직 채용공고를 가져온 것입니다. 신입 JD와는 다르게 입사 후 수행하게 될 업무와 요구사항이 보다 구체적으로 제시된 것을 확인할 수 있습니다. 이 중에는 학사 신입의 수준을 넘어서는 것도 있으므로 신입 지원자가 해당 업무를 수행하는데 필요한 전문적인 지식과 경험을 모두 갖추고 지원하는 것이 어려울 수도 있습니다. 다만, **회사에서 필요로 하고 향후 개발하고자 하는 기술의 방향성을 확인**할 수 있으니 보다 구체적으로 준비해서 경쟁력을 갖추기를 원할 경우, 경력직 JD를 참고하는 것을 추천합니다.

2. 세부 분야 중 한 가지를 정해 그것에 집중해야 합니다.

한 명의 사람이 자율주행 SW 전체를 개발하는 것은 사실상 불가능합니다. 현실적으로 지원자는 **자율주행 세부 분야 중 한 가지를 자신의 메인 분야로 결정해서 관련 경험을 쌓고 그것을 어필**해야 합니다. 가끔 지원서를 보면 '자율주행 SW를 개발하는 연구원이 되고 싶다', '자율주행 기술개발에 공헌하겠다.'와 같은 포괄적이고 추상적인 내용을 적는 분들이 있습니다. 지원서를 보는 사람으로서는 이 지원자가 자율주행에 대해서 잘 이해하지 못하고 있거나 정말 겉핥기 수준으로만 공부한 것이라는 느낌을 강하게 받습니다. 그러므로 자신이 자율주행의 요소 기술에 대해 많은 관심이 있고 해당 분야의 전문가로 성장하기 위해서 많이 공부하고 경험했다는 것을 강하게 어필할 수 있어야 좋은 결과를 기대할 수 있을 것입니다.

> 특히 신입연구원이 다양한 분야에 관해 동시에 연구/개발하는 것은 더욱 어렵습니다.

추가로 앞의 영상인식 경력직 채용공고 JD를 함께 보면서 현업에서 어떤 업무를 수행하는지, 어떤 역량을 기대하는지를 간단히 이야기해 보겠습니다.

보통 자율주행에서 영상인식이라고 하면, 이미지 데이터를 입력으로 받아서 객체 검출(Object Detection), 의미론적 분할(Semantic Segmentation)을 수행하는 인공신경망 모델을 설계하고 학습시키는 것을 많이 생각합니다. 하지만 실제 자율주행에 사용할 수 있는 인식 결과를 만들어 내기 위해서는 인공신경망 이외의 다양한 방법이 필요한데, 특히 딥러닝 방식이 유행하기 이전부터 많이 사용되던 영상인식, 컴퓨터 비전 알고리즘을 활용한 방법들은 지금도 여전히 많이 사용됩니다. 그러므로 이미지 전/후처리, 특징 추출/매칭(Feature Extraction&Matching), 광학 흐름(Optical Flow), **카메라 캘리브레이션(Calibration)**[3]과 같은 알고리즘에 대한 이해도 필요합니다.

[그림 2-10] 다른 뷰에서 촬영된 이미지에서 특징점 추출 및 매칭 수행 (출처: Google Maps 블로그)

3 [10. 현직자가 많이 쓰는 용어] 3번 참고

[그림 2-11] 채커보드를 이용한 카메라 캘리브레이션 (출처: cvlibs.net)

그리고 SW 개발은 주로 사무실의 데스크탑 환경에서 하지만, 실제 차량에서는 데스크탑 같은 고성능의 PC를 사용할 수는 없습니다. 제한된 리소스만을 사용할 수 있는 장비들을 활용해야 하므로 이를 위한 임베디드 SW 개발, SW 최적화 업무도 수행하게 됩니다. '자율주행 영상인식 알고리즘 개발'이라는 목표를 이루기 위해서는 매우 다양한 기술이 필요하다는 점을 이해하면 좋겠습니다. '영상인식 기술개발' 직무에 대한 보다 자세한 이야기는 뒤의 **3. 주요 업무** TOP 3에서 계속 이야기하도록 하겠습니다.

채용공고 자율주행 SW 개발

자격 요건
- 전기전자공학, 컴퓨터공학, 로봇공학, 기계공학, 자동차공학 계열 관련 학사 이상의 학위 취득자 - C/C++ 사용 역량 보유자 - 해외 여행에 결격 사유가 없으신 분 (남성의 경우, 병역을 마치셨거나 또는 면제되신 분)

[그림 2-12] 현대자동차 신입 채용공고 ①

지원자격에는 생각보다 많은 제한조건을 두지 않은 것을 확인할 수 있습니다. 관련 전공으로 전기전자공학, 컴퓨터공학, 로봇공학, 기계공학, 자동차공학이 적혀 있기는 하지만, 해당 전공이 아니라도 지원하는 것에는 전혀 문제가 없습니다. 애초에 자율주행 자체가 다양한 전공의 융합 분야이므로 대부분 이공계 관련 전공이라면 지원이 가능하고 감점은 전혀 없습니다.

좀 더 노골적으로 이야기 하자면, 자율주행 SW 개발 업무를 잘할 수만 있다면 어떤 전공이라도 상관없습니다. 최근 상시, 수시 채용의 시대가 되면서 이러한 채용 트렌드가 확산되고 있는데, 학력이나 배경은 제외하고 지원자의 실력만 보고 뽑겠다는 것입니다. IT, SW 개발 직무 채용에서는 이러한 경향이 더 증가하고 있고, 자율주행 SW 개발 직무에서도 점점 확산되고 있습니다. 신입 채용을 준비하는 입장에서는 자신이 쌓아온 스펙이 아무것도 보장하지 못한다는 느낌이 들어서 취업 준비가 더 어려워졌다고 느낄 것입니다. 하지만 관련 전공이 아니라도 자율주행 분야에 관심을 두고 공부하면서 준비하면 지원하는 데 전혀 불이익이 없다는 것이기 때문에 기회라고도 볼 수 있을 것입니다. 다시 말하자면 스펙의 개수, 네임벨류와 같은 스펙을 위한 스펙에 집중하지 않아도 된다는 뜻입니다.

또한, 자율주행의 특성상 개발을 할 때 HW에 친화적인 언어를 주로 사용하기 때문에 C/C++ 역량을 언급하고 있습니다. 요즘 대학에서도 프로그래밍의 중요성을 많이 강조하면서 전공에 상관없이 프로그래밍 교육을 진행하고 있는데, 대부분 진입장벽이 낮은 파이썬(Python)을 수업에 활용하고 있습니다. 뿐만 아니라 많은 비전공자들이 커리어 전환 등의 이유로 프로그래밍을 공부하면서 개발 언어로 상대적으로 쉬운 파이썬을 선택합니다. 그래서인지 많은 지원자들이 파이썬을 사용할 수 있다고 하면서 프로그래밍을 할 수 있다고 어필하는데, 본인이 지원한 직무가 머신러닝, 딥러닝과 관련된 분야가 아니라면 크게 어필이 되지 않는다는 점을 알아두면 좋겠습니다. **본인이 지원하려는 직무가 어떤 특성을 가진 언어를 주로 사용하는지 잘 파악**해야 합니다.

> 파이썬이 입문할 때는 쉬워 보여서 많은 분들이 선택하지만, 공부를 하면 할수록 파이써닉(Pythonic)한 좋은 코드를 짜는 것이 쉽지 않다는 것을 알게 될 것입니다.

추가로 많은 지원자들이 "자율주행과 관련된 이론적 지식과 프로그래밍 실력 중 어떤 것이 더 중요할까요?"라는 질문을 하는데 경쟁력 있는 순서대로 나열해 보자면 아래와 같지 않을까 생각합니다.

① 이론적 지식, 프로그래밍 실력 모두 탁월

문제해결을 위한 이론적 지식을 갖추고 있고 적절한 언어로 그것을 구현해 낼 수 있는 수준

② 프로그래밍 실력 탁월

자율주행과 관련된 이론적 지식은 부족하지만 구현해야 하는 알고리즘의 의사코드(Pseudo code)가 주어지고 그것을 설명해 줄 사람이 존재할 경우 이를 구현할 수 있는 수준

③ 이론적 지식 탁월

자율주행에 대한 이론적 지식을 갖추고 있어 문제해결을 위한 방법을 제안할 수는 있지만, 그것을 SW로 구현할 수는 없는 수준

이렇게 정리하면 많은 분들이 '①은 쉽지 않으니까 ②를 목표로 준비해야겠다'라고 생각할 것 같아 노파심에 말하자면, 지원자 대부분이 ①의 역량을 갖추고 지원하기 때문에 프로그래밍 실력 또는 이론적 지식 둘 중 하나만 준비하는 실수를 범하지 않았으면 좋겠습니다. 물론 본인의 프로그래밍 실력이 이론의 부족함을 뛰어넘을 정도로 뛰어나다면 ②가 ①을 넘어서는 경우도 있지만, 이것은 정말 드문 경우라고 말할 수 있습니다. 되도록 자율주행에 대해서 공부할 때 **이론에서만 끝내지 말고** 꼭 (최소한 오픈 데이터셋을 활용해서라도) 직접 구현까지 해 볼 수 있으면 좋겠습니다.

채용공고 자율주행 SW 개발

우대 사항
- 석사 이상의 학위 취득자 - 디지털 신호처리, 영상처리, 딥러닝, 센서퓨전, 제어, SW 아키텍처, 임베디드 시스템, SW 최적화, 마이크로프로세서, 운영체제, 전자회로, 차량 네트워크, 차량 동역학 등 관련 전공자 - SW 개발 관련 자격증, 운전면허증 보유자 - 자율주행 기술 개발 프로젝트 수행 경험자 - 자율주행 관련 인식, 신호처리, 동역학 등 관련 기술 개발 경험자 - 자율주행 관련 각종 대회 참여 및 입상 경험자 - 자율주행 제어, 센서 인식 성능 및 로직 검증 개발 유경험자 - 제어기 관련 개발 유경험자 - C/C++, Python, Matlab/Simulink, dSPACE/Vector tools, 자동차용 개발 Tool 사용 역량 보유자 - 공인어학성적보유자 (TOEIC, TOEIC SPEAKING, TEPS, TEPS SPEAKING, OPIC) - 보고서/기술문서 작성, 영어 회의 참석/주관 가능자

[그림 2-13] 현대자동차 신입 채용공고 ②

우대사항에서 가장 먼저 눈에 들어오는 부분은 '석사 이상의 학위 취득자' 부분일 것이라 생각합니다. 박사 지원자의 경우 신입 채용이 아닌 경력 채용으로만 뽑기 때문에, 이 공고에 지원하는 사람은 학사 또는 석사 졸업생이거나 경력이 짧은 학사 지원자일 것입니다.

주변 커뮤니티나 선배들로부터 '자율주행 분야로 취업하기 위해서는 대학원을 가는 것이 유리하다'라는 말을 들어봤을지도 모르겠습니다. 현재 제가 일하고 있는 조직에서도 구성원들의 학위를 살펴보면 다수가 석사 학위를 가지고 있고 그다음으로 박사, 학사 순으로 학위가 분포되어 있습니다. 아마 다른 자율주행 기업들도 대부분 이러한 인원 구성 비율을 따를 것으로 생각합니다. 왜 자율주행 부서의 인원 구성이 이렇게 될 수밖에 없었는지는 뒤쪽에서 자세하게 이야기해 보겠습니다.

학사 지원자들은 석사 지원자보다 자신이 불리하다고 생각하겠지만, 결론적으로 채용하는 회사에서는 **학사, 석사에 그렇게 큰 차이를 두지 않습니다.** 그래서 함께 채용공고를 내는 것입니다. 오히려 석사 학위를 취득했음에도 불구하고 그에 상응하는 실력이나 경험이 없는 경우, 학사와 비교해서 더 박한 평가를 받을 가능성이 매우 높습니다. 학위에 대해서 너무 걱정하지 말고 본인이 지원한 직무에 필요한 요구사항을 얼마나 잘 충족했는지에 대해서 고민하기를 바랍니다.

다음으로 살펴볼 부분은 '자격증'입니다. 많은 분들이 관심 있는 부분이라고 생각합니다. 다양한 자격증을 취득해 두었을 때 실제로 취업에 도움이 되는지, 얼마나 도움이 되는지를 정량화할 수 있다면 최적의 비용과 시간만으로 자격증 준비를 마무리할 수 있을 것입니다.

일단 자격증 중에서 '어학 자격증'은 입사를 위해서는 필수로 취득해야 합니다. 입사 시 거의 모든 회사에서 토익/토익 스피킹과 같은 공인영어 시험점수를 요구하는데, 자율주행 분야라고 해서 크게 다르지 않습니다. 입사한 분들을 보면 대부분 커트라인에 맞춰서 성적을 준비합니다. 굳이 더 높은 영어성적을 취득하기 위해 노력하지 않는 이유는 ①채용하는 회사에서도 영어 시험 성적이 실제 영어 실력을 반영한다고 생각하지 않기 때문이기도 하고 ②한국에서 근무하는 개발자, 엔지니어에게 당장 수준급의 영어 실력을 요구하는 경우가 많지 않기 때문입니다. 다만 본인의 영어 실력이 자연스럽게 대화가 가능하거나 원어민 수준으로 높은 편이라면 그것을 적극적으로 어필하시면 좋습니다. 서류에 성적을 기입하는 것뿐만 아니라 면접에서도 최대한 어필하면 좋겠습니다. 개인적인 경험으로 회사생활을 하면서 영어 실력이 뛰어나면 더 많은 기회를 잡는 경우를 많이 봤습니다('영어 회의 참석/주관 가능자'라는 항목도 이와 같은 맥락에서 이해하시면 되겠습니다).

SW 관련 자격증도 어학 자격증과 비슷한데, 일단 자율주행 분야에서 필수적이거나 유용하다고 생각하는 SW 자격증은 거의 없다는 것이 저의 생각입니다. 최근 데이터 분석 관련 자격증이 생기면서 많은 분들이 "그것을 취득하면 도움이 되지 않을까?"라고 생각하는데 별로 좋은 판단이 아니라고 생각합니다.

현업에서 일하는 분들도 그러한 자격증이 실제 그 사람의 SW 개발 실력을 대변할 수 있다고 믿지 않는 경우가 대부분입니다. SW 관련 자격증을 취득하는 것보다는 본인의 진짜 개발 실력을 향상시킬 수 있는 것에 시간을 할애하길 바랍니다. 관련 자격증을 취득할 시간에 프로그래밍 문제를 제공하는 사이트에서 꾸준히 문제를 푸는 것이 알고리즘, 자료구조를 이해하는 데 더 도움이 되고 입사할 때 봐야 하는 코딩테스트에도 도움이 될 것입니다.

만약 기록으로 남는 무엇인가를 준비하고 싶다면 캐글(Kaggle)과 같은 데이터 관련 대회 플랫폼에서 순위권에 들거나 프로그래밍 대회에서 입상하는 것이 다른 어떠한 자격증보다 확실히 가산점을 받을 수 있는 방법일 것입니다.

만약 정말로 업무에 필요한 자격증이 있다면 우대사항이 아닌 자격요건에 적어두었을 것입니다.

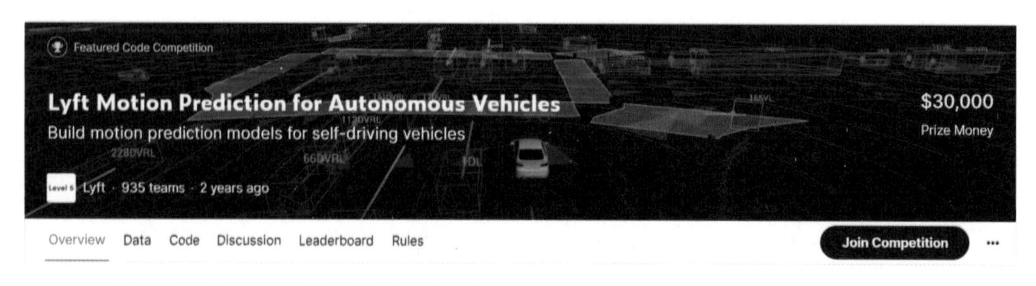

[그림 2-14] Kaggle에서 진행되었던 자율주행 motion prediction 관련 대회 (출처: Kaggle)

'보고서, 기술문서 작성' 항목은 형식적으로 적어둔 것으로 생각해도 무방할 것 같습니다. 자율주행 개발자에게 중요한 능력은 발표 자료를 잘 만드는 것보다 실제 개발을 잘하는 것이기 때문입니다. 다만 본인이 개발한 내용을 다른 사람에게 명확하게 설명하고 전달할 수 있는 커뮤니케이션 능력은 협업 시 중요한 부분이기 때문에 이러한 의미에서 '보고서, 기술문서 작성'이 우대사항에 포함되어 있다고 볼 수 있을 것입니다.

03 주요 업무 TOP 3

지금까지 자율주행 SW 개발 직군 채용에 대해 전반적으로 이야기했으며 신입, 경력 JD를 보면서 자율주행 분야 직무로 입사하는 데 필요한 내용들에 대해서도 정리해 보았습니다.

지금부터는 저의 직무인 자율주행 인지 SW 개발에 대해서 더 이야기해 보겠습니다.

1 자율주행 인지 알고리즘 개발

1. 주변 환경 인지를 위한 인공신경망 개발 및 학습

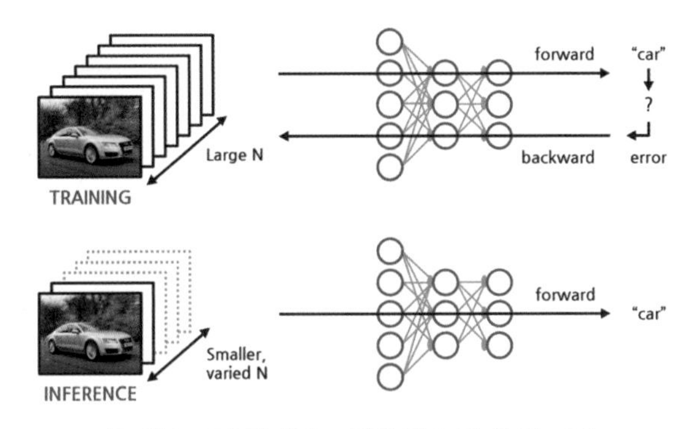

[그림 2-15] 딥러닝 모델의 학습 및 추론 과정

자율주행 인지 기술의 발전을 이야기할 때, 딥러닝 기반 인공지능을 빼놓고 이야기할 수 없을 정도로 인지 기술에서 딥러닝의 중요성은 매우 높습니다. 딥러닝 기술의 발전으로 인해 인식 정확도가 비약적으로 향상되었고, 비로소 자율주행에 적용할 수 있을 정도가 되었습니다.

이러한 딥러닝 모델을 개발하는 것이 저의 주요 업무 중 하나입니다. 영상인식의 여러 기능 중 하나인 객체 검출을 개발하는 것을 예로 들자면, 우선 다양한 객체 검출 모델 중 모델 크기, 연산속도, 정확도 등 기준에 부합하는 기본모델을 선택하는 것부터 시작합니다.

객체 검출 분야에 관해서 많은 연구가 진행되었고, 상용화를 할 수 있을 정도의 성능을 내는 다양한 모델이 많이 공개되어 모델 개발자가 인공신경망 설계를 처음부터 해야 할 필요성은 많이 줄어들었습니다.

그러나 기본모델에는 여전히 다양한 한계점이 존재해 차량에 바로 적용하기는 어렵습니다. 객체 오검출 상황이 빈번하게 발생할 수 있고, 크기가 너무 작거나 큰 객체를 잘 찾지 못하는 한계 상황이 존재할 수도 있습니다. 이런 기본모델의 한계점을 극복하고 성능을 끌어올리기 위해 네트워크 구조를 개선하고 새로운 모듈을 개발하여 추가합니다. 그리고 개선된 모델이 안정적으로 학습될 수 있게끔 관리하고 최종적으로 성능평가를 진행한 후, **평가 지표**[4] 결과에 따라서 개선사항을 기본모델에 반영할지를 결정합니다.

2. 신호처리, 컴퓨터비전 지식을 활용한 전/후처리 알고리즘 개발

인지 기술을 개발하는 데 딥러닝 기반의 인공지능 기술만 사용되는 것은 아닙니다. 예를 들어, 2차원 영상에서 객체 검출을 수행하여 보행자를 둘러싼 박스를 검출하는 네트워크가 있을 때, 영상에서 박스를 찾는 것만으로는 자율주행에 사용하기에는 부족함이 있습니다. 실제로 차량이 주행하는 환경은 3차원 공간이기 때문입니다. 이를 위해서 좌표계 변환을 수행해야 하는데 여기에는 머신러닝이나 딥러닝이 아닌 컴퓨터비전의 지식이 필요합니다. 한 번 더 이야기하고 싶은 것은 딥러닝만으로 자율주행의 인지 기술을 완성할 수는 없다는 것입니다. 적절한 기술을 선택해서 필요한 기능을 구현하는 것이 자율주행 SW 개발자에게 필수적인 덕목이라고 생각합니다. 필요에 따라서 사용할 도구를 선택해야지 맹목적인 믿음으로 한 가지 도구만을 고집하는 것은 경계해야 할 태도입니다.

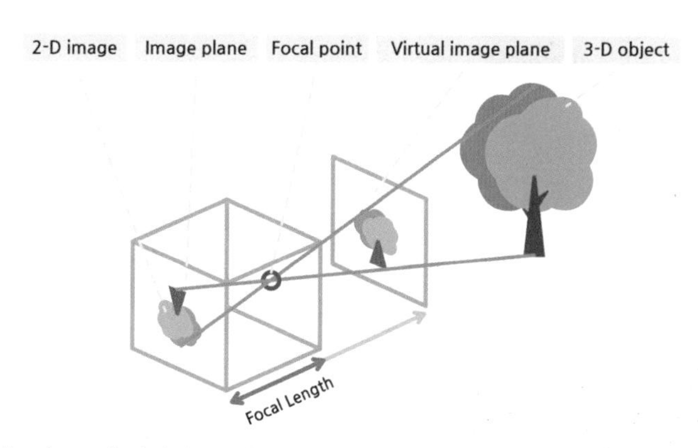

[그림 2-16] 카메라 모델을 사용한 이미지 생성 과정 (출처: MathWorks)

4 [10. 현직자가 많이 쓰는 용어] 4번 참고

2 실제 차량에서의 자율주행 기능 테스트

1. 차량에서 동작 가능한 프로그램 개발

앞에서 말했던 알고리즘 개발 및 평가는 주로 데스크탑 환경에서 이루어집니다. 인공신경망 학습을 위해서 파이썬과 딥러닝 **프레임워크 (Tensorflow, Pytorch)**[5] 그리고 다양한 오픈소스 라이브러리를 사용하지만, 이것만으로 실제 차량에서 동작하는 프로그램을 만들기는 어렵습니다. 속도 측면에서도 매우 불리하고 오픈소스를 사용하는 경우에는 디버깅도 어렵고 무결성을 입증하기도 어렵기 때문입니다(라이센스[6] 문제로 초기 개발단계에서 사용했던 라이브러리를 양산에 적용하는 것 자체가 어려운 경우도 많이 있습니다). 따라서 차량에서 구동될 코드는 C/C++ 기반으로 작성해야 하고, 추가로 ONNX, TensorRT, **CUDA**[7]와 같은 도구들도 사용하게 됩니다. 이렇게 개발한 프로그램의 성능은 데스크탑 환경에서 개발했던 결과와 최대한 비슷한 성능을 유지하면서 목표로 했던 실행속도를 만족시켜야 합니다.

학습을 위해 주로 서버 환경을 이용하지만, 편의상 '데스크탑'이라는 용어로 통일하겠습니다.

2. 실제 차량에서 인지 알고리즘 성능 테스트

개발한 프로그램을 자율주행 플랫폼과 축적된 데이터를 사용하여 테스트를 진행하고 프로그램의 안정성과 성능평가를 한 번 더 진행합니다. 실험실 수준에서의 검증이 완료되었다면 이후에는 실제 도로를 주행하면서 추가적인 테스트를 합니다.

[그림 2-17] 사람 모형을 활용한 실차 테스트 (출처: Sensible 4)

---

5 [10. 현직자가 많이 쓰는 용어] 5번 참고
6 [10. 현직자가 많이 쓰는 용어] 6번 참고
7 [10. 현직자가 많이 쓰는 용어] 7번 참고

프로그램이 안정화되면 전문 드라이버와 테스터를 고용하여 대신 실험을 맡기고 결과를 받아보지만, 개발 초기~중간 단계에는 알고리즘 개발자들이 테스트까지 담당하는 경우가 많습니다. 그러다보니 연구원, SW 개발자라는 직무로 일하고 있지만, 생각보다 사무실 밖 워크샵이나 차량 내부에서 작업을 진행할 때도 많습니다.

3 알고리즘 개발을 위한 선행연구 및 데이터 관리

1. 최신 연구 결과에 대한 리서치 업무

자율주행을 위한 많은 인공지능 모델이 발표되고 있지만 아직도 정답이라고 할 만한 솔루션은 나오지 않은 상태입니다. 다양한 학술지 및 학회에서 기존의 단점들을 보완하거나 성능을 개선시킨 연구 결과들이 지속적으로 보고되고 있으므로, 자율주행 SW 개발자라면 이러한 연구 결과들을 계속해서 조사하고 공부할 필요가 있습니다.

따라서 뛰어난 성능향상을 이뤄낸 연구 결과가 발표되면 해당 연구 결과를 이해하고 실제로 구현해서 성능 테스트를 해 보기도 하며, 이러한 과정에서 본인만의 아이디어를 도출하여 모델을 더욱 개선하거나 새롭게 논문을 작성하기도 합니다.

2. 학습용 데이터 관리

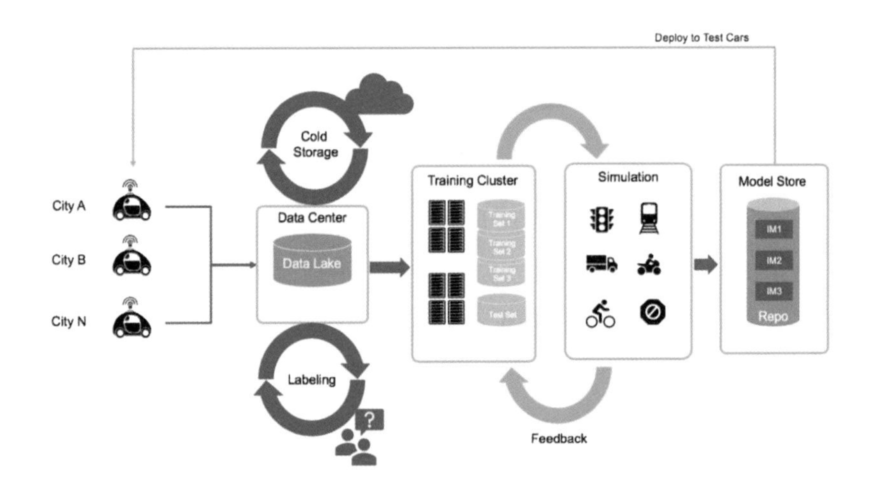

[그림 2-18] 자율주행 데이터의 취득, 보관 및 사용 (출처: NetApp)

최근 자율주행 인지 기술을 공부하는 분들은 '딥러닝', '데이터 기반 모델링'에 초점을 맞춰 집중적으로 공부를 하고, 관련 직무를 담당하기를 희망합니다. 하지만 데이터 기반 모델링에서 가장 주목해야 하는 부분은 **데이터**입니다. 아무리 좋은 모델이라 할지라도 학습에 사용되는 데이터에 문제가 있다면 그 모델은 절대로 좋은 성능을 낼 수 없습니다. 학습을 위해서는 단순히 데이터를 취득하는 것만으로는 부족합니다. 데이터를 적절히 가공하고 '정답'에 해당하는 정보를 추가하여 학습에 사용할 수 있는 형태로 만들어 줘야 하는데, 이를 **데이터 라벨링**이라고 부릅니다. 이 라벨링 작업을 어떤 규칙에 따라서 할지 사양을 결정하는 것부터 추가로 취득되는 데이터를 전체 데이터베이스 차원에서 관리하고 기존 모델에 추가로 학습시키는 것까지 알고리즘 개발자가 고민해 봐야 할 내용입니다. 제가 업무를 하면서 느낀 데이터의 중요성에 대해서는 뒤에서 다시 한 번 언급하도록 하겠습니다.

4 다른 직무의 주요 업무들

앞에서는 '자율주행 영상인식 알고리즘 개발업무'에 초점을 두고 설명하였습니다. 어느 정도 차이는 있겠지만 '자율주행 SW 개발자'라면 대부분 비슷한 루틴에 따라서 업무를 할 것이라고 생각합니다. 직무별로 차이가 있는 부분은 주로 1. **자율주행 인지 알고리즘 개발** 내용에 해당하는 '어떤 알고리즘을 개발하는가?'에 관한 내용일 것입니다. 여기에서는 영상인식을 제외하고 자율주행을 구성하는 대표적인 알고리즘들에 대해서 간단하게 살펴 보겠습니다.

1. 센서 퓨전(Sensor Fusion)

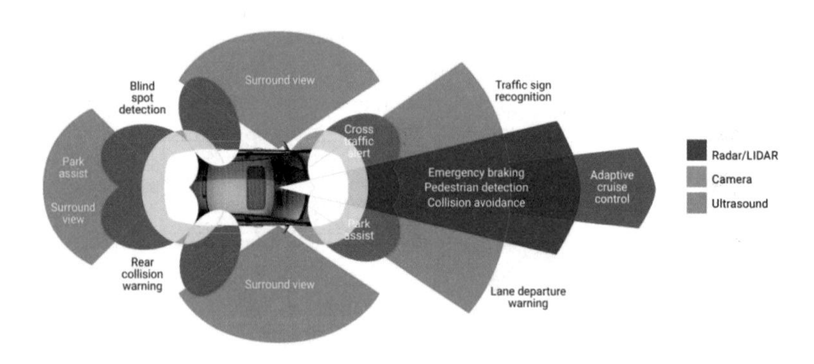

[그림 2-19] 자율주행 차량에서 사용하는 센서 및 센서에 따른 인식 범위 (출처: Edge AI and Vision Alliance)

자율주행 자동차에는 카메라 이외에도 여러 가지 센서가 장착되어 주행환경에 대한 데이터를 수집합니다. 초음파센서, 레이더, 라이다와 같은 센서들이 이에 해당하는데 모든 센서는 각자 장단점을 가지고 있습니다.

예를 들어 카메라는 획득한 이미지로부터 주행환경에 대해서 다양한 의미론적 정보(ex. 객체의 종류)들을 제공하지만, 물리적인 정보(ex. 차량과 객체 사이의 거리)는 제공하지 않습니다. 영상에서 찾은 박스 안에 객체의 종류가 무엇인지 분류하는 것은 기술의 발전으로 비교적 쉽게 할 수 있지만, 그 물체가 차량으로부터 얼마나 멀리 떨어져 있는지는 알기 어렵습니다. 이와 달리, 라이다 센서로 얻을 수 있는 포인트 클라우드(Point Cloud)에는 주변 물체 표면까지의 정확한 거리정보가 포함되어 있어 물체의 정확한 위치를 쉽게 파악할 수 있다는 장점이 있지만, 그 물체가 어떤 종류인지를 파악하는 것은 쉽지 않습니다. 의미론적인 정보가 부족한 것이지요. 하나의 물체에 어떤 포인트들이 속해있는지 파악하는 것도 쉽지 않습니다.

이미지로부터 거리에 대한 정보를 알아내기 위해서 모노 카메라(monocular camera)가 아닌 스테레오 카메라(stereo camera)를 주로 활용해 왔습니다.

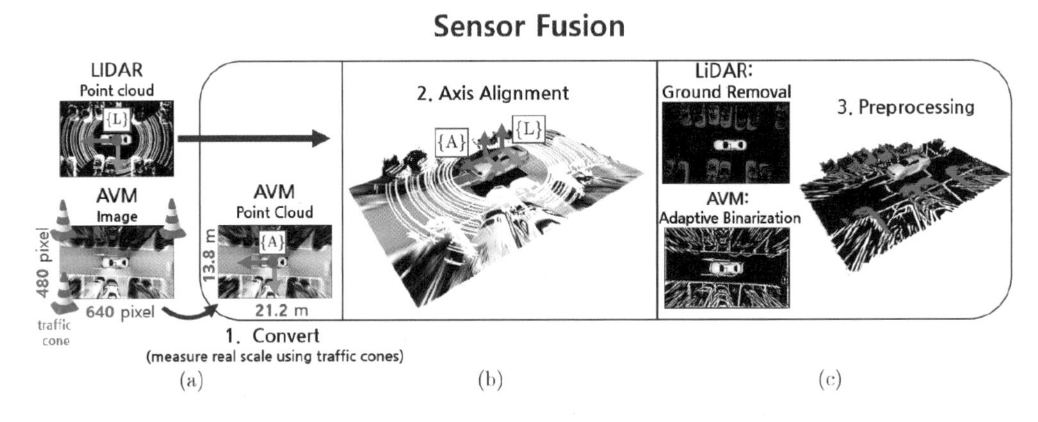

[그림 2-20] 포인트 클라우드와 이미지를 동시에 활용하는 퓨전 기술 (출처: MDPI)

보다 완성도 높은 자율주행 기술을 구현하기 위해서는 센서들이 가진 단점을 다른 센서의 특성과 장점을 활용해서 상쇄할 필요가 있습니다. 이러한 기술을 **센서퓨전**이라고 하며, 이에 필요한 대표적인 기술로 객체 융합 및 추적을 위한 Association 알고리즘을 들 수 있겠습니다. 비슷한 위치에 어떤 물체가 존재한다고 카메라, 라이다, 레이더로부터 각각의 인식 결과가 제공되었을 때, 각 센서로부터 얻어진 객체의 정보들을 최적의 방법으로 조합해서 더욱 정확하고 강건하게 물체의 위치를 추정하는 것이 이에 해당합니다. 참고로 최근에는 **센서 데이터를 최대한 가공하지 않은 상태에서 퓨전**[8] 을 하는 기법도 많이 연구되고 있습니다.

8 [10. 현직자가 많이 쓰는 용어] 8번 참고

2. 측위(Localization)

자율주행을 구현하기 위해서는 내 차량 주변에 어떤 물체들이 존재하는지, 주행환경이 어떠한지 파악하는 것도 중요하지만, 내 차량의 위치를 정확하게 아는 것도 중요합니다. 예를 들어, 현재 5차로 도로를 주행하고 있다고 가정할 때 내 차량이 실제로는 5차로에 있지만 위치를 잘못 추정해서 3차로나 4차로에 있다고 판단할 경우, 잘못된 경로를 생성하는 등 큰 사고로 이어질 수 있기 때문입니다.

내 차량의 위치파악을 위해 필요한 요소들을 생각해 보면 우선 내가 주행하고 있는 주변 환경에 대한 정보를 담고 있는 지도(Map)가 필요합니다. 이러한 지도는 구축 장비들을 이용하여 미리 만들어 둘 수도 있으며, SLAM (Smultaneous Localization and Mapping)이라는 기술을 사용하여 주행하면서 실시간으로 만들어 낼 수도 있습니다.

지도를 사용하여 자율주행을 구현하는 경우, 대부분 미리 만들어 둔 고정밀 지도를 사용합니다.

[그림 2-21] 라이다 센서를 활용한 SLAM 기술 (출처: Waterloo Autonomous Vehicles Laboratory)

지도를 가지고 있을 때 지도상에서 내 위치를 파악하는 데 사용할 수 있는 장비들도 필요한데, 직접적으로 차량의 위치를 알려 주는 GPS를 사용할 수도 있습니다. 그 외에도 앞서 인지, 센서 퓨전에서 언급한 카메라, 라이다와 같은 센서들을 활용해서 내 차량의 위치를 추정할 수도 있습니다. 예를 들어, 카메라 센서를 사용하여 '현재 차량 전방 20m 앞에 세종대왕 동상이 있다.'라는 정보를 얻어 내고, 지도상에 세종대왕 동상의 위치가 표시되어 있다면 이 두 가지 정보를 조합해서 지도상의 현재 차량의 위치를 추정할 수 있을 것입니다.

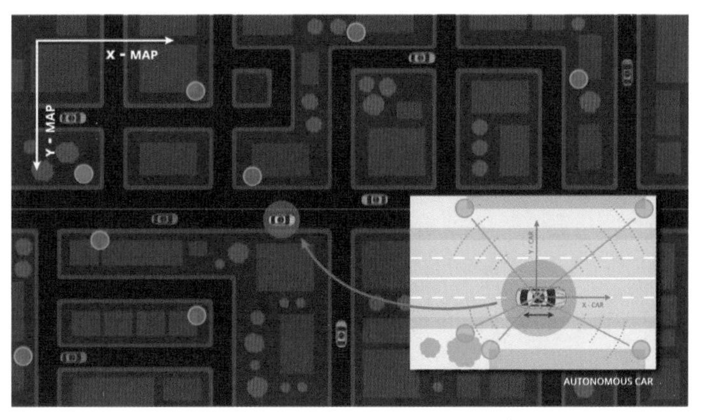

[그림 2-22] 다양한 센서들을 활용하여 차량의 위치를 추정하는 측위 기술 (출처: Udacity)

이 외에도 차량의 움직임을 기록할 수 있는 센서들이 있는데 바퀴의 회전수를 측정하는 엔코더(Encoder), 장착된 물체의 가속도를 측정하는 **관성 측정 장치(IMU, Inertial Measurement Unit)**[9]가 이에 해당하며, 이러한 센서들을 활용하면 차량의 상대적인 위치변화를 추정할 수 있습니다. 2차원 지도상에 차량의 위치가 (0, 0)이라고 할 때, Encoder, IMU 센서의 데이터를 활용해 '현재위치에서 북쪽으로 3만큼 이동했다'라는 결과를 얻으면 내 위치를 (0, 3)이라고 추정할 수 있는 것입니다. 이러한 방식으로 위치를 추정하는 방법을 Odometry 또는 Dead Reckoning이라고 합니다. 이렇게 다양한 방법들로 차량의 위치를 추정하는 기술을 **측위**라고 부릅니다.

Odometry라는 용어는 상대적인 위치를 추정하는 방법뿐만 아니라 이때 사용되는 센서 자체를 지칭하는 용어로 쓰이기도 합니다.

9 [10. 현직자가 많이 쓰는 용어] 9번 참고

3. 계획(Planning)

인지, 측위 결과들을 활용하면 현재 주행 상황에 대한 정보를 얻을 수 있습니다. 이 정보들을 조합해 앞으로 차량이 어떻게 움직여야 할지 주행 전략에 대한 판단(Decision Making)이 완료되면, 판단 결과를 잘 수행할 수 있도록 각종 계획을 세워야 합니다. 예를 들어 '앞차가 저속 주행하고 있고 옆 차로가 비어있을 때, 해당 차로로 차선을 변경하는 것이 가능하다'라고 판단했으면, 옆 차로로 차선변경을 한 후 속도를 내서 앞차를 추월하는 계획을 구성할 수 있습니다. 이를 위해서 실제 차량이 움직여야 할 경로를 생성해야 하는데 이러한 것을 **경로 계획**(Path/Trajectory Planning)이라고 부릅니다.

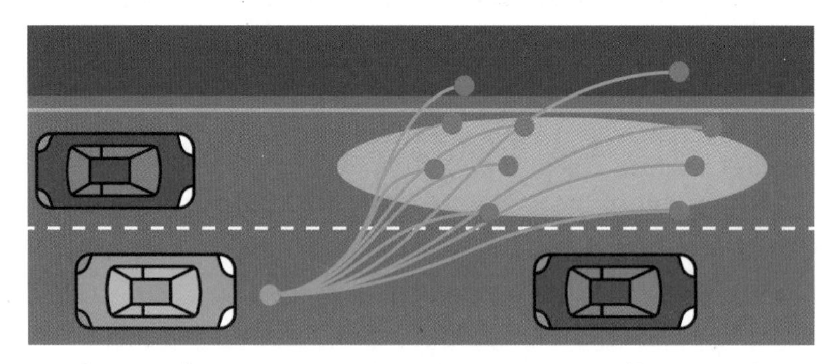

[그림 2-23] 옆 차선으로 이동하기 위한 경로 계획의 예시 (출처: Udacity)

계획 대상에는 경로뿐만 아니라 다양한 것들이 존재하는데, 차량의 속도 같은 것도 계획의 대상이 될 수 있습니다. 앞차를 추월하기 위해서 속도를 얼마까지 증가시켜야 하는지, 얼마나 빠르게 증가시켜야 할지도 고려해야 할 사항 중 하나입니다.

4. 제어(Control)

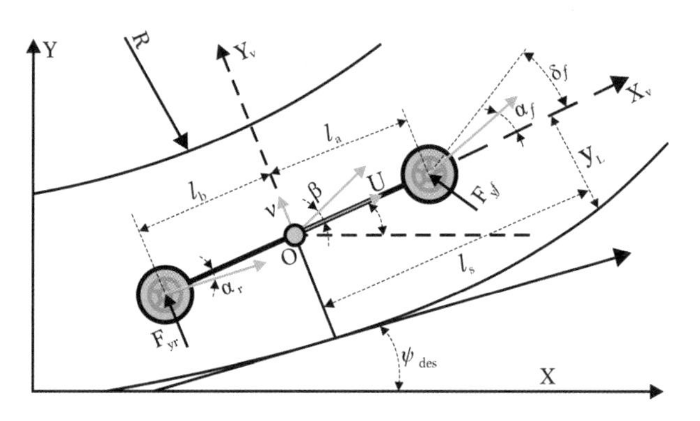

[그림 2-24] 차량 제어에 많이 활용되는 Bicycle model

계획까지 완료되었다면, 그대로 차량을 움직이면 됩니다. 일반적으로 자동차는 엔진으로부터 생성된 동력을 바퀴까지 전달해 바퀴를 굴려서 앞뒤로 움직일 수 있으며, 핸들을 조작하여 앞바퀴의 각도를 바꿔 진행 방향을 좌우로 변화시킬 수 있습니다. 즉 차량은 모든 방향으로 마음대로 움직일 수 있는 것이 아니고 차량을 구성하는 기계 장치들의 기구학적 특성과 동역학적인 특성을 반영한 움직임만을 만들어 낼 수 있습니다. 차량이 왼쪽으로 쭉 10m를 이동하는 것은 차량의 기구학적 특성을 고려해 보면 불가능할 것입니다.

계획된 경로를 따라서 차량이 움직이기 위해서는 차속을 얼마나 증감해야 하는지, 바퀴의 각도는 얼마나 조정해야 하는지 등을 계산해야 합니다. 이렇게 원하는 차량의 움직임을 만들어 내기 위한 명령 신호를 계산하는 것을 **제어**라고 합니다. 명령 신호의 추상화된 정도에 따라서 제어를 구분하기도 하는데 차량의 거동과 관련된 제어를 상위제어(High-Level Control), 차량의 거동을 만들어 내기 위한 실제 액추에이터(Actuator)의 제어를 하위제어(Low-Level Control)라고 부릅니다. '차량을 적절하게 움직이기 위해서 속도를 40km/h까지 증가시켜야 한다'라는 것이 상위 제어기[10]의 결과라면 '40km/h까지 차속을 증가시키기 위해서는 엔진스로틀을 특정 각도까지 더 열어야 한다'가 하위 제어기의 결과라고 볼 수 있습니다.

10 [10. 현직자가 많이 쓰는 용어] 10번 참고

04 현직자 일과 엿보기

1 평범한 하루일 때

출근 직전 (07:00~09:00)	오전 업무 (09:00~13:00)	점심 (13:00~14:00)	오후 업무 (14:00~18:00)
• 연구 동향 및 최신 논문 탐색 • 기술 서적 학습 • 업무 전 티 타임	• 협업 도구를 활용한 업무 진행 • SW 개발, 디버깅 • 워킹그룹 미팅	• 점심시간 • 휴식 및 자기 계발	• 협업 도구를 활용한 업무 진행 • SW 개발, 디버깅 • 워킹그룹 미팅

하루 업무는 보통 8시간을 기준으로 합니다. 탄력 근무제를 실시하고 있기 때문에 출퇴근 시간을 본인이 조절할 수 있어 업무 상황에 맞게 조절할 수 있습니다. 바쁜 일이 없다면 오후 6시보다 더 일찍 퇴근하기도 하고, 프로젝트 기한이 다가온다면 야근을 할 수도 있습니다. 모든 근무자가 반드시 함께 일해야 하는 코어타임은 탄력 근무 시간에서 제외됩니다.

출근 전에는 주로 연구 분야와 관련된 뉴스레터, 커뮤니티를 확인하면서 참고할 만한 내용들이 있는지 확인합니다. 여기에 올라오는 글은 주로 짧게 읽을 수 있는 것들이 많으므로 업무 전 간단히 읽기에 부담이 없고 머리를 깨우기에도 좋은 편입니다.

본격적으로 오전 업무를 시작하면 메일, 협업 관리 도구를 활용해 업무의 우선순위를 파악합니다. 급하게 대응해야 할 업무(실험, 디버깅/핫픽스)가 있다면 그것을 우선적으로 처리하고, 즉시 대응해야할 업무가 없다면 프로젝트에서 본인이 담당하는 기능의 개발업무를 진행합니다. 딥러닝 모델의 학습상태를 확인하기도 하고, 결과를 정리해서 동료들과 논의 후 추가적인 모델 개선과 학습 방향을 결정하며, 이 외에도 다른 영상처리 알고리즘을 개발하기도 합니다.

점심시간은 특별한 경우가 아니라면 오후 업무시간 전까지 각자 하고 싶은 것을 하면서 시간을 보냅니다. 좀 피곤한 날이면 점심은 샌드위치, 샐러드 같은 걸 받아온 다음 그냥 잠을 자기도 합니다. 점심시간을 이용해서 강의를 듣거나 독서를 하는 경우도 많습니다.

오후 업무는 오전과 큰 차이가 없습니다. 사실 SW 개발자에게 오전, 오후 시간에 따라서 꼭 해야 할 일이 있지도 않고 업무의 성격이 크게 달라지지도 않기 때문에 계속해서 메일, 협업 관리 툴을 참고해서 우선순위에 따라서 업무를 진행합니다. 여유 시간이 생긴다면 출근 전에 찾아놨던 토픽들이나 논문을 찾아보면서 향후 업무에 적용할 수 있는 방법에 관해서 조사하기도 합니다.

2 프로젝트를 진행할 때

출근 직전 (07:00~09:00)	오전 업무 (09:00~13:00)	점심 (13:00~14:00)	오후 업무 (14:00~18:00)
• 연구 동향 및 최신 논문 서칭 • 기술 서적 학습	• 오전 실험 진행 및 실험 결과 정리	• 점심 식사 및 휴식	• 오전 실험 진행 및 실험 결과 정리

프로젝트 코드가 어느 정도 개발이 완료되었고 실험실 환경에서 검증이 완료되었으면, 실제 주행환경에서 테스트를 진행하는 경우가 많습니다. 이를 보통 실차 실험이라고 표현합니다. 앞에서 언급했던 것과 같이 프로그램이 어느 정도 안정화된 이후라면, 회사에서 전문 테스트 드라이버를 고용하고 그분들이 대신 테스트를 진행해서 결과 리포트를 전달해 주는 방식으로 실험이 진행됩니다. 그러나 프로그램 안정화 직전까지는 예상치 못했던 문제가 빈번하게 발생할 수 있어서 이때는 개발자들이 직접 테스트에 참여합니다.

온종일 실험을 진행해야 하는 날에는 사무실에 한 번도 들르지 않을 수도 있습니다. 이런 경우에는 실험을 진행할 장소로 바로 출근하기도 합니다. 출근하면서 전날에 정리해 둔 실험 일정 및 내용에 대해서 한 번 더 확인하면서 실험 장소까지 이동합니다.

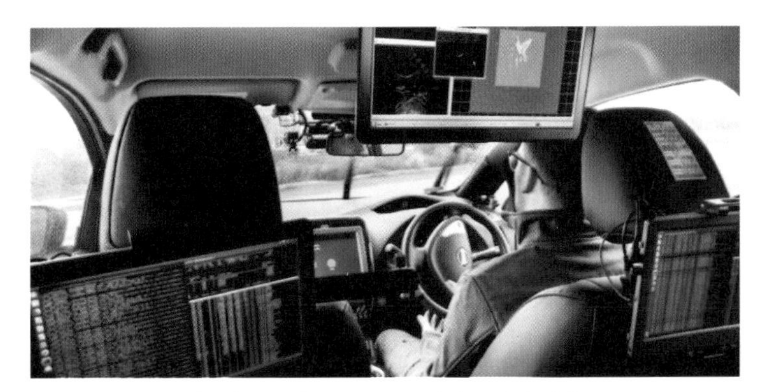

[그림 2-25] 차량에서 진행되는 실차 실험

실험은 크게 두 가지 형태가 있습니다. 제가 속한 팀에서 개발한 인지 기능만 테스트하는 경우가 있고, 다른 팀에서 개발한 것까지 전부 포함한 완전자율주행 기능을 테스트할 때도 있습니다. 인지 기능만 테스트하는 경우가 개인적으로 훨씬 편하고 수월하다고 생각합니다. 실제 운전은 드라이버가 담당하며 알고리즘 개발자들은 차량에 탑승해서 결과 분석을 하고 실험데이터를 취득하는 것이 주 업무이기 때문입니다. 프로그램에 문제가 발생해도 운전은 사람이 직접 하기 때문에 위험성이 적은 편이라서 개발자들은 디버깅에 집중할 수 있습니다. 하지만 차량에서 모니터를 보고 프로그래밍을 해야하므로 피로도가 적지는 않습니다. 또한 되도록 다양한 경우에 대해서 테스트해야 하므로, 인지 대상 객체가 많거나 적은 경우, 날씨가 맑거나 흐리거나 비가 오는 경우, 그늘이 있거나 그림자가 있는 경우, 오전/오후 등등 인지 성능에 변수로 작용할 수 있을 법한 경우에 대해서 최대한 다양하게 실험하기 위해 노력합니다.

인지뿐만 아니라 다른 모든 기능과 함께 테스트하는 경우에는 피로도가 더욱 상승합니다. 일단 운전을 더 이상 사람이 하지 않고 자율주행 로직이 대신하는데, 만약 알고리즘에 문제가 발생할 경우 주행이 상당히 불안정해지기 때문입니다. 물론 안전을 위해서 동승한 비상 운전자가 즉시 차량의 제어권을 가져오지만, 한 번씩 차량이 이상하게 움직일 때마다 가슴 졸이는 상황이 발생할 수도 있습니다. 또한 프로그램에 오류가 발생하였을 때 해당 오류의 원인을 파악하는 디버깅이 더 어려워집니다. 실제로 테스트 과정에서 인지 프로그램이 자꾸 문제를 일으켜서 원인을 찾고 있었는데, 실제로는 다른 기능에 문제가 있어서 그것이 인지 기능에 영향을 주는 사례도 있었습니다. 항상 느끼는 거지만 알고리즘을 새롭게 개발하는 것 보다 디버깅이 훨씬 더 어려운 것 같습니다.

이렇게 오전, 오후 내내 실험을 진행하고, 다음 날 출근해서 실험 중에 기록한 내용들과 취득한 실험데이터를 협업 관리 툴을 사용하여 팀원들에게 공유하고 서버에 업로드 하는 것으로 실험을 마무리합니다.

에피소드 **자율주행과 관련된 학회 참석**

자율주행은 다양한 기술이 융합되어서 사용되고, 아직도 많은 발전이 이뤄지고 있는 분야입니다. 그러다 보니 기술 습득, 네트워킹 등의 목적으로 자율주행 관련 기술들이 발표되는 다양한 학회에 참석할 기회가 자동차 분야의 다른 직무에 비해서 상당히 많은 편입니다. 저도 입사 후 회사의 지원으로 학회에 참석할 기회가 주어졌는데, 직접 논문의 저자에게 질문을 하거나 다른 회사에서 일하는 분과 관심 분야에 대해서 이야기 할 수 있는 기회도 가질 수 있었습니다. 학회 참석을 통해 견문을 넓히는 것뿐만 아니라, 현재 담당하고 있는 업무에 대해서 좋은 성과를 만들어서 논문을 작성해 발표자로 학회에 참석하고 싶다는 동기부여도 얻을 수 있었습니다. 대학원에 있을 때도 학회에 참석할 기회가 몇 번 있었는데 입사 후에도 학회 참석이 지원된다는 것은 많은 분에게 매력적으로 느껴질 것으로 생각합니다.

MEMO

05 연차별, 직급별 업무

제가 근무하는 회사에서는 직급을 연구원/책임연구원 두 가지로 구분합니다. 일반 사무직의 직급체계와 대응시켜본다면, 사원~대리가 연구원에 해당하고 과장 이상이 책임연구원에 해당합니다. 이 두 가지 직급과 특별히 '신입연구원'을 더해서 각 직급의 업무 내용을 알아보겠습니다.

추가로 직급별 예상 연차와 근무 기간을 함께 적어 두었는데, 개인에 따라서 상이할 수 있는 점 참고하기를 바랍니다.

1 신입 연구원(입사 직후~한 달째)

● 업무 적응 및 역량강화를 위한 교육 이수

원래 '신입 연구원'이라는 직책이 따로 있지는 않습니다. 신입도 연구원인 건 마찬가지입니다. 그러나 일반적으로 입사 후 바로 업무에 투입되지는 않기 때문에 구분해서 설명해 보겠습니다.

일단 부서에 배정된 후 OJT를 통해서 팀의 업무를 파악합니다. 새로운 부서에 적응하고 업무에 대한 이해도를 높일 수 있는 시간을 주는 것입니다. 또한 부서 관리자와의 미팅을 통해서 본인의 희망 직무, 보유 역량, 팀의 필요도에 따라서 세부적인 워킹그룹에 배정이 되고 개인 업무를 할당받습니다. 그리고 업무에 익숙한 워킹그룹의 기존 연구원들로부터 업무 수행에 필요한 내용들을 전달받게 됩니다.

안타깝게도(?) 자율주행 분야는 다른 분야의 신입과는 다르게 적응할 기간을 넉넉하게 주지 않는 편이라고 생각합니다. 대부분 상시, 수시 채용을 통해서 인원을 선발하다 보니 배정받은 팀의 업무에 대해서 관심도가 높고 배경지식이 어느 정도는 있을 것이라고 기대하기 때문인 것 같습니다.

2 연구원(입사~8년 차까지)

● **프로젝트에 속한 기능을 개발**

본인의 직무를 배정받고 업무 파악이 끝난 후에 본격적으로 개발업무를 수행합니다. 앞에서 제가 설명했던 연구, SW 개발, 테스트와 같은 일들을 진행하게 되는데, 보통 큰 프로젝트에 속해서 그 안에 포함된 기능을 하나씩 담당합니다. 부서에 적응하고 하나의 기능을 담당해서 개발을 하게 되면 신입 티를 벗기 시작하는 것 같습니다. 물론 담당자가 되었다고 해서 업무에 대한 모든 권한과 책임을 부여받지는 않습니다. 업무를 하면서 어려운 점이나 스스로 판단하기 어려운 사항들은 워킹그룹 팀원들과 논의해서 처리하고, 점점 업무에 익숙해지고 경험이 쌓이면 본인이 커버할 수 있는 영역이 넓어지게 됩니다.

개인적으로 입사 3년 차 정도가 되면 충분히 한 명 이상의 몫을 해낼 수 있는 연구원이 된다고 생각합니다.

3 책임 연구원(입사 후 9년 차~)

● **프로젝트에 속한 기능을 개발하거나 프로젝트를 리딩하는 역할 수행**

책임연구원이 되자마자 연구원과 비교해서 업무적으로 크게 달라지지는 않습니다. 여전히 연구원과 동일하게 프로젝트에 속해 기능개발 업무를 하게 됩니다. 다만 이후부터 본인의 의사와 역량에 따라서 프로젝트 하나를 온전히 담당할 수도 있습니다. 흔히 이러한 직책을 PM(Project Manager), PL(Project Leader)이라고 부르는데, 일반적으로 해당 분야에 대해서 충분한 경험을 갖추었다고 판단되는 책임 연구원급부터 이러한 역할을 수행합니다. PM 업무를 수행하는 것은 본인의 개발업무뿐만 아니라 프로젝트 전체 개발과정을 신경 써야 하기 때문에 더 많은 책임과 스트레스가 발생하지만 하나의 프로젝트를 주도하는 경험을 통해 개별적인 기능을 넘어서 자율주행 전체를 바라보는 안목이 늘어난다고 생각합니다. 프로젝트 전체를 담당해야 하므로 프로젝트 규모에 따라서 점점 실제 SW 개발업무와 멀어질 때도 있는데, 이것이 본인의 적성과 맞지 않는 분들은 계속해서 프로젝트 안에 속해서 연구 및 기능개발을 하는 역할을 수행합니다.

> 물론 엄격한 기준이 있는 것은 아니기 때문에 연구원급에서도 PM업무를 담당하는 경우도 있긴 합니다.

이렇게 연차가 쌓여가면서 본인의 커리어가 결정되는데 PM업무를 지속적으로 수행해서 팀 리더(사무직의 부장, 팀장과 비슷한 역할)와 같은 관리직으로 나아갈 수 있고, 계속해서 연구개발을 담당하는 연구직으로 커리어를 쌓을 수도 있습니다.

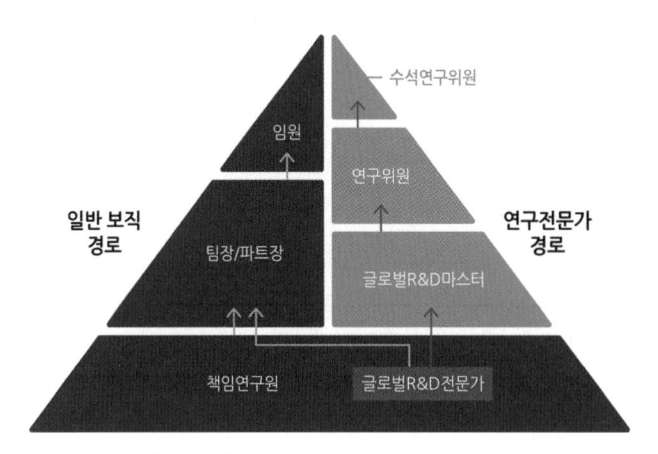

[그림 2-26] 국내 자동차 대기업의 연구원 커리어 개발 로드맵

참고 자율주행 SW 개발자, 연구원이 되기 위해서 반드시 대학원에 진학해야 하나?

취준생들을 대상으로 자율주행 관련 멘토링과 상담을 진행하면 빠지지 않고 나오는 질문이 있습니다.

자율주행 분야의 연구원이 되기 위해서는 석사 이상의 학위가 필수적인가요?

이것은 앞에서 JD를 함께 살펴보면서 한 번 언급했던 내용입니다. 결론부터 말하자면 석사 이상의 학위가 꼭 필요한 것은 절대 아닙니다. 당장 저와 함께 근무하는 많은 학사 연구원이 그 증거라고 할 수 있습니다. 하지만 여전히 다수의 연구원들이 석사 이상의 학위를 취득한 것은 사실이며, 저도 취준생들에게 자율주행 분야로 취업을 원하는 데 스스로 부족함을 느끼고 연구직으로 커리어를 쌓고 싶다면 대학원에 진학할 것을 권장하는 편입니다. 석사 학위가 필수가 아니라고 했으면서 왜 이렇게 답을 했는지, 이와 관련된 이야기를 몇 가지 해 보려고 합니다.

1. 최근 들어 배워야 하는 지식의 총량이 더 늘어났습니다.

그리 멀지 않은 과거에는 대학교 학부만 졸업하더라도 해당 분야의 전공자, 지식인으로 살아가는 데 큰 문제가 없었습니다. 하지만 이제는 학부 때 배운 것만으로 취업시장에서 특별한 경쟁력을 갖추기 어려운 시대가 되었다고 생각합니다. 이러한 현상은 점점 더 가속화되고 있고, 특히 '4차 산업혁명'이라고 불리는 카테고리에 속한 분야에서 더욱 두드러집니다. 이런 분야에서 직업을 얻기 위해서는 학부 과정에서 배우는 것보다 더 많은 지식을 쌓고 더 다양한 경험을 할 필요가 있다고 생각합니다. 그렇다고 학부 과정의 중요성이 줄어든 것도 아닙니다. 자율주행 분야를 연구하기 위해서 필수적인 수학과 전공과목들은 학부 과정에서 충분히 공부할 필요가 있기 때문입니다.

이러한 이유로 본인이 더 많은 시간을 투자하여 자율주행 직무에 필요한 역량을 찾아보고 준비하는 과정이 필요하며 스스로 준비하는 것이 어렵다면 대학원에 진학하여 좀 더 기간을 두고 필요한 역량을 갖추기를 권장합니다.

2. 학부 과정에서는 '연구'를 경험할 기회가 거의 없습니다.

학부생 때는 주로 교과서나 강의를 통해서 '학습'합니다. 새로운 아이디어를 생각하기보다 기존 연구자들이 정리해 놓은 결과들을 잘 습득하는 것이 일반적인 '열심히 공부하는 학부생'의 모습이라고 생각합니다. 학교마다 운영하는 대학원 학부 연구생을 제외하고는 연구 활동을 경험하는 게 거의 불가능할 것입니다. 학부 졸업 논문을 작성할 때도 학부생 스스로 새로운 연구를 하는 경우는 매우 드물다고 생각합니다.

학부 때는 잘 정리된 자료들을 이용해 학습하는 것이 일반적이기 때문에 논문을 통해 지식을 습득하는 훈련을 하기도 어렵습니다. 그렇다고 학기 중에 많은 시간을 들여 직접 논문을 읽는 것도 쉽지 않을 것입니다. 교과서와 강의 노트로 공부하더라도 이해하기 어려운 전공 내용을 논문을 통해서 이해하려면 시간적으로 매우 비효율적일 것입니다. 이러한 이유로 학부 과정에서는 '연구' 자체를 경험하는 것이 어렵습니다. 졸업 후 바로 입사한 학사 연구원 중에는 연구업무를 진행하는 것에 어려움과 부담감을 느끼는 분들도 있습니다. 퇴근 시간 이후에 시간을 투자해서 더 공부를 하거나 퇴사 후 대학원에 진학하는 경우도 종종 보곤 합니다.

3. 자율주행은 다른 분야에 비해서 분야 성숙도가 낮은 편입니다.

성숙도가 높은 분야를 보면, 일반적으로 입사 후에 회사의 '시스템'에 따라서 업무를 배우고 일정 시간이 지나면 한 명의 담당자가 될 수 있습니다. 분야의 성숙도가 높을수록 새로운 기술이 출현하는 빈도가 줄어들고 기술 자체가 수렴단계에 있으므로 업무에 필요한 내용들도 크게 변하지 않는 경우가 대부분입니다. 이런 분야의 경우 업무와 관련된 전공 교육을 받은 학사 신입을 채용해 사내 경력자들에게 어느 정도 교육을 받고 경험을 쌓게 하면 한 명의 몫을 해낼 수 있게 됩니다.

그러나 자율주행 분야는 기술 자체의 변동성이 큰 편이고, 문제해결을 위한 방법이 체계화, 정형화 되어 있지 않은 경우가 많습니다. 따라서 자율주행에 대한 기초지식만을 보유하고 있는 학사 신입보다는 자율주행에 대해서 더 많은 교육을 받고 관련 경험이 있는, 스스로 업무에 적응할 수 있는 확률이 높은 석사 이상 학위 취득자를 선호하는 경향이 있습니다.

이렇듯 학사 졸업생으로 자율주행 분야에서 직업을 갖는 것은 생각보다 쉽지 않습니다. 자율주행, 머신러닝 분야 채용공고를 보면 대부분 '학위는 따지지 않겠다.', '학사라도 상관없이 연구직으로 채용이 가능하다. 다만, 본인이 실력만 있으면 된다.'라는 식으로 채용공고가 나오는데, 학사 입장에서는 경쟁상대가 같은 학사뿐만 아니라 석사, 저연차 경력직까지 포함되기 때문에 더더욱 경쟁력을 갖추는 것에 부담감을 느낄 수 있습니다. 결국 학위 그 자체보다는 본인의 역량과 준비상태에 따라서 입사가 결정되기 때문에, 대학원을 가지 않고 자율주행 분야로 취업을 희망하는 분들은 남들보다 빠르게 학부 과정부터 자율주행 분야에 대한 학습을 시작해야 하고, 프로그래밍 연습도 꾸준히 병행해야 합니다. 관심 있는 자율주행 기술 관련 논문도 틈나는 대로 읽어보면 더욱 도움이 될 것이라고 생각합니다.

> 특히 자율주행, 머신러닝 분야는 학부 졸업생만 대상으로 따로 취업 전형을 두는 경우는 거의 없습니다.

추가로 회사에 다니면서 파트 타임으로 석/박사 과정을 병행하는 것을 고려하는 분들이 있는데, 개인적으로는 추천하지 않습니다. 업무와 학업을 병행하는 것 자체가 어렵고, 제대로 대학원 과정을 경험하기 위해서는 단순히 공부를 많이 하는 것이 아니라 연구에도 많은 시간을 할애해야 하는데 파트 타임 과정으로는 이것이 어렵기 때문입니다. 대학원에 다니려는 이유가 '학위' 그 자체가 필요한 것이 아니라 본인의 연구 커리어를 위해서라면 직장과 병행하는 파트 타임 과정보다는 **풀타임 석/박사 과정에 진학하는 것을 더 권장**합니다.

MEMO

06 직무에 필요한 역량

1 직무 수행을 위해 필요한 인성 역량

1. 대외적으로 알려진 인성 역량

CUSTOMER
고객최우선

CHALLENGE
도전적 실행

COLLABORATION
소통과 협력

PEOPLE
인재존중

GLOBALITY
글로벌지향

도전 실패를 두려워하지 않으며, 신념과 의지를 가지고 적극적으로 업무를 추진하는 인재
창의 항상 새로운 시각에서 문제를 바라보며 창의적인 사고와 행동을 실무에 적용하는 인재
열정 주인의식과 책임감을 바탕으로 회사와 고객을 위해 헌신적으로 몰입하는 인재
협력 개방적 사고를 바탕으로 타 조직과 방향성을 공유하고 타인과 적극적으로 소통하는 인재
글로벌 마인드 타 문화의 이해와 다양성의 존중을 바탕으로 글로벌 네트워크를 활용하여 전문성을 개발하는 인재

[그림 2-27] 현대자동차 그룹 인재상

● 도전, 창의, 열정, 협력, 글로벌 마인드

자동차 제조업 회사의 채용사이트에 공개된 인재상을 참고하여 인성 역량에 대해서 이야기해 보겠습니다. 여러분도 이걸 보면서 느꼈겠지만, 결론부터 말하자면 여기에는 특별히 의미 있는 내용은 없다고 생각합니다. 도전적이고 창의적이고 열정적이며 협력하는 자세를 가지고 있고 글로벌 지향성의 마인드를 가지고 있는 사람은 어느 회사라도 전부 다 좋아할 만한 사람입니다. 사실상 변별력이 없는 내용들이 적혀 있다고 볼 수 있습니다. 회사가 정말 원하는 인재상 보다는 '좋은 분들과 함께 일하고 싶습니다.' 같은 뻔한 인재상을 적어 둔 것처럼 보입니다. 이러한 인재상을 채용사이트에 적어 둔 이유에 대해 한 번 생각해 보겠습니다.

최근에는 채용사이트에 보다 솔직하게 자신들이 바라는 인재상을 적는 회사들도 많습니다. '당신이 기여한 만큼 보상을 더 줄 테니 회사에 보다 헌신할 수 있는 사람을 원한다', '수동적이고 몰개성적인 사람은 지양한다.' 등등 회사가 정말로 원하는 인재상을 노골적으로 드러내면서 컬처 핏이 확실하게 맞는 사람을 채용하려고 합니다. 이러한 경향은 스타트업 쪽에 가까워질수록 더 커지는 것 같습니다.

이에 반해 일정 이상 규모의 기업들은 좀 더 일반적이고 보편적인 인재상을 제시하는 편입니다. 크게 모나지 않은 사람을 원하는 느낌을 많이 받습니다. 대기업의 경우 일반적으로 시스템에 기반하여 일을 하기 때문에 그 시스템 안에서 본인에게 주어진 일을 큰 문제없이 해낼 수 있는 사람을 원한다고 생각할 수 있습니다. 다른 사람보다 능력이 살짝 더 좋은 사람이라 할지라도 시스템에 적응하지 못할 것 같은 사람은 채용하기 부담스러울 것입니다. 하지만 '그런 사람이 좋지 않은 인재인가?'라고 생각해 보면 절대 그렇지 않을 것입니다. 다만 대기업과는 잘 맞지 않은 것 뿐입니다. 오히려 자유로운 문화를 가지고 있고 개개인의 개성을 잘 살려 줄 수 있는 회사로 간다면 더 큰 퍼포먼스를 보여 줄 수도 있을 거라고 생각합니다. 결국 지원자들도 단순히 회사의 규모나 네임벨류만 보고 지원하기보다는 자신과 회사의 '궁합'을 잘 고려해 봐야 합니다.

2. 현직자가 중요하게 생각하는 인성 역량

개인적으로는 취업에 있어서 인성 역량이 크게 중요하다고 생각하지는 않습니다. 인성 관련 항목은 단순히 필터링 역할만 하는 것이고, **채용에 결정적인 영향을 미치는 것은 직무역량**이라고 생각하기 때문입니다. 인성은 흔히 말하는 '정말 인성에 문제가 있는 사람'이나 광적인 '사이코패스', '소시오패스'가 아니라면 사람 고유의 개성일 뿐이라고 생각합니다. 다만 개성을 너무 과하게 표현하는 사람은 다른 사람들에게 긍정적인 느낌을 주기 어려울 것입니다. 은연중에 자소서나 면접에서도 이런 성향이 과하게 표출될 수 있는데 바람직한 상황은 아니라고 생각합니다.

여기에서는 제가 경험한 함께 일하기 불편했던 동료들에 대한 일화를 언급하면서 아쉬웠던 점들을 이야기해 보려고 합니다. 이 사례들을 참고해서 **팀 플레이어로서 함께 일하고 싶은 동료의 모습**을 생각해 볼 수 있기를 바랍니다.

(1) 자신만을 생각하는 사람과는 일하기 힘들다.

무조건 자신이 하고싶은 일만 하고 싶어 하는 사람이 있었습니다. 물론 저도 자신이 원하는 업무를 하는 것은 중요하다고 생각합니다. 연구원 혹은 개발자로서 본인의 커리어를 고려해야하기 때문이기도 하고, 자신의 장점을 잘 살릴 수 있는 업무를 담당하는 것이 결과적으로 팀 퍼포먼스에도 도움이 된다고 생각하기 때문입니다. 하지만 회사업무가 커리어에 직접적으로 관련 있는 일들만 있지는 않습니다. 불가피하게 연구개발과 관련이 적은 사이드 업무를 담당해야 하는 경우도 생기는데, 처음에 언급했던 분은 이런 일들을 무조건 기피하고 본인의 직급을 이용해서 저연차 동료들에게 일을 넘기는 모습을 보였습니다. 저연차 연구원님은 결국 견디지 못하고 팀을 옮기게 되었고, 팀 분위기가 어수선해지면서 결국 문제의 원인을 제공한 분도 팀을 떠나게 되었습니다. 이런 사람과는 그 누구도 함께 일하고 싶지 않을 것입니다.

추가로 '그렇다면 주어진 일을 군말 없이 무조건 다 해야만 하는가?'라는 생각을 할 수 있는데 당연히 그렇지 않습니다. 자신의 전공이나 커리어와 상관없는 잡무만 담당하게 된다면 결국 본인은 성장할 수 없기 때문입니다. 이러한 상황이 발생하고 지속된다면 보직자와의 면담을 통해서 적극적으로 개선하려고 노력해야 합니다. 만약 담당 보직자로는 개선이 어렵다면 더 상위체계를 이용해서 워킹그룹이나 팀을 옮기는 것도 하나의 방법일 수 있습니다.

(2) 부정적인 성향의 사람과는 함께 일하기 불편하다.

'부정적인 사람이 싫다'라는 말이 '예스맨이 좋다'라는 뜻은 아닙니다. 업무를 할 때 이성적이고 비판적인 태도는 꼭 필요하다고 생각합니다. 낙관론을 펼치는 사람들로만 팀이 구성되어 있다면, 그 팀의 프로젝트는 성공하기 어려울 것입니다. 그러나 업무를 진행할 때 **행동이나 언어적인 측면에서 부정적인 면을 보이는 것은 좋지 않다**고 생각합니다. 그런 사람과 함께 업무를 한다면 일을 시작하기도 전에 분위기가 가라앉는 느낌이 강하게 들기 때문입니다. 해결책을 제시하거나 함께 고민해서 방법을 찾으려는 의지 없이 부정적인 표현만 하는 사람도 함께 일하고 싶은 동료의 모습은 아닐 것입니다.

2 직무 수행을 위해 필요한 전공 역량

1. 저자 전공과 관련된 전공 역량

(1) 전공 및 자율주행 분야 지식(개념 및 이론)

자율주행 분야에서는 다양한 데이터들을 다룹니다. 특히 인지 분야의 경우 많이 사용되는 센서로 카메라와 라이다를 들 수 있는데, 이 센서들로부터 얻어지는 이미지, 포인트 클라우드 데이터를 주로 다루게 될 것입니다. 따라서 학부 과정에 '데이터를 다루고 가공하는 방법', '데이터에서 여러 가지 정보를 추출하는 방법'에 대해서 배울 수 있는 과목들이 있다면 전부 수강하는 것이 좋습니다.

영상처리, 패턴인식, 컴퓨터비전, 통계학습, 머신러닝, 데이터 마이닝, 딥러닝과 같은 수업이 이에 해당하는데, 이러한 과목에서 배운 지식은 향후 다른 센서 데이터를 다루거나 인지가 아니더라도 데이터를 활용하는 다른 자율주행 분야에도 도움이 될 수 있을 것입니다.

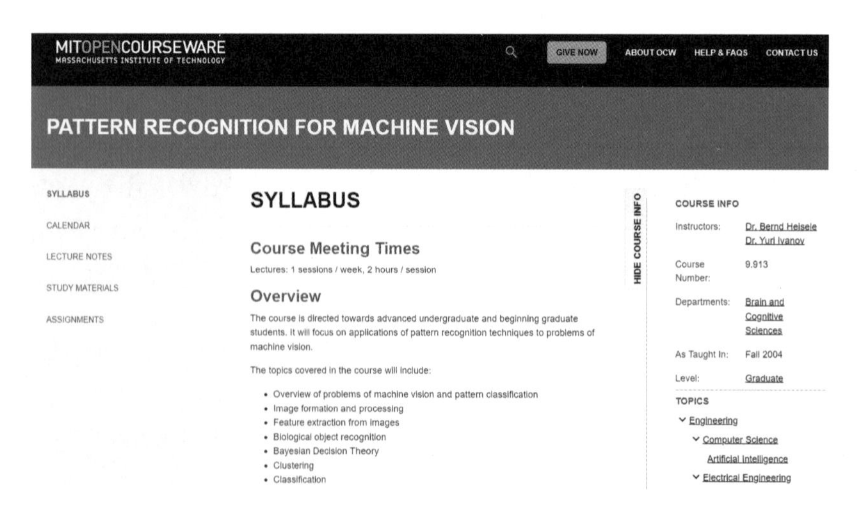

[그림 2-28] MIT mooc로 공개된 패턴인식 수업 (출처: MIT OpenCourseWare)

한 가지 알아둬야 할 점은 최근 자율주행 인지 알고리즘은 대부분 딥러닝 모델을 많이 사용하는 편이지만, **여전히 고전적인 알고리즘들도 중요**하게 사용되고 있다는 것입니다. 딥러닝 모델들도 고전적인 컴퓨터비전 알고리즘에서 파생되거나 아이디어를 차용하는 경우가 많고, 현업에서 알고리즘을 개발할 때 딥러닝만 사용하는 것이 아니기 때문에 이러한 기본 과목들의 중요성은 매우 높다고 할 수 있습니다.

최근 학생들의 학습 경향을 보면 너무 딥러닝 관련 과목만 공부하고 정작 기본적인 영상처리, 패턴인식, 컴퓨터비전에 대한 이해도 자체는 낮은 경우가 있는데, 이런 경우 매우 한정적인 시각으로 문제를 분석하게 되고 또 문제해결에 사용할 수 있는 방법을 제한하는 결과를 낳게 됩니다. 어떤 문제가 주어지더라도 하나의 방법만을 해결책으로 생각하게 되는데 이것은 자율주행 SW 개발자로서 바람직하지 못한 자세라고 생각합니다.

자율주행 SW 개발자는 **자신에게 주어진 한정된 자원을 잘 활용하면서 최적의 결과물을 만들어 낼 줄 알아야 합니다.** 이를 위해서 꼭 필요한 기초과목들의 중요성을 간과하지 않길 바랍니다.

앞에서도 여러 번 언급했던 내용이지만 그만큼 중요한 것이기 때문에 한 번 더 짚고 넘어가겠습니다. 일반적으로 딥러닝은 매우 비효율적이고 비싼 문제 해결 방법이라는 것을 명심하세요!

지능형 자동차, 자율주행 시스템, 모바일 로보틱스와 같은 수업이 있다면 역시 수강하는 것을 권장합니다. 해당 과목에서는 자율주행의 기반이 되는 다양한 내용에 대해서 학습할 수 있는데, 좌표계변환, 센싱, 상태추정, 계획, 제어와 같은 내용들을 배우게 될 것입니다. 최종적으로는 다양한 분야 중 하나를 선택해서 그것에 대한 전문성을 키워야 하겠지만, 자율주행 시스템의 전반적인 구성을 이해하고 있으면 더 나은 알고리즘을 개발하는데 도움이 될 것입니다.

만약 학부 과정에 이러한 수업이 개설되지 않는다면 코세라(Coursera), 유다시티(Udacity)와 같은 온라인 강의 사이트에서 제공하는 자율주행 개론 수업을 학습하는 것도 좋은 방법입니다. 자율주행에 대한 기초지식을 정리하는 데 도움이 될 것입니다.

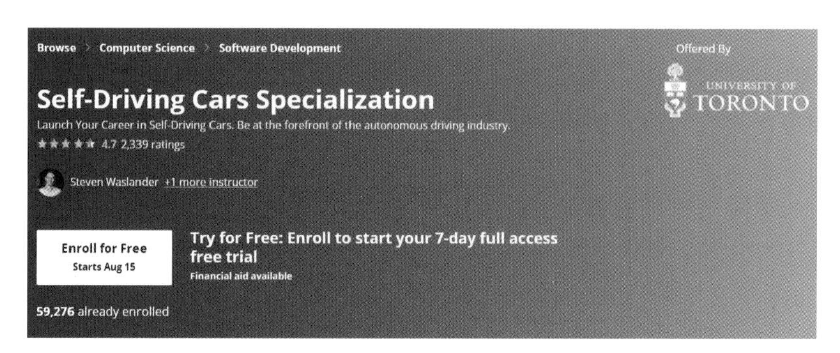

[그림 2-29] 코세라에서 제공하는 자율주행 강의 (출처: Coursera)

마지막으로 마이크로프로세서, 임베디드 시스템 과목을 언급하고 싶습니다. 보통 처음 자율주행에 대해 공부하고 직접 알고리즘 구현해 볼 때는 데스크탑 환경에서 자율주행 시뮬레이터를 사용하고는 합니다. 학부생때는 실제 자율주행 자동차와 차량에서 사용되는 HW를 접해볼 수 있는 기회가 부족하기 때문입니다. 이런 시뮬레이션 환경에서는 현실과는 다르게 노이즈가 없기 때문에 교과서에 적혀 있는 대로 알고리즘들이 잘 동작할 것입니다. 그러나 이런 내용들을 실제 센서, MCU, 로봇/모형차와 같은 HW에서 구현해 보면 시뮬레이터를 사용할 때는 보지 못했던 여러 가지 문제들을 마주하게 될 것입니다. 현실의 문제들을 분석해 보고 해결해 보는 것은 매우 좋은 경험이 될 것입니다. 이러한 경험들은 현업에 있는 개발자들도 신입 직원을 채용할 때 매우 중요하게 생각하는 부분이라는 점을 명심하길 바랍니다.

(2) 프로그래밍 스킬

개발 실력을 키우는 것은 아무리 강조해도 부족합니다. 앞에서도 말했던 것처럼 개발만 잘하는 사람과 자율주행에 대한 이론적 지식만 있는 사람 중 한 명을 뽑아야 한다면, 차라리 개발을 잘하는 사람을 뽑을 정도로 개발 실력은 자율주행 SW 개발자에게 중요한 역량입니다. 개발 언어를 다양하게 다룰 수 있으면 좋고, 프로그래밍 경험도 많을수록 좋습니다.

다만 자율주행 분야에서 일하기 위해서는 **하드웨어 친화적인 C, C++과 같은 언어**를 한 가지 이상 필수적으로 다룰 수 있어야 하고, 거기에 임베디드 플랫폼이나 실제 차량을 활용한 개발 경험이 있다면 더 매력적인 지원자가 될 수 있습니다. 단, 개발 언어의 경우 본인이 지원한 직무에 특화된 필수적인 언어가 있다면 그것을 우선으로 익혀두는 것이 좋습니다.

머신러닝, 딥러닝 활용 직무로 한정해 보면, 많은 지원자가 딥러닝 모델을 학습하고 돌려본 것을 어필하면서 '파이썬'이나 '텐서플로', '파이토치' 같은 딥러닝 프레임워크에 대한 역량을 어필하는 경우가 많습니다. 하지만 이것만으로는 경쟁력을 갖췄다고 보기에는 어렵습니다. 머신러닝, 딥러닝 알고리즘 개발 직무로 채용하는 경우에는 딥러닝에 대해서 정말 잘 아는 사람을 뽑으려고 할 것이고, 관련 분야에서 석사 이상의 학위를 받은 지원자를 채용할 가능성이 큽니다. 그러한 사람들과 경쟁해야 하므로 해당 직무 지원자들은 더 많은 학습과 경험이 필요할 것입니다.

프로그래밍 부분을 준비하면서 많은 분이 국비지원교육, 부트캠프와 같은 프로그램에도 관심을 가지는 것 같습니다. 프로그램의 퀄리티에 따라서 다르겠지만, 아무런 배경지식이 없는 사람들이 기본내용을 배우고 개발 관련 경험을 할 수 있다는 점에서 긍정적인 효과를 낼 수 있다고 생각합니다. 다만 간혹 지원자 중 이러한 프로그램을 이수했다는 것 자체를 스펙으로 생각하는 경우가 있는데 **'이수 인증서'만으로는 지원 시 큰 가산점이 없다**는 것을 명심해야 합니다. 회사는 '부트캠프를 수료했다'라는 사실 그 자체보다는 '부트캠프를 이수했으니 거기에서 배운 것들을 실제로 잘 활용할 수 있어야 한다'라는 것에 더 집중합니다.

많은 교육을 수강했다는 것 자체는 절대 나의 실력을 보장하지 않는다는 점을 꼭 기억하기를 바랍니다.

(3) 수학적 지식

생각보다 많은 분들이 수학 과목을 등한시하곤 합니다. 수학 이론보다 직접 구현하고 개발하는 것에 더 집중하는 분이 많습니다. 물론 프로그래밍, 개발 실력의 중요성은 여러 번 강조해도 부족합니다. 멋진 이론이라 할지라도 실제로 구현할 수 없다면 아무 쓸모없는 것이나 마찬가지니까요. 하지만 본인이 '연구' 쪽으로 커리어를 키우고 싶다면 이론의 기반이 되는 수학적 지식은 반드시 갖추고 있어야 합니다. 논문을 읽는 것부터 쓰는 것까지 수학 실력이 부족하면 항상 어려움을 느끼게 될 것입니다.

> 개인적으로 이러한 지식을 가지고 있는 사람이 개발한 알고리즘의 퀄리티가 더 뛰어나다고 생각합니다.

자율주행과 인공지능 분야에서 꼭 필요한 수학적 지식으로, '미적분학', '선형대수학', '확률통계론'이 있습니다. 아마 공과대학 소속이라면 기초과목으로 '미분적분학', '공학수학'이라는 이름으로 공부할 텐데, 이러한 수업에서는 선형대수와 확률통계 내용을 깊게 다루지는 않기 때문에 학과에 개설된 혹은 타과의 수업이라도 선형대수, 확률통계 수업을 따로 수강하는 것을 추천합니다.

2. 비전공자라면?

컴퓨터 공학 비전공자의 경우 컴퓨터 공학에서 배우는 여러 가지 기본과목에 대한 지식을 갖추고 있으면 실무에서 개발할 때 매우 큰 도움이 됩니다. 대표적으로 컴퓨터구조, 운영체제, 네트워크, 소프트웨어공학, 시스템 프로그래밍과 같은 과목이 있는데, 본인 직무에 따라서 필요성에 차이가 있겠지만 이것들을 얼마나 이해하고 있는지에 따라서 업무 대응, 문제해결능력에 큰 차이가 발생하게 된다고 생각합니다.

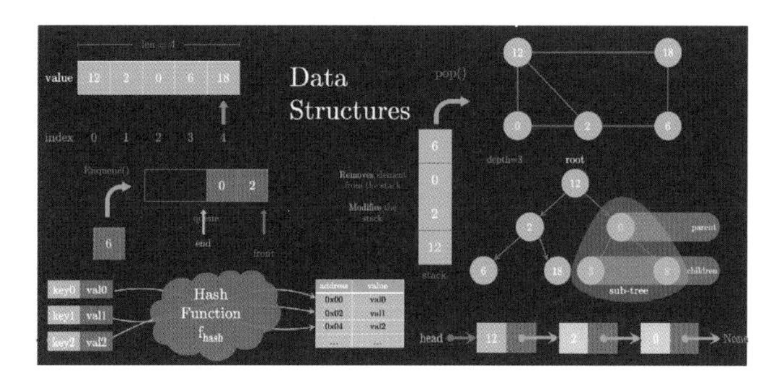

[그림 2-30] 자료구조의 대표적인 개념들 (출처: Python Awesome)

뿐만 아니라 컴퓨터 공학의 기본 지식에 대해 이해하고 있는 사람이 구현한 알고리즘의 퀄리티는 그렇지 않은 사람의 것보다 훨씬 뛰어난 경우가 많습니다. 또한 실차 실험에서 문제가 발생하였을 때 단순 디버깅 툴로 발견할 수 없는 근본적인 문제들을 파악할 수 있는 능력 또한 컴퓨터 공학 지식의 이해가 있어야 한다고 생각합니다.

이러한 내용에 대해 입사 전에 준비하는 것이 가장 이상적이겠지만, 입사 후에도 필요한 내용이 있다면 그때그때 학습하는 것을 추천합니다.

3 필수는 아니지만 있으면 도움이 되는 역량

1. 운전 실력

개발 초기 단계에서는 알고리즘 개발자가 직접 차량에 탑승해서 실험하는 경우가 많습니다. 비상시를 대비해서 운전석에 한 명이 탑승하고 나머지 인원들은 각자 자리에서 모니터링, 디버깅하는 형태로 업무를 진행합니다. 차량이 갑자기 이상하게 동작하는 경우, 운전석에 탑승한 연구원이 개입하여 자율주행 기능을 해제하고 수동운전으로 전환해야 합니다. 실제 도로에서 오동작이 발생하여 차량이 순간적으로 불안정하게 거동하면 초보운전자는 당황하여 적절하게 대응하지 못할 수도 있습니다.

이 때는, 앞에서 언급했던 비상운전자의 역할을 연구원, 개발자들이 대신하는 경우가 많습니다.

따라서 운전석에서 탑승하는 연구원은 어느 정도 숙달된 운전 실력을 갖추어야 합니다.

2. 영어 실력

자율주행 개발과 관련하여 참고할만한 자료의 대부분이 영어로 작성되어 있습니다. 뿐만 아니라 최신 연구들과 업계 트렌드를 확인할 수 있는 많은 강연이 (설령 작성자, 발표자가 한국인일지라도) 영어를 기본 언어로 선택하는 경우가 많기 때문에 영어 실력이 뛰어나면 지식 습득 면에서도 유리합니다.

이 외에도 해외 기업들과 협업을 하거나 파견근무를 가는 등 본인의 영어 실력에 따라서 기회가 왔을 때 그것을 잡을 수 있을지 없을지가 결정될 수도 있으니 입사를 위한 영어성적 준비에서 벗어나 평소에도 꾸준히 영어 공부를 해두는 것을 추천합니다.

MEMO

07 현직자가 말하는 자소서 팁

1 기본적인 자소서 작성법

많은 지원자들이 이 회사에 지원하기 위해서 얼마나 많은 준비를 했는지 어필하고 싶은 마음에 자소서에 본인의 경험을 최대한 많이 '나열'하는 식으로 작성하곤 합니다. 얼마나 많은 전공 수업을 들었고, 프로젝트를 진행하고 대회에 나갔으며, 얼마나 다양한 대외활동을 했는지를 '나열'하기만 합니다. 본인의 경험을 하나라도 더 많이 어필하기 위함이었겠지만 이런 식으로 작성하는 것은 전혀 효과적이지 않습니다.

단순 사실의 나열은 그 자체로는 큰 의미가 없고 읽는 사람의 흥미를 끌기 어렵습니다. 나의 경험을 보다 매력적으로 보이도록 하는 자소서 작성 방법에는 여러 가지가 있겠지만, 저는 **'기승전결' 구조에 맞춰서 작성**하는 것을 선호합니다. 이것에 대해서 좀 더 구체적으로 설명해 보자면 다음과 같습니다.

① 어떤 문제 상황이 있었는지 – 경험, 대외활동, 프로젝트 등
② 문제해결을 위해 어떤 방법을 제안했는지, 어떤 선택을 했는지
③ 나의 기여로 인해서 문제가 어떻게 마무리되었는지
④ 문제해결 경험을 통해서 무엇을 배웠고 성장할 수 있었는지, 향후 이 경험이 내가 지원한 분야에 어떤 식으로 도움이 될 수 있을지

②번에서는 직무와 연관이 있는 내용일 경우 상세하게 기술하는 것이 좋습니다. 자율주행 SW 개발 분야는 직무 적합성이 매우 중요합니다. 직무 적합성, 직무 관련 경험과 지식을 자연스럽게 드러낼 수 있는 부분이 ②번 항목이고, 이것은 향후 면접에서 면접관의 흥미를 끌고 추가 질문을 유도할 수 있습니다. 면접관은 자소서에 작성된 내용을 바탕으로 질문하기 때문에 좋은 질문을 유도할 수 있는 내용이 자소서에 적혀 있어야 합니다. 그리고 본인이 제안하거나 선택한 방법의 논리적 근거 또한 잘 기술할 수 있어야 하겠습니다.

또한 자신이 기여한 바를 명확하게 기술하는 것도 중요합니다. '자율주행 자동차 대회를 준비하기 위해서 실제 차량에 자율주행 기술을 개발했다.'처럼 너무 추상적이고 두루뭉술한 표현은 지양해야 합니다. 혼자서 자율주행 기술 전체를 개발했다는 것은 사실상 불가능할뿐더러 지원자가 이 분야에 대한 경험이 부족하다고 느끼게 할 수 있습니다.

③번의 경우 반드시 성공한 사례여야 할 필요는 없습니다. 실패에 대한 경험이더라도 그것으로부터 유의미한 결론을 끌어낼 수 있으면 충분히 매력적인 경험으로 보일 수 있습니다.

2 실제 자소서 항목으로 보는 작성 팁

위에서 말한 형식에 맞춰서 자소서를 작성한다면 본인의 장점과 문제해결능력을 어필할 수 있을 것입니다. 이러한 내용을 바탕으로 실제 자소서 항목에 대한 답변을 생각해 보는 연습을 해 보겠습니다.

Q 해당 직무에 지원한 동기는 무엇이며, 이 직무에 대하여 본인이 가진 강점을 구체적으로 사례와 함께 말씀해 주십시오.

지원하는 직무에 가장 적합한 역량을 한 가지 선택해서 본인이 그 역량을 충분히 보유하고 있음을 어필하는 식으로 작성하면 됩니다. 이때 여러 강점에 대해서 한 번에 풀어내려는 것은 글의 신뢰성을 낮추며 복잡하고 일관성 없게 보일 수 있습니다. 본인이 가장 자신 있는 한 가지를 선택하고 그것을 잘 표현하는 것에 집중하는 것이 좋습니다.

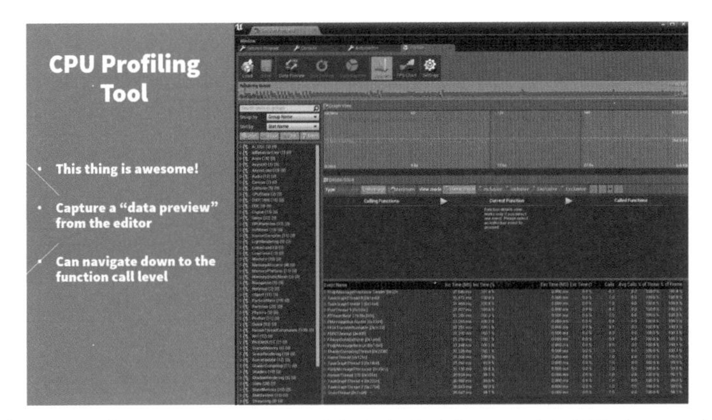

[그림 2-31] CPU profiling tool을 사용하여 작성된 코드를 분석 (출처: Github)

만약 SW 최적화 쪽으로 중점을 맞춰서 답변을 작성한다면, 저의 경우 '자율주행 SW를 개발할 때 실시간성을 확보하는 것이 중요하다.'라는 점을 강조하면서 무겁고 복잡했던 코드를 개선했던 경험을 풀어볼 것 같습니다. 특히 '원인분석'과 '해결방안'을 강조해서 작성할 텐데, '단순히 실행 속도가 느렸던 코드'라고 문제 상황을 단순화하기보다는 왜 병목현상이 발생하였는지, 비효율적으로 연산하는 부분이 없었는지, 전체적인 코드 디자인이 문제였는지 등등 구체적으로 원인을 파악할 수 있는 실력이 있다는 점을 어필할 것 같습니다.

'해결방안'에 해당하는 솔루션은 본인이 직접 떠올린 것이든 기존에 존재하는 방법이든 상관없습니다. 다만 '보통 이 방법이 가장 좋다고 한다.', '가장 많이 쓰인다고 한다.', '이것저것 해 보던 도중 이게 가장 결과가 좋았다.'와 같이 문제해결을 통해서 크게 배울 것이 없어 보이는 답변은 피해야 합니다. 왜 이 방법이 최선이라고 생각했는지와 이 방법을 통해 정량적으로 얼마나 개선되었는지를 꼭 포함해서 작성하는 것을 추천합니다.

3 석사생에게 추천하는 자소서 작성 팁

석사 지원자는 주로 아래 두 가지를 이용해서 자소서를 작성할 것입니다.

1. **본인의 연구주제와 작성한 논문**
2. **연구실에서 진행했던 과제, 프로젝트**

만약 본인이 리서치 직무에 지원한 경우라면 석사 동안 작성한 논문과 연구주제에 대해서 상세히 기술하는 것이 유리할 것입니다. 만약 연구 실적이 좋지 않다면 상당히 치명적일 수 있습니다.

하지만 '자율주행 SW 개발 직무'라면 연구 실적이 뛰어나지 않아도 크게 불리하지는 않습니다. 대신 **본인의 개발 실력을 어필할 수 있는 사례들 위주**로 작성하면 됩니다. 연구실에서 진행한 자율주행 관련 과제에서 본인이 개발했던 알고리즘들과 그것이 과제에 기여한 바를 명확하게 작성하면 면접관의 흥미를 유발하기에는 충분합니다.

'자율주행 SW 개발' 업무 특성상 현업 종사자들은 연구, 논문의 결과가 실제 차량에 적용되어 자율주행 기술을 구현하는 데 도움이 되는 것을 매우 중요하게 생각합니다. 따라서 실제 개발 및 적용 경험을 중요하게 생각하기 때문에 이것을 충분히 어필한다면 좋은 결과를 낼 수 있을 것입니다.

MEMO

08 현직자가 말하는 면접 팁

1 면접관과 '대화'를 한다는 느낌으로 진행

'면접'이라는 단어를 들으면 어떤 느낌이 드나요? 딱딱한 정장, 차갑고 굳은 표정의 면접관, 가라앉은 분위기, 그 안에서 식은땀을 흘리고 있는 자신?! 면접을 처음 경험하는 지원자의 경우 큰 부담감을 가지고 면접에 임할 것입니다. 하지만 너무 걱정할 필요가 없습니다. 최근에는 면접 스타일이 상당히 많이 바뀌었기 때문입니다.

이 책에서 '자율주행은 상시, 수시 채용이 활발하게 이루어지고 있다'라는 것을 여러 번 언급했습니다. 이것은 기본적인 소양을 갖춘 보편적인 인원을 다수 채용하는 것보다 해당 직무에 꼭 맞는, 적합한 인원을 선발하는 것이 무엇보다 중요하다는 것을 의미합니다.

직무에 적합한 소수의 인원만을 채용하는 것은 지원자의 부담감을 증가시키겠지만, 적절하지 못한 시스템과 면접 프로세스로 인하여 좋은 지원자를 채용하지 못할 수도 있다는 점에서 회사에게도 많은 고민을 하게 만듭니다. 적합한 지원자를 채용하기 위해서 회사도 상당히 많은 노력을 하고 있는데, 그 중 하나가 **면접관들이 충분한 역량을 갖출 수 있도록 교육**하는 것입니다.

면접관이 갖춰야 할 역량으로는 무엇이 있을까요? 다양한 요소가 존재하겠지만, 여기서 언급하고 싶은 것은 **'지원자가 본인의 역량을 최대한 발휘할 수 있도록 배려하는 것'**입니다. 뛰어난 역량을 가진 지원자가 면접 분위기에 압도되어서 자신이 준비한 것을 온전히 전달하지 못하고 그로 인해 채용되지 못한다면, 지원자뿐만 아니라 회사에서도 큰 손해일 것입니다. 이러한 상황이 발생하지 않도록 면접관들은 지원자를 충분히 배려할 수 있도록 교육받습니다. 최근에는 흔히 말하는 '무작정 압박 면접' 스타일의 면접관을 보기 힘들어진 이유이기도 합니다. 채용 과정 전반에 걸쳐 지원자에게 긍정적인 느낌을 줄 수 있도록 준비하고, 긴장을 풀고 본인이 준비한 것들을 잘 풀어낼 수 있는 환경을 조성하기 위해 노력합니다.

그러므로 지원자는 너무 긴장한 상태로 면접에 임할 필요가 없습니다. 면접관이 갑이고 내가 을인 관계라고 생각하지 말고 동등한 입장에서 서로를 알아가는 단계, 일종의 소개팅을 하러 나왔다고 생각하면 좋을 것 같습니다.

물론 지원자는 합격을 희망하는 경우가 대부분이므로 '동등한 관계에서 하는 소개팅'이라는 비유는 너무 과장된 것 일 수 있습니다. 하지만 면접관이 지원자가 직무에 적합한 사람인지 확인하기 위해서 여러 가지 질문을 하는 것처럼, 지원자도 면접관의 태도와 질문, 대화를 통해서 지원한 회사가 어떤 회사일지, 나와 잘 맞는 회사인지 확인해 볼 수 있는 기회로 생각하면 좋겠습니다.

이런 마음가짐으로 면접에 임한다면 생각보다 편하게 본인이 준비해 온 것을 잘 풀어낼 수 있을 것입니다.

또한, 면접관의 질문에 반드시 정답을 말해야 한다는 강박관념에서 벗어나는 것도 좋습니다. 면접 질문에는 '명확한 정답이 있는 직무 관련 질문'과 '지원자를 파악하기 위한 질문'이 있는데, 후자의 질문까지도 어떤 정답을 상정해두고 그것에 맞추기 위해서 노력하는 분들이 간혹 있습니다. 이 유형의 질문을 받는다면 솔직하게 본인을 잘 드러낼 수 있는 답변을 하는 것이 가장 좋다고 생각합니다. 어설프게 본인을 포장할수록 더욱 티가 나고 부정적인 인상을 준다는 점을 참고하면 좋겠습니다.

직무 관련 질문을 받는다면 본인이 아는 것 내에서 최대한 답변을 하면 됩니다. 최근에는 지원자의 자소서에 적힌 내용을 바탕으로 질문을 구성하기 때문에 전공/직무 기초지식이 아니라면 전혀 모르는 내용에 대해 질문을 받는 경우는 많이 없을 것입니다.

만약 본인이 지원한 직무와 관련된 내용이 자소서에 없거나, 수강한 전공과목이 대부분 해당 분야와 무관한 것들이라면 면접관이 의아하게 생각하여 직무역량 검증을 위한 질문을 평소보다 많이 할 수도 있습니다. 이 경우 지원자의 준비가 부족한 것은 사실이기 때문에 어떤 방식으로 대처할지 미리 생각해 두어야 합니다.

> 자율주행 분야의 지원자들을 대부분 직무적합도가 보통 이상이기 때문에 단기간 취업 준비만으로는 필요한 역량을 갖추는 것이 쉽지 않을 수 있습니다.

2 과장된 답변을 하지 않을 것

자소서에 본인에게도 익숙하지 않은 내용을 적었을 경우, 면접에서 내용을 혼동하거나 잊어버릴 위험이 있습니다. 자소서를 너무 과장되게 작성하면 오히려 면접 때 부작용으로 돌아올 수 있다는 점을 명심하길 바랍니다.

예를 들어서 프로젝트에서 자신과 무관한 내용을 본인이 했다고 적은 경우, 면접관이 해당 내용에 관심을 가지고 상세하게 내용을 설명해 달라고 할 수 있는데, 대부분 몇 가지 질문만으로 정말 그 사람이 한게 맞는지 파악할 수 있습니다. 과장해서 적은 내용을 단기간에 온전히 내 것으로 만드는 것은 쉽지 않습니다.

자소서에 적은 내용과 상이한 답변을 하는 경우도 주의해야 합니다. 지원자가 긴장해서 말이 꼬인 경우라면 면접관도 충분히 이해하고 다시 정리해서 답변할 수 있도록 하겠지만, 자소서의 내용과 너무 다른 이야기를 하는 경우에는 내용의 신뢰성에 대해 의심받을 수 있습니다.

자소서와 면접에서 본인을 어디까지 어필할 것인지 면접전에 충분히 고민해봐야 합니다. 가능한 한 돋보이도록 최대한 부풀려서 적을 것인지 아니면 본인을 있는 그대로 드러낼 수 있도록 솔직하게 작성할 것인지는 전략적으로 선택할 필요가 있습니다.

3 기본에 충실한 전공, 직무역량 어필하기

자율주행 쪽 면접을 준비할 때 많은 지원자들이 오해하는 것 중 하나가 '면접관들은 어렵고 심오한 내용 위주로 물어본다.'라고 생각하는 것입니다. 그리고 이러한 질문에 대비하기 위해 급하게 자료를 찾아보고 예상 질문을 준비합니다. 하지만 면접관들은 '신입' 자율주행 SW 개발 엔지니어를 채용할 때 절대로 어렵고 복잡한 내용에 대해서 질문하지 않습니다. 오히려 생각보다 기초적이고 필수적이라고 생각되는 내용 위주로 질문을 구성합니다. 경력직이나 박사 신입의 경우에는 지원자의 전문 분야가 확실하다고 판단하므로 이론적 지식, 최근 연구 동향이나 개발 경험에 대해 보다 깊은 질문을 하지만, 학/석사 신입 연구원의 경우에는 '해당 전공자라면 몰라서는 안 되는 내용'에 대해서 질문을 하는 것이 일반적입니다.

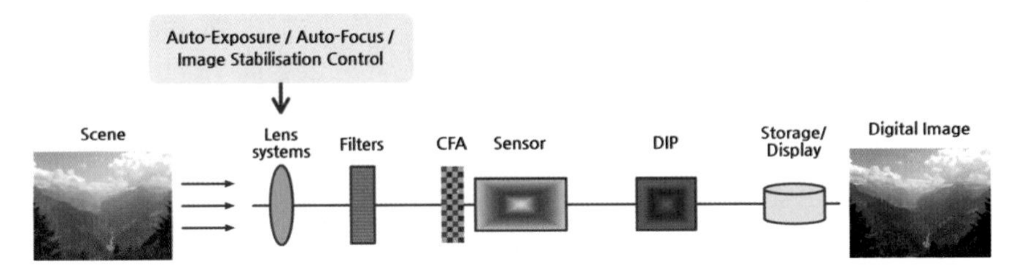

[그림 2-32] 디지털 이미지 생성 과정에 대한 프로세스 (출처: ResearchGate)

예를 들어 자율주행 영상인식 기술 쪽에 지원했다면 가장 기초가 되는 카메라와 이미지에 관한 질문을 할 수 있습니다. '해상도의 의미가 무엇인지', '디지털 이미지는 어떻게 생성되는지', '카메라 파라미터에는 무엇이 있고 어떤 의미를 갖는지', '카메라 캘리브레이션 작업은 어떻게 진행되는지'와 같이 평소에 당연시하던 것들을 물어보는 경우도 많습니다. 전공, 직무의 기초에 해당하는 내용들이지만 평소에 확실하게 정리해 두지 않아 갑자기 질문을 받았을 때 제대로 답변하지 못하는 지원자들을 많이 보았습니다.

면접에서 전공, 직무에 대한 기본적인 내용 이외의 질문은 주로 지원자가 서류에 작성해놓은 경험이나 프로젝트, 연구내용에 기반한 것입니다. 지원자가 어느 정도 자신이 있어서 적어놓은 것으로 생각하기 때문에, 해당 내용에 기반해서 더욱 깊이 있는 질문을 할 수 있습니다. 특히 석사 지원자의 경우에는 본인의 연구 분야에 대해서는 직접적으로 자소서에 언급하지 않았던 내용들도 질문 할 수 있기 때문에 기초적인 내용과 더불어 특히 신경 써서 대비해야 합니다.

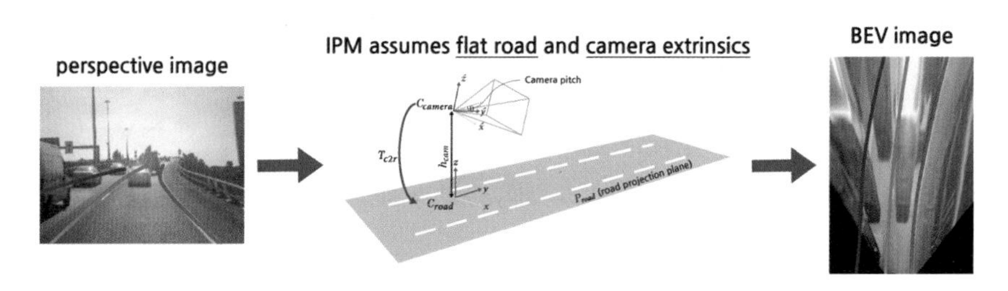

[그림 2-33] 카메라 캘리브레이션 정보를 활용한 2D - 3D 정보 변환
(출처: Noa Garnett 외, 「3D-LaneNet: End-to-End 3D Multiple Lane Detection」, General Motors, 2019)

마지막으로 제가 면접에서 받았던 질문을 예시로 들면서 이번 섹션을 마무리하겠습니다. 면접 때 'Semantic Segmentation'에 관한 질문을 받아서 답변하던 도중 갑자기 면접관이 "Segmentation의 결과로 구한 차선정보는 2차원 이미지상에 존재하는데, 실제 차량은 3차원 공간상에서 주행해야 합니다. 어떻게 하면 2차원에서 찾은 차선을 차량이 주행하는 3차원상으로 옮길 수 있을까요?"라는 질문을 했습니다. 면접 당시에는 'Segmentation'에만 집중해서 준비했기 때문에 2D - 3D 변환 관계에 대해서는 따로 준비하지 않아 잠깐 당황했지만, '카메라 캘리브레이션에서 배운 내용'과 '차선은 지면상에만 존재하고 지면은 높이가 0인 하나의 평면이다'라는 가정을 사용해서 답변했었습니다. 지금 생각해 보면 전혀 어려운 질문이 아니었지만, 만약 영상처리와 컴퓨터비전에 대한 기본내용을 정리해 두지 않았다면 제대로 답변하지 못했을 것입니다.

> 컴퓨터비전에서 많이 사용되는 opencv 라이브러리를 이용해서 구현할 수 있다 정도로만 대답했다면 면접관에게 좋은 인상을 주기에는 어려웠을 것입니다.

09 미리 알아두면 좋은 정보

1 취업 준비가 처음인데, 어떤 것부터 준비하면 좋을까?

자율주행 분야로 취업을 생각하고 있다면, 우선 자율주행의 전반적인 내용을 정리하면 좋겠습니다. '자율주행을 연구하고 싶다.'라는 생각만으로는 어디부터 시작해야 할지 막연하게만 느껴질 것입니다. 따라서 무엇을 공부해야 하고 어떤 경험을 쌓아야 할지 판단하기 위해서는 **'자율주행 개론'**에 대한 지식이 필요하다고 생각합니다.

가장 좋은 방법은 학교에서 수강할 수 있는 '자율주행' 또는 '지능형 자동차'와 같은 이름의 수업을 수강하는 것입니다. 제가 앞에서 설명했던 다양한 자율주행의 구성기술과 그것들의 기본적인 이론에 대해서 배울 수 있는 것이 이러한 개론 수업이라고 생각합니다. 물론 강의개요서나 강의 후기를 보고 자율주행의 기본적인 내용들을 정리할 수 있는 수업인지 판단해야 합니다.

만약 학교에 이러한 수업이 없다면, 자율주행 개론서에 해당하는 책을 참고할 수도 있습니다. [ref.1][11], [ref.2][12]를 예로 들 수 있는데, 인지, 측위, 제어와 같은 이론적인 내용뿐만 아니라 자율주행차량의 HW적 구성, 자율주행관련 법규/규제들에 대한 내용도 간단하게 확인할 수 있습니다. 물론 개론적인 내용이다 보니 각 주제에 대해서 깊이 있게 다루지는 않지만 분야에 대한 전반적인 이해와 앞으로 어떤 내용을 더 찾아봐야 할지 알려 주는 지침서로 활용할 수 있습니다.

> 만약 교재로 스스로 학습하기 어렵다면 앞에서 언급한 코세라, 유다시티 같은 교육 사이트를 활용할 수도 있습니다.

수업 또는 개론서를 통해서 자율주행에 대한 전반적인 내용을 정리했다면, 이후에는 본인이 커리어를 쌓고 싶은 세부적인 분야와 주제를 선택해야 합니다. 자율주행은 한 명의 개발자가 모든 시스템을 개발하는 것이 불가능하기 때문에, 여러 분야 중 한 가지를 선택하고 그것에 대해 깊게 공부하는 것이 일반적입니다. 분야 선택을 완료했다면 본인이 지원하고 싶은 자율주행 관련 회사나 연구소를 검색하고 그 회사의 채용공고를 확인하여 채용중인 직무와 그에 필요한 직무역량을 확인합니다. 이렇게 하면 향후 취업 준비를 위해 준비해야 할 것들을 더욱 구체화할 수 있을 것입니다.

---

11 도서 「자율 주행 자동차 만들기」
12 도서 「자율주행차량 기술 입문」

희망 분야, 직무가 확정된 다음에는 관련된 내용에 대해서 더욱 깊게 공부하면서 경험해야 합니다. 학부생 입장에서 가장 쉽게 시도해 볼 수 있는 것은 교내의 자율주행 관련 연구를 하는 연구실에서 인턴이나 학부연구생을 하는 것입니다. 개론수업을 들은 정도로는 아직 자율주행 직무에 지원하기에 부족한 것이 많은 상태이므로, 연구실에서 진행하는 과제에 참여해 개발 경험을 쌓고 연구실 선배들로부터 앞으로 어떤 것들을 공부해야 할지에 대해서도 도움을 받는 것이 좋습니다.

추가적으로 취업 준비를 할 때는 되도록 현직자로부터 정보를 얻는 것이 좋습니다. 학교, 동아리 선배 중 현직에 있는 분에게 도움을 요청하거나 학교에서 주관하는 현직자 강연과 같은 것을 이용하는 것을 추천합니다. 간혹 학생 위주의 익명 사이트나 직장인 익명 플랫폼과 같은 곳에 적혀 있는 내용을 참고해서 취업 준비를 하는 경우가 있는데, 직장인 커뮤니티라고 할지라도 검증되지 않는 정보를 기반으로 취업 준비를 하는 것은 너무 위험합니다.

또한 현직자에게 문의할 기회가 있다면 최대한 구체적으로 질문을 하는 것이 좋습니다. 다음과 같은 추상적인 질문으로는 좋은 답변을 기대하기 어렵습니다.

자율주행SW개발 직무로 준비 중인데 어떤 것을 준비해야 하나요?

아래와 같이 본인의 상황과 준비한 스펙, 그리고 고민하는 내용에 대해 보다 구체적으로 질문할수록 현실적이고 도움이 되는 조언을 받을 수 있을 것입니다.

현재 3학년이고 주로 제어 관련 전공수업을 들었으며,
비슷한 분야의 연구실에서 인턴경험을 했는데,
이번에 임베디드 SW 개발 쪽으로 인턴을 지원하려고 합니다.
혹시 향후 자율주행 제어 알고리즘 개발 직무에 지원할 때 도움이 될까요?

2 현직자가 참고하는 사이트와 업무 팁

1. KITTI(http://www.cvlibs.net/datasets/kitti)

자율주행을 연구하는 사람들이 많이 참고하는 오픈 데이터셋 중에 'KITTI dataset'가 있습니다. 다양한 센서를 장착한 차량으로 도심을 주행하면서 얻은 데이터를 공개해 놓았는데, 취득한 데이터의 종류가 다양하고 정리가 잘 되어 있기 때문에 자율주행 기술을 연구하는 데 많이 사용되고 있습니다. 또한, 홈페이지에 들어가 보면 여러 가지 자율주행 문제들과 연구결과들 그리고 평가지표에 따른 순위표까지 확인할 수 있고, 각 분야의 대표적인 모델들과 현재 최고의 성능을 보여주는 알고리즘도 확인 할 수 있습니다.

[그림 2-34] 자율주행 연구에 많이 사용되는 KITTI dataset (출처: cvlibs.net)

2. Papers with code(https://paperswithcode.com)

Papers with code라는 사이트에서는 머신러닝, 데이터사이언스와 관련한 여러 가지 오픈 데이터셋과 그 데이터셋에서 성능을 검증한 다양한 논문과 구현 코드를 확인할 수 있습니다. 보통 어떤 분야에 대해 새롭게 연구를 시작할 때, 잘 알려진 선행연구를 먼저 조사하고 그 연구에 기반하여 후속 연구를 진행하는데, 연구의 시작점으로 활용할 논문과 코드를 쉽게 찾을 수 있는 사이트입니다.

개인적으로 어떤 분야에 대한 공부나 연구를 시작할 때, **코드가 공개되어 있는 논문을 참고하는 것을 권장**합니다. 논문에서 제안하는 이론적인 내용도 중요하지만 이론을 어떻게 구현하는지와 결과를 재현할 수 있는지도 매우 중요하기 때문입니다. 예전과 다르게 최근에는 뛰어난 성과를 보이는 연구에 대해 논문과 코드가 함께 공개되는 경우가 많은데, 공부하는 입장에서는 이론과 구현을 모두 학습할 수 있기때문에 실력향상에 큰 도움이 될 것입니다.

공개된 코드를 실행시켜보았을 때 논문에서 주장한 결과가 나오지 않는 경우들도 많다는 점을 염두에 두길 바랍니다.

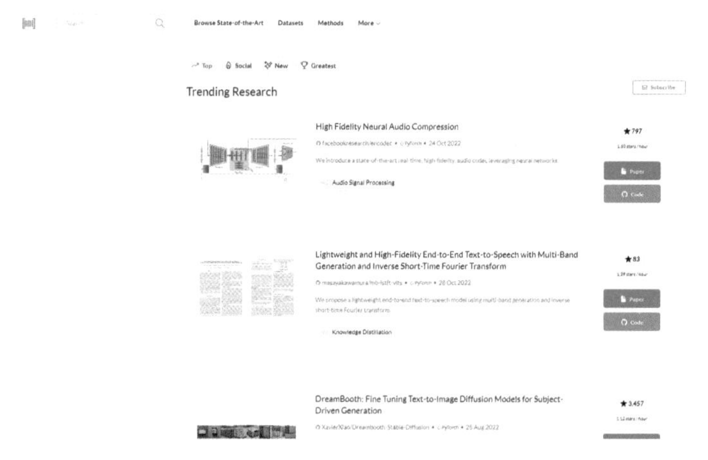

[그림 2-35] 머신러닝 관련 데이터, 논문, 코드를 확인할 수 있는 Papers with code

3. 블로그(https://blog.waymo.com, https://www.naverlabs.com/log)

자율주행을 연구/개발하고 있는 많은 회사가 있는데, 그 회사에서 직접 운영하는 공식 블로그가 있다면 그것을 참고하는 것도 업계 동향이나 기술 트렌드를 파악하는 데 도움이 될 수 있습니다. 평소 관심을 가지고 있는 자율주행 기업이 어떤 기술에 주목하고 있는지도 확인할 수 있습니다. 잘 정리된 대표적인 블로그로 Waymo, Naver labs를 예로 들 수 있습니다. 이 밖에도 본인이 관심이 가는 회사가 있다면 블로그를 운영하고 있는지 확인해 보길 바랍니다.

[그림 2-36] Waymo에서 운영하는 자율주행 기술 관련 블로그

4. 논문

마지막으로 논문을 찾아보고 싶을 때 참고할 만한 컨퍼런스에 대해서 알아보겠습니다. 자율주행관련 논문은 기존의 자동차와 관련된 학회, 학술지보다도 지능형 이동체/로봇, 인공지능/머신러닝에 대한 곳에서 더 많이 발표되고 있습니다. 지능형 이동체/로봇과 관련된 학회로는 IROS, ICRA, ITSC, IV가 있고 인공지능/머신러닝은 NeurIPS, CVPR, ICCV, ICLR, ICML을 참고하면 좋습니다.

언급한 것들 외에도 다양한 학회들이 존재하지만, 어느정도 믿고 볼 수 있다는 장점을 고려해서 가장 대표적인 학회들을 언급했습니다.

3 현직자가 전하는 개인적인 조언

상시, 수시 채용을 준비할 때는 지원자만의 강점을 더욱 확실하게 준비해서 어필할 수 있어야 합니다. 자율주행 SW 개발 분야에서는 높은 직무적합성을 요구하므로 **평범하게 학교를 다니고, 적당히 좋은 학점을 받고, 적당히 관련 경험을 하면서 졸업을 앞둔 취준생은 회사 입장에서 그렇게 매력적으로 보이지 않습니다.** 이러한 지원자는 이미 포화상태이고 그들보다 더 높은 직무적합성을 보여 주는 사람이 많기 때문입니다.

여기에서 말하는 '직무적합성이 높다'의 의미는 채용공고에 나온 지원 자격과 우대사항을 모두 평균 수준으로 만족한다는 것이 아니고 '지원자가 경쟁자들과 비교하여 최소 한 가지 이상 확실한 강점을 가지고 있다'는 것을 의미합니다.

예를 들어서 '자율주행 플랫폼 SW 개발' 직무를 뽑을 때, 비록 자율주행에 대한 도메인 지식은 부족하더라도 '임베디드 SW 개발'에 대한 개발 경험이 풍부하고 관련 지식이 충분하다면, 지원 자격과 우대사항의 다른 부분이 살짝 부족하더라도 충분히 매력적인 지원자로 보일 것입니다.

회사에서 어떤 직무가 필요한지 파악하고 그에 맞는 자신의 강점을 어필한다면 목적성 없이 그저 다양한 스펙을 열심히 준비한 경쟁자보다 훨씬 매력적으로 보일 수 있다는 점을 기억하길 바랍니다. 스펙의 양보다는 질이 더 중요합니다!

MEMO

10 현직자가 많이 쓰는 용어

1 익혀두면 좋은 용어

1. End-to-end 주석 1

일반적으로 딥러닝 모델은 어떤 특정한 기능만을 수행할 수 있도록 설계되고 학습합니다. 자율주행을 예로 들면 이미지가 입력으로 들어왔을 때 자동차에 해당하는 영역을 박스 형태로 출력하는 모델을 예시로 들 수 있습니다.
하지만 좀 더 인공지능다운 자율주행을 생각한다면 이미지가 입력으로 들어왔을 때 스스로 안전하게 주행할 수 있도록 하는 액셀/브레이크, 조향 값을 출력하는 모델을 떠올릴 수 있을 것입니다. 센서 데이터만 입력으로 넣어 주면 알아서 안전하게 자율주행을 하는 것입니다.

이처럼 전/후처리를 따로 해주지 않고도 입력데이터를 가지고 원하는 기능을 끝까지 달성할 수 있는 모델의 방식을 End-to-end라고 부릅니다. 매우 이상적으로 보일 수 있지만, 실제로 구현하기에는 많은 어려움이 있는 방식이기도 합니다.

2. 첨단 운전자 보조 시스템(ADAS, Advanced Driving Asistance System) 주석 2

ADAS는 'Advanced Driver Assistance System'의 약자로, '첨단 운전자 보조 시스템'으로 불리며, 운전자의 편의와 안전성을 증대시킬 수 있는 다양한 기능을 총칭하는 용어입니다.

대표적인 ADAS 기능으로 전방 충돌방지, 차로 이탈방지/차로 유지, 운전자 주의 경고, 고속도로 주행 보조, 원격 스마트 주차 등이 있습니다. 일반적으로 자율주행 레벨을 정의할 때 레벨3 이하에 해당하는 기능이라고 생각할 수 있습니다.

3. 캘리브레이션(Calibration) 주석 3

'교정'이라는 단어로 번역될 수 있는 용어인데, 자율주행에서는 주로 차량에 장착된 센서 값을 보정하는 작업을 의미합니다. 예를 들어 라이다 센서를 차량에 장착하고 차량 기준 전방 10m 지점인 (10, 0, 0)에 어떤 물체를 가져다 두었을 때, 센서의 출력 값도 (10, 0, 0)으로 나오도록 보정하는 작업을 의미합니다.

비록 사용자가 센서를 올바르게 차량에 장착 했더라도 여러 가지 원인으로 오차가 발생할 수 있으므로 센서 데이터를 사용하기 전에 캘리브레이션 작업은 반드시 수행되어야 합니다.

앞에서 말한 캘리브레이션은 주로 'Extrinsic Calibration'이라고 하는데, 이것 외에도 센서의 내부 파라미터값을 보정하기 위한 'Intrinsic Calibration'이라는 것이 존재합니다. 원래 센서의 내부 파라미터 값은 센서 제조사에서 미리 결정해두고 생산을 하지만, 역시 여러 가지 원인으로 인한 오차가 발생하기 때문에 'Intrinsic Calibration' 또한 거의 필수적으로 수행합니다.

차량에 사용되는 GPU, IMU, 라이다와 같은 다양한 센서가 캘리브레이션의 대상이 됩니다. 그중에서도 특히 카메라에서는 영상 왜곡 보정이라는 작업이 추가로 요구되는데 이것도 캘리브레이션이라고 칭하는 경우가 있습니다. 정확한 표현은 아니지만, 현장에서 자주 사용하기 때문에 알고 있으면 좋습니다.

Calibration과 구분하여 Rectification이라고 부르기도 합니다.

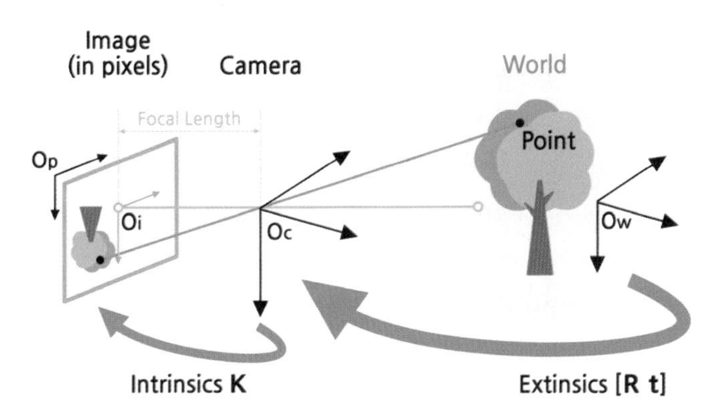

[그림 2-37] 좌표변환 및 이미지 평면으로의 투영에 대한 예시

4. 평가 지표(Evaluation Metric) 주석 4

모델마다 성능을 정략적으로 측정할 수 있는 평가지표가 있습니다. 가장 대표적인 것으로는 정확도(Accuracy)가 있습니다. 모델의 출력과 실제 정답이 얼마나 많이 일치했는지를 통해 모델의 성능을 평가하는 것입니다. 하지만 이것만으로는 완벽하게 성능평가를 하는 게 어려울 수 있습니다.

예를 들어서 정답이 1인 경우가 999개이고 정답이 0인 경우가 1개 있을 때, 모델이 출력을 무조건 1로 하도록 한다면 정확도는 무려 99.9%지만 절대로 이 모델이 좋은 모델이라고 판단해서는 안 됩니다.

이러한 점을 보완하기 위한 평가지표로 혼동행렬(Confusion Matrix)을 사용합니다. 이것은 정답과 오답을 구분하는 것을 총 4가지 경우로 분류하는데, 이것을 활용하여 여러 지표를 생성하여 모델의 성능을 판단할 수 있습니다. 정확도 외에도 정밀도(Precision), 재현율(Recall)과 같은 평가지표를 가지고 좀 더 적절하게 모델의 성능평가를 할 수 있게 됩니다.

이 외에도 모델, 문제마다 다양한 평가지표가 존재하는데 모든 것을 전부 숙지할 필요는 없지만, 기본적으로 널리 사용되는 것과 본인의 메인 연구 분야에 대한 성능지표는 확실하게 숙지하고 있어야 합니다.

이미지 생성 분야에서는 IS, FID 라는 생소한 지표도 사용합니다. 분야마다 매우 다양한 것들이 사용될 수 있다는 것도 기억하면 좋겠습니다.

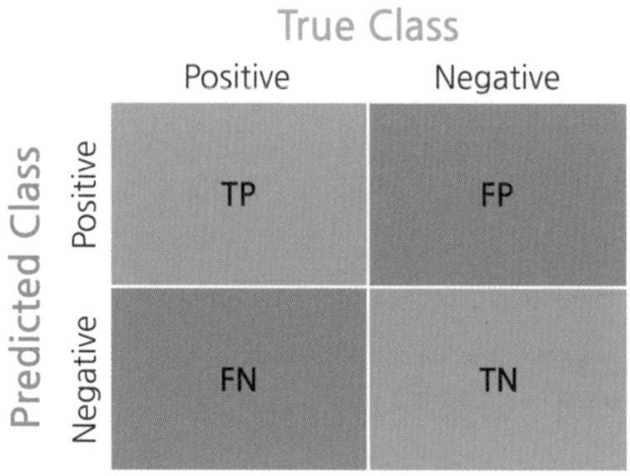

True Class

Predicted Class	Positive	Negative
Positive	TP	FP
Negative	FN	TN

[그림 2-38] Confusion Matrix

5. 프레임워크(Framework) 주석 5

SW에서 프레임워크의 정의는 '복잡한 문제를 해결하거나 서술하는 데 사용되는 기본 개념 구조'입니다. 보다 간단하게 정의하면 어떤 프로그램을 편리하게 개발하기 위한 툴이나 도구라고 할 수 있으며, 그 자체로는 어떤 완성 프로그램이 아닌 것을 의미합니다. 예를 들면 Tensorflow, Pytorch를 딥러닝 네트워크 개발을 위한 프레임워크라고 할 수 있습니다.

이 용어를 잘못 이해하는 경우가 있는데, 특히 프레임워크와 프로그래밍 언어를 혼동해서 사용하는 사람들이 있습니다. 그렇지 않도록 주의해야 합니다.

6. 라이센스 주석 6

프로그램 개발할 때 Github에 공개된 오픈소스나 유용한 기능들이 포함된 라이브러리를 많이 활용합니다. 애초에 유로로 사용해야 하는 것이 아니라면 학교에서 공부 목적으로 또는 대학원에서 연구목적으로 사용하는 경우 큰 문제가 없지만, 상업적 용도로 자율주행 차량의 SW 개발에 오픈소스나 라이브러리를 사용하는 경우에는 이것들이 어떤 라이센스를 가지고 있는지 확인해 봐야 합니다(이후 오픈소스, 라이브러리와 같은 용어를 라이브러리로 통일해서 사용하겠습니다).

기업에서 사용할 때 아무런 제약을 갖지 않는 라이센스도 존재하지만, 라이브러리를 사용한 소스코드를 공개해야 하는 라이센스도 존재하며, 기업에서 수익 창출을 사용으로는 사용을 금지하는 라이센스도 존재합니다. 대표적인 예시로 영상인식에서 많이 사용되는 라이브러리인 OpenCV의 경우에는 BSD라는 라이센스를 사용하는데 이것은 상업적 이용을 허락하기 때문에 비교적 자유롭게 사용할 수 있습니다.

물론 실제 차량에 들어갈 SW를 개발할 때는 여러 가지 이유로 최대한 오픈소스와 외부 라이브러리에 대한 의존성을 줄이려고 하므로 이것들을 사용하기보다는 직접 기능을 구현해서 사용하는 경우가 많습니다.

7. CUDA 주석 7

기존의 컴퓨터에서 주로 연산을 담당하는 CPU와 달리 GPU에는 훨씬 더 많은 수의 코어(Core)가 존재합니다. 이렇게 많은 코어를 활용하면 기존에 그래픽 연산만을 담당했던 GPU를 가지고 병렬처리 연산을 효율적으로 수행할 수 있습니다.

CUDA는 C언어를 비롯한 산업 표준 언어를 사용하여 GPU가 수행될 수 있는 병렬처리 알고리즘을 비교적 쉽게 작성할 수 있도록 해주는 기술입니다.

CUDA는 'Compute Unified Device Architecture'의 약자입니다.

8. Low/High Level Fusion 주석 8

자율주행 차량에는 다양한 종류의 센서가 탑재되어 있습니다. 서로 다른 장단점을 가진 센서들로부터 얻어진 데이터를 잘 조합하면 개별 센서 데이터를 사용할 때보다 더 정확하고 안정적인 결과를 얻을 수 있고, 이것을 '센서 퓨전'이라고 합니다. 센서 퓨전에도 다양한 방법들이 존재하는데 그중에서도 정보를 융합하는 퓨전을 언제 수행하는지에 따라서도 방법을 구분할 수 있습니다.

카메라, 라이다, 레이더 센서를 활용한 객체 인식을 예로 들면, 각 센서에서 나온 데이터를 따로 처리하여 개별적으로 객체정보를 추출한 다음 생성된 객체정보들을 융합하는 방법이 있는데 이러한 것을 High Level Fusion이라고 합니다.

이와는 달리 센서에서 나온 원시 상태의 데이터(Raw Data)들을 모두 모아 하나의 알고리즘으로 처리해서 곧바로 객체에 대한 정보를 얻을 수도 있는데 이것을 Low Level Fusion이라고 합니다.

여기에서 나온 High/Low Level은 고급, 저급을 의미하는 것이 아니라 데이터가 추상화된 정보를 의미하는데, 원시 데이터에 가까울수록 추상화 정도가 낮은 것이기 때문에 Low Level이 되고, 유의미한 데이터를 갖는 객체에 근접할수록 High Level에 해당합니다. 직관적으로는 Low Level Fusion이 좀 더 높은 성능을 낼 것 같지만 꼭 그렇지는 않습니다. 현재까지도 어떤 것이 정답인지 결정되지 않았으며 여전히 연구가 활발하게 진행되는 분야입니다.

9. 관성 측정 장치(Inertial Measurement Unit, IMU) 주석 9

관성 측정 장치는 하나 이상의 가속도 센서와 자이로스코프를 각각 사용하여 선형 가속도와 회전속도를 감지할 수 있습니다. 관성 측정 장치의 측정값과 추측항법(Dead Reckoning)을 이용하면 해당 센서가 부착된 물체의 자세, 위치를 추적하는 것이 가능합니다. 이 방법을 사용하면 GPS 신호가 들어오지 않는 공간에서도 계속해서 위치추적이 가능하지만, 오차가 계속해서 누적되기 때문에 장시간 사용하기는 어렵습니다.

자율주행에서는 주로 차량 모델과 함께 사용해서 차량동역학적 값들을 추정하는데 사용하거나, 측위에서 GPS신호와 함께 사용하고 카메라와 함께 사용하여 Visual-Inertial Odometry 같은 기술에 사용될 수 있습니다.

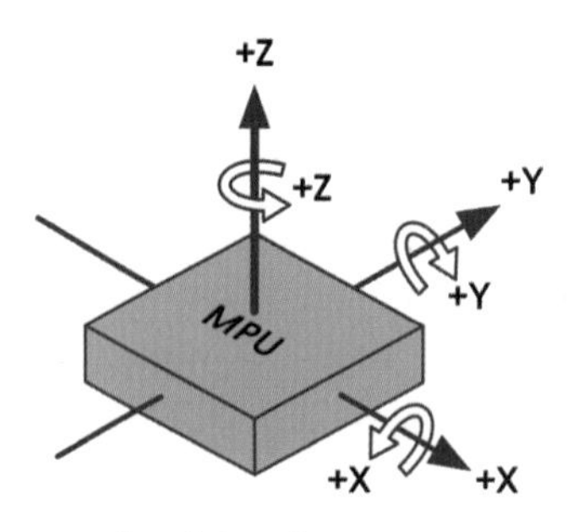

[그림 2-39] IMU 센서

10. 제어기 주석 10

자율주행에서 제어기라는 용어가 사용되는 경우는 크게 두 가지입니다.

① 자율주행의 제어 알고리즘을 제어기라고 부르는 경우가 있습니다. 앞에서도 간단하게 설명했지만, 제어 알고리즘을 크게 상위제어기와 하위제어기 두 가지로 구분할 수 있는데 이것을 언급할 때 간단히 제어기라고 부르곤 합니다.

② 자율주행 프로그램이 동작하는 HW를 제어기라고 표현하기도 합니다. 차량에 장착되어서 각종 신호를 받고 연산을 수행하며 차량제어를 위한 명령을 보내는 임베디드 장치를 편의상 제어기라고 부른다고 생각하면 됩니다.

자율주행과 관련하여 가장 쉽게 접할 수 있는 제어기로 Nvidia Jetson 시리즈를 들 수 있습니다. 일반적인 MCU에 비해서 사용자 커뮤니티가 활발하기 때문에 훨씬 접근성이 높은 편입니다.

[그림 2-40] Nvidia에서 출시한 자율주행용 제어기

11. 백본 네트워크(Backbone Network)

인공신경망 모델은 크게 두 가지 부분으로 나눠서 생각해 볼 수 있습니다. 데이터를 입력으로 받아서 문제해결에 적합한 추상화된 특징(Feature)을 추출하는 부분과 특징을 잘 처리해서 원하는 출력을 내는 부분이 바로 그것입니다.

여기에서 전자에 해당하는 데이터에서 특징을 추출하는 인공신경망을 백본 네트워크(Backbone Network)라고 부르고, 후자에 해당하는 부분을 브랜치(Branch) 또는 헤드(Head)라고 칭합니다.

자율주행에서는 동일한 입력에 대해서 여러 가지 형태의 출력을 필요로 하는 경우가 많은데, 만약 출력마다 백본 – 헤드를 전부 따로 만들게 될 경우 상당히 비효율적일 것입니다. 따라서 하나의 백본 – 여러 개의 헤드를 사용하는 형태로 많이 개발하는데, 이러한 구조/학습방식을 멀티테스크 러닝(Multi-task Learning)이라고 합니다. 대표적인 백본 네트워크 모델로는 VGG, ResNet, ViT 등이 있습니다.

> 멀티테스크 러닝은 모델의 파라미터를 크게 줄일 수 있고 백본이 학습하게 되는 특징이 좀 더 풍부하고 강건해진다는 장점이 있지만, 학습 자체가 쉽지 않다는 단점이 있습니다.

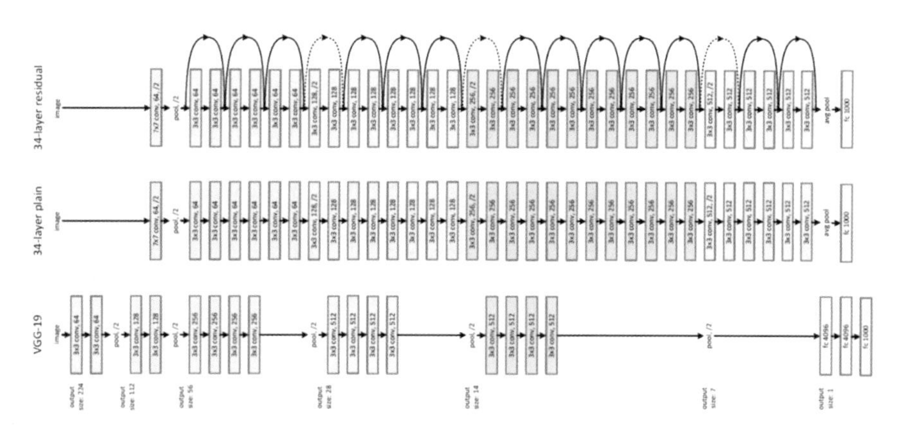

[그림 2-41] 백본 네트워크의 구조에 대한 예시

12. ISO 26262

날이 갈수록 자동차의 전기전자 시스템의 비중은 증가하고 있으며 그만큼 복잡도 또한 증가하고 있습니다. 이런 상황에서 차량 제조사마다 각자의 기준으로 시스템의 안정성을 검증하는 것은 비효율적이고 개발은 더욱 어려워질 것입니다.

이러한 문제를 해결하기 위한 것이 ISO 26262로, 차량의 전기전자 시스템에 대한 통합된 안전 기준을 제시한 것입니다. 하나의 표준을 정하고 이것에 맞게 구현함으로써 HW, SW뿐만 아니라 전체 시스템에 대한 안정성 측정이 가능해집니다.

ISO 26262에는 여러 가지 항목이 존재하는데, 자율주행 SW를 개발하는 사람의 입장에서 가장 주목해야 할 부분은 SW 개발과 관련된 부분일 것입니다. 안정성을 보장할 수 있는 SW를 만들기 위해서는 개발할 때 어떤 것들을 고려해야 하는지, 어떤 것을 어떻게 검증해야 하는지 등에 대한 내용이 표준에 수록되어 있습니다.

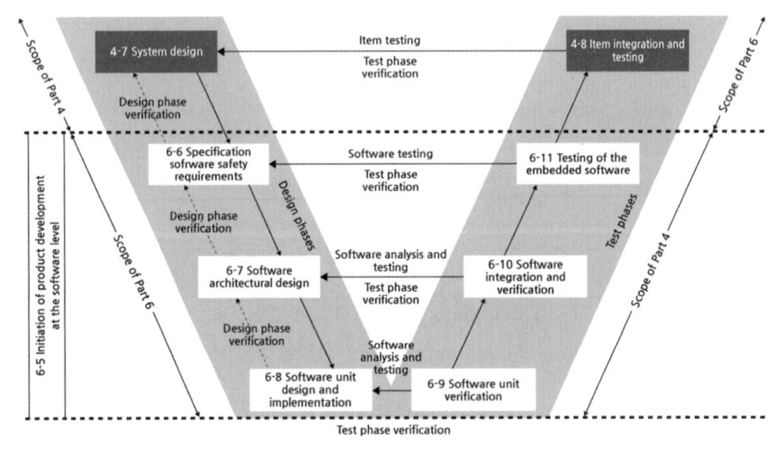

[그림 2-42] ISO26262의 V model

13. Cross Compile

일반적으로 컴파일러는 컴파일이 실행되는 플랫폼에서 실행할 수 있는 코드를 생성합니다. 그러나 임베디드 시스템을 개발하는 경우에는 이것이 불가능한 경우가 종종 있습니다.

많은 경우 마이크로프로세서에서 직접 컴파일 하는 것이 불가능한데, 이때 필요한 것이 크로스 컴파일러(Cross Compiler)입니다. 이것을 사용하면 데스크탑 환경에서도 실제로 코드가 동작할 플랫폼 환경에 맞춰서 컴파일을 할 수 있습니다.

14. FLOPS

FLOPS는 'FLoating Point OPerationS'의 약자로, '초당 부동소수점 연산'을 의미합니다. 1초 동안 수행할 수 있는 부동소수점 연산의 횟수를 기준으로 삼는데, 이것은 주로 두 가지 상황에서 자주 볼 수 있습니다.

① 딥러닝 네트워크 모델이 얼마나 빠른지를 나타내는 지표로 사용됩니다. FLOPS에는 더하기, 빼기, 곱하기, 나누기, 지수연산 등이 포함되는데, 딥러닝에서 사용되는 많은 연산이 이것들로 이루어져 있기 때문에 모델이 얼마나 효율적인지를 대표하는 지표가 될 수 있습니다. 다만 FLOPS와 추론속도가 비례하는 정도가 모델마다 차이가 있기 때문에 FLOPS만으로 모델의 효율성을 판단하는 것은 좋지 않습니다.

② 제어기의 성능을 나타내는 수치로도 사용됩니다. 최근에는 제어기의 성능향상으로 인해 exaFLOPS와 같은 지표를 사용하기도 합니다.

15. On-premise

어떤 기업에서 서버를 사용할 때 자체적으로 전산실 서버를 구축하여 사용하는 것을 의미하는 용어입니다. 최근에 많이 사용되는 원격 환경에서 사용할 수 있는 '클라우드'와 반대의 의미를 갖습니다. 클라우드 서버에 비해서 구축 시간이 오래 걸리고 비용도 많이 들지만, 보안 측면에서는 훨씬 유리합니다. 하지만 최근 기업에서는 AWS, Google Cloud와 같은 클라우드 서비스를 많이 사용하는데, 단기간에 많은 서버 사용량이 필요한 경우 높은 확장성을 지닌 클라우드 시스템을 사용하는 것이 효과적이기 때문입니다.

16. 형상관리(Configuration Management)

개발 중인 소프트웨어의 변경사항을 체계적으로 추적 및 통제하는 것으로, 여러 명이 동시에 개발을 진행하는 큰 프로젝트에서는 필수적인 요소입니다. SW개발에 보다 초점을 맞춰서 SCM(Software Configuration Management)이라고 부르기도 합니다.

형상관리에 사용되는 대표적인 툴로 git이 존재하고 보안상 회사 내부에서 사용할 때는 Gitlab을 많이 사용합니다.

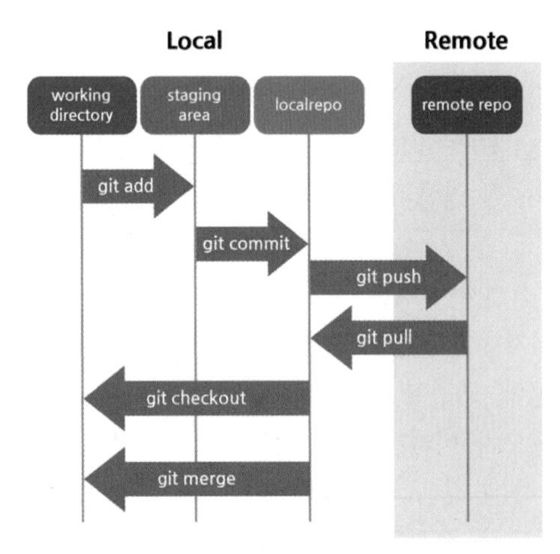

[그림 2-43] Git을 활용한 형상관리 예시

17. CAN 통신(Controller Area Network)

차량 내에서 호스트 컴퓨터 없이 마이크로컨트롤러나 장치들이 서로 통신하기 위해 설계된 표준통신규격 입니다. 차량에서 사용되는 여러 통신 방법 중 가장 많이 사용되는 것으로, 가격이 비싸지 않고 노이즈에 강인한 특징을 가지고 있습니다.

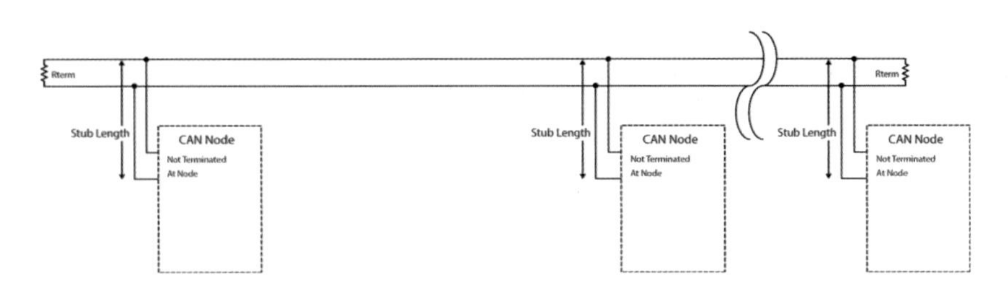

[그림 2-44] CAN통신에 대한 예시

2 현직자가 추천하지 않는 용어

자율주행 SW 개발 분야에서는 딱히 언급해서 손해를 보는 용어는 없다고 생각합니다. 다만 지원자가 어떤 용어를 사용했을 때 문제가 될 경우는 '상황에 맞지 않는 용어를 사용한 경우', '용어의 개념을 혼동하고 있는 경우'일 것입니다. 이것만 제외하면 어떤 용어라도 사용해서 피해가 되는 경우는 없습니다.

이 외에도 몇 가지 주의할 점들에 대해서 이야기해 보겠습니다.

1. 실현 가능성이 떨어지는 내용은 언급하지 않는 것이 좋다.

자율주행 분야에 대해서 공부하다 보면 대학원과 선행기술 연구소에서 진행된 여러 가지 연구에 대한 내용을 볼 기회가 있을 것입니다. 그러한 연구들이 매우 좋은 결과를 보여 주기 때문에 자율주행의 어려운 문제들을 바로 해결할 수 있을 것이라 생각할 수도 있습니다. 그러나 아직 많은 연구가 실험실 수준 또는 한정된 데이터셋만을 사용했다는 것을 명심할 필요가 있습니다. 실제로 자율주행 시스템을 개발하기 위해서는 매우 많은 실험을 통해서 검증을 해야 합니다.

최신 연구 트렌드를 파악해두는 것은 좋은 자세이지만, 그것들을 너무 맹신하는 것처럼 언급하는 것은 좋지 않습니다. 그러한 기술의 한계 상황과 그것을 어떻게 극복할 수 있는지, 현실적으로 적용할 수 있는지에 대해서도 고민한 내용들을 함께 준비해 두는 것이 좋습니다.

2. 지나친 축약어 사용은 지양하는 것이 좋다.

축약어를 사용하는 것 자체는 문제될 것이 없습니다. 그러나 축약어의 남발은 대화 내용의 정확한 이해를 방해하고, 면접관이 해당 단어에 대해서 잘 모를 경우 자꾸 부연설명을 해야 때문에 시간도 소모되고 면접의 흐름이 끊길 수 있습니다. 최악의 경우는 본인이 알고 있는 축약어가 실제로 학계와 산업계에서 많이 사용하지 않는 경우인데, 이때 면접관이 그 분야의 전문가라면 부정적 이미지만 생성할 수 있습니다. 논문에서 자주 등장하고 업계 종사자들이 밥 먹듯이 사용하는 축약어가 아니라면 애초에 사용하지 않는 것이 좋습니다.

11 현직자가 말하는 경험담

1 저자의 개인적인 경험

다양한 센서 데이터들을 가지고 인공신경망 모델을 개발하고 학습하는 업무를 하길 희망하는 분들이 자율주행 분야에도 많이 있습니다. 실제로 기존 방법으로 해결하기 어려운 복잡한 문제를 인공신경망 모델을 사용해서 해결하려는 시도가 최근 들어서 더 많아지고 있는 편입니다.

이 분야로 커리어를 쌓기를 희망하는 분들은 머신러닝, 딥러닝과 관련하여 공부하고, 또 여러 가지 인공신경망 모델에 대해 공부할 것입니다. 데이터가 주어졌을 때 그것을 가지고 원하는 결과를 낼 수 있게끔 모델을 학습시키고 아이디어를 적용하여 모델의 구조를 변경시켜서 더 높은 정확도를 얻도록 개선하는 것에 큰 흥미를 느낄 것이라고 생각합니다.

저도 학생 때부터 여러 가지 인공신경망 모델에 대해서 공부했었고, 그것을 개선하기 위한 아이디어를 직접 구현해 보고 결과를 논문으로 작성하는 것에 매력을 느꼈습니다. 그래서 졸업 후에도 이와 유사한 업무를 진행할 수 있는 팀에 합격했을 때 매우 기뻤습니다. 하지만 입사 후에 겪었던 그리고 실제 문제를 해결하는 것에 있어서 가장 큰 어려운 점은 '딥러닝 모델'이 아니라 **'데이터'** 쪽에 있었습니다. 사실 공부하거나 연구할 때는 데이터에 큰 관심이 없었습니다. 데이터는 KITTI와 같은 오픈 데이터셋을 제공하는 사이트에 들어가 다운받아서 사용하면 됐고, 나중에 취업해서 실제 업무를 하더라도 '데이터 취득 장비들을 이용하면 어렵지 않게 취득할 수 있지 않을까', '데이터 취득 업체로부터 얻을 수 있지 않을까'라고 생각했습니다. 하지만 이것은 제가 너무 쉽게 생각했던 것이었습니다.

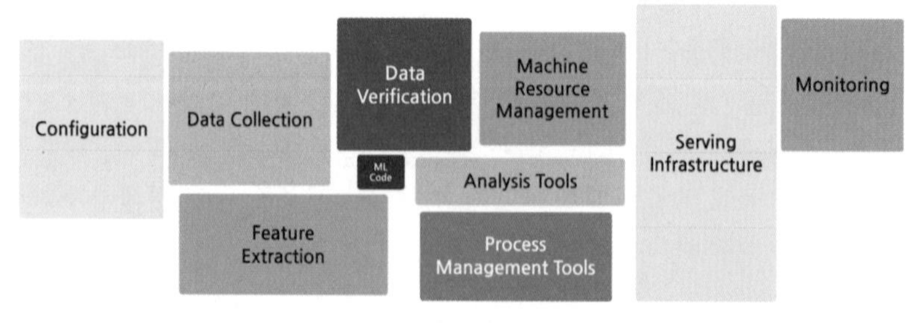

[그림 2-45] 머신러닝 관련 업무에서 모델링은 매우 적은 비율만을 차지

데이터를 취득하는 센서가 항상 일정한 품질의 데이터를 취득할 수 있다는 것을 보장할 수 있는지, 데이터가 저장되는 상황에서 발생할 수 있는 문제점은 없는지, 학습을 위해서 데이터에 라벨링 할 때 고려해야 하는 점은 무엇인지, 업체로부터 전달받은 데이터의 라벨링에 문제가 없다고 확신할 수 있는지 등등... 학습에 사용되는 데이터에 대해서 수많은 고민이 필요했고, 실제로 학습된 모델의 성능에 가장 큰 영향을 미치는 것도 데이터의 품질이었습니다. 모델의 성능을 향상시키기 위해서 인공신경망 구조 개선에 수많은 노력을 하는 것보다 **데이터에 존재하는 문제점을 파악하고 그것을 해결하는 것이 훨씬 크고 확실한 성능 향상을 가져다주었습니다.**

그냥 연구에 많이 쓰이는 오픈 데이터셋과 동일하게 구성하는 것이 정답일까요?

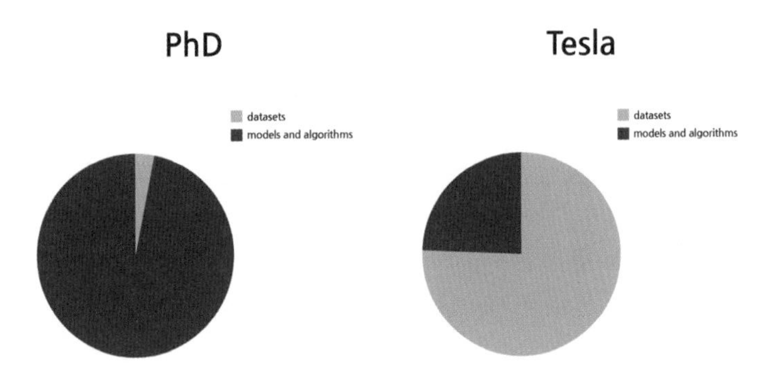

[그림 2-46] 데이터에 대한 고민의 중요성을 보여주는 지표 - 테슬라의 AI days 발표 중 일부

데이터에 대해 고민하는 것의 중요성은 아무리 강조해도 부족합니다. 개발자가 예상하지 못한 문제점은 어디에든 존재할 수 있고, 많은 경우 문제의 원인이 데이터에 존재하는 경우가 많습니다. 이렇게 데이터를 분석하고 깊이 이해하는 과정은 매우 어렵고 힘들뿐더러 인공신경망 모델을 개발하는 것보다 재미없고 지루해 보이기까지 합니다.

하지만 '데이터에 대한 깊은 분석과 고민 없이 새로운 모델링만으로 문제가 해결되는 경우는 거의 없다.'라는 것은 현업에서 일하는 많은 개발자들의 공통된 의견입니다. 그러나 안타깝게도 자율주행 분야에 지원을 희망하는 많은 분들이 여전히 모델에만 집중하는 것을 볼 수 있습니다. 예전의 저처럼 데이터는 그냥 주어진 것으로 치부하고 어떻게 하면 더 나은 모델링을 할 수 있을지만 고민하는 것입니다. 개인적으로 이런 지원자들은 더 이상 큰 경쟁력을 갖지 못한다고 생각합니다. 만약 본인이 정말 획기적으로 성능 개선을 할 수 있는 인공신경망을 제안할 수 있고 그러한 모델을 개발하는 능력이 매우 뛰어난 사람이라면 모르겠지만, 인공신경망으로 박사학위를 받은 사람일지라도 이것은 절대 쉬운 일이 아닐 것입니다.

결국 데이터 기반 모델링에서 가장 중요한 것은 '데이터'입니다. 자신이 다뤄야 할 데이터에 대해서 고민하고 분석하는 경험은 그 자체로도 귀중한 자산이 될 것이고, 향후 더 개선된 모델링을 위한 아이디어를 도출할 때도 도움이 될 것입니다.

2 지인들의 경험

Q PM직무를 수행하면서 가장 뿌듯했던 순간은?

친구 J군
완성차 H사
6년차 연구원
중형PM 담당

처음으로 온전히 하나의 차종을 담당했을 때가 가장 기억에 남고 뿌듯한 마음도 컸지. PM 직무가 아무래도 다른 각 부문의 연구원에 비해서 전문지식도 부족한 편이라 업무에 지장이 생기지 않도록 (무시당하지 않도록?) 개인적으로 공부도 많이 하고 여러 팀 간의 업무조정과 일정 조율 때문에 연락도 많이 돌리고 야근도 밥 먹듯이 했지만, 그래도 내가 담당한 차량이 개발 완료돼서 연구소에 플랜카드가 걸리고 거기에 당당히 내 이름이 올라가 있는 걸 보면 그렇게 뿌듯할 수가 없더라... 비록 지금도 야근해야 할 때면 속으로 조곤조곤 욕을 하면서 버티지만, 자동차를 좋아하고 양산된 차량을 볼 때의 기쁨으로 여전히 이 업무를 하고 있는 것 같아.

MEMO

12 취업 고민 해결소(FAQ)

Topic 1. 학사 VS 석사

Q1 학부 졸업 후 자율주행 SW 개발 직무에 지원하려고 하는데, 채용 공고에 모두 석사 우대라고 기재되어 있어서 학부 졸업생이 해당 직무에 취업할 수 있는 것인지 궁금합니다. 중소기업 인턴이라도 경험을 쌓는 게 좋을지 아니면 아예 석사를 하고 다시 지원하는 게 좋을지 현직자 입장에서 조언 부탁드립니다!

A 신입채용의 경우에는 학사, 석사 관계없이 채용합니다. 다만 앞에서도 여러 번 언급했던 것처럼 회사에서는 자율주행 개발업무에 빠르게 적응할 사람을 채용하고 싶어 합니다. 따라서 학사의 경우에는 일반적으로 자율주행 관련 경험이 거의 없는 편이기 때문에 석사를 선호하는 경우가 더 많습니다.

개인적으로는 **학부 졸업 때까지 자율주행 관련 연구개발 경험을 쌓지 못했다면 대학원에 진학하는 것을 추천**합니다. 회사 인턴 경험도 학사 지원자에게는 도움이 될 수 있지만, 반드시 자율주행 SW 개발을 경험할 수 있는 회사로 지원해야 합니다. '자동차 업계 회사니까 직무역량이 다른 인턴 경험도 도움이 되겠지'라고 생각하면 안 됩니다.

Q2 실제 자율주행 SW 개발 부서의 학사/석사/박사 비율이 어느 정도 되는지 궁금합니다.

A 학사 : 석사 : 박사의 비율은 1 : 7 : 2 정도라고 생각합니다. 학사의 경우 애초에 자율주행기술 자체를 배울 수 있는 기회가 많이 없고, 자율주행 기술이 선행연구에서 실제 양산을 위한 단계로 전환된 지 얼마 되지 않았기 때문에 아직까지는 학사 인원이 많지 않지만, SW 개발 인원을 중심으로 점점 채용이 늘어나는 추세입니다. 실제로 학부 졸업생을 채용하는 케이스를 살펴보면 자율주행에 대한 해박한 이론적 지식보다는 SW 개발 실력과 기본적인 자율주행 분야에 대한 지식/경험을 갖춘 경우가 더 많습니다.

Q3 전문 지식에 있어서 현업에 부딪히며 일하는 것에 비해 석사과정이 큰 메리트가 있나요?

A 개인적으로 메리트가 있다고 생각합니다. 자율주행 분야에서의 SW 개발은 일반적인 SW 개발과는 차이가 있는데, 그것은 **자율주행에 대한 이론**입니다. 이는 보통 학부 때 배울 수 있는 기회가 적거나 아예 없을 수도 있기 때문에 학사 지원자가 석사에 비해서 불리한 점이 있습니다. 자율주행은 다른 분야와는 달리 아직도 기술이 발전하고 있는 상태여서 전공 기초지식만 갖춘 사람을 뽑아서 키워낼 수 있는 시스템이 잘 갖춰지지 않았기 때문에 흔히 쌩신입이라고 표현하는 인원을 잘 채용하지 않는 경향이 있습니다. 석사과정 때 다양한 과제와 연구를 통해서 어느 정도 자율주행 직무역량을 갖출 수 있습니다. 물론 **석사 학위를 취득하는 것이 모든 것을 보장해 주지는 않습니다.** 얼마나 의미 있는 석사 생활을 했는지가 중요합니다.

Q4 학사로 입사했을 때와 석사로 입사했을 때의 업무 차이가 있는지 궁금합니다.

A 일단 입사했다면 큰 차이는 없습니다. **지원한 직무에 적응할 수 있는 사람이라 판단하고 채용했기 때문**에 수행하게 될 업무의 차이는 거의 없다고 봐도 무방합니다. 그럼에도 불구하고 본인이 석사급과 비슷한 업무 능력을 갖추고 싶은 분들을 위한 팁을 드리자면, 영어로 작성된 논문 읽기를 연습하는 것을 권장합니다. 개인적으로 학사와 석사의 가장 큰 차이가 논문을 읽고 이해할 수 있는 능력이라고 생각합니다. 자율주행 분야에서 일하면 논문을 직접 읽고 내용을 이해해야 하는 경우가 많으므로, 논문 하나를 읽는 데 너무 오랜 시간이 걸리지 않도록 연습해 두면 좋습니다.

 Topic 2. 어디서도 들을 수 없는 현직자 솔직 답변!

Q5 자율주행 SW 개발은 코딩테스트가 필수인데, 코딩테스트를 볼 때 팁을 주실 수 있나요? 이런 것들을 중점적으로 공부해야 한다든가, 코딩테스트를 준비하실 때 도움이 됐던 책이나 강의 등이 있을까요?

A 개인적으로 **코딩테스트는 토익과 비슷하게 준비**하면 된다고 생각합니다. 토익 시험을 대비해서 공부할 때 본질적인 영어실력을 향상시키기보다는 빠르게 원하는 점수를 받을 수 있도록 공부하는 것이 효율적이라고 생각하는데, 코딩테스트도 마찬가지라고 생각합니다.

현존하는 많은 코딩테스트는 지원자의 본질적인 프로그래밍 실력을 확인하는 용도로 사용되기 보다 채용하는 회사의 기준을 넘는지 확인하는 용도로 많이 사용됩니다. 하지만 그렇다고 무턱대고 코딩문제를 푸는 것보다는 일단 **먼저 기본적인 알고리즘과 자료구조에 대해 학습하고, 그 이후에 다양한 난이도의 문제를 많이, 꾸준히 풀어보는 것이 더 효과적**입니다. 문제풀이 연습용 사이트로는 리트코드, 백준, 프로그래머스를 이용하는 것을 추천합니다. 또한, 회사마다 코딩테스트 시 사용할 수 있는 툴에 제한이 있는 경우도 있는데, 그것에 맞춰서 연습하는 것이 좋겠습니다.

만약 코딩테스트를 아예 처음 준비하는 것이라면 시중에 나와 있는 기본서로 공부하는 것을 더 추천합니다. 기본서에는 코딩테스트에 자주 나왔던 알고리즘과 자료구조의 내용, 문제유형이 수록되어 있고 개념설명과 문제풀이를 함께 제공하므로, 일단 이것으로 코딩테스트가 어떤 것인지 감을 잡고 그다음 앞에서 말한 사이트를 이용해서 문제 푸는 연습을 하면 좋을 것 같습니다.

> 요즘에는 코딩테스트 기본서도 시중 서점에 많이 출간되어 있기 때문에 직접 서점에 가서 마음에 드는 구성의 책을 선택해서 공부하는 것을 추천합니다!

Q6 자율주행 SW 개발 직무의 장단점에는 어떤 것이 있는지 궁금합니다!

A

분야와 기술 자체의 전망이 매우 좋습니다. 자율주행에 대한 투자는 꾸준히 지속되고 있고, 앞으로도 미래모빌리티를 구성하는 핵심기술로써 이러한 경향은 지속될 것으로 예상됩니다. 더불어 자율주행에 사용되는 기술은 다른 분야에 적용 가능한 것들이 많기 때문에 커리어를 확장하기에도 좋은 직무라고 생각합니다.

단점으로는 HW와 밀접하게 연결된 분야이다 보니 사무실에서만 근무하지 않고 밖에서 업무를 진행해야 할 때가 많다는 점입니다. 직접 차량에 탑승해서 업무를 진행해야 하는 경우도 많기 때문에 Full time 재택근무를 하기 어려운 직무이기도 합니다.

Q7 자율주행 SW 개발 엔지니어 분들은 보통 어떤 전공이 제일 많은가요? 전공의 제약이 덜한지 궁금합니다.

A

직접 계산해보지는 않았지만, 전기전자공학 전공자가 가장 많은 것 같습니다. 그러나 기계공학, 컴퓨터/SW 공학 전공자도 전기전자공학에 밀리지 않을 만큼 많이 있습니다. 자율주행기술 자체가 다양한 학문의 융합으로 탄생한 것이기 때문에 특정 전공이 더 유리하다고 말하기는 어려울 것 같습니다.

> 대부분의 자율주행 SW 개발 엔지니어를 채용하려는 회사들은 지원자의 전공에 크게 관심이 없습니다. 자율주행 SW 관련 실력과 경험이 가장 중요합니다!

Q8 학사 졸업생은 실무 경험을 하기가 어려운데, 어떻게 경험을 쌓고 어필을 하는 것이 좋을까요?

A

크게 세 가지 정도를 이야기할 수 있을 것 같습니다.

첫 번째로 여건이 된다면 실제 차량을 사용한 자율주행 관련 대회에 출전해 보는 것입니다. 실제로 로직을 개발하고 그것을 차에 올려서 구현을 해 보는 것은 교과서를 통해서 공부하는 것보다 훨씬 좋은 경험이 될 것입니다.

두 번째는 자율주행을 연구하는 연구실에 가서 학부연구생 같은 활동을 해 보는 것입니다. 처음 자율주행을 공부하려고 하면 막막한 것이 사실입니다. 아직 분야 자체가 완성되지 않았기 때문에 '자율주행의 정석' 같은 것이 없습니다. 이럴 때 혼자서 공부하기보다는 학부연구생 신분으로 연구실에서 교수님 또는 석, 박사과정 학생들에게 지도를 받는 것이 더 효과적일 것입니다.

마지막으로 회사 인턴 경험이 있는데, 실제 엔지니어들과 함께 생활하면서 옆에서 실제 자율주행 차량개발에 대한 과정을 경험하는 것입니다. 다만 1번 질문에서도 언급했던 것처럼 자율주행 SW 개발과 관련된 팀에서 인턴을 해야 그 경험을 서류와 면접에서 유의미하게 사용할 수 있습니다.

> 웹 개발 인턴 경험은 정말 특수한 케이스가 아니라면 자율주행 SW 개발 쪽에 어필을 하기는 어려울 것입니다.

Q9 석사 졸업생이라면 프로젝트 및 논문을 어떻게 어필하는 게 좋을까요?

A

지원하는 직무, 팀에서 진행하고 있는 업무에 어떻게 도움을 줄 수 있는지를 어필하는 것이 가장 좋습니다. 논문 자체는 학술적으로 의미가 있을수록 가치가 높아지지만, 현업에 있는 분들은 그 기술이 실무에 적용될 수 없다면 그다지 높은 점수를 주지 않습니다. 본인의 프로젝트나 연구가 자율주행과 직접적인 연관이 있다면 해당 내용을 잘 전달하는 것만으로도 충분할 수 있지만, 그렇지 않다면 **본인의 연구가 어떻게 자율주행 개발에 '실제로' 도움을 줄 수 있는지에 대해 많이** 고민해 보기를 바랍니다.

Q10 자율주행 SW 개발 안에서도, 영상인식/라이다인식/센서/정밀지도/판단 등등 여러 종류의 직무가 있는데, 직무 이동이 쉬운 편인가요?

A

본인 역량에 따라 다릅니다. 예를 들면 라이다인식 연구원이 갑자기 판단 쪽 업무를 하고 싶다면 그 이유와 역량이 충분한지 질문을 받을 것입니다. 개발팀 입장에서는 라이다 연구를 하던 사람이 전혀 모르는 판단 업무를 하겠다고 하면 다시 공부해야 하고 업무에 적응할 시간이 필요할 것이기 때문에, 시간과 비용적인 측면에서 모두 손해일 테니까요. 차라리 판단 분야 연구원을 새로 채용하는 것이 더 낫다고 생각할 것입니다.

그러므로 완벽하지는 않더라도 변경하고 싶은 직무에 대해서 어느 정도 베이스는 갖추고 있어야 합니다. 또한 현재 직무와 이동하려는 **직무 간의 연관성, 유사성**을 고려해야 합니다. 필요한 역량이나 경험 등, 현재 직무와 비슷한 것을 요구하는 직무로의 이동은 좀 더 쉬울 수 있습니다.

MEMO

Chapter

03

제어기 SW 개발

들어가기 앞서서

이번 챕터에서는 미래 모빌리티를 이끌어가는 전동화 차량의 제어 SW 개발 직무에 대해 알아보도록 하겠습니다. 실제 전동화 차량을 구동하는데 필요한 액츄에이터를 제어하는 제어 SW를 현직에서 어떤 과정을 거쳐 개발하고 있으며, 이러한 개발과정을 적절히 수행하기 위해서 필요한 핵심 역량들과 배경지식들로 본 장을 구성하였습니다. 더불어 이러한 제어기 SW 개발이 여러 부품에 대해 이루어지는 만큼, 각 직군별 주요업무들을 간단히 정리하여 나타내었습니다.

01 저자와 직무 소개

1 저자 소개

네모김

기계공학과 학사 졸업

H사 제어기 SW 개발팀
1) 차량 제어기 SW 로직 설계/검증
2) 신기능 제어 요구사항 개발

안녕하세요!

저는 기계공학과를 졸업하고 현재 자동차 회사 H사에 입사하여 인턴과정을 거쳐 현재 제어기 SW의 설계와 검증 업무를 맡고 있는 **네모김**입니다.

과거와 달리 차량의 개발에 있어서도 SW가 많이 적용됨에 따라서 상대적으로 개발 직무의 중요성이 높아지게 되었습니다. 이에 따라서 기계나 전자를 전공한 분들이 본 직무를 지원하는데 있어 어떤 전공지식이 필요한가에 대해서 많이 궁금해하는 모습을 보았습니다. 이번 장에서는 제가 전공했던 기계/전기쪽 분야의 전공지식을 활용하기 위해 어떤 활동을 했는지, 그리고 어떤 과정을 거쳐 결과적으로 이 직무에서 어떤 업무를 수행하고 있는지 알려드리도록 하겠습니다.

2 네모김의 취업 Story

1. 지금까지의 수강과목들을 바탕으로 나의 세부 전공분야를 확정하다

저는 3학년 1학기부터 본격적으로 취업에 대해 고민하기 시작했습니다. 제가 가장 먼저 했던 고민은 앞으로 어떤 분야에서 일을 하면서 살 것인가에 대한 고민이었습니다. 맨 처음 직무를 고민하기 전 많은 분들이 본인이 하고 싶어 하는 (또는 유망해 보이는) 직무 방향을 확정짓는데 많은 어려움을 겪은 것을 보았습니다. 저 또한 대학교 3학년 초에 어떤 방향으로 취업을 할 것인가 많은 고민을 하다가 문득 이런 생각이 들었습니다.

"지금까지 내가 듣고 앞으로 내가 들을 과목들을 리스트업 하면
내가 잘하는 분야가 나올 거야"

기계공학과 커리큘럼은 대개 4대 역학을 바탕으로 이를 심화하거나 확장시킨 과목들로 이루어져 있고, 취업이나 연구의 길 또한 아래 4개의 길을 융합/확장한 형태에 지나지 않습니다. 그래서 제가 들었던 과목들을 취합해보면 좋아하는 분야가 무엇이고, 또 어떤 걸 잘하는지 명확히 드러날 것이라고 생각했습니다.

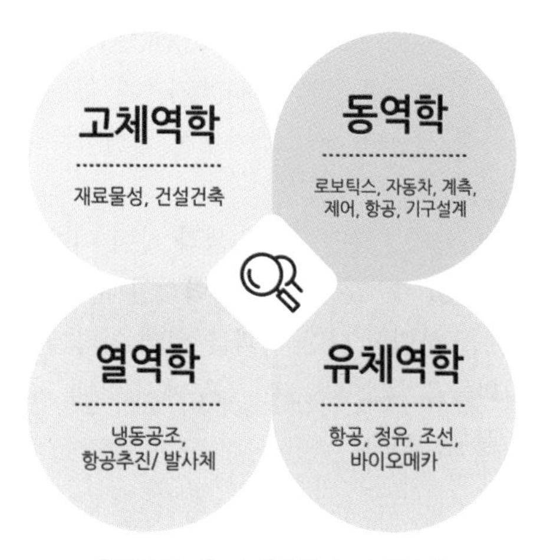

[그림 3-1] 기계공학과 커리큘럼

그렇게 리스트업을 해보았을 때, 제가 많이 들었던 열/유체과목과 많이 듣진 않았지만 관심 있고 또 앞으로 유망할 것이라고 기대되는 동역학 분야를 각각 1순위와 2순위로 잡을 수 있었습니다. 두 과목 모두 수강하면서 저만의 기준을 앞으로 유망할 것이라고 상대적으로 관심도가 떨어지는 고체역학 분야에 대해선 과목수강을 최소화함으로써 관심분야에 대한 집중도를 향상시킬 수 있었습니다.

2. 차량제어 연구실 학부연구생 과정을 통해 처음 제어개발 직무를 맛보다

앞서 위에서 말씀드린 사항에 더해 제가 제어개발 직무를 수행하게 된 결정적 계기가 된 사례에 대해 말씀드리고자 합니다. 위의 분야선정과 더불어 저에게는 또 하나의 고민이 있었습니다.

"취업을 하고 싶지만 취업을 해도 지속적으로 내가 좋아하는 분야에 대한 커리어와 전문성을 발전해나가고 싶어. 어떻게 하면 좋을까?"

이 고민을 해결하는데 그리 오랜 시간이 걸리지 않았습니다. 마침 운이 좋게도 차량제어 연구실에서 방학 중 활동할 학부연구생 모집 공고가 올라왔고, 이것을 선택한 것이 앞으로의 저의 커리어 방향을 결정지었던 결정적인 계기가 되었습니다.

맨 처음 들어간 차량제어 연구실에서 했던 활동은 각 자동차 회사의 하이브리드 차량과 전기차 차량에 대한 시뮬레이터를 각각 MATLAB/Simulink로 만들어보고, 이에 대한 차량 동작과 연비를 비교해보는 과정이었습니다. 아예 프로그램에 대한 기초가 없는 상태에서 제어기 코드를 짜보고 시뮬레이션을 돌려보면서 차츰 자동차 제어 분야에서 일한다는 것이 어떤 느낌인지, 또 어떤 의미인지 알 수 있었습니다.

더불어 쉬는 시간 동안 과제를 도와주었던 대학원생과 같이 이야기를 해보면서 이 분야가 내가 생각한 아이디어를 얼마든지 구현할 수 있는 아주 매력적인 분야라는 것을 느낄 수 있었습니다. 대학원생들에게 여러 가지 과제를 하면서 나온 결과를 실제 차량에 대입해보고 잘 동작하는 모습을 보면서 희열을 느꼈다는 일화들을 들으면서, 이 직무에서는 내 커리어와 전문성을 잘 발전시켜나갈 수 있을 거라는 확신이 들었습니다.

3. 인턴 과정을 거쳐 최종 입사를 하기까지

앞서 말씀드렸던 경험들을 바탕으로 제어 SW 직무에서 인턴을 하였습니다. 인턴을 통해 실제 제어기에서 나타난 문제점이나 오류를 해결하기 위한 개발을 하면서 동시에 그것이 잘 만들어졌는지 검증하는 과정에서 매력을 많이 느꼈습니다. 이전 연구생 시절 수행했던 단순 코드 레벨이나 시뮬레이터 레벨의 검증이 아니라 실제 차량에서 테스트를 하고 그 결과를 데이터로 수집하는 경험이 다른 곳에선 느낄 수 없는 정말 특별한 경험으로 느껴졌습니다. 그런 경험들을 바탕으로 채용 전환 면접 때 제가 느꼈던 경험들을 면접관들에게 어필하였고, 결과적으로 지금과 같이 차량 제어기의 SW를 개발하고 검증하는 업무를 할 수 있게 되었습니다.

4. 취업 Story를 통해 미래의 자동차 개발자분들에게 하고 싶은 말

저의 취업 Story를 통해 미래의 자동차 개발자가 될 여러분에게 이 말씀을 꼭 드리고 싶습니다.

첫 번째, 자신이 잘하는 분야를 정했다면 그 분야의 전문성과 경험을 나의 가장 큰 무기로 사용할 수 있습니다.

자동차 개발은 한 단어로 정의내리기 굉장히 어렵습니다. 이유는 자동차의 개발이라고 하더라도 정확히 '무엇'을 개발할 것인가에 따라 직무에서 수행하는 업무가 천차만별로 다르기 때문입니다. 그렇기 때문에 지금까지 했던 분야 중 가장 잘하고 또 하고 싶어 하는 분야가 무엇인지를 명확히 정의하는 것이 중요합니다.

저 또한 잘하는 분야, 좋아하는 분야가 명확히 무엇인지 결정 내리기까지 많은 고민과 활동들을 하였습니다. 그 과정 속에서 저의 생각과 다른 점들도 분명히 있었으며, 또 기대하지 않았던 곳에서 의외의 가능성을 발견한 부분들도 많이 볼 수 있었습니다.

두 번째, 많이 도전하고 많이 실패해도 좋습니다. 실패했거나 조그마한 활동이라도 그 과정속의 자신만의 역할을 통해 나만의 가치를 충분히 어필할 수 있습니다.

위에서 말씀드렸던 경험들 이외에도 저는 교내 공모전 대회에도 여러 번 나갔습니다. 그러나 학부 연구생과 같은 의미 있는 결과를 얻지는 못했습니다. 그럼에도 불구하고 제가 했던 활동에서 어려움을 극복하기 위한 노력과 과정을 보여줌으로써 면접에 최종 합격할 수 있었다고 생각합니다.

아마 이 글을 보는 여러분 중에서도 본인이 했던 활동이 뚜렷이 없거나, 활동이 있다 하더라도 입상과 같은 의미 있는 성과가 뚜렷이 없어 망설이는 분들이 있을거라고 생각합니다. 그런 분들에게 성과 중심만이 아닌 위기 극복 과정과 내가 맡은 역할을 중심으로 한 스토리로도 충분히 나의 가치를 어필할 수 있다는 점을 말하고 싶습니다.

02 현직자와 함께 보는 채용공고

1 들어가기 전

혹시 JD(Job Description)나 직무소개를 읽었을 때 아래 용어들을 본 적이 있나요? 제가 취업 준비생이었던 시절 JD 내에서 사용된 용어들은 아래와 같았습니다.

'시험', '개발', '평가', '검증', '설계' 그리고 기타 비슷하면서도 다른 용어 다수

각각에 대해서 서로 비슷하면서도 다른 의미를 가지고 있는 용어들이었기 때문에 직무를 지원하기 전까지도 '이 직무가 내가 원했던 직무가 맞는지' 많은 고민을 하면서 지원했던 것으로 기억합니다. 따라서 먼저 제어기 SW 직무소개와 JD를 리뷰하기 전, 이 용어들부터 간단하게 정리하고 가도록 하겠습니다.

✔ 직무 핵심 키워드 정리

1. 전동화

- 모터를 사용하여 구동되는 자동차로 수소연료전지차를 제외한 전기차/하이브리드차를 모두 의미합니다. (수소연료전지차는 따로 공고)

2. 설계/개발

- HW 특성까지 모두 고려한 SW적 측면에서의 제품(기능)을 만드는 것 전반을 의미합니다.
- 설계와 개발은 기능의 컨셉과 SW 아키텍쳐(구조)의 정립부터 이를 실제 코드로 구현하는 것까지 넓은 의미로 사용됩니다.
- 현업에서는 개발과 설계를 많이 혼용하여 사용하므로 거의 유사한 의미로 이해하셔도 무방합니다.

2-1. 제어개발

- 기능을 개발할 때 SW 로직을 개발하는 것을 의미합니다.

2-2. 성능개발

- 운전성과 사용감 그리고 차량 성능을 중심으로 SW내 맵 값을 변화시켜 SW 기능의 품질을 향상시키는 것을 의미합니다.

3. 검증/시험/평가

- 위에서 개발한 제품의 기능이 목표하는 기준치를 만족시켰는지 확인하는 것을 의미합니다.
- 검증(Verification)과 시험은 개발한 제품의 기능이 제대로 동작하는지 확인하는 좁은 의미의 평가를 뜻합니다.
- 평가(Validation)는 개발한 제품의 기능을 포함해 제품의 감성적인 측면(예 운전자에게 불쾌감을 주진 않는지)까지도 고려한 넓은 의미의 평가를 뜻합니다.

2 직무 소개 리뷰

JD를 리뷰하기 전, 제어기 SW 직무에 대한 소개를 간단하게 한 뒤, JD 관련해서 설명하겠습니다. 제어기 SW는 단순히 JD 하나로 그 직무를 온전히 설명하기 어렵습니다. 차량 종류에 따른 다양한 기능에 따라서 제어기가 수행하는 역할이 달라지기 때문입니다.

기본적으로 JD 내에서 설명하고 있는 제어기들은 앞으로 여러분이 개발하게 될 전동화 차량(하이브리드와 전기차 모두)에서 사용되는 제어기들입니다. 차량이 구동되기 위해 필수적으로 들어가야 하는 HW를 제어하는 제어기별로 직무와 팀이 구분되어 있습니다. 차량이 구동되기 위한 주요 HW 및 매칭되는 제어기 SW들은 아래와 같으며 이에 따라 각 팀도 서로 구분되어 있다고 생각하면 됩니다.

〈표 3-1〉 제어기 SW에 있는 다양한 직무

직무	HW 명칭	제어기 및 SW 명칭
전동화 시스템 개발	모터	MCU(Motor Control Unit)
	인버터 컨버터	LDC(Low DC-DC Converter)
	충전기	OBC(On Board Charger) ICCU(Integrated Charge Control Unit)
배터리 개발	배터리	BMS(Battery Management System)
변속기 개발	변속기	TCU(Transmission Control Unit)
엔진 개발	엔진	EMS(Engine Management System)
전동화 제어 개발	(없음)	HCU(Hybrid Control Unit) VCU(Vehicle Control Unit)
전동화 성능 개발		

* 각 명칭에 관한 용어 설명은 10 **현직자가 많이 쓰는 용어**를 참고해주세요.

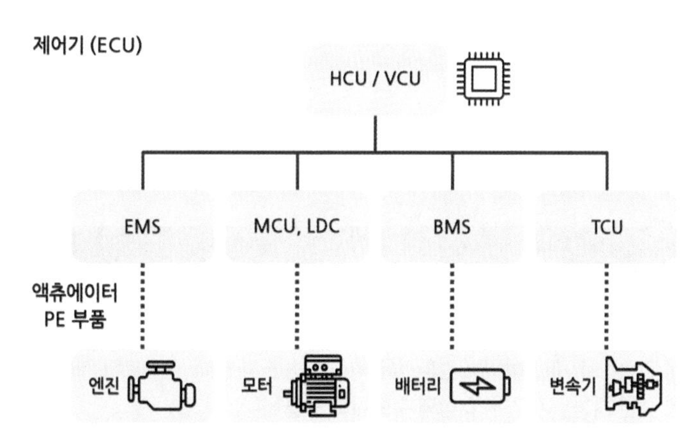

[그림 3-2] 전동화시스템 내부 구성 제어기 및 HW 별 연관도

다음 내용에서는 직무 소개를 통해 현재 차량 내에서 주요하게 다루어지는 제어기들을 중심으로 어떤 직무에서 어떤 업무를 수행하는지 간단하게 말하도록 하겠습니다. 더불어 앞으로 여러분들이 최종 입사 제의를 받게 된다면 수행하게 될 업무이기도 합니다. 이러한 부분을 고려하여 여러분이 직무에 대한 전문성을 어필할 때 어떤 방향으로 어필할 것인지 생각해보길 바랍니다.

3 제어기별 주요 업무

1. 전동화 시스템 개발

전동화 시스템 개발

승용/상용 친환경 차량에 탑재되는 구동모터와 이를 제어하는 인버터, 전기차 충전기, 그리고 배터리 충전 컨버터를 개발합니다. 친환경차 핵심 부품들의 H/W 설계부터 제어 S/W 개발, 각 시스템에 대한 시험평가 업무도 함께 수행하고 있습니다.

[그림 3-3] 현대자동차 전동화 시스템 개발 직무

[현직자가 선정한 주요 업무]

- 전력변환장치(모터/인버터/컨버터/충전기)의 HW 및 제어 SW 개발
- 전력변환장치들의 내구도 및 단품 시험평가 업무 수행
- 각 전력장치들의 성능/신뢰성 향상을 위한 통합 매핑 개발 및 기능 개발

위 업무는 전동화 차량에 탑재되는 모터와 인버터/컨버터 그리고 충전기에 대한 HW와 제어 SW를 개발하고 해당 단품에 대해 내구도를 포함한 신뢰성을 시험합니다.

이 분야에서 다루는 주요 제어기의 명칭과 PT[1]/PE[2]부품 명칭은 아래와 같습니다.

〈표 3-2〉 전동화 시스템 개발 직무에서 다루는 제어기와 부품

전동화 시스템 개발		
제어기 (ECU)	PT/PE 부품	제어기 수행 역할
MCU (Motor Control Unit)	모터 및 ISG[3]	• 전동화 차량 모터 구동 및 토크제어를 위한 전류제어 수행 • 엔진 보조시동 및 배터리 SOC[4] 조절
LDC (Low DC-DC Converter)	인버터[5]/컨버터[6]	• 전류변환을 통한 모터 제어
충전시스템(EVSE) VCMS (Vehicle Charge Management System)	OBC[7](On Board Charger) 혹은 ICCU[8] (Integrated Charging Control Unit)	• 외부 전원을 통한 급속충전[9] 및 완속충전[10] 수행 • 양방향 충방전(V2L[11])을 위한 충전제어

1 [10. 현직자가 많이 쓰는 용어] 1번 참고
2 [10. 현직자가 많이 쓰는 용어] 2번 참고
3 [10. 현직자가 많이 쓰는 용어] 3번 참고

2. 배터리 개발

배터리 개발

전동화 미래 모빌리티를 위한 토탈 에너지 저장 솔루션(Total Energy Storage Solution)을 제공합니다. 친환경 차량에 적용되는 배터리 기술 기획, 시스템 설계, 성능 개발 업무를 담당하고 있습니다. 리튬 배터리 양산 기술부터 차세대 배터리 선행연구에 이르기까지 배터리 독자기술 확보 및 최적화 개발 업무를 수행하고 있습니다.

[그림 3-4] 현대자동차 배터리 개발 직무

[현직자가 선정한 주요 업무]

- 배터리 시스템 설계
- 배터리 성능 및 제어 SW 개발

위 업무는 전동화 차량에 탑재되는 배터리 시스템에 대한 제어 SW를 설계하고 개발합니다. 독자적인 기술 개발을 통해 온도나 내구, 그 외 악조건(ex. 침수, 방전 등)에도 강건하고 안전한 배터리를 설계합니다.

이 분야에서 다루는 주요 제어기의 명칭과 PT/PE 부품의 명칭은 아래와 같습니다.

〈표 3-3〉 배터리 개발 직무에서 다루는 제어기와 부품

배터리 개발		
제어기 (ECU)	PT/PE 부품	제어기 수행 역할
BMS (Battery Management System)	배터리	• 배터리 SOC 추정 • 온도/내구 별 배터리 성능 개발 • 배터리 충/방전 시스템 설계

4 [10. 현직자가 많이 쓰는 용어] 4번 참고
5 [10. 현직자가 많이 쓰는 용어] 5번 참고
6 [10. 현직자가 많이 쓰는 용어] 6번 참고
7 [10. 현직자가 많이 쓰는 용어] 7번 참고
8 [10. 현직자가 많이 쓰는 용어] 8번 참고
9 [10. 현직자가 많이 쓰는 용어] 9번 참고
10 [10. 현직자가 많이 쓰는 용어] 10번 참고
11 [10. 현직자가 많이 쓰는 용어] 11번 참고

3. 변속기 개발

변속기 개발
고객에게 우수한 가속성능, 변속감, 정숙성 및 연비성능을 제공하는데 필수적인 변속기 시스템을 설계하고 개발하는 업무를 수행합니다. 일반 내연기관 차량에 탑재되는 수동/자동변속기(MT/AT), 무단변속기(CVT), 더블클러치변속기(DCT)와 더불어 하이브리드차량(HEV/PHEV) 및 전기차(EV)에 탑재되는 다양한 변속기 및 감속기 시스템을 개발하고 있습니다.

[그림 3-5] 현대자동차 변속기 개발 직무

[현직자가 선정한 주요 업무]

- 변속기 및 감속기 시스템의 제어 SW 개발

위 업무는 전동화 차량과 내연기관 차량에 탑재되는 변속기와 감속기 시스템에 대한 제어 SW를 설계하고 개발합니다. 각 차량별/차종별로 탑재되는 변속기 종류에 맞추어 SW 로직을 개발하고 이에 대한 성능을 테스트하는 업무로 구성됩니다.

이 분야에서 다루는 주요 제어기의 명칭과 PT/PE 부품의 명칭은 아래와 같습니다.

〈표 3-4〉 변속기 개발 직무에서 다루는 제어기와 부품

변속기 개발		
제어기 (ECU)	PT/PE 부품	제어기 수행 역할
TCU (Transmission Control Unit)	• 수동변속기(MT) • 자동변속기(AT) • 무단변속기(CVT) • 더블클러치변속기(DCT) • 감속기	• 운전자의 PRND 변속 요청에 따른 클러치 제어 수행 • 주행성능 향상을 위한 변속맵 개발 • 모터 회전수 감소를 통한 토크 증가(감속기)

4. 엔진 개발

엔진 개발

승용(세단/SUV), 상용(트럭/버스), 친환경(HEV/PHEV) 차량의 가솔린엔진, 승용디젤엔진, 상용디젤엔진의 설계/성능시험/내구시험을 담당합니다. 또한, 엔진의 연비와 성능을 높이고 배출가스 감소를 위한 엔진 신기술을 개발하며 차량에 적용하는 업무를 수행합니다.

[그림 3-6] 현대자동차 엔진 개발 직무

[현직자가 선정한 주요 업무]

- 가솔린/디젤 엔진 제어 SW 개발
- 가솔린/디젤 엔진 단품 신뢰성 시험 평가

위 업무는 전동화 차량과 내연기관에 탑재되는 엔진 시스템에 대한 제어 SW를 설계하고 개발하는 업무입니다. 또한 개발한 가솔린과 디젤 엔진 제어 SW에 대해 내구도와 같은 단품 신뢰성 시험 및 평가를 수행합니다.

이 분야에서 다루는 주요 제어기의 명칭과 PT/PE 부품의 명칭은 아래와 같습니다.

〈표 3-5〉 엔진 개발 직무에서 다루는 제어기와 부품

엔진 개발		
제어기 (ECU)	PT/PE 부품	제어기 수행 역할
EMS (Engine Management System) 또는 ECU(Engine Control Unit)	• 가솔린 엔진 • 디젤 엔진	• 엔진 연비향상 및 노킹[12]방지를 위한 지각/진각 제어[13] • 엔진 냉시동 제어[14] • 엔진 람다제어[15] • OBD-II[16] 및 법규대응 • 내연기관 차량의 종합적 토크제어 및 지령

12 [10. 현직자가 많이 쓰는 용어] 20번 참고
13 [10. 현직자가 많이 쓰는 용어] 21번 참고
14 [10. 현직자가 많이 쓰는 용어] 22번 참고
15 [10. 현직자가 많이 쓰는 용어] 23번 참고
16 [10. 현직자가 많이 쓰는 용어] 24번 참고

5. 전동화 제어개발

전동화 제어 개발

내연기관 및 친환경 차량의 파워트레인 제어시스템을 개발합니다. 엔진, 변속기, 전동화 동력 시스템의 제어기, 제어부품, 제어로직, 전장부품 등 파워트레인 제어시스템 개발을 통해 차세대 신기술을 적용하고 성능을 최적화하는 업무를 수행합니다. 친환경차량의 경우 전체 파워트레인을 총괄하는 상위 차량제어기의 독자 제어로직 S/W를 개발함으로써 시장을 선도하고 있습니다.

[그림 3-7] 현대자동차 전동화 제어 개발 직무

[현직자가 선정한 주요 업무]

- 전체 파워트레인 총괄 상위 차량제어기(HCU/VCU) 제어로직 S/W 개발
- 각 제어기별 협조제어 요구사항 도출, 제어로직 개발 및 검증

이 업무는 커맨드타워와 같이 전체 파워트레인의 제어와 판단을 총괄하는 상위 차량제어기의 제어로직 S/W 로직을 개발합니다. 전동화 차량의 경우 HCU(Hybrid Control Unit), 전기차의 경우 VCU(Vehicle Control Unit)의 로직을 개발하는 업무를 수행하게 됩니다. 더불어 로직이 제대로 개발되었는지 검증하고 확인하는 업무도 수행합니다.

이 분야에서 다루는 주요 제어기의 명칭은 아래와 같습니다. 특이하게도 이 직무에서는 따로 PT/PE 부품을 다루지 않고 다른 제어기의 신호를 받아 판단/제어를 수행합니다.

〈표 3-6〉 전동화 제어 개발 직무에서 다루는 제어기와 부품

전동화 제어 개발		
제어기 (ECU)	PT/PE 부품	제어기 수행 역할
• 전동화 차량: HCU(Hybrid Control Unit) • 전기차: VCU(Vehicle Control Unit)	없음	• 타 제어기 신호 기반한 종합적인 토크제어 및 지령 개발 • 환경차 OBD-II 법규대응 및 고장 진단 알고리즘 개발 • 최적제어 등 고성능제어 개발 및 검증

6. 전동화 성능 개발

전동화 성능 개발

차량시험을 통해 친환경(EV/HEV/PHEV) 차량의 동력성능/운전성/연비에 관련한 제어로직을 검증하고, 차량 성능을 최적화 하는 업무를 담당하고 있습니다. 그리고 HEV/PHEV에 탑재된 엔진의 제어를 최적화하고, 신기술을 개발하는 업무도 담당하고 있습니다.

[그림 3-8] 현대자동차 전동화 성능 개발 직무

[현직자가 선정한 주요 업무]

- 전동화 차량의 주요 제어기에 대한 매핑/캘리브레이션을 통한 운전성[17] 향상
- 시험 기반의 매핑을 통한 연비 제어로직 검증 및 주행성능 최적화
- 신기술에 대한 기능의 성능개발 및 차량 테스트

위 업무는 앞서 언급 드린 각 제어기들(EMS, MCU, TCU, HCU, VCU)에 대한 캘리브레이션(Calibration)[18]을 통해 전동화 차량 전반의 성능(운전성, 주행성능, 연비)을 향상시킵니다. 더불어 이를 종합적으로 테스트하기 위한 차량주행 테스트와 연비시험도 같이 진행하고 있습니다.

이 분야에서 다루는 주요 제어기의 명칭은 아래와 같습니다. 위 제어개발과 동일하게 성능개발이 주로 이루어지기 때문에 따로 PT/PE 부품을 다루는 대신, 다른 제어기에 대한 매핑[19]과 캘리브레이션을 통한 종합적인 차량 테스트를 수행합니다.

---

17 [10. 현직자가 많이 쓰는 용어] 12번 참고
18 [10. 현직자가 많이 쓰는 용어] 13번 참고
19 [10. 현직자가 많이 쓰는 용어] 14번 참고

4 전동화 제어/SW 직군 채용공고 리뷰

해마다 팀 명칭과 직무명칭이 바뀌고 있습니다. 그러나, 직무 수행내용은 유사하니 수행내용을 바탕으로 보아주시면 될 것 같습니다. 먼저 현대자동차의 '22년도 상반기의 전동화 제어/SW 직군 상시 채용공고를 살펴보도록 하겠습니다.

최근 테슬라나 아이오닉과 같은 전기차는 기존 단순히 '전기로 구동되는 차'의 개념이 아니라 '움직이는 전자제품'의 성격을 가지고 있습니다. 이에 따라 배터리와 이를 전력을 변환하여 사용하는 각 기능들의 역할이 단순한 구동만이 아닌 여러 영역으로도 확대되었습니다.

이 직무는 전력변환장치 제어기의 구동 로직과 제어 알고리즘을 설계하고 이를 테스트하는 업무를 수행합니다. 자세한 내용은 앞의 직무소개에서 **전동화 시스템 개발**의 각 제어기 수행 역할과 관련 PT/PE 부품 등을 참고하시면 되겠습니다.

1. 전력변환장치 제어설계 및 SW 개발 직무

채용공고 전력변환장치 제어설계 및 SW개발

주요 업무	관련 전공
• 전동화차량 구동 및 충전용 전력변환장치(MCU, OBC, LDC, VCMS) 제어기 설계 • 전력변환(전압/전류/토크) 제어알고리즘 설계, 고장진단/협조제어 로직 설계 • 임베디드 기반 제어기 SW 요구사양 설계/구현/검증 ※ MCU (Motor Control Unit), OBC (On Board Charger), LDC (Low-voltage DCDC Converter), VCMS (Vehicle Charging Management System)	• 전기, 전자, 컴퓨터, 소프트웨어, 제어 공학
우대 사항	**근무지**
• PSIM, Matlab, C, Pspice 활용 가능자 • 국내외 학회 논문 투고 유경험자 • SW 정적/동적 검증 유경험자	• 경기 화성

[그림 3-9] 현대자동차 전력변환장치 제어설계 및 SW 개발 직무 채용공고

전력변환장치 제어설계와 SW 개발 직무는 앞서 설명한 전력변환 장치들(MCU, OBC, LDC, VCMS)의 주요 제어 로직을 설계하고 이를 검증하는 업무로 이루어져 있습니다. 구동모터 등 전동화 차량 내에서 사용되는 각 모터 HW 사양에 맞게 전류/전압을 가변시켜 모터토크를 안정적으로 생성하는 알고리즘을 주로 설계하고 검증합니다. 뿐만 아니라 모터가 고장이 났을 때 모터의 거동을 통해 고장을 진단하거나 엔진/변속기 등과 같이 협조제어를 원활히 할 수 있도록 요구사항에 맞추어 로직을 설계하기도 합니다.

각 자동차 제조사에서 사용하고 있는 전기차나 혹은 전동화 차량의 모터는 기본적으로 AC모터입니다. AC모터에 대한 제어는 전류의 방향과 크기가 실시간으로 변화하는 전동화 차량의 핵심 동력부품 중 하나이기 때문에 모터의 거동에 대한 깊은 이해와 더불어 로직 설계를 위한 정확한 전문성을 필요로 합니다.

또한 차량 내 모터를 안전하게 구동하기 위해선 모터를 구동하는 로직의 설계와 검증이 자주 이루어져야 합니다. 이 때문에 위 PSIM, MATLAB, C언어, PSPICE와 같은 임베디드 SW 개발 언어를 사용해본 경험이 있다면 직무 전문성을 어필하는데 있어 유리합니다.

현업에서는 기본적으로 모터에 대해 연구/개발을 직접 경험해본 사람을 선호하기 때문에 학회에 논문을 투고한 이력이 있는 사람을 선호합니다. 실제 현직자 분들 중 다수가 위와 같이 모터에 대한 연구를 주 전공으로 진행했던 분들이거나 또는 MATLAB/Simulink를 통한 연구나 혹은 C 언어를 통해 종합설계에서 제품을 개발한 경험이 있던 분들이었습니다. 이렇듯 이 글을 보는 취업 준비생 여러분들이 위 언어를 바탕으로 이러한 경험이 있다면 이를 적극 어필하는 것이 전문성을 어필하는데 도움이 될 것이라고 생각합니다.

2. 충전시스템 개발

채용공고 충전시스템 개발

주요 업무	관련 전공
• 충전 성능 개발 : 고전압배터리 충전 최적화, 차량 냉각시스템 성능 최적화 • 충전 기능 개발 : 충전시퀀스, EVSE 매칭성, 충전 진단/협조 제어 및 예약/원격 시험 • 충전인프라 검증 : 완속/급속 충전기 지역별 인프라 호환성 검증 • 충전 필드 품질 문제 분석 및 개선	• 기계, 전기, 전자, 재료, 항공 공학

우대 사항	근무지
• 운전면허 소지 및 운전 경력 1년 이상인 자 • 비즈니스 영어/중국어 회화 가능자	• 경기 화성

[그림 3-10] 현대자동차 충전시스템 개발 직무 채용공고

충전시스템 개발 직무는 앞서 설명한 전력변환장치에서 특히 충전을 담당하는 OBC나 ICCU를 세부적으로 다루게 됩니다. 앞의 전력변환장치 제어설계와 다른 점은 충전시스템 뿐만 아니라 다른 전력변환장치(모터, LDC 등)도 다루는 직무와 달리 충전시스템 개발 직무에서는 충전시스템을 중점적으로 검증하고 최적화한다는 것입니다.

이렇게 충전시스템만 별도로 직군을 만들어 따로 검증을 수행하는 이유는 무엇일까요? 이유는 바로 전기차가 확대됨에 따라 빠르고 안전한 충전에 대한 니즈가 늘어나면서 해당 충전기능에 대한 개발과 검증 수요가 늘어났기 때문입니다.

속도가 빠르면서 안전한 충전은 서로 Trade-off 관계에 있습니다. 충전 속도가 빠르다는 것은 그만큼 시간당 많은 양의 전력을 공급한다는 뜻인데, 이렇게 많은 양의 전력을 공급하게 된다면 그에 비례해 발열량이 많아지게 되고 이는 곧 배터리와 모터의 온도 상승으로도 이어지게 됩니다. 제대로 된 설계와 개발 과정 없이는 자칫 여러분들이 뉴스에서 많이 봤던 전기차 화재와 같이 안전사고로도 직결될 수 있습니다. 그렇기 때문에 이 직무는 다음과 같이 크게 두 가지의 업무를 수행하게 됩니다.

(1) 충전성능개발: 고전압배터리 충전 최적화, 차량 냉각시스템 성능 최적화

이 직무에서는 발열량도 일정수준으로 유지하면서 동시에 적당한 양의 전력공급을 통해 시간을 단축시키는 방향으로 최적화 업무를 수행합니다. 더불어 위의 발열량에 따른 온도상승을 단축시킬 수 있는 냉각성능의 최적화 업무도 수행합니다.

충전에 따른 열의 생성과 이를 방지하기 위한 냉각시스템의 성능 최적화는 열과 재료 쪽의 지식이 필요합니다. 기계과와 재료공학과에서 열해석이나 설계와 관련된 연구나 활동을 했다면 이러한 부분으로 전문성을 드러내도 좋을 것 같습니다.

(2) 충전기능/인프라 개발 및 검증: 충전시퀀스, 지역별 인프라 호환성 검증

위의 빠르고도 안전한 충전에 대한 최적화와 더불어 다양한 형태의 충전방식(ex. 원격충전, 예약충전 등)에 대한 충전시퀀스 개발과 시험을 수행합니다. 과거와 달리 다양한 방식의 충전 기법들이 제안되면서 이에 따른 개발과 시험의 니즈도 늘어났습니다. 또한 지역별(미국, 유럽, 내수 등)로 다른 사양을 가진 충전기들의 개별 제어전략을 개발하고, 동시에 충전 인프라와 자동차 간의 호환성에 대해서도 검증하는 업무를 수행합니다.

더불어 여러 가지 다양한 인프라와 충전 방식에 따른 제어전략과 충전시퀀스에 대한 개발과 검증도 필요합니다. 개발 부문에 있어선 앞서 설명한 전력변환장치 개발과 동일하게 위의 임베디드 SW 개발 Tool에 익숙하거나 충전과 관련한 연구나 활동을 한 경험이 있다면 분들께서는 이러한 경험을 바탕으로 본인의 전문성을 서술하여도 좋습니다.

마지막으로 충전시스템 직무와 관련된 우대역량에 대해 말하자면, 사실상 필수나 다름없던 전력변환 분야의 우대역량과 달리, 비즈니스 영어나 중국어를 전혀 못하더라도 또는 현재 운전이 미숙하더라도 큰 지장이 없습니다. 영어나 중국어, 그리고 운전면허는 모두 필드에서 발생하는 문제를 대응하기 위한 역량과 연결됩니다. 이러한 역량은 현직자들도 입사 후 회사 내부 직무역량 계발 프로그램을 통해 실력을 키운 사람들이 대다수이기 때문에 지금 당장 우대역량을 갖추지 못했다고 하더라도 상심할 필요가 없습니다.

3. 모터시스템 성능/신뢰성 개발

채용공고 모터시스템 성능/신뢰성 개발

주요 업무	관련 전공	근무지
• 모터시스템 성능 개발 : 전류맵 구축 및 출력성능/효율 개발 • 전동화 선행시스템 개발 : 선행시스템 및 부품 성능개발, 경쟁사 모터시스템 벤치마킹 • 전동화시스템 대상 내구 평가 및 품질/상품성 개선 • 신뢰성 기반 시스템 단위 시험 및 평가기준 개발	• 전기, 전자 공학	• 경기 화성

[그림 3-11] 현대자동차 모터시스템 성능/신뢰성 개발 직무 채용공고

모터시스템 성능과 신뢰성개발은 앞의 전력변환장치 제어설계 및 SW 개발 직무와도 연관성이 깊은 직무입니다. 전력변환장치 중 모터와 관련된 제어로직과 알고리즘을 바탕으로 후속업무로 차종에 맞는 전류 맵과 출력성능, 그리고 효율을 내기 위한 제어기 단품과 차량 단위에서의 시험 평가를 수행합니다. 더불어 모터 단품을 장시간 구동함으로써 내구평가 업무도 같이 수행합니다.

이 직무는 반복적인 현장(셀) 시험 데이터 분석과 평가를 통해 모터시스템의 안전성과 내구성을 평가하고 테스트하는 직무입니다. 따라서 관련 전공으로 전기, 전자 공학을 명기해 놓았지만 모터나 제어와 관련된 강의를 수강한 기계공학 전공도 충분히 업무를 수행할 수 있습니다. 또한 앞서 전력변환제어 분야에서 말한 것과 같이 MATLAB/Simulink이나 C언어 등의 언어에 대한 이해가 깊은 사람이라면 시험/평가 시 모터의 기능과 성능에 대한 해석 및 검증이 가능하기 때문에 보다 쉽게 전문성을 어필할 수 있습니다.

4. 전동화 통합 매핑개발 및 기능개발

채용공고 전동화 통합 매핑개발 및 기능개발

주요 업무	관련 전공
• 전동화 PT 제어기 통합 매핑 (ECU, TCU, HCU 등) 및 운전성/변속감 개발 • 버추얼 개발 환경 구축 및 연비/에미션(PN) 평가 • 전동화 PT 통합 기능/내구신뢰성 및 열관리 제어 최적화 개발 • 빅데이터 분석 및 신뢰성공학 활용 평가법 개발	• 기계, 전기, 전자 공학
우대 사항	**근무지**
• 전동화 시스템 기계/전기전자 현상에 대한 메커니즘 분석 유경험자 • 시스템 제어 및 캘리브레이션 유경험자	• 경기 화성

[그림 3-12] 현대자동차 전동화 통합 매핑개발 및 기능개발 직무 채용공고

이 직무는 각 PT 제어기들의 성능을 매핑하고 캘리브레이션함으로써 최적화된 주행성능과 연비, 그리고 운전성을 낼 수 있도록 파라미터를 조정하는 업무를 수행합니다. 더불어 내구성 평가와 통합기능에 대해서도 전반적인 시험평가를 통해 각 제어기에서 나타난 보완점과 해결법을 도출합니다.

앞서 말한 모터시스템 성능/신뢰성 개발 직무가 모터시스템에 대해서만 중점적으로 시험 및 평가를 통해 성능을 개발한다면, 이 직무는 전동화 차량 내부 파워트레인을 구성하는 여러 제어기들의 수행역할을 검증하고 이에 대한 성능을 개발하는 직무라고 볼 수 있습니다. 따라서 이 직무에서는 전동화 파워트레인을 구성하는 제어기(HCU, VCU, TCU, EMS, MCU)들의 수행역할을 차량 레벨에서 이해하고, 이를 토대로 기능의 결함을 파악하거나 성능을 개선시킬 수 있는 역량을 요구합니다.

따라서 기계나 전자 전공인 경우, 차량과 관련하여 어떤 연구나 과제 또는 프로젝트를 수행한 경험이 있다면 이를 기재해도 좋습니다. 더불어 꼭 차량이 아니더라도 주어진 기구가 의도한 동작을 하도록 제어 SW를 개발해보고 테스트해 본 경험이 있다면 이를 적극 어필해도 좋다고 생각합니다.

03 주요 업무 TOP 3

앞에서 말한 것처럼 전동화 시스템 직군 내의 대다수 직무에서 말하고 있는 업무들은 공통적으로 SW를 개발하고 이를 검증하는 업무들로 이루어집니다. 다만, 각 직무마다 서로 다른 것은 개발과 검증의 대상이 되는 제어기 SW들입니다. 아래 내용에서는 각 직무에서 공통적으로 SW를 개발하고 이를 검증하는 전반적인 과정에 대해 간단히 소개하고, 이를 바탕으로 여러분들이 어떤 직무를 맡게 되더라도 수행하게 될 공통적인 주요업무에 대해 소개하고자 합니다.

1 들어가기 전

아래 내용들은 정보처리기사에서도 소개되는 'SW개발 방법론'의 항목들입니다. 여기에서는 자동차 산업분야에 맞게 재작성하였습니다. 따라서, 아예 SW 개발에 대한 기초 지식이 없거나 또는 자동차 분야에서 SW개발 방법론이 어떻게 적용되는지 알고 싶은 분들이 참고하면 될 것 같습니다.

제어기 SW의 개발과 검증은 여타 IT 기업에서 개발자가 소스코드를 구현하고 디버깅을 하는 것과 같다고 볼 수 있습니다. 어찌 보면 가장 본질적이면서 주된 업무라고 볼 수 있을 것 같습니다. 주요 업무를 본격적으로 설명하기 앞서, 일반적인 SW의 개발과 검증 프로세스를 간단하게 설명하고 업무 관련 설명을 하도록 하겠습니다. 이 내용들은 대부분 학부 때 배우는 SW 개발방법론에 나오는 내용들이며, 읽어보면 차량제어기 개발과정과 일반적인 SW 개발과정이 크게 다르지 않다는 것을 느낄 수 있을 것입니다.

여러분이 어떤 과를 나왔던, 원하는 SW를 코딩하고 사용해본 후에 개선 작업을 한 경험이 있을 것입니다. 이때 SW를 미리 만들어보고 그때그때 필요한 기능들을 넣는 개선작업을 했을 것입니다. 이런 방식으로 SW를 개발하는 프로세스를 **프로토타입 개발 프로세스**라고 합니다.

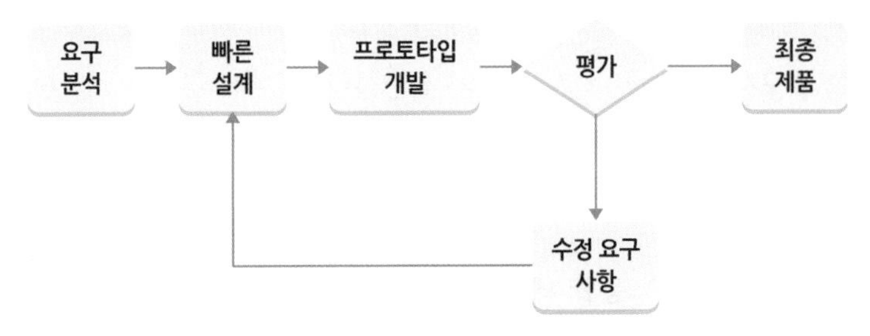

[그림 3-13] 프로토타입 개발 프로세스

그런데 차량제어 SW는 여러 가지 복잡하고 다양한 기능들이 유기적으로 연결되어 있기 때문에, 이렇게 SW를 미리 만들고 그때그때 개선하는 방식은 효율적이지 않습니다. 더불어 하나하나의 버그가 운전자의 안전과 생명과도 직결되기 때문에 더욱더 신중한 SW 개발이 필요합니다. 이러한 점들을 보완하기 위해 아래와 같은 **V모델 개발 프로세스**를 채택하여 개발하고 있습니다. 제어개발 SW 직군의 업무를 하나의 그림으로 요약하면 바로 아래와 같다고 볼 수 있습니다.

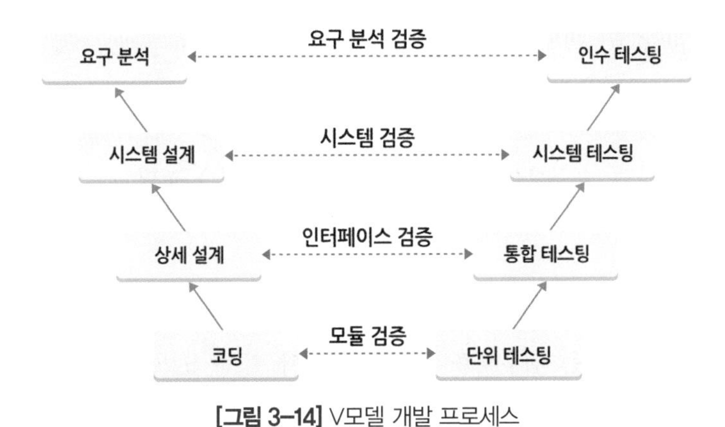

[그림 3-14] V모델 개발 프로세스

V모델 개발 프로세스에서는 크게 두 가지 업무가 있습니다. 먼저 첫 번째로 요구사양에 대한 접수와 협의를 바탕으로 제어로직을 개발하는 업무입니다. 실제 개발자처럼 차량 신기능에 대해 다른 팀과 같이 또는 자체적으로 기능을 개발하는 업무를 의미합니다. V모델 개발 프로세스에서 이 업무는 다음과 같은 프로세스를 따르고 있습니다.

요구분석 〉 시스템설계 〉 상세설계 〉 코딩

두 번째, 개발된 제어로직을 평가하고 검증하는 업무입니다. 이 단계에서는 개발한 로직이 제대로 작동되고 또 요구사항과 다른 점은 없는지 확인합니다. 이때 검증은 개발된 그 정도에 따라 코드레벨의 SILS나 보드 단계의 HILS, 차량 단계의 실차검증으로 나뉠 수 있습니다. V모델 프로세스에서 이 업무는 다음과 같은 프로세스를 따르고 있습니다.

단위 테스팅 〉 통합 테스팅 〉 시스템 테스팅 〉 인수 테스팅

다음은 실제 현업 경험을 바탕으로 실무자들이 주로 하는 업무들을 좀 더 자세히 소개하도록 하겠습니다.

2 주요 업무 TOP 3

1. 요구사양 접수/협의 및 제어로직 개발

이 업무는 앞서 말한 V모델 개발 프로세스에서 정의된 것과 같이 요구사양에 대한 접수/협의사항을 바탕으로 제어로직을 개발하는 업무입니다.

요구분석 〉 시스템설계 〉 상세설계 〉 코딩

(1) 요구분석

이 업무는 기존에 개발된 기능을 좀 더 보완하거나 또는 이전 개발된 기능에서 나타난 버그를 어떻게 고칠 것일지 정의하는 업무라고 할 수 있습니다. 기존 SW에 대한 변경 요구사항은 타 부서로부터 받은 접수를 통해 구성하거나 팀 내부의 자체적인 아이디어나 리뷰를 통해서도 구성할 수 있습니다.

조금 더 이해를 돕기 위해 예시를 들어 설명해보도록 하겠습니다. 자동차에는 **원격공조**라는 기능이 있습니다. 이 기능은 운전자가 차 바깥에서도 차량시동을 켜고 에어컨이나 난방 기구를 켤 수 있도록 도와주는 기능입니다. 그래서 겨울철이나 여름철에 차 내부 온도를 운전자가 타기 적합한 형태로 만드는 역할을 합니다. 이제 여러분이 이 기능을 구현하는 개발자가 되었다고 가정해 보겠습니다.

제어기에서 원격공조 기능에 대한 로직을 개발하기 전, 여러분은 먼저 제어기 역할에 따른 수행기능과 순서를 정의하고 그것에 맞추어 로직을 개발해야 합니다. 공식 홈페이지에서 나와 있는 내용을 바탕으로 원격공조의 기능 중 일부를 가져와 정의해보면 아래와 같습니다.

[원격 공조의 기능 요구사항]

① 원격으로 시동을 걸어 차량 에어컨/히터를 키거나 또는 종료할 수 있습니다.

② 앱에서 미리 설정한 온도 조건에 맞추어 에어컨/히터가 작동됩니다.

위에서 정의한 기능들을 실제 로직으로 구현하기 위해 도식화해보면 아래와 같이 나타낼 수 있습니다. 여러분이 만약 공조제어기를 개발하는 개발자라고 가정해본다면, 위 기능들에서 공조제어기가 수행해야 할 로직과 수행순서는 아래와 같이 나타낼 수 있습니다.

① 첫 번째 기능

시동제어기로부터 공조제어기 ON/OFF 요청을 받는 경우, 이에 따라 에어컨/히터를 ON/OFF 한다.

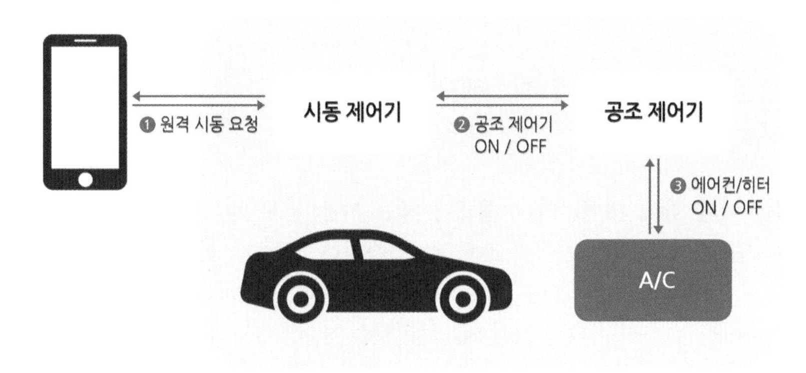

[그림 3-15] 첫 번째 기능 도식도

② 두 번째 기능

사용자로부터 설정온도 정보를 받았을 때, 공조제어기가 ON 되어있다면 설정온도를 맞추도록 A/C를 제어한다. 만약 공조제어기가 OFF 되어있다면 첫 번째 기능을 수행한다.

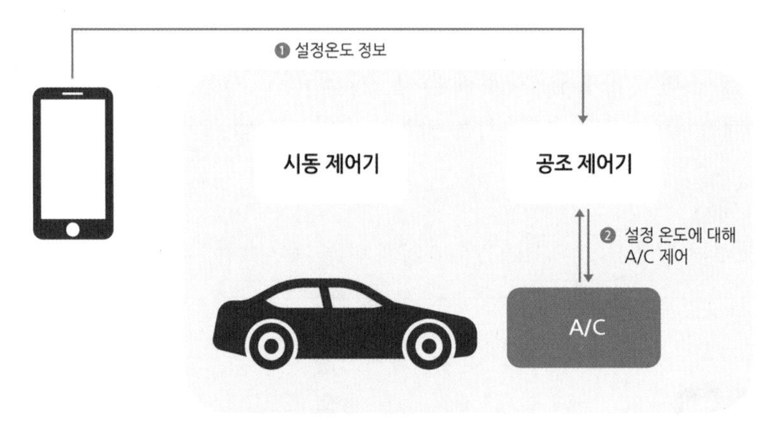

[그림 3-16] 두 번째 기능 도식도

요구분석이란 이와 같이 제어기가 수행해야 하는 기능이 무엇이며, 그 기능을 어떻게 수행할 것인지에 대한 사항을 정의하는 것이라고 할 수 있습니다. 실제 현업에서는 좀 더 빠르고 정확하게 기능들을 수행하기 위한 세부적인 작동순서나 인터페이스, 고장발생 시 제어전략 등에 대한 요구사항을 개발하기 때문에 앞서 말한 예시보다 복잡하게 업무가 이루어집니다.

(2) 시스템설계 및 상세설계, 코딩

이 업무는 앞의 요구사항을 바탕으로 실제로 기능이 동작할 수 있도록 개발하는 업무라고 할 수 있습니다. 실제 차량의 기능개발은 굉장히 복잡한 시스템이기 때문에, 시스템설계와 상세설계와 같이 기능을 구현하기 앞서 역할별로 개발 단계가 정의됩니다.

아마 위의 시스템설계와 상세설계, 코딩이 거기서 다 거기라고 생각할 수도 있습니다. 위 용어들을 구분해보면 아래와 같습니다.

- **시스템설계: 각 제어기 간 기능 수행 역할과 수행순서에 대한 개발**
- **상세설계: 제어기가 역할을 수행하기 위한 동작방법에 대한 개발**
- **코딩: 위 설계 사항을 바탕으로 제어기 내 구성모듈 내에서 코드레벨로 구현**

차이가 혹시 보이나요? 시스템설계는 제어기와 제어기 간의 수행과 통신신호에 대한 설계를 의미합니다. 위에서 논의된 요구사항을 바탕으로 각 레벨별로 어떤 제어기가 어떤 신호를 주고 받았을 때 어떤 로직이 동작해야 하며, 이를 어떻게 구현할 것인가에 대한 내용을 담고 있습니다.

상세설계와 코딩은 제어기 내부에서 주어진 입력신호를 처리하여 최종적으로 액츄에이터[20]를 제어하기 위한 출력신호를 개발하는 과정이라고 할 수 있습니다. 즉 제어기 내부에서 입력신호를 어떻게 처리하여 최종 출력신호로 전달할 것인지에 대한 내용을 담고 있습니다.

앞의 원격공조 기능 예시를 바탕으로 설명하면 아래와 같습니다.

① 시스템설계

- 공조제어기의 ON/OFF 요청 시 공조제어기는 A/C 액츄에이어터에 대해 ON/OFF 되도록 제어를 수행
- 사용자 설정 온도정보 수신 시 공조제어기가 A/C 액츄에이터의 온도 제어하도록 모터 속도 제어를 수행

② 상세 설계

- A/C 액츄에이터의 ON/OFF를 위한 Main Relay[21] 제어
- A/C 액츄에이터 내 에어컨 팬 모터의 온도에 따른 Feedback 제어를 통한 모터 속도제어로 온도제어 수행

위에서 입력신호는 시동제어기와 공조제어기 간 서로 주고받는 신호와 사용자의 스마트폰과 공조제어기 간 주고받는 신호가 있다고 했습니다. 전자는 제어기 간 통신신호이기 때문에 CAN 신호이며, 후자는 사용자에 의해 요청/호출된 신호이므로 이벤트 신호라고 할 수 있습니다. **상세 설계 단계에서는 이렇게 서로 다른 타입의 신호에 대해 제어기가 처리할 수 있도록 적절히 인터페이스를 구성하는 것도 포함됩니다.**

참고 CAN 신호

CAN 신호란 Controller Area Network의 약자로 **차량 내부 제어기들이 서로 신호를 주고받기 위해 설계된 표준 통신 프로토콜(규격)**입니다. 데이터 전송과 송수신 데이터의 길이에 따라 HighSpeed CAN과 CANFD(CAN With Flexible Datarate)로 구분할 수 있습니다.

20 [10. 현직자가 많이 쓰는 용어] 15번 참고
21 [10. 현직자가 많이 쓰는 용어] 16번 참고

또한 상세설계 단계에서는 입력신호 이외에도 제어기 내부에 있는 각 모듈들이 어떻게 신호를 받아들여 판단/처리하고, 최종적으로 출력신호로 어떻게 송출할 것인지에 대해서도 개발합니다. 위의 상세설계 사항에서는 A/C 액츄에이터의 ON/OFF와 설정온도를 맞추기 위한 제어 수행에 대한 개발이 필요합니다. 여러분께서 공부하셨던 여러 가지 제어기법들(PID 제어, 규칙기반 제어 등)이 이러한 제어방법을 개발하는데 사용됩니다.

이와 같이 **상세설계 단계에서는 제어기와 외부 간의 입/출력 신호를 정의하고 이를 토대로 제어기 내부 모듈에서 어떻게 입력신호를 처리하여 적절한 출력신호를 송출할 것인가에 대한 개발을 수행**합니다.

마지막으로 코딩 단계에 대해서 간단히 설명하겠습니다. 이 단계에서는 실제 프로그래밍 언어를 사용하여 주어진 기능을 수행할 수 있는 프로그램을 작성하는 단계입니다.

여러분은 학생 때 손수 코드를 작성해 본 경험이 있을 것입니다. 그런데 자동차 제어기의 경우 여러 가지 다양한 기능들이 복합적으로 작용해야 하기 때문에 이와 같이 손수 코드로 작성한다면 작성뿐만이 아니라 검증의 수행도 어려워지게 됩니다.

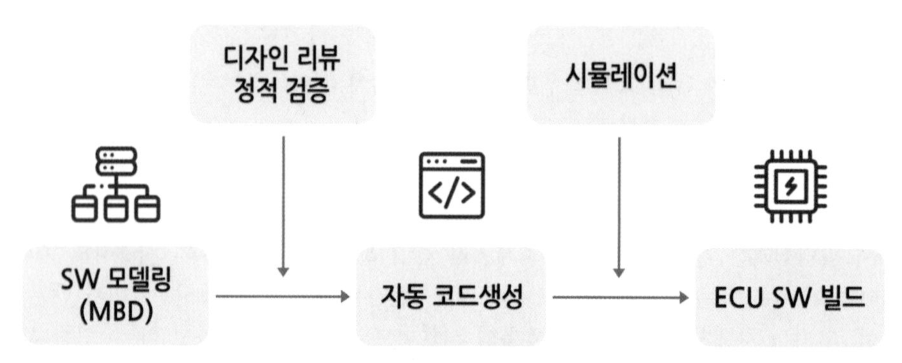

[그림 3-17] MBD를 이용한 SW 모델링 및 ECU SW 빌드 과정

이러한 한계를 극복하기 위해 자동차 소프트웨어는 대다수 **MBD(Model Based Design)**을 이용해서 개발됩니다. 여러분이 과제 수행이나 프로젝트 수행을 위해 직접 작성했던 MATLAB/Simulink가 바로 이 MBD를 이용한 대표적인 SW 개발도구라고 할 수 있습니다. 이렇게 MBD를 통해 디자인하면 다른 검증자가 SW 디자인을 한눈에 파악할 수 있고 이를 통해 검증을 좀 더 쉽게 할 수 있다는 장점이 있습니다.

SW 모델링이 완료된 이후 자동 코드생성을 거쳐 ECU SW를 빌드하면, 최종적으로 개발한 기능이 추가된 ECU SW가 나오게 됩니다. SW 빌드가 완료된 이후 이 SW가 정말 잘 구현이 되었는가에 대한 검증이 필요한 상태입니다. 검증에 대한 이야기는 아래에서 계속 진행하도록 하겠습니다.

2. 개발 제어로직 검증 및 평가

이 업무는 위에서 개발한 제어로직이 실제 개발자가 의도한 바와 같이, 그리고 주어진 요구사항에 맞게 잘 동작하는지 확인하는 단계라고 할 수 있습니다. 앞서 말한 V모델 프로세스에서 이 업무는 아래와 같이 작은 범위의 자동차 기능 검증부터 가장 큰 단위의 검증까지 수행하도록 구성되어 있습니다.

단위 테스팅 〉 통합 테스팅 〉 시스템 테스팅 〉 인수 테스팅

(1) 단위 및 통합 테스팅, 시스템 테스팅과 인수 테스팅

단위 테스트는 SW 내 특정 로직만 따로 떼어내서 이 부분이 어떻게 동작하는지, 의도한 대로 동작하는지 확인하기 위해 실시하는 테스트입니다. 대부분 단위 테스트는 디자인리뷰와 정적검증, 그리고 SILS를 통해 이루어집니다.

통합 테스트는 실제 인터페이스까지 포함하여 제어기 외부에서 입력을 주었을 때, 제어기 내부의 로직연산과 출력이 제대로 되는지 확인하는 테스트입니다. 단위 테스트와 다르게 통합 테스트는 실제 제어기의 인터페이스와 Task 수행까지 모두 고려하여 실시됩니다. 대다수 통합 테스트는 HILS를 통해 이루어집니다.

시스템 테스팅과 인수 테스팅은 현업에서 차량 테스트, 또는 V&V 검증이라고도 불립니다. 이는 실제 차량에 해당 기능을 대입하였을 때, 앞서 정의한 요구사항대로 동작하는지, 실제 개발자의 의도에 맞게 동작하는지 확인하는 테스트라고 할 수 있습니다. 위의 모사된 입력신호를 통해 테스트를 수행하는 통합테스트와 달리, 실제 차량에 대입해 기능을 검증하기 때문에 가장 넓은 의미에서 검증을 수행하는 것으로도 볼 수 있습니다.

✔ 테스트 용어정리

1. 디자인리뷰

피어리뷰, 또는 동료리뷰라고도 불립니다. 개발한 로직에 대해 가독성이나 직관성 및 기타 오류는 없는지 개발한 로직을 하나하나 뜯어보며 그룹 단위로 검증을 수행하는 것을 의미합니다.

2. 정적검증

개발한 로직에 대해 구동 없이 내부 신호의 데이터 타입이나 값 범위, 경계값 입력 시 오작동 여부를 확인하는 것을 의미합니다. 오버/언더플로우 등의 오류를 사전에 방지하기 위해 실시합니다.

3. SILS

Software In the Loop Simulation의 약자로 코드레벨에서 시뮬레이션 구동을 통해 정상 입력범위와 이상 입력범위에서의 동작을 확인하는 테스트를 의미합니다.

4. HILS

Hardware In the Loop Simulation의 약자로 단품(제어보드+액츄에이터) 레벨에서 시뮬레이션 구동을 통해 단품의 동작을 확인하는 테스트를 의미합니다.

5. V&V

Verification and Validation의 약자를 뜻합니다. Verification은 개발된 기능이 차량에서 요구사항에 맞는 동작여부의 확인을 뜻하며, Validation은 개발된 기능에 대한 사용자의 감성적 측면까지 모두 고려한 테스트를 의미합니다.

한편, 차량 테스트는 Verification과 Validation을 확인하는 테스트라는 말이 있습니다. 이건 어떤 의미일까요? Verification과 Validation을 요약하면 각각 아래와 같습니다.

- Verification: **우리가 제어 SW를 버그 없이 올바르게 만들었는가?**
- Validation: **우리가 요구사항대로 사용자를 만족시킬 수 있을만한 SW를 만들었는가?**

위의 원격공조 기능을 예시로 설명하면, **Verification**은 차량에서 원격공조 ON/OFF 요청에 따라 실제 ON/OFF가 수행되는지, 그리고 온도제어 요청 시 실제 모터의 속도제어를 통해 내부 온도가 설정한 온도로 맞춰지는지 여부를 확인합니다.

반면 **Validation**은 Verification 사항까지 포함해 온도를 조절하는 과정에서 사용자가 불쾌감이나 불편함을 느끼지 않았는지 확인하는 것을 의미합니다. 예를 들어, 우리가 차를 타기 직전에 원격공조를 키고 30분 뒤에 원하는 온도로 맞추어졌다면 Verification은 비록 만족했을지 몰라도 운전자는 기능이 제대로 작동하지 않는다고 느끼기 때문에 Validation 측면에서 Fail이라고 판단할 수 있습니다. 바로 이것이 Validation과 Verification의 차이라고 할 수 있습니다.

이상으로 단위 테스트부터 차량 테스트까지 모두 살펴보았습니다. 각 테스트 별 특징과 장/단점을 아래와 같이 정리하였는데 참고용으로 확인하고 뒤로 넘어가도 좋습니다.

〈표 3-7〉 테스트별 특징과 장단점

	단위 테스트	통합/시스템 테스트	차량 테스트
개요	• 코드레벨에서 SW 동작성 확인을 위한 테스트 • 가장 작은 범위에서의 검증 • SILS, 디자인리뷰, 정적검증	• 단품 레벨에서 SW 동작성 확인을 위한 테스트 • 모사 입력신호를 통한 인터페이스 및 Task 검증 가능 • HILS	• 차량 레벨에서 SW 동작성 확인을 위한 테스트 • 가장 넓은 범위에서의 검증 • Verification, Validation
장점	• 짧은 검증시간 • 디버깅 용이	• 자동화 시나리오를 통한 반복적 검증 가능	• 높은 커버리지[22] • 기능 사용감에 대한 평가 가능

* 통합 테스트와 시스템 테스트는 사실 SW를 실행해서 테스트를 하느냐(통합) 아니면 실제 제어기/액츄에이터를 붙여놓고 RealTime Task 상에서 테스트하느냐(시스템)의 차이입니다. 실제 현업에선 별 차이 없이 혼용해서 사용됩니다.

22 [10. 현직자가 많이 쓰는 용어] 17번 참고

(2) 테스트 케이스 및 자동화 시나리오 작성 및 관리

테스트 케이스란 개발한 SW 테스트를 위한 테스트의 수행 순서와 기대 결과를 명시한 것을 의미합니다. 자동화 시나리오는 테스트 케이스를 바탕으로 실제 사람이 테스트하는 것처럼 통합 테스트를 자동으로 수행하기 위한 스크립트를 의미합니다. SW의 검증에 있어 검증방법의 선택과 개발 못지않게 테스트 케이스를 작성하고 이를 관리하는 것 또한 현업에서 매우 중요하게 다루어 집니다.

위의 원격공조 기능을 예시로 앞의 기능 1과 2에 대해 테스트 케이스를 작성해보겠습니다. 앞의 기능 1과 기능 2는 아래와 같습니다. 각각의 테스트 케이스 작성은 작성자마다 관점 차이가 있을 수 있으나, 기본적으로 입력변수에 따른 경우를 나누어 작성합니다. 예를 들어, 첫 번째 기능의 경우 아래와 같이 정의된 요구사양에 대해 다음과 같이 테스트 케이스를 작성할 수 있습니다.

① 첫 번째 기능

시동제어기로부터 공조제어기 ON/OFF 요청을 받는 경우 이에 따라 에어컨/히터를 ON/OFF한다.

- 기능 1의 테스트 케이스 1: 시동제어기로부터 공조제어기가 ON 요청을 받았다면 공조제어기는 에어컨/히터를 ON 시킨다.
- 기능 1의 테스트 케이스 2: 시동제어기로부터 공조제어기가 OFF 요청을 받았다면 공조제어기는 에어컨/히터를 OFF시킨다.

마찬가지로 두 번째 기능도 아래와 같이 정의된 요구사양에 맞추어 다음과 같이 테스트 케이스를 작성할 수 있습니다.

② 두 번째 기능

사용자로부터 설정온도 정보를 받았을 때, 공조제어기가 ON 되어있다면 설정온도를 맞추도록 A/C를 제어한다. 만약 공조제어기가 OFF 되어있다면 첫 번째 기능을 수행한다.

- 기능 2의 테스트 케이스 1: 공조제어기가 ON 상태일 때 수신 받은 설정온도가 현재온도보다 높다면 히터 제어를 통해 현재온도가 설정온도로 높여지는지 확인한다.
- 기능 2의 테스트 케이스 2: 공조제어기가 ON 상태일 때 수신 받은 설정온도가 현재온도보다 낮다면 에어컨 제어를 통해 현재온도가 설정온도로 낮춰지는지 확인한다.
- 기능 2의 테스트 케이스 3: 공조제어기가 OFF 상태라면 첫 번째 기능을 수행에 따라 공조제어기가 ON이 되는지 확인한다.

이렇게 작성한 테스트 케이스를 바탕으로 앞서 말한 통합 테스트나 차량 테스트와 같은 다양한 방식으로 검증이 진행됩니다. 따라서 기능 개발과 함께, 이러한 테스트 케이스의 작성과 관리도 중요한 업무의 일부로 다루어지게 됩니다.

여러분이 실무자가 된다면 위와 같은 테스트 케이스를 차량에서 직접 수행할 수 있습니다. 하지만 모든 테스트 케이스들을 하나하나 차량에서 진행하기엔 시간과 노력이 많이 소요됩니다. 그렇기 때문에 반복적이고 비교적 검증이 간단한 테스트 케이스 같은 경우, 효율적인 검증을 위해 자동화 시나리오를 작성해 테스트를 수행하기도 합니다.

(3) 차량테스트를 통한 차량성능(주행성능, 연비, 운전성) 최적화

마지막으로 테스트 케이스와 자동화 시나리오까지 모두 작성이 되었다면 차량 테스트를 통해 차량성능을 결정하는 여러 가지 매핑 값들을 캘리브레이션을 수행합니다. 개발된 기능이 운전자에게 최상의 차량성능을 제공함과 동시에 운전성, 주행성능, 연비까지 목표한 수치를 만족하도록 내부 파라미터들을 튜닝 합니다.

연비는 대강 알 것 같은데 차량성능을 구성하는 주행성능과 운전성은 어떤 요소들을 가리키는 걸까요? 각 차량성능 구성 요소들 중 대표 요소들을 소개하도록 하겠습니다.

① 연비

실제 현업에서는 아래에서 소개한 것처럼 단순히 수식/공식만으로 측정하고 판단하진 않습니다. 따라서 '아 이런 목표를 가지고 팀은 움직이는구나'라는 정도로만 참고해주시면 될 것 같습니다.

아마도 자동차를 구입할 때 많이 들어봤던 용어일 것입니다. 기존 내연기관에서 연비는 **1km를 이동하는데 소모되는 연료량**으로 정의되었습니다. 다시 말해 연비가 높은 차량일수록 연료를 덜 소모한다 라고 볼 수 있습니다.

그런데 전동화 차량에서는 연비에 대한 정의가 조금 다릅니다. 하이브리드 차량에서는 기존 내연기관에 의한 연료 소모 이외에도 모터에 의한 주행과 회생제동[23]으로도 차량이 기동할 수 있습니다. 따라서 위의 연비와 조금 다른 복합연비라는 개념으로 연비가 정의됩니다.

복합연비[km/L] = 전체 이동거리 / (연료소모량+등가계수×전기에너지 소모량)

23 [10. 현직자가 많이 쓰는 용어] 18번 참고

여기서 등가계수는 전기에너지 소모량 1kWh 당 연료를 몇 리터(L)를 소모했는지 나타내는 계수입니다. 전기에너지 소모량은 현재 배터리 SOC가 출발 전에 비해 얼만큼 소모되었는지에 따라 계산되는 소모량을 의미합니다. 이 소모량은 앞서 말한 것처럼 주행상황에 따른 회생제동과 모터 구동에 의하여 결정됩니다. 고속도로와 같이 제동이 별로 없는 구간에서는 모터 구동을 더 많이 쓰는 반면, 도심주행에서는 제동이 상대적으로 많기 때문에 회생제동이 더 많이 사용됩니다. 이런 이유로 전동화 차량의 복합연비는 고속도로 주행과 도심 주행을 모두 측정하는 혼합연비로 사용합니다.

전기차에서는 연비와 동등한 개념인 **전비**와 **1회 충전거리**라는 요소를 사용하여 성능을 나타냅니다. 전비는 **1km를 이동하는데 소모된 전기에너지량**으로 정의됩니다.

또한 1회 충전거리라는 요소도 있습니다. 이는 **배터리를 완전히 충전시킨 상태에서 배터리가 완전히 방전될 때까지 최대 주행 가능한 거리**로 정의됩니다.

② 주행성능

주행성능은 자동차가 사람이나 화물을 싣고 주행할 때 나타나는 여러 성능들을 한데 가리켜 나타내는 단어입니다. 대표적으로 가장 많이 고려하는 주행성능으로는 아래 요소들이 있습니다.

- 가속성능 : 동력원과 차량제어를 통해 차량의 얼마나 빠르게 가속하여 주행할 수 있는지 나타내는 성능입니다. 모터스포츠 등에서 많이 쓰는 용어인 제로백(0 to 100)[24]이 대표적인 가속성능을 나타내는 단어입니다.
- 등판성능 : 동력원과 차량제어를 통해 차량이 얼마나 경사진 도로를 올라갈 수 있는지 나타내는 성능입니다. 최대 경사각으로 등판성능이 나타나게 됩니다.

이 외에도 저항력이나 동력전달효율, 최고속도 등과 같이 차량의 주행성능을 나타낼 수 있는 다양한 성능지표들이 있습니다.

24 [10. 현직자가 많이 쓰는 용어] 29번 참고

③ 운전성

운전성은 차량을 주행할 때 발생하는 Shock(쇽)을 최소화하도록 제어하는 것을 의미합니다. 소위 '부드러운' 제어를 수행해 차량 내부 변수에서 노이즈가 발생하더라도 운전자에게 미치는 영향을 최소화하도록 제어하는 것이 목표입니다.

가장 대표적인 제어방법이 바로 필터를 사용하는 방법입니다. 특히 대다수의 신호는 노이즈를 가진 경우가 많은데 이러한 노이즈는 High Frequency를 가진 경우가 많기 때문에 대개 Low Pass Filter(LPF)를 사용하여 노이즈를 제거하는 경우가 많습니다. LPF를 사용했을 때, Low Frequency의 신호는 노이즈가 아니라고 판단해서 통과시키기 때문에 좀 더 '깨끗한' 신호를 얻어낼 수 있습니다. LPF의 게인값을 어떤 값으로 취해야 하는지 결정하는 것이 대표적인 업무 중 하나입니다.

3. 기타 업무

(1) 특허나 논문 작성

현업에서는 실무자 개개인이 업무의 연장선으로 특허나 논문을 쓰는 것을 적극 권장하고 있습니다. 만약 여러분이 차량 기능을 개발하는데 있어 아이디어를 구상하고 실제로 차량 기능으로 구현했다면, 특허와 논문 등과 같이 여러분의 아이디어를 지적재산화하여 인정받을 수 있습니다.

(2) 국내/해외 차량테스트 출장

이 업무는 제어기 SW 개발 직무가 가지는 가장 독특하면서도 차별화된 업무가 아닐까 싶습니다. 매년 또는 매 분기마다 국내나 해외로 가는 차량테스트 출장이 있습니다. 이 출장에서는 사무실에서 시험하기 어려운 고속도로 주행이나 장시간 주행, 극저온/극고온 환경에서 주행을 하였을 때 차량 동작에 이상이 있는지 확인합니다.

개인적으로는 사무실에서 배우는 것 이상으로 업무를 더 많이 배울 수 있는 좋은 기회이자 동시에 갑갑했던 사무실을 벗어나 합법적으로(?) 차를 끌고 국내여행을 하는 느낌이 들어서 많이 좋아했습니다. 위와 같은 환경에서 테스트를 한다는 것이 흔치않기 때문에 여러 경험과 지식들을 쌓을 수 있었습니다.

참고 운전면허가 반드시 있어야 하나요?

결론 먼저 말씀드리자면 운전면허가 입사 시 필수요소는 아니지만 현업을 원활히 수행하기 위해선 능숙한 운전이 반드시 필요합니다. 저는 처음 입사했을 때 장롱면허를 가지고 있었는데, 그 때문에 여러 출장에서 운전을 하지 못해 테스트에서 어려움을 겪었습니다.

아마 이 글을 읽고 있는 여러분들 중에서도 운전면허가 없거나 장롱면허인 분들이 있을 겁니다. 그런 분에게는 입사 전후에 시간을 내서라도 면허를 따거나 운전 연습을 하는 것을 권장합니다!

04 현직자 일과 엿보기

1 주요 업무 TOP 3 하루 일과 시간표

출근 직전 (07:00~08:00)	오전 업무 (08:00~12:00)	점심 (12:00~13:00)	오후 업무 (13:00~17:00)
• SW 변경 일감등록 현황 확인 • 자동화 시나리오 검증결과 확인	• 담당 일감 작업수행 • 신규 일감 발행 • 테스트 수행 (SILS/HILS/차량)	• 오전 업무 연장	• 기능 요구사항 개발회의 참석 • 테스트 수행 (SILS/HILS/차량) • 자동화 시나리오 테스트 수행

평소 일상적은 업무수행을 할 때의 따른 업무시간표를 위와 같이 나타내보았습니다. 위의 일정을 앞서 말한 주요 업무와 연결해 구분해보면 ①**요구사항 접수/협의 및 제어로직 구성**, ②**개발 제어로직 검증 및 평가**로 구분할 수 있습니다. 실제로는 위 업무를 포함하여 개인별 프로젝트(ex. 신기능 개발, 테스트케이스 개발, 선행기술 업무 수행 등) 2~3개가 동시에 진행되는 경우가 대다수이지만, 여기에서는 주요 업무를 처리하는 일과에 대해서만 말하도록 하겠습니다.

출근 전, 간단한 메일확인과 더불어 전날 등록된 SW 변경일감에 대해 확인합니다. 내가 담당자로 지정된 일감은 없는지 또는 어제 미처 못다 한 일감은 없는지 확인합니다.

추가로 전날 돌려놓은 자동화 시나리오에 대한 결과를 확인합니다. SW에서 필수로 확인되어야 할 사항들이 시나리오에서 정의된 테스트 케이스를 따라 제대로 동작이 되었는지, 그리고 결과리포트에서 Fail 사항은 없는지 확인합니다.

오전 중에는 보통 회의에서 나온 요구사항에 대한 일감을 수행하거나, 지정된 담당 일감을 수행합니다. 담당 일감에 대한 현재 진행상황을 업데이트하고 변경 내용을 반영하여 SW 요구사항 문서를 개정하는 일을 수행합니다.

현재 맡은 일감 수행 외에도 이전 회의에서 논의되었던 요구사항을 제어 SW에 알맞게 일감을 발행하는 업무도 수행합니다. 신규 일감에 대한 설명을 기재하고 일감 담당자를 지정함으로써 신규 일감을 등록해놓습니다.

발행할 일감이나 작업할 일감이 없는 경우도 있습니다. 이 경우 이전 개발했던 일감이 반영된 제어기 SW에 대해 테스트를 수행합니다. 테스트는 주어진 일감이 적용되는 변경범위에 맞추어 SILS, HILS 및 차량테스트로 나뉘어 수행됩니다. 보통 SILS나 HILS는 사무실에서 수행하며, 차량 테스트의 경우 필요하면 회사 내부의 코스를 돌거나 또는 사외출장을 통해 테스트를 수행합니다.

점심을 먹고 난 후 오후에는 기능 요구사항과 관련된 회의에 참석합니다. 기능 요구사항 회의에서는 지난 일주일 동안 발행했던 일감들과 수행한 테스트 결과들을 두고 개발팀 내에서 결과의 타당성과 일감의 적절성에 대해 토론을 수행합니다. 더불어 다른 팀에서 접수된 제어기 요구사항을 확인하고 이를 누가, 어떻게 담당할 것인가에 대한 사항도 논의합니다.

회의가 없는 경우 오전 업무의 연장선으로 오후 업무를 수행합니다. 또한 퇴근 전 검증을 수행할 자동화 시나리오 테스트를 준비합니다. 각 제어기 SW에서 수행할 하루치 만큼의 시나리오와 그 시나리오의 대상이 되는 제어기/액츄에이터를 준비합니다.

2 국내외 차량테스트 출장 업무 시간표

출근 직전 (07:00~08:00)	오전 업무 (08:00~12:00)	점심 (12:00~13:00)	오후 업무 (13:00~17:00)
• 일감 리뷰 및 테스트용 차량 준비	• 테스트 일감 확인 • SW 변경사항 차량 테스트 • (필요 시) 차량으로 장소 이동		• SW 변경사항 차량 테스트 • 테스트 결과 정리 및 보고서 작성

차량 출시 전, 또는 정기적인 국내외 차량 테스트 출장을 갔을 때의 업무 시간표를 구성해보았습니다. 사실 국내외 차량 테스트는 그간 SW 변경점에 대한 일감을 점검하고 이에 대해 종합적으로 테스트를 수행하는 업무들이 주로 이루어집니다. 다양한 상황(심지어 테스트 장소로 이동하는 중에도)에서 종합적인 테스트를 해야 하기 때문에 대부분의 오전/오후 업무가 모두 테스트 일감을 확인과 테스트를 수행하는 것, 그리고 그 결과를 정리하는 것으로 이루어집니다.

05 연차별, 직급별 업무

1 연구원급(1년~4년 차)

처음 학사로 입사하거나 또는 석사로 입사하게 된다면 사원 연구원급에서 자동차 제어기 연구개발 커리어를 시작하게 됩니다.

입사하면 앞에서 설명한 내용을 포함하여 차량 개발에 대한 기초부터 교육을 받습니다. 파워트레인 개요(주로 차량동력 구조와 차량종류 소개 등)와 차량동역학, 엔진 및 모터공학 등 일반적인 자동차공학과에서 배우는 내용들을 수강하게 됩니다. 더불어 SW 개발과 관련된 기초적인 프로그래밍 언어(C, 파이썬, MATLAB 등)에 대해서도 강의를 수강하게 됩니다. 마지막으로 위에서 설명한 교육들과 더불어 석사 레벨의 제어전공 강의도 수강하게 됩니다. 1년차에는 대부분 자동차와 제어, 그리고 SW에 대한 교육들을 수강하면서 지나갔던 것 같습니다.

2~4년 차 동안은 본격적으로 현업실무에 투입되어 여러 가지 프로젝트에 참여하게 됩니다. SW 개발 시 실제 차량양산 단계의 SW에 배정받은 요구사항을 효율적이고 명확하게 구현하는 SW 개발 방법에 대해 배우게 됩니다. CAN 신호와 이벤트 신호를 포함한 인터페이스 신호 입력을 처리하는 방법에서, 이미 구현된 SW 내 아키텍처에 대한 분석 및 구현까지 요구사항을 바탕으로 수행하게 됩니다.

또 이 기간은 여러분들이 차량 테스트를 할 때 필요한 운전면허와 서킷 라이선스를 따는 기간으로도 볼 수 있습니다. 서킷 라이선스란, 각종 차량테스트를 수행할 수 있는 서킷에 출입할 수 있는 자격을 통과한 사람에게 부여되는 운전면허입니다. 난이도가 상당히 어려워서 저의 경우는 재수를 해서 통과를 했던 것으로 기억합니다.

마지막으로 위 내용 뿐만 아니라 회사의 시스템을 이해하고 이를 사용하여 업무를 처리하는데 익숙해지는 기간으로도 볼 수 있습니다. 실제로 회사를 다니게 되면 개발 업무 이외에도 여러 사내업무(ex. 세금처리, 물건구입, 예산처리 등)들을 처리할 일들이 발생하는데요. 각종 회사시스템과 결재시스템을 이용하고 이에 익숙해지는 시간이라고 보면 되겠습니다.

2 연구원급(5년~8년 차)

이 직책은 일반적인 회사의 대리급 사원과 같은 직책입니다. 1~4년차 동안 배우고 직접 익힌 경험들을 바탕으로 회사에서 본격적으로 '일'을 원활하게 수행하는 레벨이라고 할 수 있겠습니다. 아래에서는 5~8년차 동안 수행하는 업무들과 더불어 계발/필요 역량에 대해서 간략히 말하도록 하겠습니다.

첫 번째 주요업무는 **타 부서의 요구사항에 대한 협의진행**입니다. 1~4년차 단계가 제어기 SW의 구조와 각 기능별 수행역할에 대해 배우는 단계였다면, 5~년차는 타 부서에서 변경을 요청했을 때 변경요건이 타당한지, 그리고 어느 부분에 적용해야 하는지 검토하는 역할을 수행합니다. 이 과정에서 맨 처음 타팀이 제안했던 요구사항을 그대로 수용할 수도, 또는 제어전략에 따라 요구사항을 변경하기도 합니다. 각 팀 간의 의견을 조율/중재하고 이를 통해 최종 합의를 이끌어낸 요구사항을 만들어내야 하기 때문에 조직 내 개인의 의사소통 역량이 중요한 업무라고 할 수 있습니다.

두 번째 주요업무는 바로 **해외 차량테스트 출장 수행**입니다. 해외의 극저온/극고온 조건에서 차량이 원만히 작동하는지 확인하고, 각 상황에서 제어기 SW의 요구사항이 잘 만족되는지 확인합니다. 더불어 환경이 평소 차량을 주행하는 상황과 많이 다르기 때문에 여러 가지 예상하지 못한 일들(ex. 차량 멈춤, 주행 중 시동 꺼짐 등)이 많이 발생하게 됩니다. 해외출장에서는 이 과정을 해결하면서 좀 더 안전한 차량을 위한 요구사항을 개발하는 업무도 수행합니다. 차량에서 예기치 않게 발생한 다양한 문제들을 해결하고 이를 통해 기존 제어기 SW의 오류를 개선한다는 측면에서 주어진 문제에 대한 **문제해결능력**이 중요한 업무라고 할 수 있습니다.

위의 가장 중요한 두 개의 업무들 이외에도 대리급 연구원 단계에서는 특허출원과 논문출판을 본격적으로 수행되는 단계이기도 합니다. 위에서 말한 두 가지 업무의 공통점을 혹시 찾았나요?

바로 현재의 제어기 SW에 대한 문제점을 개선할 수 있는 요구사항을 개발하는 것입니다. 위의 요구사항을 개발하면서 나온 아이디어들을 특허나 논문의 형태로 구체화하게 됩니다.

3 책임연구원급(9년~15년 차)

이 직책은 일반 회사의 과장 및 차장급 사원의 직책과 같습니다. 박사 신입이거나 전 직장 경력을 인정받은 이직자의 대다수가 이 연차에서 시작하게 됩니다. 이때부터는 본격적으로 대리급 사원과 함께 제어기 SW의 요구사항을 개발하거나 신기능 개발을 위한 프로젝트를 기획/제안하는 단계라고 할 수 있습니다. 각 주요 업무들로는 아래 사항들이 있습니다.

첫 번째 주요업무로는 SW **요구사항을 개발하는 단계**입니다. 앞서 말한 대리급 연구원처럼 다른 팀에서 접수된 사항을 처리하는 것을 포함하여 더욱 광범위한 업무를 수행하게 됩니다. 예를 들어 차량 고장이 발생했을 때 SW적인 가이드를 개발하거나, 신기능이 추가가 되었을 때 제어기 SW가 수행해야 하는 역할에 관한 요구사항을 개발하기도 합니다. 이처럼 팀 대 팀 보다는 전체 차량단위에서 필요한 요구사항 중 담당 제어기 SW의 요구사항을 확인하고 이에 대해 개발하기 때문에 좀 더 광범위하게 요구사항을 다룬다고 보면 되겠습니다.

두 번째 주요 입무로는 **프로젝트 리딩**(Leading)입니다. 이 프로젝트는 앞서 말한 요구사항 개발의 연장선으로도 볼 수 있습니다. 예를 들어 올해 자동차 규제 법규가 바뀌어서 SW 변경이 필요할 때, 위의 개발된 요구사항을 바탕으로 SW를 변경하고 시험을 수행해서 목표한 결과가 나오도록 프로젝트를 수행하게 됩니다. 더불어 이러한 SW 변경이 너무 많거나 혹은 외부 인력을 활용하는 방안이 더 효율적인 경우 협력사나 대학과 계약을 체결해 프로젝트 협업을 진행할 수도 있습니다. 우리가 대학 연구실에서 흔히 볼 수 있는 산학과제나 산학체결이 바로 이러한 프로젝트 협업의 진행이라고 볼 수 있겠습니다.

4 책임 연구원급(15년 차~)

이 직책은 일반 회사의 부장급에 해당되는 직책입니다. 대부분의 보직자(파트장, 팀장 등)나 팀 내 고참급 개발자들이 이 직책에 해당된다고 보시면 되겠습니다. 일반적인 회사에서 수행하는 팀원관리 업무 이외에도 자동차 연구 분야에서 이 직책이 수행하는 독특한 업무는 아래와 같습니다.

첫 번째로 **품질문제 대응**이 있습니다. 양산차량 단계나 또는 고객에게 인도되어 현재 시판중인 제품에서도 품질과 관련된 문제가 발생할 수 있는데, 이때 품질문제에 대해 어떤 조치를 취하고 어떻게 해결방안을 낼 것인지 결정하는 역할을 수행합니다. 물론 모든 보직자가 이런 업무를 수행한다는 뜻은 아닙니다만, 대다수 제어기 SW의 개발은 결국 양산차량 업무와 연관되어 있기 때문에 많은 제어개발 분야의 책임급 연구원들은 이러한 업무를 수행하고 있습니다.

두 번째로 **부서 간 R&R 조정**이 있습니다. 즉, 어떤 부서에서 어떤 업무를 가져갈 것인지 논의하고 이를 결정하는 역할을 수행합니다. 차량 개발에 있어선 특히나 더 강조되는 부분인데요. 신기능이 하나의 제어기만이 아닌 여러 제어기들에 걸쳐 수행되기 때문입니다. 이러한 역할이 명확하지 않다면 제어기 간 약속된 작업순서나 신호사양이 달라 신기능을 수행하는데 있어 결함이 발생할 수도 있습니다. 따라서 이러한 문제를 방지하기 위해 '누가', '어떤 작업을' 수행할 것인지 정리하는 역할을 수행합니다.

참고 대학원 진학이 반드시 취업에 유리할까?

재직 중 다수의 후배들, 또는 연구개발 분야의 취업을 준비하는 분들로부터 받은 질문 중 가장 많은 질문은 아래 질문이었습니다.

"저는 학사출신이라 자동차 전공에 대한 전문성이 적은 것 같아요. 대학원을 진학한 뒤에 다시 취업에 도전 하는 것이 좋을까요?"

결론 먼저 말씀드리자면, **대학원에 진학해 학위를 취득 후 지원하는 것이 학사지원에 비해 반드시 모든 상황에서 메리트가 있다고 보긴 어렵습니다.** 확실히 대학원 과정을 통해 나의 전문성을 기를 수 있습니다. 그러나 최종적으로 취업을 희망한다면, 내가 얻고자 하는 전문성이 회사가 필요로 하는 전문성과 맞는지 확인해볼 필요가 있습니다.

우선 저의 에피소드를 말하자면, 저는 취업 전 대학원 진학을 진지하게 생각하고 있었으며 대학원 진학과 관련하여 여러 교수님들과도 컨택/면접을 보기도 하였습니다. 이유는 아래와 같이 간단했습니다.

"학사로 취업하게 된다면 나랑 경쟁하는 석박사 출신들에 비해 경쟁력이 떨어질 거야. 경쟁력을 기르기 위해서 대학원 학위가 필요해"

그러나 개인적인 사정으로 인해 결국 대학원 대신 취업을 택하게 되었습니다. 그런데 입사 후 약 2년간 직접 차량 내부에서 실제로 계측장비를 통해 데이터를 취득하고 이를 활용해 SW개발자처럼 업무를 해보면서 이러한 저의 생각은 많이 달라지게 되었습니다. 바로 대학원 과정에서는 얻기 어려웠던 **실무에서 체득하는 과정**으로도 충분히 산업에서 요구하는 전문성을 얻을 수 있다고 느꼈기 때문입니다.

물론 대학원을 다님으로써 **학술지를 읽고 정보를 습득하는 능력**이나 과제수행을 통해 산업에서 요구하는 특정 분야에 대한 전문성을 기를 수 있는 곳은 단연 대학원만한 곳이 없을 것입니다.

하지만 그 과정이 단순히 취업시장에서 좀 더 좋은 대우와 연봉을 받으려는 목적이거나, 소위 **자소서에 기재할 스펙 쌓기**를 위해 진학을 고려하는 것이라면 학사에 비해 생각보다 메리트가 많이 없기 때문에 다시 생각해 볼 필요가 있다고 생각합니다.

06 직무에 필요한 역량

1 직무 수행을 위해 필요한 인성 역량

1. 대외적으로 알려진 인성 역량

자동차 분야, 그 중에서도 SW 분야에서의 인성역량을 논하기 전 먼저 인성을 묻는 질문에는 어떻게 답해야 하는가에 대해 논의해보도록 하겠습니다.

제가 봐왔던 많은 취업준비생들이 자기소개서를 아래와 같은 순서로 준비한 경우가 많았습니다.

'내가 무슨활동을 했더라? 기억해 기억해 기억해...'
→ '이 기업이 무슨 인재를 좋아했더라? 내가 했던 활동을 어떻게 하면 기업에 맞게 만들 수 있을까?'

그런데 이와 같은 방식은 활동을 기억하는데 많은 시간이 소비될 뿐만 아니라, 그 활동을 기업이 바라는 인재상에 맞추기 위한 과정도 소요되게 됩니다. 이렇게 되면 흔히 점점 내가 했던 활동들이 **'자소설'**처럼 되어버릴 가능성이 높아지게 됩니다. 저 또한 첫 자기소개서를 쓰는데 있어 위와 같은 방식으로 작성했기 때문에 무려 한 달이라는 시간을 꼬박 자기소개서를 쓰는데 사용했습니다.

다음 방법은 제가 그 이후에 자기소개서를 쓰는데, 또는 제 후배들이 자기소개서에 대한 조언을 구했을 때 했던 방법입니다. 자기소개서를 좀 더 효율적으로 작성하고 자신을 잘 어필하기 위해서 아래와 같은 방법으로 활동을 정리하고, 글을 작성하였습니다. 다만, 저의 경험을 바탕으로 소개하는 방법이며, 본인에게 맞는 더 좋은 방법이 있다면 그 방법을 사용해도 좋습니다.

자기소개서에서 묻는 질문 중 반드시 묻는 두 가지 질문이 있습니다. 질문의 형식은 각 기업마다 다르겠지만 대개 아래와 같이 정리할 수 있습니다. 아래 질문들은 이후 면접까지도 연결되는 질문입니다.

Q1 당신은 많고 많은 회사들 중 왜 하필 우리 회사에 지원을 하였습니까? 꼭 우리 회사가 아니면 안 되는 이유라도 있나요?

Q1은 기업의 핵심가치와 경영방향으로 연결됩니다. **핵심가치**란 기업경영의 철학을 집약적으로 나타내는 단어들을 말하며, 이러한 핵심가치로부터 브랜드 가치 등의 부가가치가 나타나게 됩니다. 또 기업은 이윤창출 목적을 위한 핵심가치를 실현하기 위해 여러 가지 활동들을 하기 때문에 이러한 핵심가치는 기업의 경영 방향과도 연결됩니다.

Q2 우리에게 많고 많은 지원자들 중 왜 당신을 뽑아야 하나요? 우리에게 당신이 반드시 필요하다는 이유라도 있을까요?

Q2는 기업이 추구하는 인재상과 본인의 경험 및 활동으로 연결됩니다. **인재상**은 기업의 목표인 이윤창출과 그를 통해 가치를 꾸준히 생산해낼 수 있는 사람이라고 말할 수 있을 것 같습니다. 그런데 업무를 수행하는데 있어선 비단 위에서 언급한 인재상 뿐만이 아니라 보편적으로 중요하다고 여겨지는 가치들(ex. 전문성추구, 성실함, 진정성 등) 또한 기업 내에서 인재를 채용함에 있어 중요하게 보는 요소들이며, 향후 여러분들이 채용된 이후에도 직접적/간접적으로 업무수행에 있어 말 하되, 가치들이라고 할 수 있습니다. 따라서 위의 가치들을 생각하며 본인의 경험을 풀으시되, 너무 기업이 추구하는 가치에 얽매일 필요는 없습니다.

정리하자면 ①**기업의 핵심가치와 인재상을 먼저 파악한 뒤, ②이를 가장 잘 보여줄 수 있는 본인의 경험과 활동 풀어쓰기**로 요약될 수 있을 것 같습니다. 세부적으로 어떻게 작성 할 것인가에 대해선 뒤의 07 **현직자가 말하는 자소서 작성 팁**에서 좀 더 자세히 다루도록 하겠습니다.

2. 현직자가 중요하게 생각하는 인성 역량

앞서 회사에서 요구하는 인재상이나 핵심가치, 그리고 각 지원자 개인이 가진 각각의 인성역량은 굉장히 다양하기 때문에 어떤 것이 더 낫고 어떤 것이 별로라고 단정 짓기 어렵습니다.

아래에서 말하는 내용들은 저의 개인적인 직무 경험을 바탕으로 중요하다고 판단한 인성 역량들입니다. 어디까지나 제가 현업실무를 직접 겪으면서 성장할 수 있었던 저의 역량을 중심으로 말하는 것이며, '현업 실무자 아무개 씨는 이런 역량을 중요하게 생각하는구나' 정도로만 참하길 바랍니다. 실무를 뛰면서 가장 중요하게 생각했던 역량은 다음과 같습니다.

(1) 의사소통을 통한 협업 역량

개인적으로 제가 신입사원 때부터 현재까지 가장 중요하게 생각하는 가치 중 하나입니다. 위 05 **연차별, 직급별 업무**에서 어떤 연차에 속하더라도 자동차 SW 제어 개발 실무를 함에 있어서 가장 중요시되는 역량이라고 생각합니다.

"의사소통 능력은 어느 회사를 들어가더라도 중요한 역량이지 않나요?"

맞습니다. 하지만 자동차 제어기 SW를 개발함에 있어 이러한 역량이 더더욱 강조되는 이유는 하나의 기능을 변경하거나 도입하더라도 SW 개발에 따른 후속업무(ex. 성능개발 등)를 진행하는 과정에서 반드시 타 부서와의 요구사항 협의가 필수적이기 때문입니다. 또한 제어기 SW는 여타의 SW 개발과 다르게 운전자의 안전에도 직결되는 문제이기 때문에 반드시 팀 내부에서 디자인 리뷰 과정을 거치도록 되어있습니다. 이 과정에서 개발의도와 과정을 팀원들에게 설명하고 이를 통해 설득을 하게 됩니다.

저의 경우 팀에서 수행했던 대다수의 제어개발 업무들은 모두 이러한 의사소통 역량을 바탕으로 진행되었습니다. 저의 에피소드를 하나 말하자면, 제가 가장 처음 받았던 업무 중 타 팀으로부터 충격 저감과 관련된 요구사항을 제어기 SW에 구현해달라는 업무가 있었습니다. 그런데 해당 팀에서 요청한 사항대로 차량 테스트를 해보니 여러 부작용을 발견하게 되었습니다. 이러한 테스트 결과들을 바탕으로 개발팀 내 개발자들과 논의를 하였고, 그 과정에서 나온 의견들을 취합해 요청한 팀에 우려사항을 설명하고 제가 개발한 방안을 제안하였습니다. 이러한 일련의 과정들을 통해 타 팀에서 접수한 요구사항을 만족하면서 우리 팀의 우려사항 또한 방지할 수 있는 절충안으로 합의할 수 있었습니다.

이 업무가 가장 기억에 남는 이유는 아무래도 처음으로 다른 팀 사람들과 소통하고 이를 통해 절충안까지 이끌어내면서 저의 의사소통 역량 또한 크게 키울 수 있었다는 점 때문입니다. 다만 이 과정을 진행하면서 여러 가지 시행착오들을 거쳤기 때문에 약 한 달 정도 기간이 소요되었는데, 만약 이 과정에서 의사소통 능력이 좀 더 뛰어났다면 더 기간을 단축시킬 수 있지 않았을까 하는 아쉬움이 많이 남았습니다.

이렇듯 자동차 제어기 SW의 개발에 있어서 의사소통 역량은 타부서와의 요구사항 협의뿐만 아니라 내부 팀프로젝트 과정이나 개발 SW의 디자인리뷰 과정에서도 두루 사용되는 역량이기 때문에 채용 과정에서도 중요시 보는 역량 중 하나라고 생각됩니다. 면접관들은 입사 전 여러분들이 어느 정도의 의사소통 능력을 가지고 있는지를 여러 질문들을 통해 확인합니다. 질문 중 프로젝트 내 본인의 역할이나 또는 프로젝트를 수행했던 중 어려운 상황을 어떻게 타개했는가에 대한 내용이 바로 이를 확인하기 위한 질문이라고 볼 수 있습니다.

(2) 리더십: 자신만의 업무/프로젝트를 정의하고 그것을 리딩하는 능력

자동차 SW 개발자가 다른 분야의 개발자들과 차별화될 수 있는 가장 큰 특징 중 하나는 바로 본인이 차량 내부의 SW를 직접 설계/개발하고 그것을 실제 차량에 넣어 테스트 할 수 있다는 점입니다. 이는 곧 여타의 개발자들에 비해 차량이 동작하는 특성에 있어 본인의 아이디어를 투영하는 것이 가능하다는 의미와도 같습니다.

회사에서는 이러한 장점을 업무로 확장해 자신의 아이디어를 실제 제품단계까지 실현할 수 있는 사람을 원합니다. 다시 말해 채용 과정에서는 이 사람이 본질적으로 본인의 아이디어를 업무 또는 프로젝트의 레벨로 올리고 그것을 실제 양산과정까지 연결할 수 있는 능력을 가지고 있는지 확인합니다.

아마 이러한 능력은 여러분이 처음 신입사원으로 입사하게 된다면 크게 필요하지 않은 능력일 수도 있습니다. 이 시기에는 열심히 따라가 실무능력을 숙달하고 프로젝트를 FollowUp만 하는 것으로도 벅찬 시기이기 때문입니다. 하지만 시간이 지나고 연차가 올라갔을 때, 회사에서는 실무능력 뿐만이 아니라 프로젝트를 제안하고 그것을 리딩할 수 있는 능력도 보기 시작합니다. 그렇기 때문에 채용과정에서는 지원자가 학교나 이전 직장에서 실제 프로젝트나 과제를 리딩/팔로우하면서 어떤 역할을 수행했는지 그 과정을 많이 묻습니다.

(3) 시행착오의 과정에서 끊임없이 배우고자 하는 열망과 노력

아마도 연구개발을 함에 있어선 공통적으로 필요한 역량이지 않을까 싶습니다. 여러분들 중 대부분이 제어기 SW 실무를 할 때 개발과 테스트를 가장 많이 하게 될 것입니다. 같은 현업 개발자 분들 대다수가 가장 많이 공감하는 어려움 중 하나가 바로 **디버깅 과정**에서 발생하는 여러 가지 시행착오의 과정입니다. 실제로 해당 SW에 버그가 있다는 것은 알고 있지만 어떤 부분이 잘못되어 버그가 발생한 것인지, 그리고 그것이 정말 버그의 원인인지 밝혀내기 위해 여러 가지 테스트와 가설검증을 수행해야 하기 때문입니다.

더불어 최근 전자제어 SW와 기능개발 요구가 늘어남과 동시에 자동차 산업 자체가 격변의 시기를 맞으면서 제어기 SW 개발자가 알고 있어야 하는 지식의 범위가 이전보다 훨씬 더 넓어지게 되었습니다. 그렇기 때문에 채용 과정에서는 현업에 있더라도 언제든지 대학교/대학원 수준의 전공지식들을 계속 익히고 배울 준비가 되어있는 사람을 채용하고자 합니다.

2 직무 수행을 위해 필요한 전공 역량

저는 기계공학과를 졸업했습니다. 그러나 제가 졸업한 전공을 리뷰하기 보다는 실무에서 가장 중요하게 여겨지거나 많이 사용되는 전공지식의 일부를 여러분께 소개하고자 합니다.

이전 03 **주요 업무** TOP 3에서 요구사항을 기반으로 어떻게 제어기 SW가 개발되고 또 테스트되는지 그 일련의 과정을 예시를 통해 설명했습니다. 이와 같이 어떤 요구사항을 바탕으로 실제 SW로 구현하기까지의 과정을 다룬 학문을 **요구공학**이라고 부릅니다. 이러한 요구공학에서 실제 제어기 SW를 설계하거나 디버깅하는데 있어 가장 많이, 중요하게 다루어지는 전공 역량들이 어떤 것들이 있는지에 대해 소개하도록 하겠습니다.

1. 관련분야 기초전공 및 심화전공 수강

- **관련 전공과목 : 프로그래밍 기초, 제어공학, 동역학, 차량동역학, 계측공학, 회로이론, 전자기학, 신호 및 시스템**

앞서 말씀드린 것처럼 입사한 뒤 제어기 SW 개발 업무를 수행하기 위해 여러 교육들을 통해 개발 지식을 배우게 됩니다. 그렇기 때문에 대학교에서 수강하는 기초 **전공과목들의 복기를 통해 이론을 숙지하는 것**이 중요하다고 말씀드리고 싶습니다. 특히 기계과라면 4대역학 중 동역학과 더불어 제어공학에 대한 기본개념을 잘 이해하는 것이 중요하다고 말하고 싶습니다.

더불어 심화전공에 대한 과목도 수강을 권장합니다. 보통 제어나 동역학 관련 과목의 심화전공은 대개 4학년 때 열리는데, 이러한 과목들에 대한 수강이 전공역량을 평가함에 있어 꾸준한 관심의 척도와 동시에 전문성을 어필할 수 있는 좋은 수단이 되기 때문입니다.

2. 연구개발 프로젝트 경험

제어기 SW 개발 업무의 전공역량은 위에서 말한 전공지식들을 제대로 숙지하는 것뿐만 아니라 실제 연구개발 프로젝트에 참여해 주어진 연구과제에 대해 연구를 수행하고 이를 토대로 결과를 내는 것도 중요하게 여겨집니다. 실제 채용 과정에서 전공과목과 학점을 통해선 그 과목에 대한 관심도와 성실성에 대한 척도로 많이 활용하며, 연구개발 프로젝트의 경험은 전공의 활용과 프로그래밍 능력에 대한 간접적인 물음으로 이어집니다. 따라서 전공역량을 더 많이 어필하기 위해서 연구개발 프로젝트에 참여한 경험을 서술하는 것이 필요합니다.

연구개발 프로젝트에 참여한 경험이 없다고 한다면 실험이나 전공 팀 프로젝트에 참여했던 경험을 서술하는 것도 좋습니다. 다만 앞에서 말한 인성역량과 다른 방향으로 서술하는 것이 필요한데 본인이 과제를 수행함에 있어 어떤 전공역량을 살려 주어진 과제를 어떻게 해결했고, 그 결과가 무엇인지에 대해 설명할 수 있는 것이 필요합니다.

3 필수는 아니지만 있으면 도움이 되는 역량

앞에서 말한 전공이나 인성역량과는 별개로 제가 개인적으로 직장생활을 해보면서 부족해서 늘 아쉬웠거나 또는 가지고 있어 도움이 되었던 능력들을 아래와 같이 선정해 보았습니다.

1. 체력

"이루고 싶은 게 있다면 체력을 먼저 길러라." - from 미생

제가 취업준비 및 인턴생활을 하면서 자주 봤던 드라마인 '미생'의 한 장면입니다. 인턴 장그래가 아침운동을 하면서 어떤 일을 하기 전 체력을 기르라는 바둑 스승의 조언을 떠올리는 장면인데요. 체력은 여러분이 취업을 준비하는 지금뿐만 아니라 취업 이후에도 출장이나 테스트 등 일을 하는데 가장 중요한 역량 중 하나라고 생각합니다.

2. 시간관리 능력

"직장인에게 시간은 중요한 자원이다. 취준생에게 있어 시간은 더욱더 중요한 자원이다."

제가 취업준비를 하면서, 그리고 지금 회사 생활을 하면서 가장 많이 느낀 점 중 하나입니다. 개인적으로 취업 준비를 하면서 하반기에 여러 기업의 모집공고가 여유 있게 나왔다고 생각했다가도 어느새 보면 공고 마감날짜가 훌쩍 다가온 경우도 참 많았던 것 같습니다.

저와 같이 취업을 준비했던 주변인 대부분이 공고 마감일을 기준으로 계획을 짜는 경우가 많았습니다. 그런데 이와 같이 계획을 짜게 되면 시간이 더욱 부족하다고 느낄 수 있습니다. 학교를 다니면서 취업 준비를 하거나 또는 수료/졸업한 상태에서 준비를 할 때 여러 가지 일들이 병행하게 되는 경우가 많습니다(ex. 학교 과제, 자격증 공부 등). 그렇기 때문에 취업 준비를 한다는 것은 여러 일들과 같이 병행하더라도 효율적으로 계획을 세우고 본인의 시간을 잘 관리할 줄 아는 능력을 많이 요구합니다.

07 현직자가 말하는 자소서 팁

자기소개서는 면접 전 서면으로 나를 소개하는 글입니다. 내가 어떤 사람이며 어떤 역량을 가지고 있기 때문에 이 직무에 적합하다는 것을 설명하는 글이기도 합니다. 그렇게 때문에 모두가 좋은 자소서를 써서 면접관에게 자기 자신을 어필하고 싶어 합니다. 제어시스템 SW 개발 직무지원자로서 나의 역량을 효과적으로 어필할 수 있는 방법에는 어떤 것들이 있을까요? 저는 본인의 경험 중 갈등이나 어려움을 해결했던 경험을 중심으로 본인의 역량을 어필하는 방법을 적극 권장합니다.

갈등이나 어려움을 해결했던 경험을 중심으로
프로젝트 경험을 통한 나의 역량 어필하기

연애를 하는데 있어서 사람들이 가장 많이 하는 조언 중 하나로 상대방과 서로 갈등이 있을 때 상대방의 행동을 보면 상대방을 알 수 있다는 말이 있습니다. 어려운 상황속에서나 갈등 상황에서 그 사람의 본성을 잘 파악할 수 있기 때문입니다. 마찬가지로 회사에서도 단순히 공부를 잘하고 성실히 한 사람보다는 프로젝트를 진행하면서 겪었던 어려움과 힘듦에 대한 에피소드를 가진 사람을 더욱 선호합니다. 에피소드에서 지원자가 했던 행동과 그 이유에 대한 이야기를 들으면서 해당 지원자에 대해 더욱 종합적으로 평가할 수 있기 때문입니다.

특히나 제어시스템 SW 개발 직무의 업무는 프로젝트 특성 상 여러 부서와 다양한 인원들 간의 **협업과 소통**을 필수적으로 요구합니다. 대부분 조별과제나 프로젝트 등을 진행하면서 다른 구성원과의 협업이나 소통에 있어 어려움을 겪었던 경험이 있을 텐데, 그 갈등에 대한 대응과정을 중심으로 서술하면 좋을 것 같습니다. 더불어 이러한 어려움을 극복하는 과정에서 본인의 생각과 경험을 자세히 서술하고 그에 따른 자신의 역량과 강점을 명확히 드러내는 것이 좋습니다.

아래에 제가 실제 제출한 자기소개서의 내용 중 일부를 소개하면서 마무리하도록 하겠습니다.

참고 실제 현직자가 작성한 자소서 예시

Q. 당신은 어떤 사람인가요? 당신을 가장 잘 표현할 수 있는 하나의 단어를 선택하고 그 이유를 경험적 사례를 바탕으로 설명해주세요.

[Navigate: 호기심과 열정으로 미지의 영역을 개척하는 탐험가]

저는 제 자신이 탐험가와 같다고 생각합니다. 탐험가는 호기심과 열정으로 미지의 영역에 대해서 새로운 목표를 세워 도전하고 어려움을 극복하면서 마침내 미지의 영역을 개척합니다. 이렇게 새로운 목표를 세우고 이를 성취하면서 기쁨을 느끼는 탐험가의 모습이 저와 많이 닮았다고 생각합니다. 저는 대학 생활동안 제 자신을 발전시키고 싶어 여러 가지 활동들에 도전하였습니다. 그리고 그로부터 느꼈던 성취감과 자신감은 제 자신을 성장시키는 원동력으로 발전하였습니다.

2학년 여름방학동안 저는 XX경진대회에서 팀장으로 활동하였습니다. 이제껏 했던 이론적인 공부뿐만이 아니라 실제 제품을 기획부터 디자인을 거쳐 시장에 내놓기까지의 과정을 경험하고 싶었기 때문입니다. 그러나 처음 도전한 공모전에서 시중에 나와 있는 제품들에 준하는 수준의 시제품을 단기간에 구성하는 것은 어려웠습니다. 이 때문에 팀 내 진행이 많이 늦어졌고 팀원들은 진행이 많이 이루어진 다른 팀들과 비교를 하며 실의에 빠져 있었습니다.

저는 정체된 팀원들이 다시 능동적으로 활동하도록 방향을 제시하는 역할을 하였습니다. 먼저 긍정적인 말로 팀원들을 격려해 팀의 사기를 다시 올렸습니다. 또한 제품디자인을 위해 매주 회의마다 팀원들에게 해외의 화재용품들을 각자 하나씩 조사한 후 의견을 내자는 아이디어를 냈습니다. 이렇게 팀원들의 협력을 이끌어냄으로써 차별화된 제품을 설계할 수 있었습니다.

… (중략) …

저는 지금도 현재의 모습에서 좀 더 발전하기 위해 도전하고 있습니다. 호기심과 열정으로 미지의 영역에 대해서 새로운 목표를 세우고 이를 성취하면서 기쁨을 느끼는 것이 바로 저의 모습입니다.

08 현직자가 말하는 면접 팁

자 이제 여러분들은 채용의 꽃, 면접단계까지 왔습니다. 최근 수시채용이 확대되면서 이전과 다르게 다양한 방식의 면접이 진행되고 있습니다. 이번 장에서는 말씀드리는 내용은 제어시스템 SW 개발 직무의 면접을 준비함에 있어 도움이 될 수 있는 면접 노하우에 대해서 말씀드리도록 하겠습니다.

1 1분 자기소개: 간단하고도 강력하게 나를 어필할 수 있는 가장 좋은 방법

앞서 거듭 강조했던 바와 같이 직무면접 질문의 대부분이 자기소개서로부터 나옵니다. 많은 면접 질문들이 자기소개서에서 다루었던 경험들, 그리고 그 경험들에 대해 세부적으로 질문하고 파고드는 것들로 구성됩니다.

여기서 저는 **1분 자기소개**를 소개하고자 합니다. 1분 자기소개에서는 본인이 자기소개서에서 어필한 본인의 역량과 강점을 압축시켜 단시간 내 표현하게 됩니다. 더불어 1분 자기소개를 시키지 않더라도 아래 질문들에 대한 답변으로도 활용 가능합니다.

1. 지원자가 중요하게 여기는 가치관이란?
2. 지원자가 가장 인상 깊게 여겼던 경험은?
3. 지원자가 지원한 직무와 적합하다고 생각하는 이유는?
4. 지원한 직무는 왜 중요한가?
5. 지원자가 지원하기 전 해왔던 노력은 무엇인가?
6. 면접을 마무리하기 전 하고 싶은 말

따라서 위 질문들에 대한 답변을 모두 포함할 수 있는 1분 자기소개를 만드는 것이 중요합니다. 개인적인 팁을 제시하자면 저는 1분 자기소개를 아래와 같이 구성하였습니다. 이때 강점과 직무 관련 경험은 지원자가 중요하게 생각하는(혹은 지원한 회사에서 중요하게 생각하는) 경험과 역량 두 개를 선택하여 각각 한두 줄 이내로 서술하였습니다.

참고 실제 현직자의 1분 자기소개 예시

안녕하세요. 저는 OO기업에서 XX라는 목표를 향해 만들어가고 싶은 엔지니어입니다! 저는 OO기업에서 이러한 목표를 이루기 위한 두 가지 강점을 가지고 있습니다.

첫 번째로 저에게는 진취적인 전문성이 있습니다. 저는 학부연구생 과정을 통해 차량 제어전략에 관해 팀원들과의 끊임없는 탐구와 토의로 시뮬레이터를 성공적으로 구현한 경험이 있습니다. 이 같은 전문성을 바탕으로 XX라는 목표를 이루겠습니다.

두 번째로 저는 소통과 협동을 통해 위기를 극복한 경험이 있습니다. 교내 공모전에서 팀장으로 프로젝트를 진행하던 도중 어려움을 겪었을 때 팀원들과 어려움에 대해 적극적으로 의견을 수렴하였고 이를 통해 차별화된 제품을 만들 수 있었습니다. 이 같은 소통과 협동성을 입사 후 각종 프로젝트를 진행하면서 발휘하고 싶습니다.

이러한 진취적인 전문성과 소통을 통한 협동으로 앞으로 OO기업이 세계 최고수준의 기술을 선도할 수 있도록 성장하겠습니다. 감사합니다.

2 경험에 대한 깊이 있는 질문에 대한 답변 준비하기(feat. 면접 연습법)

면접에서 대부분의 시간을 차지하는 것이 바로 지원자의 '경험'에 대한 깊이 있는 질문과 답변의 반복이라고 해도 과언이 아닐 것 입니다. 제가 실제 면접에서 받았던 질문은 대학생 당시 활동했던 여러 프로젝트들 내에서의 역할과 그를 통해 얻을 수 있었던, 또는 발휘하였던 역량에 대해 묻는 질문들이 대부분이었습니다.

참고 현직자의 면접 복기 내용

Q1. "본인이 목표를 가지고 성취했던 활동을 두 개 내지 세 개 정도 말해주세요."
A1. "첫 번째로는 A활동이 있습니다. 이 활동은 XX제품을 실제 팀원들과 함께 공학적인 접근을 통해 개선한 활동이었고 이를 통해서 협업과 소통에 대한 경험을 얻을 수 있었습니다. 두 번째로는 B활동이 있습니다. 이는 …(이하 생략)"

Q1-1. "A활동에서 본인의 역할은 무엇이었나요?"
A1-1. "A활동에서 저는 팀의 리더로서 전반적인 프로젝트 일정을 관리하고 리드하는 역할을 수행했습니다. … (이하 생략) …"

Q1-2. "AA활동을 수행함에 있어 어려운 점이 있으셨나요? 이를 어떻게 극복하였을까요?"
A1-2. … (이하 생략) …

Q2. "본인이 이러한 활동들을 통해 얻을 수 있었던 역량은 무엇인가요?"
A2. "시간 관리에 대한 노하우입니다. 중간중간 계획한 일정에서 추가되는 업무들이 생겼을 때 어떻게 대처를 하는가에 대해 알 수 있었습니다."

Q2-1. "본인의 시간관리 노하우에 대해 말해주세요."
A2-1. (이하 생략)

이렇게 하나의 활동에 대해 꼬리 물기 방식으로 질문함으로써 깊이 있는 대답을 유도합니다. 따라서 1분 자기소개를 할 때, 이전에 했던 활동을 기억하면서 이러한 깊이 있는 질문을 대처하는 방법을 준비하는 것도 필요합니다. 이러한 질문에 대한 답변을 준비할 때 사용한 저의 면접 노하우를 공유하겠습니다.

● **상상면접기법: 혼자 자기소개서 들고 스스로 질문-답변 반복하기**

혹시 배우들이 연극이나 드라마를 촬영하기 전 대본을 들고 읽으면서 극중 상황과 감정에 몰입하는 모습을 본 적이 있나요? 상상면접기법은 드라마를 촬영하는 것과 같이 상상하면서 대본을 읽는 배우들처럼 여러분이 현재 면접을 보고 있는 상황이라고 상상하면서 질문과 답변을 반복하는 방법입니다.

아래는 제가 취업준비 때 상상면접기법을 통해 만들었던 예상 질문과 답변들입니다. 먼저 자기소개서를 보면서 면접관이 궁금해할 것 같은 하나의 큰 질문을 만들고 스스로 답변합니다. 답변하는 과정에서 나오는 여러 꼬리 질문들을 스스로 되물어보면서 답변을 정리합니다. 혹시 대답 도중에 막히거나 생각이 잘 나지 않는다면 다시 자기소개서를 보면서 관련 내용을 찾은 뒤 해당 내용을 읽으면서 연습하면 됩니다.

참고 상상면접기법을 통해 만들었던 예상 질문

1. 학부연구생 기간 동안 연구했던 사례들 중 특히 가장 기억에 남았던 연구사례가 있었을까요?

1.1 전자공학과 프로그래밍에 대한 지식을 쌓았다고 했는데 이 연구와 연관된 본인이 했던 노력이 있었나요?

1.2 연구 과정에서 만난 어려움 중 특별히 기억에 남는 어려움이 있었을까요? 왜 그게 가장 기억에 남는 어려움이었나요?

2. 지원한 회사에서 이루고 싶은 목표가 있을까요?

2.1 해당 분야는 본인이 지금까지 했던 분야와 조금 다른 분야인데 그럼에도 이 분야를 선택해 지원한 이유는 무엇인가요?

2.2 이 분야에서 일을 하게 된다면 예상되는 어려움은 어떤 것들이 있을까요? 그런 어려움들을 어떻게 해결해 나갈 생각이신가요?

09 미리 알아두면 좋은 정보

1 취업 준비가 처음인데, 어떤 것부터 준비하면 좋을까?

처음 취업을 준비하는 단계에서는 준비해야 할 것이 굉장히 많아 보입니다. 당장 내가 취업을 원하는, 또는 할 수 있는 분야가 어떤 것인지도 아직 결정이 안 되었을 뿐더러 그 결정이 맞는 선택인지도 확신할 수 없지요. 또 자기소개서를 본격적으로 쓰기 전 준비해야 하는 것들이 어떤 것이 있는지도 파악하기 어렵습니다. 따라서 이번 장에서는 처음 취업을 준비하는 분들이 본인의 분야를 선택하고 준비할 때 미리 알면 좋은 팁을 말하겠습니다.

1. 나에게 맞는 직무 분야 결정하기

앞서 저의 취업 Story에서 말했듯이 취업을 준비할 때에는 본인이 가장 관심 있고 잘하는 직무 분야를 정하고 자기소개와 면접을 준비하는 것이 중요합니다. 이 글을 보는 분들은 이르면 3학년, 또는 졸업을 앞둔 분일텐데, 이때는 본인이 앞으로 들을 과목이나 또는 들었던 과목들을 정리해보는 것을 적극 추천합니다.

대학교에서 가르치는 전공과목들은 가장 기본이 되는 전공과목과 기본 전공과목을 좀 더 심화/확장시킨 과목들로 구분 할 수 있습니다. 여기서 중요한 것은 가장 기본이 되는 전공과목들입니다. 제어시스템 SW 직무를 지원하는 학생들의 주요학과인 기계/전자전기 분야에서 기본 전공과목은 아래와 같습니다.

- **기계:** 열역학, 고체역학, 유체역학, 동역학
- **전자전기:** 전력, 회로설계, 반도체 및 디스플레이, 통신 및 신호처리, 디지털 및 컴퓨터, 제어

나머지 심화/확장 과목들은 위 기본 전공과목들을 좀 더 심화하거나 확장시킨 것과 같습니다. 그렇기 때문에 위의 기본 전공과목에 따라 본인이 수강했던(또는 수강예정인) 과목과 학점을 분류한다면 자신이 좋아하고, 잘하는 분야가 어떤 분야인지 확인할 수 있게 됩니다.

2. 대내/대외활동 및 과제 프로젝트 결과물 정리하기

취업을 준비하기 전, 반드시 그동안 했던 대내/대외 활동들과 실험과목과 같이 팀 프로젝트로 수행했던 과제들의 결과물을 대해 정리하는 것이 필요합니다. 많이 할 것 없이 구글 드라이브나 또는 네이버 클라우드로 흩어져있던 결과물들을 모아 분류하고, 그중에서 가장 중요한 결과물만 기록으로 남겨두면 됩니다.

더불어 결과물을 정리하면서 본인이 이 결과물을 내기 위해 수행한 역할과 어려웠던 점도 간단히 메모로 남겨두는 것이 좋습니다. 이렇게 메모로 남겨두는 이유는 자기소개서나 면접 준비 시 예상 질문에 대한 대비를 하기 위함입니다. 보통 자기소개서를 쓰거나 면접 직전에 본인이 했던 결과물을 다시 꺼내보면서 그날의 기억을 복기하는데, 이렇게 할 경우 세세한 부분까지 잘 기억하지 못할뿐더러 잘못된 기억을 불러올 수도 있기 때문에 자칫 의도치 않게 거짓말을 하게 될 수도 있습니다. 그렇기 때문에 더더욱 정리를 하면서 간단하게라도 메모를 하는 것을 권장합니다.

2 현직자가 참고하는 사이트와 업무 팁

취업을 준비하다보면 기업이나 직무와 연관된 전문적인 정보를 얻고 싶은 경우가 있습니다. 대부분 직무에 대한 전문성을 어필하기 위함인데요. 아래에서는 제가 전공지식이나 전문성과 관련하여 유용하게 사용하는 사이트와 정보처들을 추천하고자 합니다.

1. 직무 세부 전공지식: 정보처리기사 및 그린전동자동차기사 수험서

위 수험서와 자격증 목록은 제가 예전 1~2년차 였을 때 관련분야의 전공지식을 빠르게 습득하기 위해 공부했던 것들입니다. 빠르게 관련분야 지식을 얻어야 하는 취업준비생에게 정보처리기사와 그린전동자동차기사의 수험서가 요약된 직무지식을 전달해줄 수 있는 좋은 수단이 될 수 있습니다.

다만, 취업을 위해 반드시 위 두 개의 자격증이 필요하다는 것을 강조하는 것이 아닙니다. 이러한 수험서를 활용하는 이유는 실제 현업에서 어떤 업무를 하는지 궁금하거나, 자기소개서 작성 시 용어선택에 있어 도움을 받기 위함입니다. 실제로 그린전동자동차기사와 정보처리기사에서 나오는 대부분의 내용과 용어들은 실제 현업에서도 업무를 수행하면서 빈번히 사용하는 업무지식들로 이루어져 있습니다. 수험서를 보지 않고 모르는 부분에 대해선 구글링하는 것만으로도 충분하나, 본인이 전공지식을 빠르게 훑고 싶다면 수험서 중 본인의 직무분야와 관련된 부분만 참고해보는 것도 좋은 선택이 될 수 있습니다.

2. 회사동향 정보: 각 회사의 지속가능보고서

내가 지원하려는 회사가 어떤 회사인지 JD(Job Description) 내용만으로 부족하다면, 각 회사에서 매해 배포하는 지속가능보고서(또는 ESG보고서)를 참고하는 것이 좋습니다. 지속가능보고서는 ESG 경영[25]의 일환으로 회사의 재무구조 및 실적에 대한 소개와 더불어, 회사의 경영방침 및 미래전략에 대해서도 종합적으로 소개하는 것을 목적으로 쓰인 보고서입니다. 따라서 ESG보고서를 읽기만 하더라도 회사에서 추구하는 전략과 비전을 어느 정도 볼 수 있으며, 이를 중심으로 몇몇 중요한 키워드들을 익히는 데에도 큰 도움을 받을 수 있습니다.

또한 ESG보고서는 내부직원 및 인력과 관련된 부분도 다루기 때문에 기업문화나 노사관계, 나아가 회사의 문화나 업무환경을 볼 수 있는 창구이기도 합니다. 이는 취업을 희망하는 이 기업이 좋은 기업인지 판단하는 데에도 도움을 줍니다.

25 Environment, Social, Governance의 약자로 기업경영에서 지속가능성을 달성하기 위한 핵심요소

3. 기타 참고처

보통 회사들은 본인들의 자사브랜드나 보유기술을 소개하는 홈페이지도 따로 구성하고 있습니다. 예를 들어, 삼성전자와 현대자동차는 브랜드 스토리라는 코너를 만들어 자사의 브랜드에 대한 소개를 하고 있습니다. 이 부분에서는 제품 브랜드에 대한 철학과 더불어 브랜드를 만들기 위한 기술들도 같이 소개하고 있습니다. 따라서 위의 ESG보고서만으로 부족한 경우, 이와 같이 브랜드나 보유기술을 소개한 홈페이지를 참고하는 것도 좋습니다.

3 현직자가 전하는 개인적인 조언

처음 취업을 준비하면서 가장 힘들었던 점을 떠올려보면 남과 나를 비교하며 취업을 준비하기도 전에 한없이 자괴감에 빠져드는 것이었습니다. 그전까지 나름 열심히 해왔고 또 잘해왔다고 생각했는데도 막상 다른 사람들이 했던 결과를 보면 내 결과가 한없이 초라해 보였던 거지요. 각종 구인구직 사이트에서 예시로 올라온 자기소개서를 보다 보면 내가 지금 이 회사를 쓸 자격이 있는가에 대한 회의감이 생기기도 했습니다.

그런데 힘들게 서류전형에 합격한 뒤, 모의면접을 진행해보면서 이런 걱정과 고민을 나만하는 것이 아님을 느꼈습니다. 면접 이후 피드백을 주고받는 과정에서 '내가 다른 사람보다 실력이 부족해서 떨어지는 것은 아닐까?'와 같이 불안한 마음을 가지게 되었습니다. 심지어 대외 공모전에서 대상을 입상했던 분도, 그리고 학점이 매우 뛰어나 학과생활에서 두각을 드러냈던 친구도 똑같이 말이지요.

저는 여러분께 취업을 준비하는 과정에서 **남과 나를 비교하지 말고 온전히 나 자신에게 집중하라**는 말을 하고 싶습니다. 뛰어난 스펙을 가졌다고 해서 반드시 면접에 붙으리라는 법도 없으며, 면접과 서류에서의 기준은 실로 다양하기에 하나의 기준으로만 평가할 수 없기 때문입니다. 그렇기 때문에 주변상황을

신경 쓰지 않고 본인의 역량과 강점을 어필하는 데에만 온전히 집중했으면 합니다.

취업 준비는 수능이 아닙니다. 수능은 점수와 등급이라는 단일 기준으로 수험생들을 평가하지만, 취업은 직무에서 요구되는 능력에 걸맞은 다양한 역량들을 필요로 합니다. 그렇기 때문에 취업을 준비할 때, 내 스펙이 남들에 비해 초라해 보인다고 위축되거나, 반대로 남들보다 뛰어나다고 자만하지 않도록 하길 바랍니다.

10 현직자가 많이 쓰는 용어

1 익혀두면 좋은 용어

아래에는 전동화시스템과 직접적인 관련이 있는 용어들을 선별하였습니다. 파워트레인 및 전동화시스템 SW를 개발함에 있어 아래의 용어들은 기본적으로 모든 현직자들이 숙지해야 하는 용어들이거나, 취업준비생들이 알아야 하는 용어에 한해 간추려 보았습니다.

아래는 익혀두면 좋은 용어를 선정할 때 사용하였던 기준입니다.

- **전동화시스템 SW 개발 및 관리 시, 각 실무자들 사이에서 공통적으로 많이 사용되는 용어**
- **전동화시스템(ex. 전력변환장치 등) SW 개발 시, 직접적인 연관이 있는 기술적 용어들**

1. PT 주석 1

Powertrain의 약자로 차량이 동작하는데 필요한 동력원을 전달하거나 공급하는 액추에이터 부품을 의미합니다. 엔진, 모터, 변속기가 대표적인 PT 부품입니다.

2. PE 주석 2

Power Electric의 약자로 차량 내 전원을 공급하거나 전력변환을 수행하는 부품을 의미합니다. 인버터, 컨버터, 배터리, OBC가 대표적인 PE 부품입니다.

3. ISG 주석 3

Integrated Starter Generator의 약자입니다. 내연기관 차량에서는 첫 시동 시 엔진 시동을 도우는 역할을 하며, 전동화 차량에서는 엔진 시동 역할 뿐만 아니라 배터리 충전의 역할도 수행합니다.

4. SOC 주석 4

State Of Charge의 약자입니다. 배터리에 현재 남아있는 잔존용량으로 정의되며 여러분이 사용하는 핸드폰의 퍼센트(%)를 떠올리면 됩니다.

5. 인버터 주석 5

DC(직류) 성분을 AC(교류)로 변환하는 장치입니다. 전원 주파수를 바꾸는 PWM 제어를 통해 최종적으로 모터의 속도와 토크를 제어하는 역할을 수행합니다.

6. 컨버터 주석 6

컨버터는 두 가지 뜻이 있습니다. 고전압을 저전압으로 변경하는 장치를 지칭할 수도 있으며, AC(교류)를 DC(직류)로 변환하는 장치를 지칭할 수도 있습니다. 여기서의 컨버터는 전자의 의미에 더 가깝습니다. 배터리 고전압을 모터가 사용하기 적절한 저전압으로 변경하는 역할을 수행하며, 전류방식은 DC로 동일하기 때문에 Low DC-DC 컨버터라고도 부릅니다.

7. OBC 주석 7

On-board Charger의 약자로 저전압의 공급 장치에서 고전압의 차량 배터리로 전원을 공급할 수 있도록 전압을 변환하는 역할을 수행하는 부품입니다.

8. ICCU 주석 8

Integrated Charging Control Unit의 약자로 기존 OBC의 역할을 수행할 뿐만 아니라, 반대로 차량배터리를 통해 외부 전원장치의 전원을 공급할 수 있도록 전압을 변환하는 역할을 수행하는 부품입니다.

9. 급속충전 주석 9

DC 충전방식이라고도 불리며 차량 배터리에 맞는 고전압의 DC 전류를 직접 입력받는 방식입니다. 빠르게 충전 가능하나 특정 충전장치로만 수행 가능하고 빠른 충전에 따른 배터리 온도상승으로 열화가 발생할 수 있다는 단점이 있습니다.

10. 완속충전 주석 10

AC 충전방식이라고도 불리며 OBC 또는 ICCU를 통해 평상시 가정용 전원 입력을 통해 전기차를 충전하는 방식입니다. 급속충전에 비해 어디에서든 충전이 가능다하나 충전시간이 오래 걸린다는 단점이 있습니다.

11. V2L 주석 11

Vehicle to Load의 약자로 전동화 차량 외부로 배터리의 전력을 사용할 수 있는 시스템을 의미합니다.

12. 운전성(Drivability) 주석 17

운전을 하면서 운전자가 느끼는 승차감을 의미합니다. 예를 들어 악셀을 살짝만 밟았는데도 차가 급가속을 하거나, 또는 2단에서 1단으로 변속되면서 변속충격과 같은 불쾌한 감각을 느꼈다면 이를 두고 '운전성이 나쁘다'라고 말합니다. 따라서 업무를 할 때 운전 테스터가 운전을 하면서 느끼는 승차감에서 불쾌감을 느끼진 않는지에 대해 테스트를 수행하고(주관적으로), 불쾌감을 느낀 부분에 대해 로직을 개선하는 역할을 수행합니다.

13. 캘리브레이션(Calibration) 주석 18

사전적 용어로 '교정', '보정'이라는 뜻을 가지고 있습니다. 제어로직 내에서 테스트를 통한 파라미터 값 조정을 통해 특정 사양이 주어진 목표성능을 만족하고 최적의 성능을 낼 수 있도록 조정하는 것을 의미합니다.

14. 매핑(Mapping) 주석 19

위 13번의 Calibration과 동일한 의미로 특히 맵으로 구성된 파라미터의 값을 조정해 목표한 성능을 만족하는 행위를 뜻합니다.

15. 액츄에이터 주석 20

제어기가 제어 SW를 통해 최종적으로 제어를 수행하고 하는 HW를 의미합니다. 대부분의 제어기는 액츄에이터를 가지고 있으나, 일부 액츄에이터를 가지지 않고 제어기간의 협조제어 및 판단만을 관장하는 역할을 하는 제어기도 있습니다.

16. 메인 릴레이(Main Relay) 주석 21

부품과 배터리 간 전원 공급 및 차단을 수행하는 장비입니다. 차량 내부의 시동 ON/OFF에도 사용됩니다.

17. 커버리지(Coverage) 주석 22

전체 SW를 검증할 수 있는 범위를 말합니다. 커버리지가 높을수록 높은 수준의 검증을 수행한다고 말할 수 있습니다.

18. 회생제동(Regenerative Brake) 주석 23

달리는 차량에 제동력을 가했을 때 제동으로 인한 운동에너지 일부를 전기적 에너지로 변환시켜 배터리를 충전시키는 기술을 의미합니다. 차량의 주행은 (+)방향인데 비해 제동력(토크)의 방향은 (–)가 되어 파워는 (–)로, 구동할 때와 반대로 배터리를 충전시키게 됩니다. 전동화 차량(HEV/EV)가 내연기관차에 비해 높은 연비를 낼 수 있도록 도와주는 기술이기도 합니다.

19. 제로백(0 to 100) 주석 24

정지 상태에서 100km/h까지 가속하는데 걸리는 시간을 의미합니다.

2 현직자가 추천하지 않는 용어

아래 단어들을 보면 대부분 내연기관쪽 용어인 것을 확인할 수 있습니다. 업무를 할 때 이 용어들을 알아두어야 원활한 업무가 가능합니다. 다시 말해, 아래 용어들 또한 업무를 앞으로 함에 있어 매우 중요합니다.

다만, 전동화 직무는 내연기관이 메인이 아닌 차량을 개발하는 업무이기 때문에 이 용어에 대한 우선순위가 앞서 말씀드린 용어들보다 조금 떨어진다고 할 수 있습니다.

다음 아래는 추천하지 않은 용어를 선정함에 사용하였던 기준입니다.

- **전동화가 아닌 기존의 PT/PE 시스템과 관련된 기술적 용어들**

20. 노킹(Knocking) 주석 12

노킹은 플러그 불량이나 너무 높은 압축비 등으로 인해 엔진 실린더에 결함이 발생했을 때 발생하는 현상으로 엔진 제어에서 예방해야 할 주요 사항 중 하나입니다. 마치 실린더를 금속망치로 노크하는 것과 같은 소리가 난다고 해서 노킹이라는 이름이 붙었습니다.

21. 지각/진각 제어 주석 13

엔진의 점화타이밍을 늦출지(지각) 혹은 일찍 당길지(진각)를 결정하는 제어입니다. 점화 타이밍을 지각시킬 경우 엔진의 출력은 낮아지나 연소되는 연료량이 적어지기 때문에 상대적으로 배출물이 적어진단 장점이 있습니다. 점화 타이밍을 진각시킬 경우 지각시킨 경우와 반대로 출력이 높아지고 그만큼 배출물이 많아진다는 특징이 있습니다.

22. 냉시동 제어(Cold Start) 주석 14

겨울철과 같이 추운 날씨이거나 기압이 낮은 고지대더라도 엔진이 제대로 시동이 걸리고 정상 작동하도록 수행하는 제어를 의미합니다. 냉간 시동이 제대로 이루어지지 않을 경우 배기가스를 저감시키는 촉매의 온도가 제대로 상승하지 않아 배출가스가 다량으로 발생한다는 문제가 있습니다.

23. 람다 제어 주석 15

연비 제어라고도 불리며 연료와 공기비가 항상 1.4 : 1을 유지함으로써, 가장 최상의 연비와 최저의 배출가스를 엔진이 낼 수 있도록 제어하는 제어전략을 의미합니다.

24. OBD-II 주석 16

On-board Diagnosis의 약자로 현재 차량의 고장과 배출가스의 상태를 진단하고 그 결과에 대해 알려주는 일련의 표준 진단 시스템을 의미합니다.

11 현직자가 말하는 경험담

1 저자의 개인적인 경험

신입사원 당시 어떤 것을 가장 많이 느꼈는지에 대한 질문을 받으면 항상 했던 말이 있었습니다.

"대학교 때 배웠던 내용이 정말 많았다고 생각했는데,
지난 4년 동안 배웠던 것보다 회사에 들어와 1년 동안 배운 것이 더 많았습니다."

저는 어떤 것들을 배웠을까요? 많고 많은 것들이 있었지만, 그 중 가장 뿌듯했던 에피소드 하나를 소개해보고자 합니다.

● 내가 개발하고 고친 기능이 전 세계에 판매되는 차에 들어간다는 것

처음 들어와 가장 많이 어려웠던 것 중 하나는 앞서 위에서 설명 드렸던 제어시스템 SW 개발과 관련한 생소하고도 많은 용어들, 그리고 이들 틈에서 어떻게 제어 SW가 만들어지고 관리되는지를 이해하는 것이었습니다. 기껏해야 학교과제 제출마감일 정도의 일정만 관리하였던 제가 SW 개발마감일정, 빌드일정 등을 준수하면서도 동시에 발견된 SW의 결함에 대해 무엇이 원인이며 어떻게 고칠 것인지 논의하는 것을 배우게 되었습니다. 그러나 이때까지는 제가 수행하는 업무가 어느 정도의 중요성을 지니는지 잘 알지 못한 채 무작정 업무를 배우기 바빴습니다.

그런 제가 제 업무의 중요성을 깨닫게 되었던 에피소드가 하나 있습니다. 양산 프로젝트로 선배와 함께 한창 개발업무를 배우던 도중, 출시 이전 잡았다고 생각한 개발업무에서 생각지 못한 결함을 발견하였습니다. 당황했던 것도 잠시, 이러한 결함 발생 원인에 대해 같이 추적을 하였고 이를 통해 결함을 발견하여 선배와 함께 결함에 대한 보고를 하였습니다. 하마터면 전 세계로 나간 SW에 대해 다시 프로그래밍을 해야 하는 일이 발생할 수 있었던 정말 아찔한 상황이었습니다. 다행히 공장에서 양산을 시작하기 전 이러한 결함 보고를 통해 빠르게 대책방안과 개선방안을 마련할 수 있었고, 이를 통해 공장에서 중요한 결함을 개선한 SW로 배포하여 문제없이 양산을 할 수 있었습니다.

위와 같은 일들이 모두 마무리되고 난 뒤 저는 제가 개선했던 것들이 운전자의 안전을 조금이나마 높여주었다는 것을 체감하게 되었습니다. 실제로 내가 하고 있는 업무들은 허상에 불과한 것이 아니라 현실세계에서 운전을 함에 있어 도움을 줄 수 있다는 것을 깨달았던 것 같습니다.

2 지인들의 경험

Q 직장생활을 해보면서 가장 기억에 남는 점이 있을까요?

직장동기
M연구원
H사 시험팀

나는 입사 전에도 차를 타고 운전하는 것을 좋아했는데 이곳에서는 신차테스트를 위해 여러 가지 차들을 탈 수 있어서 좋은 것 같아.
사무실 안에서만 있었으면 마냥 답답했을 텐데 가끔씩 이렇게 국내출장 다니면서 맛있는 것도 먹으니 기분전환도 되고 좋은 것 같아.

대학지인
K연구원
K사 개발팀

일을 하다 보니 차종일정에 따라서 업무의 강도와 양이 수시로 바뀌는 것 같아. 작년까지만 해도 신차종들이 엄청나게 나오고 있어서 눈코 뜰 새 없이 굉장히 바빴는데 올해는 그래도 어느 정도 마무리되어서 그런지 조금 여유가 생긴 것 같아.

동아리선배
J책임
A사 개발팀

처음 입사했을 때 주변을 둘러보니 대학원을 진학해서 공부하는 분들이 여럿 있더라고.
평일에는 직장에서 열심히 업무하고 퇴근 후 바로 학교에서 저녁수업을 듣는 모습을 보면서 나도 열심히 공부하고 배우고 싶다는 생각이 들었던 것 같아.

12 취업 고민 해결소(FAQ)

Topic 1. 학사 VS 석사

Q1 제어 SW 직무는 학사 비율이 높을까요? SW 쪽이 보통 석박사 비율이 높은 곳이 많아서 제어 SW 직무는 학사/석사/박사 비율이 어느 정도 되는지 궁금합니다.

A 많은 분들이 물어보는 질문인 '고학력이 취업에 있어 유리한가?'라는 맥락에서 파생된 질문 같습니다. 제가 속해있는 파트를 기준으로 말하자면, 전체 15명 정도의 인원에서 박사 졸업 2분, 석사 졸업 2분 그리고 나머지 인원이 학사 졸업을 한 이후 제어 SW 직무를 수행하고 있습니다. 이는 여타 SW 직군과 다르게 제어 SW 직무에서는 단순히 SW의 개발 뿐만이 아니라 검증이나 요구사항 협의 및 각 부문과 의견 조율을 하는 것 같이, 지식이나 연구만으로 해결하기 어려운 부분들이 많기 때문입니다.

> 물론각부서에서요구되는직무의레벨이나깊이에따라조금씩상이할수있습니다.

따라서 본인이 학사라고 하더라도 긍정적인 사고방식이나 유연한 소통능력과 같이 전공지식만으론 극복하기 어려운 역량을 어필하는 것으로도 충분히 경쟁력이 있다고 생각됩니다. 더군다나 전공지식 같은 경우는 입사 후 약 1년간 무수히 많은 교육을 받게 되면 석사 정도의 전공지식을 갖추게 됩니다. 그렇기 때문에 학력이 석박사분들에 비해 낮다고 걱정할 필요는 없을 것 같습니다.

Topic 2. 제어기 SW 개발 직무, 그것이 알고 싶다!

Q2 제어기 SW 직무가 어떤 제어기를 담당하느냐에 따라 너무 다양하다보니 직무 선택을 하기 어렵습니다. 어떤 기준으로 제어 SW 안에서 직무를 선택하는게 좋을지 현직자 입장에서 팁을 주실 수 있으실까요?

A 사실 이 부분은 저 또한 많이 했던 고민입니다. 자동차 내부의 전자장치들이 갈수록 증가함에 따라서 개발해야 하는 제어기와 제어 SW도 해마다 늘어나고 있습니다. 이와 맞물려 기존의 내연기관 자동차에서 하이브리드/전기차 위주로 패러다임이 변화하고 있어 더더욱 어떤 직무를 선택해야 하는지도 고민이 많았습니다.

제가 잡았던 직무 선택 기준은 '지금까지 공부했던 전공과목과 프로젝트 경험이 어느 제어기와 가장 잘 맞는가?' 였습니다. 취업 Story에서 말했듯이 저는 주로 열역학과 동역학을 중심으로 전공을 해왔고, 프로젝트 경험 또한 전체 자동차 시뮬레이터에 대한 연비해석을 중심으로 수행해왔습니다. 이를 바탕으로 인턴 과정을 거쳐 현재의 직무를 수행하게 된 것이지요. 따라서, 여러분이 지금까지 해왔던 또는 앞으로 할 프로젝트 경험이나 전공 공부를 리스트업하면, 내가 가장 잘 해낼 수 있는 제어기가 어떤 제어기인지 알 수 있을 것이라고 생각합니다.

Q3 제어 SW 직무에 지원한다면 어떤 스펙과 경험을 쌓고 어필하는 것이 가장 좋을까요?

A 인성과 직무 전문성 측면에서 각각 말하도록 하겠습니다. 먼저 인성역량을 쌓을 수 있는 가장 좋은 경험은 아무래도 조별과제나 팀 과제에서 리더 역할로 완수해낸 경험이 아닐까 싶습니다. 리더로서 팀원들을 리딩해 프로젝트의 끝맺음을 맺었다는 성장의 경험이 인성역량으로 본인을 가장 잘 드러낼 수 있는 경험이라고 생각합니다.

직무 전문성 측면에 있어선 학교의 연구실과 연계하여 방학동안 수행하는 연구생 과정을 해보는 것이 좋다고 생각합니다. 프로젝트의 수행기간과 난이도도 적당하며 무엇보다도 학부생 레벨에서 본인이 스스로 연구를 하여 결과물(SW이든 혹은 논문이든)을 낼 수 있다면 그것으로도 하나의 스펙이 될 수 있기 때문에 반드시 해야 할 가장 좋은 경험이라고 생각합니다.

Q4 제어 SW 직무는 아무래도 프로그래밍 능력이 가장 중요할 것 같은데 자격증이나 어학 능력 같은 스펙도 중요할까요?

A

직무를 수행함에 있어 자격증이 있으면 좋지만, 반드시 자격증이 필요한 것은 아닙니다. 실제로 제 동기들이나 다른 선배들도 자격증이 없는 상태에서 입사하여 업무를 하면서 자격증을 취득한 분들도 많습니다.

마찬가지로 어학도 입사를 위해 필수적으로 가져야 할 자격요건은 아닙니다. 다만 장비사용을 위해 매뉴얼을 볼 때나 해외 협력사와 메일을 주고받을 때 영어를 사용하는 경우가 많기 때문에 영어를 알아두면 업무의 범위가 좀 더 넓어진다는 강점이 있습니다.

Q5 SW 능력이 중요함에도 불구하고 코딩테스트를 실시하지 않는데, 자소서나 면접에서 SW 능력을 어떻게 어필하셨는지 그리고 면접관도 지원자의 SW 능력을 어떻게 확인하는지 궁금합니다!

A

대부분 자동차 내 SW 개발은 MBD(Model-Based Design)을 통해 이루어지고 있습니다. MBD는 말 그대로 제어기 내 모듈에서 입력신호를 바탕으로 어떻게 연산하여 출력신호를 최종적으로 어떻게 만들 것인지 모델로 보여주고, 개발자들은 이를 디자인함으로써 SW를 설계한다는 개념으로 대표적으로 Simulink가 있습니다. 역으로 말해, 개발자는 SW를 개발할 때는 직접 언어를 익혀 타이핑하기 보다는, 모델디자인을 통해 SW를 개발하고, 리뷰를 할 때에도 이러한 모델디자인을 보면서 리뷰를 진행합니다. 여타 IT 기업들이 파이썬이나 C++ 등의 언어를 직접 타이핑하면서 SW를 개발하고 디버깅을 하는 것과는 조금 차이가 있다고 보면 되겠습니다.

위와 같은 개발방식의 차이로 인해 타 IT 기업의 코딩테스트에서 중요시 여기는 코딩 실력(ex. 구현/알고리즘 숙련도 등)보다는, SW를 디자인할 때 개발자가 가진 도메인 지식(ex. 차량의 움직임에 대한 물리적 해석, 각 제어기 별 전기적 신호의 주고받음에 따른 신호 입출력 등)을 좀 더 중요하게 보게 됩니다. 그 이유는 개발자의 경험이나 도메인 지식의 깊이에 따라 SW의 구현 정도나 품질이 달라지게 되기 때문입니다.

SW 직무를 지원했을 때 예시로 들었던 프로젝트는 자동차 시뮬레이터를 MATLAB/Simulink로 모사하고 이를 토대로 연비를 해석하는 연구활동이었습니다. 비록 여타 IT 기업에서 요구하는 그런 SW 결과물은 아니었지만, 차량 동역학과 제어에 관한 지식을 바탕으로 실제 결과를 내기까지 연구한 모습이 직무역량을 갖춘 모습으로 인정을 받았던 것 같습니다.

Q6 JD를 보면 관련 전공으로 전자/전기, 기계, 소프트웨어가 많은데 실제 현직자분들을 보면 해당 전공자분들이 압도적으로 많으신지, 그 외 전공자 분들도 계신지 궁금합니다. SW 능력만 어느 정도 된다면 그 외 전공자여도 괜찮은지 궁금합니다.

A 전자/전기와 기계 전공자가 가장 많은데요, 그 이유는 앞에 5번 질문에서 설명했던 내용과 같은 맥락이라고 보면 되겠습니다. 그리고 컴퓨터/소프트웨어 전공자분들도 계셨으며, 이분들의 경우 MBD로 개발이 어려운 SW부에 대해 코딩작업을 수행하시거나, 혹은 개발 환경이나 SW 분석툴 개발과 같은 역할을 많이 수행하고 계십니다.

따라서 질문한 SW 능력도 물론 중요합니다만, 기본적인 제어 지식과 동역학 지식도 같이 알고 있는 것이 좋습니다. 위의 전자/전기, 기계, 소프트웨어 전공자가 아니시더라도 이러한 지식을 갖추고 있고, 또 학부 당시 SW가 바탕이 되는 프로젝트를 리딩했던 경험이 있다면 이를 어필해도 좋을 것 같습니다.

Topic 3. 어디서도 들을 수 없는 현직자 솔직 답변!

Q7 아무래도 SW 쪽이 밤샘도 많고 야근도 많을 것 같은데 워라밸은 어떤가요?

A 차량 프로젝트 일정에 따라 굉장히 유동적이라고 말할 수 있습니다. 실제로 차량이 고객들에게 전달되기 전, 업데이트되는 SW에 대해 최종 테스트를 수행하고, 수정해야 할 사항이 있는지 확인합니다. 이 기간 동안은 여러 팀원들의 노하우나 업무 도움이 필요할 정도로 굉장히 바쁘기도 합니다. 그래서 야근도 많이 하고 굉장히 타이트하게 업무가 흘러가지요. 데드라인 전 바쁘게 업무하는 것이라고 생각하면 되겠습니다.

프로젝트 데드라인 전이라면 개개인 별 속해있는 프로젝트의 일정에 따라 움직이는데요. 이에 따라서 각자의 바쁨이 상이하다고 할수있습니다. 다만,질문자 분이 우려하는 것과 같이 밤샘근무나 긴 야근은 없다고 말할 수 있을 것 같습니다.

개인적으로 전 아직까지 한 번도 밤샘근무를 하는 분을 못 봤습니다. 다만, 제가 첫 입사했을 때 차량 양산을 앞둔 상태인지라 개발 일정이 굉장히 빠듯하게 흘러갔었던 적이 있었습니다. 이 기간 동안 '내가 정말 이보다도 더 압축된 하루를 보낼 순 없겠다' 라는 생각으로 직장 내 일정을 소화했던 것 같아요. 아마 밤샘근무나 긴 야근이 없을지언정, 개발 일정에 따라 타이트하게 업무 압박과 양상이 나타나는 건 다른 기업과 마찬가지일 것 같습니다.

Q8 이직이나 직무 이동이 자유로운 편인가요?

A 제어시스템 SW라는 직무가 가지는 가장 큰 강점 중 하나는 바로 제어 개발한 SW를 직접 차량이나 단품에 입력해보고 이를 테스트해 볼 수 있다는 것입니다. 조금 더 확장하면, 양산이나 품질과 같은 문제가 발생했을 때 이에 대한 경험을 많이 쌓을 수 있다는 장점이 있습니다.

주변 직무이동이나 이직을 했던 분들을 보면 대다수 이러한 양산/품질 문제에 대해 SW적 경험을 쌓은 분들이 많았는데, 현재 모빌리티나 AI 분야에서는 위와 같은 '경험'을 쌓기가 쉽지 않은 부분이 많습니다. 따라서 이런 경험을 많이 가진 분들이 필요에 따라 다른 부서로 이동/파견되어 업무를 수행하는 경우도 종종 있었습니다.

Q9 제어시스템 개발 직무이다 보니 꼭 자동차가 아닌 다른 산업하고도 연결할 수 있을 것 같은데, 네모김님은 자동차 산업만을 보고 준비하셨나요? 입사 후 중고신입 혹은 경력직으로 다른 산업으로도 많이 이직하시는지 궁금합니다.

A 위 8번 질문과 연계될 수 있는 질문으로 보입니다. 저의 경우 자동차 뿐만이 아니라 제어가 관여될 수 있는 여러 산업 분야(ex. 모빌리티, 로보틱스 등)를 준비했습니다. 반드시 자동차가 아니더라도 제어라는 분야는 수학적/물리적인 기반 위에서 움직이는 학문이기 때문에 다른 직무에 비해 이직이나 이동에 있어 유리할 것이라고 생각했고, 이를 바탕으로 자동차 산업 하나에만 치우치지 않게 준비하였습니다.

입사 후 중고신입이나 경력직으로 나간 지인들이 많았는데요. 대부분 로보틱스나 모빌리티 산업 쪽으로 빠지는 경우가 많았습니다. 자세한 이야기는 8번 질문의 내용을 참고하면 되겠습니다.

MEMO

Chapter

04

플랜트 운영(설비관리)

들어가기 앞서서

이번 챕터에서는 자동차 생산 공장에서 라인을 가동하기 위해 필수적인 역할을 수행하는 설비관리(구 설비보전)라는 직무에 대해서 알아보도록 하겠습니다. 설비관리 부서에서 수행하는 주요 업무 및 일상 업무 스케줄에 대해 알아보고 그에 따른 필요한 역량들에 대해서 알아보도록 하겠습니다. 또한 해당 직무를 경험하며 느낀 직무 장단점 및 특징을 통해 설비관리 직무에 관심을 가진 분들이 이 직무가 하는 일이 무엇인지 구체적으로 이해할 수 있으며 내가 하고 싶은 일이 맞는지 판단할 수 있는 기준을 가질 수 있을 것입니다.

01 저자와 직무 소개

1 저자 소개

전자전기공학부 학사 졸업

現 자동차 H사 플랜트운영 보전기술
1) 설비 가동률[1] 목표 수립 및 달성
2) 설비 보완투자 투자계획 수립 및 집행 (노후/반복/돌발 고장 등)
3) 신규 설비 프로세스 정립 및 안정화 업무
(사양 검토/검수/안정화/스패어파트[2]/펀치리스트[3] 등)
4) 보전 현장 관리 (점검/계획 작업 수립, 교육계획 수립 등)
5) 그 외 설비 관련된 안전/소방/환경/신차투입 등의 협업

전자전기공학부를 학사로 졸업하고 H사 플랜트 운영 보전기술에서 근무 중인 보전가이드입니다. 당시 자동차 취업시장의 분위기는 기계과, 전자전기과, 화공과 정도가 독식을 하고 있는 분위기였습니다. 대학 시절 막연하게 자동차를 만드는 일이 멋있게 느껴졌고 가능하면 경남지역에서 근무를 하고 싶었던 저에게 플랜트 운영 직무는 굉장히 매력적이었습니다. 이후 자동차 회사 취업을 목표로 정하고 타과에서 전자전기공학부로 전과를 해서 플랜트 운영 직무로 입사를 하게 됐습니다. 취업을 준비하던 시절 직무관련 정보에 목말랐던 저와 같은 사람들에게 조금이나마 도움이 되지 않을까 하여 집필을 하게 되었습니다.

보전이라는 직무는 쉽게 생각하면 자동차를 만들기 위한 생산설비와 연관된 모든 업무를 수행하는 것이라고 생각하면 됩니다. 생산설비의 정상적인 가동을 위한 일상적 유지, 보수 업무부터 시작해서 신차 투입 시 신설되는 설비의 설치 및 안정화를 위한 여러 가지 업무, 설비와 관련된 안전/소방/환경 등의 업무 등 다양한 업무들을 수행해야 합니다.

플랜트 운영에서 중요한 것은 현장업무와 사무직 업무가 구분된다는 것입니다. 사무직으로 입사하여 직접 설비를 고치고 수리한다는 개념보다는

보전기술에 입사해서 직접 장비를 수리하는 게 아닙니다!!

1 [9. 현직자가 많이 쓰는 용어] 1번 참고
2 [9. 현직자가 많이 쓰는 용어] 2번 참고
3 [9. 현직자가 많이 쓰는 용어] 3번 참고

현장의 업무를 관리하고 서류화, 데이터화하며 해결되지 않는 문제들을 해결해 주고 지원하는 역할을 수행한다고 생각하면 좋을 듯합니다. 물론 상황에 따라서는 직접 수리에 참여하는 경우도 있습니다. **그래서 플랜트 운영 직무 전반적으로 가장 중요한 능력은 '소통'입니다.** 필드에서 일어나는 많은 상황들을 서류화, 데이터화하기 위해서는 현장에서 근무하는 분들에게서 필요한 정보를 가져오는 소통 능력이 필수적입니다. 자동차 업계의 경우 현장 근무자분들의 기가 워낙 강하기 때문에 필요한 정보를 얻는 것이란 정말 어렵습니다. 플랜트 운영 직무를 수행하기 위해서는 친근하면서도 때로는 단호한 소통 능력이 가장 우선시 된다고 생각합니다.

[그림 4-1] 자동차 생산 공장의 설비 사진 (출처: 화낙, DMW)

2 보전기술 직무를 선택한 이유

제가 보전기술 직무로 근무를 하고 있는 이유는 단순 전공입니다. 당시는 직무 구분 없이 플랜트 운영으로 채용한 후 전공 및 부서별 TO 등을 고려해 직무가 배정되었습니다. 기계공학과가 주를 이루던 보전기술 부서에 당시 설치된 신규 설비들의 구조가 복잡해지면서 전자, 전기 등의 지식이 많이 필요하다는 인식이 생겼고 이에 맞는 신입사원이 필요하다는 현업의 수요에 맞추어 전자, 전기를 전공한 신입사원들이 대다수 보전기술 직무로 배정됐습니다.

현재 채용시스템은 현업에서 수요를 파악해서 부서별로 상시 채용을 진행하고 있습니다. **여기서 중요한 점은 실무진들이 자소서 검토부터 면접까지 진행하기 때문에 관련 경험이나 경력이 가장 중요해졌다는 것입니다.** 최근 신입사원들을 보면 대부분 공대 관련한 전공이면 크게 전공 상관없이, 관련 분야에서 설비를 유지보수하는 업무와 유사한 경력이 있는 분들이 입사를 하고 있습니다. 현업에서는 당연히 최대한 빨리 실무에 투입될 수 있는 사람을 원하기 때문에 당연한 결과로 생각됩니다.

정리하면 H자동차 플랜트 운영 보전기술로 입사하고 싶은 취업준비생에게 현시점 기준으로 가장 중요한 것은 실무진들이 흥미를 가질 만한 설비 유지보수와 관련된 경력 혹은 경험이며, 정량적인 스펙이 부족하여 경쟁력이 낮다고 생각하는 취업준비생은 설비를 다루는 다른 회사에서 경력을 조금 쌓은 후에 도전하는 것도 좋은 방법이라고 생각합니다.

3 보전기술은 무엇을 강점으로 준비해야할까요?

보전기술 직무는 설비와 관련된 사무직 업무라고 생각하면 됩니다. 필드에서 일어나는 많은 일들을 서류화하고 데이터화해서 지표를 관리하기도 하고 문제점을 개선하기도 하며 내구성 강화나 부품 국산화 등의 새로운 일을 찾아보기도 합니다. 지금까지 업무를 수행해오면서 중요하다고 생각했던 강점들을 나열해 보겠습니다.

1순위 : 다양한 사람과의 소통 능력 (현장직, 대의원, 협력업체, 유관부서 등)
2순위 : 논리적 사고 능력 (집요함이 필요한 Five Whys)
3순위 : 보고서 작성 능력 (PPT, EXCEL)

플랜트 운영 직무에서 가장 중요한 것은 고민할 것도 없이 다양한 사람과의 소통 능력입니다. 어떤 직무에서든 소통 능력은 중요하지만, 플랜트 운영 직무는 현장 생산직 근무자, 대의원, 설비 협력업체, 부품 메이커, 유관부서 등 정말 다양한 사람들과 소통할 일이 많습니다.

가장 어려운 소통은 현장 생산직 근무자, 대의원분들과 소통할 때입니다. 필드에서 일어난 이슈들에 대해서 정보를 얻어야 하는 상황, 회사 차원에서 결정된 사항을 적용하기 위해 설득하는 상황 등 보통 사무직이 무언가를 얻어야 하는 상황에 대한 소통이 많기 때문에, 소통 능력이 부족하면 개인이 업무를 수행하면서 엄청난 스트레스를 받고 원하는 것을 얻는 과정이 너무 힘들 수 있습니다. 따라서 이러한 경우에는 본인이 얻어야 하는 것을 정확하게 이야기할 수 있는 능력, 긴 대화 속에서 필요한 정보만을 캐치하는 능력, 거친 말들에 상처 받지 않고 의연하게 대처할 수 있는 능력과 같은 소통 능력이 필요합니다.

보전기술 직무는 협력업체와도 소통을 꽤 많이 해야 합니다. 협력업체는 서로 도움을 주고받는 관계로 계약상 갑과 을의 관계이지만 잘못된 소통은 어긋난 관계를 형성할 수 있습니다. 단호할 때는 단호하게 말할 수 있는 태도와 그러면서도 일 처리에 있어서는 합리적으로 대화하며 소위 '갑질한다'는 말을 듣지 않도록 유의해야 합니다. 반대로 해당 설비에 대해 기술력과 실력을 가진 곳은 협력업체이기 때문에 잘못된 소통 방식은 본인을 을의 위치로 만들 수도 있습니다.

유관부서와 업무를 수행할 때도 부서 간의 관계가 다양하므로 일에 따라 합리적으로 말할 수 있는 능력이 중요합니다. 이렇든 다양한 스타일의 소통을 해야 하는 직무이기 때문에 이를 소화할 수 있는 소통 능력은 가장 큰 강점이 될 것입니다.

논리적인 사고 능력이 우수하면 보전기술 직무의 핵심인 설비 문제점 원인 분석을 할 때 큰 장점이 됩니다. 고장이 발생했을 때, 조치가 되고 난 다음 사무직의 역할은 고장의 원인을 정확하게 진단하고 그에 따른 효과적인 대책을 수립하는 것입니다. 원인을 정확하게 진단하기 위해서는 Five Whys 기법과 같은 접근이 도움이 됩니다. 고장 발생 시 확인된 현상을 바탕으로 복잡하게 구성되어 있는 설비에서 근본적인 원인을 찾기 위해서는 **왜? → 무엇 때문에 → 그것은 왜? → 무엇 때문에**와 같은 과정을 반복하는 것이 좋습니다. 그리고 이 논리적인 사고를 하기 위해서는 집요함이 꼭 필요합니다. 왜냐하면 "무엇 때문에"라는 답을 찾는 과정을 반복하기 위해서는 과정이 반복될 때마다 직접 현장에서 눈으로 설비를 확인하거나 회로를 분석해 들어가야 하는 힘든 과정이 필요하기 때문입니다. 대충 '이 정도면 되겠지.'라는 태도는 설비에 대한 지식수준을 그 정도 수준에서 머물게 할 것입니다.

필드에서 일어나는 많은 이슈들을 데이터화하고 보고서를 작성해야 하기 때문에 엑셀이나 PPT를 잘 다루는 능력은 실무에서 큰 도움이 될 것입니다. 보통 데이터화 작업은 엑셀로 수행하고 보고서 작성은 PPT로 이루어지는데 최근에는 설비에서 정말 많은 데이터를 다루기 때문에 엑셀에서 피봇테이블 정도만 잘 사용할 수 있어도 유의미한 데이터를 끌어내는 데 큰 도움이 됩니다. 현업에는 엑셀능력이 우수한 직원들은 많이 없기 때문에 이 능력 하나만으로도 능력 있는 직원이 될 수 있습니다. PPT 보고서는 잘 작성할수록 선임자분들의 사랑을 받을 수 있으며 조직 내에서 보고서를 잘 쓰는 것은 남들보다 성장할 수 있는 기회를 주기도 합니다.

4 플랜트 운영의 3가지 직무

1. 생산

공장에서 품질 좋은 차량을 효율적인 공정운영으로 적기에 양산하기 위해 일하는 부서입니다. 플랜트에서 메인이 되는 부서라고 할 수 있습니다.

- 신차 개발에 대응하여 작업 공정을 편성하고 투입인원(M/H 관리), 작업시간 등을 검토해 작업을 편성합니다. 사양변경관리 등을 통해 차량이 공장에서 만들어질 수 있도록 관리합니다. 검토한 내용들을 바탕으로 각 공정에 대한 모든 내용을 정리한 공정기술서를 기술합니다.
- 신차 개발 단계에서 기종 차존 문제점들을 토대로 설계에 양산과 관련된 이슈가 개선될 수 있도록 반영합니다.
- 신차 투입 후에도 해당 차량을 잘 양산하기 위해 작업 공정을 개선하고 신공법 적용, 원가절감(소모품, 주재료비, 부재료비 등), 품질개선 등의 업무를 수행합니다.
- 공정에서 품질 문제가 발생하면 원인을 분석하고 공정 문제점 접수, 개선을 담당하며 공장 내에서 비직행[4] 차량 문제점을 조사 및 개선합니다.
- 양산을 위한 현장 인원 관리 및 노무 관리 등의 업무도 수행합니다.

4 자동차 생산 공장 내에서 생산 후 품질 문제가 발생하여 재작업을 해야 하는 경우 비직행 문제로 구분

2. 품질

양산된 차량의 품질을 검사하고 관리하며 고객에게 인도된 차량에서 필드클레임[5] 발생 시 원인 조사 및 대책을 수립합니다. 그리고 그와 관련된 품질 지표들을 관리하기 위한 전반적인 업무를 수행하는 조직입니다.

- 생산 공장에서 차량을 만드는 과정에서 발생하는 품질문제를 검사하고 발생한 문제를 개선하는 활동을 수행합니다. 도장 공장에서는 먼지, 오물로 인한 도장불량이나 도막상태 등을 검사하며 의장 공장에서는 긁힘이나 부품 장착 문제, 차량 동작상의 문제 등을 검사합니다. 그리고 품질문제가 발생한 데이터들을 바탕으로 합격률과 같은 지표들을 관리 개선하기 위한 활동을 합니다.
- 검사공정에서 문제점을 놓치지 않고 발견하기 위해 검사공정 문제점을 파악하고 개선합니다.
- 신차 개발 시 개발 단계별로 완성차 및 부품 내구성 및 품질 평가 등을 수행하며 기존에 발생한 품질문제들을 바탕으로 사전 개선될 수 있도록 합니다.
- 완성차의 주요 품질문제(수밀[6], 주수주유[7], 법규점검 등)들에 대한 정기적 점검을 수행하며 고질적인 문제들을 해결하기 위한 개선 활동을 수행합니다.
- 완성차 합격률 및 필드클레임을 최소화하기 위해 단기/장기 품질향상활동을 기획하며 품질 프로세스나 시스템을 개선해서 문제가 있는 차가 고객에게 인도되지 않도록 노력해야 합니다.
- 현장 품질 검사원들 교육 및 품질개선 활동을 지원하기도 합니다.

3. 설비

설비관리 부서는 공정에 있는 설비를 관리하는 부서입니다. 공정 전체를 관리하는 부서가 생산부서, 생산된 차량이나 부품의 품질을 관리하는 조직이 품질부서입니다. 공정에서 문제가 발생했는데 설비가 원인이거나 설비를 통한 개선이 필요할 경우 설비관리부서에서 컨트롤하며, 품질문제가 발생했는데 원인을 조사해보니 설비에서 발생한 문제라면 설비관리부서에서 대책을 수립하고 이행합니다. 설비관리 조직에 대한 설명은 이 책 전체적으로 다루고 있으므로 세부내용들을 참고하시길 바랍니다.

---

5 고객에게 인도된 차량에서 발생하여 접수된 품질문제

6 차량 내부로 물이 새어 들어오지 않고 밀봉된 상태

7 차량에 주입되는 연료, 부동액, 냉매, 브레이크액 등을 총칭하는 말

MEMO

02 현직자와 함께 보는 채용공고

현대자동차 채용 홈페이지에 작성되어 있는 직무 설명과 제가 현업에서 수행하고 있는 실제 업무들을 연결해서 보전기술 직무에 대해 자세하게 살펴보도록 하겠습니다. 현대자동차 채용 홈페이지에서 설명하는 보전기술 수행직무는 아래와 같습니다.

직무소개 보전기술

보전기술 분야는 플랜트 내 전체 생산시스템과 설비를 가동 가능한 상태로 유지할 수 있도록 검사, 조정 등의 모든 활동을 하는 분야로, 생산 공정을 원활히 운영하는데 필수적인 직무입니다.

주요 업무

보전은 설비를 최적상태로 유지·보수해 양산품질과 가동률을 높이는 업무입니다. 자동차 플랜트는 자동화율이 높기 때문에 로봇과 첨단장비를 잘 관리해 설비를 최적화하는 것이 생산성과 이윤 극대화에 매우 중요합니다. 기계, 전기/전자, IT등 전공지식과 현장에서의 업무노하우가 더해지면 설비보전 전문가로 성장할 수 있습니다.

[그림 4-2] 현대자동차 보전기술 직무소개

여기서 **'보전은 설비를 최적상태로 유지보수해 양산품질과 가동률을 높이는 업무입니다. 자동차 플랜트는 자동화[8]율이 높기 때문에 로봇과 첨단장비를 잘 관리해 설비를 최적화하는 것이 생산성과 이윤 극대화에 매우 중요합니다.'**라는 문장이 보전기술 직무에서 가장 핵심적인 역할을 함축적으로 표현한 말입니다. 설비를 최적의 상태로 유지하기 위해 보전기술 부서는 많은 업무들을 수행합니다.

8 [9. 현직자가 많이 쓰는 용어] 4번 참고

조직소개 H사 울산공장 생산설비관리

울산공장 내 생산설비를 최적 상태로 유지하여 차량 품질과 설비 가동률을 높이고 생산공정을 원활히 운영하는 역할을 수행합니다.

채용공고 생산설비관리

주요 업무	자격 요건
• **생산설비 개선 및 관리** - 생산설비 개선 계획 수립 및 실시 - 생산설비 고장분석을 통한 대책 수립 및 관리 - 고장설비 문제점 파악 및 보수 계획 수립/실시(이력관리) • **생산설비 프로젝트 관리** - 新설비 사양 협의 및 결정, 도면 승인, 검수 - 설비 설치, 시운전 및 안정화 활동 등 • **생산설비 수시점검 및 예방보전 활동** - 생산설비 유지/보수를 위한 수시점검 활동 - TBM, CBM 등 각종 예방보전 활동 - 설비 스페어파트 관리 등	• 학사 이상의 학위를 취득하신 분 • 4년 이상의 설비 유지보수 경험을 보유하신 분 **우대 사항** • 기계공학, 전기/전자공학, 제어공학 계열을 전공하신 분 • PLC제어 유지보수관리사 자격증 및 관련 기사 자격증을 보유하신 분 • CAD, CAM 사용이 능숙하신 분

[그림 4-3] 현대자동차 보전기술 채용공고

1 일상 유지/보수 계획 수립 및 시행

보전에서 일상 유지/보수라 함은 보전 현장직에 근무 중인 분들이 수행하는 일이라고 생각하면 됩니다. 현장에서는 흔히 '기름칠하고 닦고 청소한다'라고 표현하기도 합니다. 기름칠이라 함은 기계적 동작 부위에 윤활을 위해 구리스를 도포하는 작업을 이야기하는데 모든 기계적 동작이 있는 설비에는 윤활이 필요합니다. 옛날부터 보전에서 일상적으로 하는 업무이기 때문에 많이 사용하는 말입니다.

최근에는 많은 설비가 자동화되고 품질을 확인하기 위한 프로그램 기반 설비들이 많이 도입이 되었기 때문에 일상 유지/보수 계획도 설비에 따라서 수립이 필요합니다. 여기서 **보전기술직무가 수행해야 하는 것은 설비별로 특성에 따라 일상 유지/보수 계획을 수립하고 현장에서 실시할 수 있도록 관리하는 역할입니다.** 가령 콘베어[9] 종류의 설비는 일상적으로 주 단위로 소음이나 진동을 확인하고 월 단위로는 구리스 도포 상태나 체인 텐션 상태를 점검하고 분기 단위로는 체인 파단 유무 등을 점검해야 합니다. 로봇 종류의 설비는 주 단위로는 각 축의 소음이나 진동을 확인해야 하며 월 단위로는 로봇 알람 발생 현황을 확인하고 이상이 없는지 체크하며 분기 단위로는 로봇 각축 원점 상태 등을 점검해야 합니다. 그리고 설비에 적용된 특정 소모품들은 일정 주기가 도래하면 강제 교체하여 라인 가동 중 고장이 나지 않도록 교체 계획도 수립해야 합니다.

이렇듯 **장비의 종류에 따라서 일상 유지/보수 계획을 수립하고 잘 시행될 수 있도록 관리하는 것이 설비 가동률을 높이기 위한 기초적인 업무입니다.** 최근에는 품질관련 설비들이 많이 도입되면서 PC 기반 설비들에 대한 일상 유지/보수 계획이 많이 부족한 상황입니다. 따라서 고장사례 데이터들을 쌓아가면서 유지/보수 계획을 계속 수정하여 최적의 계획이 수립될 수 있도록 해야 하고, 그 계획이 잘 시행되기 위해 현장과도 계속해서 소통을 해야 할 것입니다.

[그림 4-4] 설비를 관리하는 일상적인 모습들

9 [9. 현직자가 많이 쓰는 용어] 5번, 48번 참고

2 노후/돌발/반복 고장 원인분석 및 대책수립

일상 유지/보수를 열심히 해도 설비를 운영하다 보면 고장은 무조건 발생하게 되어 있습니다. 이러한 고장 발생 시 고장이 재발하지 않도록 하는 것이 보전기술 사무직의 중요한 역할입니다. 고장 원인의 성격을 크게 2가지로 분류해보겠습니다.

1. 노후

설비가 노후가 되면 원인을 알 수 없는 많은 고장들이 발생합니다. 기계적으로 파손이 되기도 하고 전기적으로 원인을 찾기 어려운 동작 이상이나 통신 이상이 발생합니다. 이러한 설비는 수명이 다 되었다고 판단하고 설비를 교체해 주는 공사가 필요합니다. 보통 설비별로 권장 수명이 있습니다. 대표적으로 로봇은 보통 15년을 주기로 교체를 권장합니다. **보전기술은 설비별로 평상시 관심을 가지고 설비 전체 교체 주기를 스스로 정해서 투자를 통해 설비를 교체하는 업무를 수행해야 합니다.** 설비를 교체하는 투자를 하기 위해서는 설비가 교체할 시기가 되었다는 것을 증명하기 위한 투자품의라는 보고서를 작성해 예산을 받기 위한 절차를 거쳐야 합니다. 보고서에는 그동안 있었던 고장 내용들이나 다른 비슷한 설비들을 봤을 때 이 설비는 교체 시기가 되었다는 내용 등의 자료들을 작성하고 협력업체들을 통해 교체하는 비용을 산정합니다. 이렇게 투자비용과 설비교체를 통해 고장이 감소하고 작업성이 올라가는 이익을 따져서 투자가 합당한지 결론을 내린 보고서를 작성하여 투자예산을 받아와야 합니다. 그렇게 투자예산을 받게 되면 노후 설비를 조금 더 나은 설비로 교체하기 위해 설비 사양서를 작성하고 구매 청구를 통해 협력업체에 발주가 이루어져 실제 설비 교체 공사까지 수행하게 됩니다.

2. 돌발/반복 고장

노후가 아닌 일상적으로 발생하는 설비고장은 돌발적으로 발생하는 고장과 반복적으로 발생하는 고장으로 분류할 수 있습니다.

돌발적으로 발생하는 고장에는 다양한 이유가 있습니다. 예를 들면, 작업자의 설비 조작실수, 생산 차량이나 자재와 설비의 간섭, 일시적인 전기적 노이즈나 외부요인으로 인한 동작 이상 등 돌발적으로 발생하는 고장은 현상이 1, 2회 정도밖에 발생하지 않기 때문에 원인을 파악하기 어렵습니다. 이러한 돌발고장은 현상과 원인이 파악되는 고장들에 한해서 데이터화해 두고 이후에 비슷한 고장유형이 발생했을 때 참고자료 정도로 사용할 수 있습니다. 작업자 조작실수나 간섭 등 단순한 원인의 경우에는 파악이 된다면 관련 부서에 협조 요청을 통해 재발을 방지할 수 있습니다.

반복적으로 발생하는 고장의 경우 접근하는 방법이 다릅니다. 반복적으로 발생하는 경우 원인을 정확하게 파악하여 근본적인 해결을 하는 것이 필수적입니다. 쉽게 파악이 되는 경우도 있으나 원인 분석이 어려운 경우에는 가동률에 치명적인 악영향을 끼치므로 꼭 해결해야 합니다. 현상을 바탕으로 앞에서 설명한 Five Whys와 같은 접근법으로 현장에서 현상을 계속 분석하며 원인에 접근해서 해결 방법을 도출해야 합니다. 해결을 하는 방법은 현장 보전 작업자에 의해 조치가 가능한 수준이면 같이 대책을 이야기해서 작업을 수행하여 해결합니다. 협력업체가 해결할 수준의 경우에는 긴급도에 따라서 특정 업체를 통해 우선 조치하고 나중에 비용처리를 해 주는 선조치 후 비용처리를 할 수도 있고 임시 조치를 통해 시간적 여유가 있는 경우에는 정상적인 구매 절차를 통해 입찰받은 발주업체가 반복적인 고장을 해결할 수 있습니다.

3. 예방보전

예방보전은 보전기술 직무에서 보전이 지향하는 지점이라고 볼 수 있습니다. 고장이 나기 전 선제적 보전을 통해 고장 발생 자체를 예방하는 것입니다. 실제로 모든 설비에 대해 예방보전을 100% 수행하여 고장이 나지 않게 하는 것은 현실적으로는 불가능하다고 판단됩니다. 하지만 최대한의 예방보전을 수행하기 위해서 수행하는 업무 중 하나가 수평전개[10] 업무입니다. 수평전개라 함은 고장이 발생한 설비에 대해서 특성이 동일하고 설치 시기가 유사한 설비를 대상으로 동일 고장이 발생하지 않도록 점검하고 조치하는 것을 말합니다.

예를 들면 2010년도에 설치한 Drop Lifter라는 설비의 벨트[11]가 끊어지는 고장으로 인해 대형 비가동이 발생했다고 가정을 해보겠습니다. 해당 고장내용은 전 공장에 내용이 공유되므로 본인이 담당하는 설비에 비슷한 성격의 설치연도가 비슷한 Drop Lifter가 있으면 벨트 상태를 자세하게 점검하여 문제 발생이 예상될 시 사전에 교체를 하는 것입니다. 육안으로 확인이 어려운 부품의 경우 보통 수평전개 대상이 되면 강제교체를 진행합니다. 이러한 업무를 통해 예방보전이 최대한 실현될 수 있도록 노력할 수 있습니다.

이렇든 설비에서 발생하는 모든 고장에 대해 데이터를 만들고 원인을 분석해서 해결하고 동일 고장이 발생하지 않도록 선제적 대응을 하는 업무까지 수행하는 것이 보전기술의 주요 업무 중 하나입니다.

---

10 [9. 현직자가 많이 쓰는 용어] 6번 참고

11 [9. 현직자가 많이 쓰는 용어] 7번 참고

MEMO

03 주요 업무와 현직자 일과 엿보기

주요 업무 시간표를 보기 전에 현대자동차 공장 사이클을 알고 보는 것이 도움이 될 것 같아 먼저 설명하겠습니다.

첫 번째, 현대자동차 공장 가동시간에 대한 이해가 필요합니다. 공장 가동은 생산직 2교대 근무에 맞추어 운영되며 주간 생산시간은 06:45~15:30, 야간 생산시간은 15:30~24:10입니다. 이러한 근무시간 속에서 사무직 일반적인 근무시간은 08:00~17:00입니다.

두 번째로 알면 좋은 점은 보전기술 부서 안에서도 배치되는 공장에 따라 그 성격이 다양하다는 것입니다. 울산공장에는 소재, 변속기, 엔진, 프레스, 차체, 도장, 의장 공장이 있습니다. 어느 공장을 담당하게 되느냐에 따라서 설비의 종류가 많이 다르고 그 공장의 운영적인 부분의 특징이 모두 다르기 때문에 근무시간도 조금씩 차이가 있을 수 있습니다. 주간업무 시간표는 일반적인 근무시간으로 설명하겠습니다. 참고로 저는 공장 중에서 마지막 최종 공정에 속하는 의장 공장에서 근무를 하고 있습니다.

1 평범한 하루일 때

	오전 업무 (08:00~11:30)	점심	오후 업무 (12:30~17:00)
사무업무	• 메일 확인 / 문의 대응	점심 식사 헬스 수면 휴식	• 오전업무와 업무 내용은 동일 • 상황에 따라서 업무 긴급도 혹은 본인의 업무 스타일에 따라 오전/오후 본인의 계획대로 업무를 분배
현장대응	• 설비 트러블 현장 확인 • 신차 투입 등의 설비 영향		
보완투자	• 보완투자 사양서 검토 작성 • 집행 후 완료보고까지의 업무		
대외업무	• 신규설비 설치를 위한 업무 • 안전/환경/소방 등의 업무		
회의	• 유관부서와의 회의 • 현장 보전요원들과 회의		
협력업체	• 긴급공사 필요 설비 투자/집행 • 상주/비상주 업체 관리		
기타업무	• 부품 국산화 검토, 원가절감 등 현장 비합리적 요소 개선/제안		

※ 특별하게 하루 일과 중 몇 시에 무슨 업무를 해야 한다고 정해진 것은 없습니다. 어떤 날은 고장이 많이 나서 현장대응만 하다가 하루가 끝나는 경우도 있고 또 어떤 날은 회의가 많아서 회의만 하다가 끝나기도 합니다. 개인의 스타일에 따라 업무를 배분해서 하기 때문에 업무에 대한 소개 위주로 소개하겠습니다.

1. 사무업무

사무적인 업무처리는 루틴하게 업무시간 중 수시로 수행하는 업무입니다. 출근을 하면 자리에 앉아서 회사 업무지원 시스템에 접속하고 사내 메신저에 접속하면서 하루일과가 시작됩니다. 이메일과 메신저를 통해서 다양한 내용의 업무 지시 및 유관부서 협조 요청, 협력업체와 진행 중인 업무에 대한 내용이 오기 때문에 확인하고 회신해 주는 것은 단순해 보이지만 중요합니다. 하루에도 수십 통의 연락이 이메일과 메신저를 통해 오기 때문에 내용을 잘 확인해서 업무의 중요도/긴급도에 따라서 처리할 순서를 정하고, 회신에 필요한 내용을 파악해서 요청 기한 내에 정확한 내용을 회신하는 것은 아주 중요합니다. 이러한 업무를 잘 수행하지 못하고 놓친다면 일을 잘한다 하여도 유관부서나 상사에게 일을 못한다는 이미지를 만들 수 있으므로 신속하고 정확하게 처리하는 것이 회사 생활에서 중요합니다. 그 외에도 회사 시스템을 통해서 구매, 입찰, 안전허가서, 출입신청, 부품반출 등 다양한 업무를 수행하므로 이러한 업무시스템의 이용 방법을 잘 알고 활용하는 것은 업무시간을 탄력적으로 운영할 수 있도록 도와줄 것입니다.

2. 현장대응

현장대응 업무는 사무업무만큼 루틴하게 이루어지는 업무입니다. 생산 공장의 경우 큰 틀에서는 신차 생산 투입에 맞추어 업무들이 진행되지만 매일매일 예상하지 못한 문제와 이슈들이 발생하기 때문에 계획한 대로 하루를 보내기는 어렵습니다. 현장대응을 하면서 남는 시간에 본연의 업무들을 수행한다고 생각하는 것이 더 맞을 듯합니다. 당장 라인을 가동해야 하거나 당장 해결해야 하는 문제들이 발생하기 때문에 긴급도 측면에서 계획된 업무보다는 현장대응이 중요합니다. 때문에 이러한 문제들을 우선적으로 처리해야 합니다. 긴급도가 높은 현장대응 업무를 적절하게 하지 않고 다른 업무를 수행하고 있으면 상사에게 안 좋은 평가를 받게 될 것입니다.

매일 발생하는 라인 비가동 원인을 알기 위해서는 현장 확인이 필요합니다. 1차적으로는 생산직 근무자분들이 확인하고 조치를 하지만 내용 확인이 필요한 경우(동일한 비가동이 반복적으로 발생하거나 오랜 시간 비가동이 발생하는 경우) 직접 현장에 가서 내용을 확인하고 원인을 보고합니다. 해결이 잘 되지 않을 경우 해결하는 방법까지 마련해야 합니다. 짧게는 5분이 걸리는 업무가 될 수도 있고 길게는 하루 종일 수행하게 되는 업무가 될 수도 있습니다. 하루하루가 다르고 예상할 수 없다는 점은 생산 공장의 매력이기도 하고 어려운 부분이기도 합니다. 고장 분석의 경우 위의 Job Description에서 자세하게 다루었으므로 생략하도록 하겠습니다.

3. 보완투자

보완투자는 제가 생각할 때 보전기술 사무직의 가장 본연의 업무라고 생각되는 업무입니다. 지난 1년간 담당하고 있는 설비들에 대해서 개선이 필요한 부분을 파악하고 본인의 생각, 상급자의 생각, 현장의 요청사항 등을 종합해서 연말에 내년에 투자가 필요한 항목들을 선정합니다. 각 항목들에 대해서 투자예산을 받기 위해 투자검토서를 작성해야 합니다. 왜 이 항목에 대한 투자가 필요한지, 투자를 위해서 얼마의 예산이 필요한지, 투자금액 대비 개선 후에 유형적, 무형적 기대효과가 얼마이며 그 기대효과가 투자비 대비 투자가치가 있는지 등의 내용을 담은 검토서를 작성해 1년간 집행하게 될 보완투자 항목을 리스트업 합니다. 우선순위를 바탕으로 선정된 보완투자들은 사양서를 작성하고 견적을 받아 입찰을 통해 특정 업체에 발주가 이루어집니다. 발주 후에도 사양에 대한 세부협의회, 도면 승인 등의 절차를 거친 후 디데이가 되면 실제로 개선공사를 수행하게 됩니다. 집행 후 실제 효과를 확인하고 집행된 공사에 대한 완료보고를 하게 되면 보완투자의 한 사이클이 완료됩니다. 그리고 또 다음 해의 보완투자 항목을 선정하게 됩니다. 이러한 보완투자 업무는 공사를 통해서가 아니면 개선되기 힘든 부분 혹은 지금의 상황을 현저히 개선할 수 있는 내용들에 대해서 이루어지게 되며 가동률 개선에 아주 큰 영향을 끼치므로 설비 가동률 달성이라는 보전기술 직무의 가장 중요한 목표를 달성하는 데 큰 역할을 합니다.

위에서 설명한 업무들이 1년간 이루어지므로 단계별로 업무가 진행될 수 있도록 적정한 시기의 본인의 업무시간에 분배하여 오전, 오후 상관없이 수행하게 됩니다.

예를 들면, 1~3월에는 공사 사양서 초안을 작성하고 계속해서 현장 확인 및 내용 수정/추가합니다. 4월 정도에는 업체들을 대상으로 사양설명회 진행 및 구매를 위한 전산업무를 수행하며 6~8월에는 실제로 공사를 수행하게 됩니다. 이러한 단계가 문제없이 진행될 수 있도록 현장대응을 하면서 보완투자 업무가 일정에 차질이 생기지 않도록 시간을 잘 분배해서 업무에 임해야합니다.

4. 대외업무

대외업무는 업무시간에서 많은 부분을 차지하는 업무 중 하나입니다. 타 부서에서 생산 설비를 신규로 설치하거나 설비와 관련된 무언가를 하기 위해서는 이를 관리하는 부서인 보전기술 부서와 협의가 필요합니다. 신차투입을 위한 신규설비를 생산기술에서 설치할 때는 사양 선정부터 킥오프[12], 도면승인[13] 등 모든 단계에서 보전기술 부서와 협의를 통해 진행합니다. 이때 보전부서는 더 나은 설비가 설치될 수 있도록 그동안의 경험 및 본인이 담당하는 공장의 설비들을 고려해 많은 요청을 하게 됩니다. 생산기술부서는 정해진 투자예산이 있기 때문에 이러한 요구사항들이 수용하기 어려울 수 있으며 그 속에서 적절한 협의를 통해 최적의 안을 찾는 것이 중요합니다.

또한 최근 안전의 중요성이 사회적으로 강조되면서 설비에도 안전 관련 시스템이 많이 추가되고 있습니다. 기존 설비에 안전 기능을 추가하기 위해서 안전팀에서 많은 요청이 오기 때문에 보전부서에서는 적용 가능한 안전설비의 검토부터 실제 적용까지 하는 업무를 많이 수행하고 있습니다. 품질 관련된 이슈가 발생해도 설비에 그 원인이 있을 수 있으므로 품질관리팀과 불량 내용을 공유하고 관련된 설비를 점검하고 조치합니다. 이렇듯 다양한 부서에서 설비와 관련된 많은 요청을 하고 있기 때문에 요청에 따른 많은 업무들을 수행하게 됩니다.

5. 회의

회의는 모든 부서에서 이루어지는 공통 업무로도 볼 수 있습니다. 생산 공장의 경우 크게 두 가지 성격의 회의로 구분해서 고려를 해야 합니다. 첫 번째는 생산직과의 회의이고 두 번째는 대외부서 및 협력업체와의 회의입니다. 회의 내용은 위에서 설명한 업무들 속에서 다양한 주제로 이루어질 수 있습니다. 중요한 점은 생산직분들과 회의를 할 때는 조금 다른 소통 방법을 사용해야 한다는 것입니다. 논리적인 방식으로 이야기하면 오히려 소통이 힘든 경우가 있으므로 친근하면서도 단호한 소통방식을 잘 활용하면 업무에 큰 도움이 될 것입니다.

12 프로젝트가 사양 선정 및 업체에 발주가 난 후 관련 인원이 모두 모여 소개 및 인사를 나누고 프로젝트에 대한 브리핑을 및 큰 틀에서 필요한 내용을 협의하는 회의

13 최초사양 및 킥오프회의에서 결정된 된 내용을 바탕으로 발주 업체에서 사양을 만족하는 설비를 설계 후 도면을 보면서 컨셉 설명 및 세부협의를 진행하는 회의

6. 협력업체

협력업체는 두 가지 성격의 업체로 구분할 수 있습니다.

(1) 공사업체

공사업체란 일반적으로 생산설비를 직접적으로 설치하는 업체들을 의미합니다. 설비의 성격에 따라 기계업체, 전기업체, 소프트웨어업체, 로봇 업체 등 다양한 업체들이 있습니다. 해당 업체들과는 신규로 장비를 설치하는 경우에 생산기술 부서와 함께 다양한 업무를 수행하게 됩니다. 또한, 설치한 장비에 보전부서 자체적으로는 해결이 어려운 문제가 발생한 경우 비용을 지불하고 수리를 의뢰하기도 합니다.

(2) 보전업체

보전업체라 함은 공사업체와는 달리 특정 설비에 일상적인 유지/보수를 위해 투입되는 업체입니다. 이러한 업체를 관리하기 위한 필요 작업 검토, 작업표준서 작성/선정, 계약, 집행, 실적관리, 비용처리 등의 업무를 수행하게 됩니다.

7. 기타업무

위에서 설명한 업무들 외에도 실제로 업무를 하다 보면 다양한 업무들이 있습니다. 대표적인 업무로는 외국 제품을 사용하고 있는 자동차 생산 설비의 부품을 기술력이 우수한 국내 메이커를 찾아 국산화하는 업무가 있습니다. 국산화는 개발 의뢰부터 실제 라인에 적용하여 안정화하는 것까지 검증해야만 성공했다고 보기 때문에 절대적인 기간이 필요한 업무입니다. 또 제안이라는 업무도 있는데 현장의 비합리적 요소나 개선이 필요한 곳을 찾아 위험 요소를 개선하기도 하며 설비 사이클 타임 단축, 고장 난 부품 수리를 통한 재활용 등을 원가절감 등 다양한 아이디어를 제안하는 업무입니다.

2 휴무에 공사를 할 때

	업무 (08:00~17:00 or 공사종료까지)	점심 (11:30~12:30)
공사시작	공사 수행 업체 정상 출입, 라인 조건 등 확인 업체 안전 교육 이수 여부 및 서류절차 확인	점심 식사 헬스 수면 휴식
중간점검-1	공사 시작 후 수행 진도 확인 및 안전규정 준수 확인 공사 수행 중 발생하는 트러블이나 사양준수 확인	
중간점검-2	공사 시작 후 수행 진도 확인 및 안전규정 준수 확인 공사 수행 중 발생하는 트러블이나 사양준수 확인	
중간점검-3	공사 시작 후 수행 진도 확인 및 안전규정 준수 확인 공사 수행 중 발생하는 트러블이나 사양준수 확인	
공사완료 확인	허가된 작업시간 내에 공사 완료 여부 확인 필요시 공사 시간 연장을 위한 절차 확인 다음 날 라인 정상가동을 위한 시운전[14]	

앞에서 설명한 것처럼 설비의 개선을 위해서는 투자를 통한 많은 공사를 수행하게 됩니다. 해당 공사는 주로 휴무에 진행하게 되므로 휴무에 출근하는 상황들이 생깁니다. 휴무에 출근을 하게 되면 공사 시작부터 공사 종료까지 공사업체를 관리/감독하는 업무를 수행합니다. 위의 시간표에서 설명한 것과 같이 공사 단계별 수행해야 하는 업무들이 있으며 안전사고 없이 의뢰한 공사가 일정에 맞게 수행될 수 있도록 공사현장 확인을 수시로 하고 발생하는 이슈들을 처리합니다. 보전기술 부서에서 근무하기 위해서는 휴무에 공사를 위한 출근은 필수적입니다. 물론 너무 많은 출근은 개인에게는 스트레스가 될 수 있으므로 공사일정을 조율해 본인의 워라밸을 지킬 수 있도록 스스로 관리해야 합니다.

14 [9. 현직자가 많이 쓰는 용어] 8번 참고

에피소드 기억에 남는 업무

보전기술 직무는 실체가 있는 업무를 수행한다!

제가 생각하는 보전기술 직무의 매력적인 요소는 어떤 아이디어든 본인의 생각을 실제로 설비에 구현해볼 수 있다는 점입니다. 생각만으로 하는 업무, 보고만을 위한 업무가 아닌 본인의 생각이 자동차 생산라인에 실제로 적용되어 개선되는 효과를 보면 성취감이나 만족감을 느낄 수 있습니다.

저의 첫 담당 설비는 도장 로봇이었습니다. 특정 라인의 신차 대비 신규 로봇 설치를 위해 유관부서 및 메이커와 많은 협의를 진행했습니다. 기존 로봇 및 도장 시스템에서 발생한 고장 사례들을 정리하여 개선이 필요한 요소부터 개선방법까지 많은 아이디어를 어필했습니다. 설비에 대해서 가장 많은 직접적인 경험을 가진 곳이 보전기술이기 때문에 이러한 사례들은 생산기술부서 및 설비 메이커에도 큰 도움이 됩니다.

예를 들면, 로봇 구동용 특정 축 모터[15]가 자주 고장 나는 문제, 도장기에서 교체주기가 너무 짧은 부품들, 페인트 세정이 잘 안 되는 구간 등 다양한 사례들을 가지고 개선점을 이야기했고 이를 토대로 사양서에 개선 내용을 반영했습니다. 해당 도장로봇 시스템 메이커는 독일 메이커였는데 검수를 위해 독일의 메이커 회사에 출장을 갔습니다. 사양서를 기반으로 만들어진 로봇 및 도장기를 보며 요청한 내용들이 반영되어 개선이 잘 되었는지 검수를 진행했습니다. 제대로 반영되지 않은 사항들을 독일 엔지니어와 현장에서 있었던 사례들에 대해 대화하며 다시 보완될 수 있도록 방향을 잡아주었습니다. 검수 후 실제 라인에 해당 설비가 설치되었고 몇 달간 운영하면서 기존 설비 대비 보전성에서 많은 개선이 된 것을 확인했습니다.

이렇듯 본인의 경험에서 나오는 문제들에 대해 개선 아이디어를 생각하고 신규 설비에 실제로 적용되는 것을 통해, 내가 하는 일이 의미 없는 일이 아니라 자동차 생산라인에 직접적인 영향을 주는 중요한 업무라는 것을 느끼게 됩니다. 이는 업무에 대한 책임감을 더욱 부여하고 평상시 설비 트러블들을 대할 때도 한발 더 나아가 개선점까지 생각하게 되는 직무적 성장을 할 수 있을 것입니다.

---

15 [9. 현직자가 많이 쓰는 용어] 9번 참고

MEMO

04 연차별, 직급별 업무

현대자동차 생산 공장은 현재 직급 부분에 있어서 매니저와 책임매니저로 구분됩니다. 기존 사원, 대리는 매니저에 속하며 과장, 차장, 부장은 책임매니저에 속합니다. 업무의 구분은 직급보다는 직책에 의해 구분이 됩니다. 직책이 없으면 담당하는 업무가 다를 뿐 업무상 동일한 포지션이기 때문입니다. 직급으로 구분되는 매니저와 책임매니저는 연차의 차이에 의해 선배와 후배의 관계로 볼 수 있습니다. 선배와 후배가 하는 업무를 구분하여 설명하고 다음으로는 직책의 차이에서 발생하는 업무를 설명하기 위해 보직과장, 부서장이라는 직책을 맡게 되면 수행하는 업무에 대해 설명하도록 하겠습니다.

1 매니저(1년~8년 차)

매니저는 일반적으로 1년~8년차까지의 연차를 가진 직원들이 위치한 직급입니다. 매니저는 생산 공장에서 가장 많은 실무를 수행하는 직급입니다. 부서마다 차이가 있지만 부서로 배치가 되고 나면 짧은 교육 기간을 거친 후 바로 담당 업무가 생기게 됩니다.

예를 들면 공장의 설비들을 차종이나 설비 종류와 같은 특정한 기준으로 나누어 한 부분의 설비들을 담당하게 됩니다. 상황에 따라서 해당 설비들을 담당하는 선배 매니저가 있을 수도 있고 혼자 담당하는 경우도 있습니다. 생산 공장의 업무는 교육을 통해서 배우기에는 설비의 종류가 너무 다양하고 직무 교육이라는 과정으로도 한계가 있어서 직접 담당하고 부딪히면서 배우는 것이 가장 효율적입니다. 물론 배우는 과정은 어렵지만 다른 업무를 담당하는 선배 매니저들이 많은 도움을 줄 것입니다. 주로 수행하는 업무들은 위에서 설명한 주요업무 TOP3와 업무시간표에서 설명한 업무들이며 본인이 담당하는 담당 설비에 한해서 위의 업무들을 수행하게 됩니다.

1~2년차에 중요한 것은 현장을 많이 다니는 것입니다. 담당 설비의 고장이 발생하면 현장에 가서 내용을 확인하고 현장직분들이 조치하는 것을 보면서 설비에 대한 경험과 지식을 쌓아야 합니다. 해당 설비들에 대해서 가장 많이 아는 사람들이 보전기술 현장직분들이기 때문입니다. 현장사람들과 소통함에 어려움이 있을 수 있지만 어떻게든 관계를 만들고 궁금한 내용을 물어봐서 해결하는 과정을 통해서만 설비에 대한 지식을 쌓을 수 있습니다. 그리고 회사 전산시스템 사용법을 선배들에게 배우게 되는데 보통 한 번 들으면 그 순간은 이해가 가지만 나중에 사용할 때가 왔을 때 헷갈리는 경우가 많습니다. 처음 설명을 들을 때 조금 시간이 걸리더라도 노트에

전산시스템 사용법 정리하는 곳을 구분해 두고 처음 배울 때마다 상세하게 적어 사용할 때마다 보는 것이 큰 도움이 될 것입니다. 매니저 선배들에게 배운 내용을 여러 번 반복해서 물어보는 것은 어느 회사생활에서든 좋지 않을 것입니다.

3~4년차가 되면 본인이 담당하는 설비에 대한 지식을 바탕으로 많은 업무들을 빠르게 처리해야 합니다. 본인의 지식을 현장 보전기술 작업자분들과 설비에 대해 대화가 되는 수준 정도로 만들어 무시당하지 않는 레벨이 되는 것이 가장 중요하다고 생각됩니다. 현장에서 인정을 받으면 많은 소통이 쉬워지기 때문입니다. 본인이 담당한 설비에 대해서 상위 관리자에게 지시를 받은 업무들을 원활하게 수행해내고, 후배가 있다면 업무적으로 도움을 줄 수 있는 역할까지 하면 좋을 듯합니다.

4년차 이상이 되면 이제 본인의 담당에 대해서 스스로 일을 찾을 수 있는 수준으로 올라와야 합니다. 자동차 라인 생산설비에는 아직까지도 개선할 부분이 많이 있습니다. 보완투자 항목에 있어서 스스로 리스트를 선정하고 투자효과가 가장 높은 보완투자 항목들을 선정할 수 있어야 합니다. 이를 상위 관리자에게 보고해 해당 업무들이 진행될 수 있게 하고, 주어지지 않은 업무들도 스스로 찾아서 해내고 보고하면 부서 내에서 큰 인정을 받게 될 것입니다. 설비에 관련된 일을 한다는 것은 내가 주어진 일만 하는 사람이 될 수도 있고 남들이 생각하지 못한 필요한 아이템을 찾아서 수행하게 된다면 높은 평가를 받을 수 있을 것입니다.

2 책임매니저(9년 차~)

1. 주요 업무

책임매니저는 보통 9년 이상 근무한 직원들로 매니저에서 책임매니저로 진급한 직원들이 위치한 직급입니다. 책임매니저가 된다고 해도 직책이 바뀌지 않는 한 업무가 크게 변하지는 않습니다. 내가 담당하는 라인에 대해서 많은 경험과 지식을 바탕으로 일을 능동적으로 해 나가는 차이 정도가 있을 것입니다.

가장 큰 차이는 우선 책임매니저는 노조라는 조직을 벗어나 완전한 회사 측 신분이 된다는 것입니다. 이는 생산 공장에서 생각보다 많은 영향을 끼치며 매니저 대비 근무시간이나 라인에 대한 책임 등이 많이 커지긴 합니다. 그리고 완전한 관리자로서 본인이 담당하는 라인뿐만 아니라 후배 매니저들에게 업무의 방향성을 잡아주고 보직과장과의 중간 단계로서 중간자의 역할을 잘 수행해야 합니다.

2. 커리어 패스

커리어 로드맵을 계획하는 일에는 다양한 방향이 있을 듯합니다. 우선적으로 고려할 것은 승진입니다. 대기업에서 승진은 업무를 잘하는 것도 중요하지만 해당 연도의 부서 진급대상자 TO 등 다양한 요소에 의해 결정됩니다. 하지만 업무를 잘하는 것이 기본이므로 기본 요소를 갖추기 위해 앞에서 설명한 방법들을 참고해 업무적으로 인정받을 수 있도록 현장에서 많은 지식을 쌓는 것이 중요합니다. 부서 내에서도 공장마다 설비의 종류가 다양합니다. 부서장님과의 면담을 통해 담당 공장을 옮겨볼 수 있으므로 설비에 대한 지식이 어느 정도 쌓였다고 생각한다면 과를 옮겨서 다른 설비 및 공장 분위기를 느껴보는 것도 본인의 역량을 쉽게 성장시킬 수 있는 방법입니다.

다음으로는 주재원으로 나가는 커리어 로드맵도 있습니다. 현대자동차는 다양한 국가에 생산 공장을 운영하고 있어 설비관리자로서 주재원으로 나갈 기회가 많이 있습니다. 주재원은 현지에서 부서장 역할을 수행하기 때문에 진급에 유리합니다. 또한 현지 공장에서 국내와는 다른 분위기의 다양한 설비관리, 인사관리 경험을 쌓을 수 있기 때문에 직무성장과 동시에 복귀 후에 부서장 역할을 수행하거나 본관으로 복귀하는 등의 루트를 통해 새로운 커리어를 시작할 수 있습니다. 주재원의 경우 보통 4~5년을 해외에서 지내야 하기 때문에 가족들의 상황 등 다양한 요소를 고려해서 커리어 로드맵에 반영해야 할 것입니다. 최근에는 주재원으로 나가는 것을 희망하지 않는 사람들도 많이 있습니다.

다음으로는 설비를 벗어나는 커리어 맵을 계획하는 것입니다. 보전기술에서 근무를 하다 보면 설비에 대한 지식이 쌓이면서 차량이나 다른 업무를 경험해 보고 싶을 수 있습니다. 설비에 관한 경험을 바탕으로 유관부서로 옮기게 되면 본인만의 강점으로 업무를 잘 수행할 수 있을 것입니다. 사업부 내에서 생산이나 지원 쪽 부서로 관리자들과 면담을 통해 옮기는 길이 있습니다. 여러 가지 상황이 맞아야 옮길 수 있겠지만 가장 부담 없이 다른 부서의 업무를 경험해 보고 자동차 공장 내에서 설비와는 다른 업무를 경험함으로써 공장 전체 관리자의 길로 성장할 수 있습니다. 아무래도 임원 이상의 관리자로 진급하기에는 설비 관련된 업무만 경험하는 것보다는 생산과 관련된 업무를 경험하는 것이 유리합니다. 최근에는 사내공모라는 제도를 활용해 사업부를 벗어나 생산기술 본부나 재경본부 등 완전히 다른 사업부로 이동하는 사례도 있습니다. 보전기술에서 근무한 경험을 바탕으로 신차투입을 위한 업무를 수행하는 생산설비 기술 부서로 이동해 업무역량을 넓힐 수 있으며, 투자 관련된 경험을 바탕으로 재경관련 부서에서 완전히 새로운 업무를 경험하는 경우도 드물게 있습니다. 다양한 부서의 업무를 경험하는 것은 울산공장에서 여러 가지 여건상 쉽지는 않은 기회이지만 기본적으로 우선 맡은 업무를 잘 수행하고 커리어 로드맵을 잘 계획하고 준비된 자세로 본인의 로드맵에 맞게 기회가 왔을 때 기회를 잡게 된다면 성장에 큰 도움이 될 것입니다.

3 보직과장(그룹장)

보직과장이라는 것은 한 그룹의 그룹장을 맡는 직책을 의미합니다.

예를 들면 의장 공장의 설비를 담당하는 한 과의 책임자가 되는 것입니다. 보직과장이 되면 업무적인 부분에서 많은 변화가 오게 됩니다. 한 라인을 담당하는 매니저가 아닌 각 라인을 담당하는 매니저들이 있고 보직과장은 각 라인들을 전체 총괄하는 책임자입니다. 그 안에서 실무를 수행하기보다는 관리 업무를 수행하게 됩니다.

대표적으로는 지표 관리를 위한 업무들을 수행해야 합니다. 본인이 관리하는 조직의 목표 수치들 예를 들면 가동률, 안전사고재해 발생률, 연월차실적, 개선/제안과 실적 등 부서 평가에 반영되는 지표들을 관리하는 업무를 해야 합니다. 그리고 현장 관리 중 하나인 현장 대의원과 매년 현장 고충 안건이 선정되면 이를 해결하기 위한 노사협의를 진행하며 결정된 사항들을 매니저들에게 업무를 분담해 실행될 수 있도록 하기도 합니다. 목표 가동률을 매니저들과 논의해서 수립하고 목표 달성을 위해 위에서 소개한 주요 업무들을 각 라인 담당자들과 소통해 투자 우선순위를 정하는 등의 업무를 수행합니다. 그리고 매니저들이 해결하지 못하는 일들을 함께 해결해 주기도 합니다.

크게 변화되는 부분은 이제 팀원들 관리를 해야 하는 것입니다. 크게 현장 관리와 사무실 직원들 관리가 있습니다. 우선 조직관리를 위해 현장 직원들의 인사 전체를 담당합니다. 인원배치, 근태실적, 안전사고, 인사평가 등 많은 부분을 현장 그룹장(반장)님과 함께 업무를 수행합니다. 보직과장이 아닌 매니저들은 크게 관여하지 않는 업무입니다. 그리고 사무실 직원들인 보직과장 이하 매니저, 책임매니저들의 인사 담당 업무도 수행해야 하며 인원배치, 근태 및 평가를 기본으로 주기적으로 면담도 수행해 직장생활에 큰 고충은 없는지 등 관리자로서의 업무를 수행합니다.

이렇듯 인사, 노무가 업무에서 차지하는 비중이 많이 커지고 라인에서는 직접적인 실무를 수행하기보다는 전체적인 관점에서 관리하고, 중요한 결정사항이 있을 때 밑으로는 그룹원, 위로는 팀장님과 소통하여 결정하는 역할을 수행합니다.

4 부서장(팀장)

부서장이라는 것은 한 부서의 전체 책임자가 되는 직책을 의미합니다. 의장 공장을 책임지는 보직과장이 있으면, 부서장은 해당 사업부의 전체 공장 프레스, 차체, 도장, 의장 설비를 전체 책임지는 책임자를 의미합니다. 각 과에 보직과장들이 위치하고 그 위에 부서장이 있다고 생각하면 됩니다. 하나의 보전기술 부서에 한 명의 부서장이 있습니다. 부서장이 되면 이제 완전한 공장 관리자로서 보직과장들이 보고하는 내용들에 대해 가이드 역할을 하며 설비와 관련된 업무보다는 각 과에 수리비, 투자예산 비용 등의 적절한 배분을 하고 산하 공장의 투자 우선순위 결정 등 큰 틀에서 사업부의 목표 지수 달성을 위한 결정을 하는 역할을 하게 됩니다. 그리고 중요한 사항들을 경영진에 보고하며 유관부서와 소통해 설비와 연관된 중대한 결정이 필요할 때 설비를 관리하는 보전기술부서에서의 입장을 대표하며 결정에 참여하게 됩니다. 부서장 이후 승진은 임원으로 승진하는 것이며 은퇴 후에는 설비와 관련된 협력사에서 근무하는 경우도 있습니다.

참고 보전기술 직무에 대한 일반적인 인식

현대자동차 내에서 보전기술 직무에 대한 일반적인 인식에 대해 말해보겠습니다. 우선 현대자동차는 기본적으로 자동차를 만드는 회사입니다. 당연히 자동차를 만드는 설비에 대한 중요성보다는 자동차 자체에 대한 중요성이 훨씬 큽니다. 이를 만드는 설비는 지원 쪽의 포지션으로 보는 것이 맞습니다. 때문에 차를 좋아하고 차에 관련된 일을 하고 싶은 분들은 보전기술 직무가 맞지 않을 것으로 판단됩니다.

요즘은 평생직장은 없는 시대로 다양한 커리어를 쌓아 본인의 로드맵을 세우는 것은 좋다고 생각합니다. 하지만 보전기술 직무는 여기에 해당하는 업무는 아닌 것으로 보입니다. 자동차를 생산하는 설비에 관련된 업무이기 때문에 해당 경력을 바탕으로 다른 직종에 중고신입으로 들어가는 사례는 극히 드뭅니다. 과거에 한수원이나 특정 회사에서 설비 유지보수 인력을 채용하기 위해 이직을 하는 경우가 있긴 있었습니다. 설비 유지보수와 관련된 회사에 경력직으로 이직을 하는 것은 가능할 듯은 하나 사례가 많지는 않습니다. 아마 설비 유지보수를 하는 회사들 중에 현대자동차보다 훨씬 낫다고 생각되는 회사가 많지는 않아서 굳이 옮기는 일은 많지 않은 듯합니다.

정리하자면 문과 계통의 직무나 최근 대세인 IT 회사와는 달리 제조업 특히 공장은 산업별로 특징이 확실하기 때문에 쌓은 경험을 바탕으로 다른 회사로 이직하는 것은 드문 경우입니다. 보통은 업무를 수행하며 자동차 공장의 업무가 본인과 맞지 않다고 판단이 되면 다른 회사에 신입으로 빨리 재취직하는 것이 많고 그것이 맞다고 생각합니다. 그런 방향보다는 보전기술 직무를 수행하며 관련된 전공 기술사 자격증을 취득하는 것이 또 다른 커리어 로드맵에 적합할 것으로 판단됩니다. 기계나 전기와 관련된 많은 부분을 다루는 업무이므로 기술사 자격증 조건 중 유관업무 담당 경력이 인정되며 해당 기술사 자격증을 취득할 경우 회사 내에서도 활용도 및 메리트가 생기며 다른 회사로 이직할 때에도 기술사 자격증만 있어도 이직이 가능합니다. 따라서 보전기술 직무를 수행하며 또 다른 방향을 고려하시는 분이라면 기술사 자격증 취득을 추천합니다. 또 다른 방향으로, 설비에서의 요즘 이슈는 안전입니다. 자동화 라인이나 무인공정이 많아지면서 안전사고의 우려 또한 많아지고 있고 사회적으로도 이슈입니다. 설비에 대한 지식과 안전과 관련된 전문 자격증이 더해진다면 회사 내/외부적으로도 다른 기회가 생길 수 있을 것으로 보입니다.

05 직무에 필요한 역량

1 직무 수행을 위해 필요한 인성 역량

1. 대외적으로 알려진 인성 역량

CUSTOMER
고객최우선

CHALLENGE
도전적 실행

COLLABORATION
소통과 협력

PEOPLE
인재존중

GLOBALITY
글로벌지향

도전 실패를 두려워하지 않으며, 신념과 의지를 가지고 적극적으로 업무를 추진하는 인재
창의 항상 새로운 시각에서 문제를 바라보며 창의적인 사고와 행동을 실무에 적용하는 인재
열정 주인의식과 책임감을 바탕으로 회사와 고객을 위해 헌신적으로 몰입하는 인재
협력 개방적 사고를 바탕으로 타 조직과 방향성을 공유하고 타인과 적극적으로 소통하는 인재
글로벌 마인드 타 문화의 이해와 다양성의 존중을 바탕으로 글로벌 네트워크를 활용하여 전문성을 개발하는 인재

[그림 4-5] 현대자동차 채용 인재상

현대자동차 채용 사이트에서 제시하는 인재상은 위의 그림과 같습니다. 과거 공개채용 인사시스템 시절에는 인재상과 연관 지어서 자소서를 작성하는 것이 중요했습니다. 하지만 현재 현대자동차 채용은 직무를 중심으로 이루어지고 있으므로 인성적인 인재상은 크게 중요하지 않을 것으로 보입니다. 정리하면 자소서든 면접이든 직무와 관련된 '구체적인 경험'을 풀어서 준비하는 것이 좋습니다. 앞에서도 설명한 것과 같이 최근 채용은 실제 보전기술에서 근무하는 직원이 면접을 보고 채용을 하는 시스템으로 위의 인재상과 같이 인성적인 부분은 좋은 말이지만 다소 추상적인 이야기를 한다면 좋은 점수를 받기 힘들 것입니다.

예를 들면 보전기술의 경우 단순하게 생각하면 설비를 유지보수하는 직무입니다. 가장 좋은 경험은 설비를 유지보수했던 경력이 있다면 그 경험을 구체적으로 풀면서 현대자동차 보전기술에 입사하여 설비에 대한 영역을 넓히고 유지보수 전문가가 되고 싶다는 식의 이야기를 적으면 될 것입니다. 경력이 없다면 과거 무언가를 유지보수했던 경험을 찾아서 그런 일을 하는 것에 흥미가 있다는 식의 구체적 경험을 이야기하면서 본인의 강점을 어필하면 좋은 점수를 받을 수 있을 듯합니다.

2. 현직자가 중요하게 생각하는 인성 역량

다양한 성격의 부서 팀원들, 유관부서, 협력업체 직원들과 업무를 하다 보면 같이 일을 하고 싶은 사람이 있고 혹은 같이 정말 일하기 싫은 사람이 있습니다. 이 구분을 명확하게 하는 기준이 제 개인적으로는 인성적인 역량이라고 생각이 듭니다. 공장에서 근무를 하며 같이 일하고 싶은 사람이라는 이미지를 주변 사람들에게 받을 역량들에 대해 알려드리겠습니다. 여기서 소개하는 역량들은 공장에서 근무하면서 느낀 것이기 때문에 연구소나 본사와는 조금 다를 수 있으며 기본적으로 업무에 있어 직무적인 역량이 있는 것으로 가정하겠습니다. 직무적인 능력이 부족한 사람은 인성적인 부분이 아무리 뛰어나도 같이 일하고 싶지는 않기 때문입니다.

(1) 성실함

공장에서 근무를 한다는 것은 결국 현장에서 일어나는 일들을 위주로 모든 업무들이 이루어진다는 것입니다. 올바른 방향성을 설정하고 업무를 수행하기 위해서는 사무실에서 현장으로 내려가 필요한 정보가 있는 공정에서 오랜 시간 집중력 있게 분석을 해야 합니다. 원하는 데이터를 쌓아야 불량이 왜 발생하는지, 동일한 고장이 왜 반복되는지, 어떤 요소에 투자를 해야 근본적인 개선을 할 수 있는지, 등 데이터를 기반으로 어떻게 보고를 할 건지, 어떻게 개선을 할 건지, 어떤 투자를 할 건지 등의 to do를 계획할 수 있습니다.

이러한 데이터 수집을 위해서는 성실한 태도가 정말로 필요합니다. 현장에 내려가서 원하는 타깃의 데이터 수집을 위해서는 많은 시간이 걸리고 발이 아프고 어떠한 경우에는 타깃이 올 때까지 기다리는 등 불편함을 감수하고 많은 시간과 인내를 투자해야 합니다. 이 과정이 불편하다 보니 어떤 사람들은 제대로 된 데이터 수집 없이 업무를 추진해 완전히 잘못된 방향으로 업무를 추진하거나 다른 사람이 데이터를 모아 주기만을 기다리는 태도를 취할 수 있습니다. 부서 간 업무 영역의 구분이 명확하지 않은 이슈들이 자주 발생하기 때문에 누군가 하지 않는다면 계속 업무가 딜레이 되거나 방향을 잘못 설정하게 됩니다. 일을 하다 보면 이러한 모습은 명확하게 구분이 되고 현장에서 데이터를 수집하고 분석하는 등의 성실함이 없는 직원은 같이 일하고 싶지 않다는 이미지를 주며 데이터 없이 추상적인 이야기를 하는 모습을 보면 직무적인 부분에서도 능력이 없다는 평가를 하게 됩니다.

(2) 유연함

유연함이라는 부분 또한 공장에서 어떠한 직무든 관리자로 근무를 할 때 중요한 부분입니다. 새로운 설비를 설치하기 위해서는 많은 협의 과정이 필요합니다. 유관 부서와 서로가 필요한 부분에 대해서 협의를 진행하는 과정에서 많은 충돌이 발생하며 같은 부서의 현장직분들과 협의를 진행하는 과정에서도 의견충돌이 많이 발생합니다. 논리적인 사고와 표현으로 내가 속한 조직의 의견을 정확하게 전달, 어필하는 것은 물론 중요한 역량입니다. 하지만 공장에서는 모든 조직이 각각 원하는 것만을 논리적으로 이야기하면 충돌이 일어나는 부분에서 해결점을 찾을 수가 없습니다. 이는 신규 설비 설치가 딜레이 되는 결과를 가져오며, 양산 일정을 맞추기 위한 데드라인이 왔을 때 협의가 되지 않는 부분들은 이것도 저것도 아닌 방향을 가지고 설치되는 경우가 있습니다. 이는 인수인계 과정에서 많은 유관부서 사람들이 고충을 겪게 하므로, 어느 부분은 양보를 하고 어느 부분은 취할 수 있는 유연함이 정말 중요합니다. 너무 강건하게 자신의 주장만 하는 것은 그 주장이 논리적으로 맞다고 해도 도움이 되지 않는 경우가 있습니다. 상황을 잘 판단해서 큰 틀에서 일이 올바르게 진행될 수 있도록 유연한 태도를 가지고 본인이 조금 힘들어지더라도 양보할 것은 양보할 줄 알아야 합니다. 대신에 다른 요소를 취할 수 있는 유연한 업무적 처리 방식은 같이 일하는 사람들에게 같이 일하기 좋은 이미지를 만들어 줄 것입니다. 그리고 이러한 이미지는 나중에 본인에게 더 큰 기회로 돌아오는 경우가 많습니다.

(3) 책임감

책임감은 어느 회사든 어느 직무든 필수적으로 요구되는 역량이라고 생각됩니다. 책임감이 있는 사람은 어떤 방식으로든 본인의 맡은 일을 스스로 해결할 수 있기 때문입니다. 이런 사람에게는 믿고 일을 맡길 수 있으며 본인의 담당업무에만 집중할 수 있게 도와주므로 같이 일하기에 굉장히 좋은 파트너입니다. 공장 관리자의 경우에는 자신이 맡은 업무에 대해서 마지막까지 책임져야 하는 의무가 있습니다. 품질 문제나 설비 고장 등의 이슈가 발생했을 때 현장 근무자들, 유관부서 사람들 모두가 포기하는 순간 공장 관리자는 책임자로서 어떻게든 해결을 해야 합니다. 정말 큰 문제가 발생했을 때는 모두가 퇴근을 해도 집에 가지 못하고 마지막까지 남아서 해결을 하고 집을 가야하는 경우도 있습니다. 하지만 책임감이 없는 사람은 '내가 왜?'라고 생각을 가지고 업무를 하기 때문에 같이 일하는 입장에서는 많은 스트레스를 받을 수 있습니다.

이 마지막 단계인 공장에서 책임자의 역할을 수행하는 사람이 공장관리자입니다. 공장에서

실제로 양산을 해서 고객에게 인도가 되는 가장 마지막 단계에 속하는 조직입니다. 이 마지막 단계인 공장에서 책임자의 역할을 수행하는 사람이 공장관리자입니다. 공장에서확인을 하지 못하고 막지 못한 문제는 바로 고객에게 영향을 줍니다. 문제가 있는 차를 받을 수도 있고 받아야 하는 시기가 늦어질 수 있습니다. 공장에 속한 조직 공정기술, 품질관리, 생산관리, 보전기술 등의 부서는 이러한 점을 알고 큰 책임감을 가지고 업무에 임해야 합니다.

2 직무 수행을 위해 필요한 전공 역량

현대자동차 보전기술 직무로 입사하여 업무를 수행함에 있어 공대관련 전공을 졸업했다면 큰 어려움은 없습니다. 어떠한 전공이든 대학에서 배우는 내용과는 다른 부분을 현장에서 새로 다 배워야 하기 때문에 와서 적응을 하면 됩니다. 과거 공개채용 시스템으로 채용하던 시절에는 대부분 기계공학과 아니면 전자전기 관련 전공자였지만, 최근에는 상시채용 시스템으로 직무관련 지식이나 경험이 더 중요해지면서 기계공학부, 전자전기, 항공우주, 해양대, 조선과 등 공대 출신의 특정한 과와 상관없는 관련 경력이나 경험을 가진 신입사원들이 들어오고 있습니다.

1. 전자전기 관련

전자나 전기관련 전공을 하게 되면 현업에서 도움이 되는 경우가 있습니다. 대학에서 배운 어려운 이론들을 사용할 일은 거의 없고 전압, 전류, 저항 등에 대한 기초적인 지식과 관련 전공들을 들은 배경지식만 있어도 현업에서 발전소에서 발생한 전력이 공장으로 전달되어 변압기를 거쳐 공장 안에서 어떻게 전기를 사용하고 있는지 이해하는 데 도움이 됩니다. 전력시스템 계통도에 대한 이해가 있어야 공장 안의 큰 전력 문제가 발생했을 때 현상을 이해하고 고장을 진단 및 보고서를 작성하는 데 도움이 됩니다. 또한 전기적 단락이나 단선으로 설비에 고장이 발생한 경우 전원 이상 고장 보고서를 작성하는 데 배경지식들이 도움이 됩니다. 그리고 현장에 와서 배우게 될 수많은 전장품들의 동작 원리 및 고장 발생 시 누전이나 과전류 등의 내용에 대한 대화가 수월하게 이루어지기 위해서 전자전기 관련 배경지식이 있다면 습득이 원활할 것입니다.

2. 기계공학

거의 모든 설비는 기계적 요소라는 실체를 가지고 있습니다. 최근 생산 공정이 자동화가 많이 되고 PC 기반의 첨단 설비들이 도입되고 있지만 결국에는 기계적 실체가 있어야 동작이 이루어지고 작업을 할 수 있습니다. 저는 전자전기공학부 출신으로 기계적인 대화가 깊이 있게 들어갈 때는 조금 어려움을 겪고 있습니다. 기계공학과에서 배우는 내용들 중 기계설계와 관련된 내용이나 CAD, CATIA 등을 다루는 과목, 힘과 변형 간의 상관관계를 배울 수 있는 재료역학, 기계를 구성하는 다양한 재료에 대한 성질 관련 지식을 배울 수 있는 재료공학 관련 등의 전공을 수강한다면, 보전기술에서 직무를 수행하며 고장을 좀 더 자세하게 분석할 수 있고 새로운 설비를 도입하거나 개조할 때 사양서에 기계적 내용을 좀 더 유의미하게 기입할 수 있습니다. 도면 검토 시에도 관련 지식이나 CAD나 CATIA를 다룰 수 있다면 큰 도움이 될 수 있습니다. 전기 외에 동력원으로 많이 사용되는 유공압 시스템도 관련 지식을 습득해 두면 관련 설비를 다룰 때 큰 도움이 될 수 있습니다.

정리하면 기계적, 전기적인 요소는 설비에서는 필수적이며 관련 지식은 업무를 수행함에 있어 필수적인 부분은 아니지만, 관련 지식을 토대로 직무를 조금 더 고퀄리티로 수행할 수 있습니다.

3 필수는 아니지만 있으면 도움이 되는 역량

1. 소프트웨어 역량

최근 PC 기반 설비가 현장에 많이 도입되고 있습니다. PC 기반 설비는 기존의 일반적인 설비와는 다른 제어방식으로 코딩 프로그램을 통해 제어를 하기 때문에 코딩에 대한 기초적인 지식이 있으면 이해하는 데 큰 도움이 됩니다.

예를 들면 카메라를 활용한 비전 설비나 생산 서열을 관리하는 MES 시스템, 복잡한 자동화 설비에 많이 활용되고 있습니다. 기존에 보전기술에서 근무하는 분들은 코딩에 대한 지식이 많이 없기 때문에 신입사원으로 입사하여 이러한 부분에 도움을 준다면 현장에서 빠르게 인정받는 데 큰 도움이 될 것입니다. 저 또한 제가 속한 부서에서 현장 직원분들이 잘 모르는 비전 시스템을 가장 잘 아는 직원으로 현장에서 많은 인정을 받고 있습니다. 또한 생산 이력 관리나 설비 점검을 관리하는 사이트 등을 이해하는 데 있어서도 코딩에 대한 지식이 있으면 이해가 쉽고 활용도를 더 높일 수 있습니다. 저 같은 경우에는 전자전기공학부로 전과하기 전 1~2학년을정보컴퓨터공학을 전공했기 때문에 코딩에 대한 지식이 있는 편이었고 현장에서 직무를 수행하는 데 도움을 받았습니다. 공대생이면 저학년 때 보통 코딩에 관한 수업을 필수적으로 수강하기 때문에 해당 시간에 조금 더 관심을 가지고 기억을 해 둔다면 현업에서 도움이 될 날이 있을겁니다.

2. 실험 및 프로젝트 경험

보전기술 관련 직접적인 경력이 없는 취업준비생이 가장 쉽게 구체적인 역량을 적을 수 있는 내용은 실험 과목에서 수행한 프로젝트 경험이나 졸업과제로 수행한 프로젝트, 공모전으로 참여한 프로젝트 등의 경험입니다. 저 같은 경우에는 졸업과제로 수행했던 전기자전거를 설계한 경험, 실험으로 수행한 자판기 로직을 FPGA 보드에 구성했던 경험 등을 자소서에 활용했었습니다. 어떤 경험이든 구체적으로 서술할 수 있는 경험이 면접에서도 큰 도움이 됩니다. 면접관으로 면접에 들어가면추상적인 좋은 말들은 귀에 잘 들어오지 않습니다. 처음 조원들과 함께 아이템을 선정한 과정, 역할을 분담한 과정, 프로젝트를 수행하면서 겪었던 어려움 혹은 갈등, 목표 대비 몇 퍼센트 정도의 결과물을 완성했는지, 이 과정에서 배운 점은 무엇인지 등의 내용들이 구체적으로 들어가면 좋습니다. 보통 면접에서갈등을 겪었던 경험과 해결했던 방법 정도는 기본적인 채점 요소가 되므로 프로젝트와 연결해서 본인의 경험을 잘 정리해 두면 좋을 듯합니다.

3. 현대자동차 관련 기본지식

취업준비를 함에 있어 본인이 가고 싶은 기업에 대한 조사는 기본 중의 기본입니다. 보전기술이 자동차 자체와 크게 연관된 직무를 아니라고 강조를 드렸지만 현대자동차에 대한 기본적인 정보를 알고 취업에 임하는 것이 좋습니다. 현대자동차 홈페이지에 있는 정보들을 둘러보시고 간단한 개요 정도는 숙지를 하고 또한 정보들을 보면서 본인이 정말 가고 싶은 기업이 맞는지 맞다면 가고 싶은 의지도 다시 한 번 다져보시길 바랍니다. 현대자동차에서 현재 생산 중인 차종 라인업 정도는 숙지를 하고 세단이나 SUV 같은 용어 정도도 익혀 두기를 바랍니다. 전기차나 수소차 관련된 최근 현대자동차 동향들도 살펴보시면 좋을 듯합니다.

과거 공채 시절 임원면접에서는 돌발적으로 현대자동차 관련 질문을 하시는 분들이 있었습니다. '현대자동차에서 생산 중인 SUV를 아는 것이 있냐?', '벨로스터의 특징에 대해서 아느냐?' 등의 질문이 있었습니다. 최근 상시 채용 시스템에서는 잘 없는 일인 것으로 판단되기는 하나 취업에 도전함에 있어 기업 조사는 기본이고 다른 답변에 녹여낼 수도 있으므로 현대자동차 기업 관련 기본지식을 숙지하시길 바랍니다.

4. 외국어 역량

실제 공장 라인에 일본, 유럽 국가의 설비나 부속품들이 많이 사용되고 있기 때문에 매뉴얼이 영어로 제공되는 경우가 많습니다. 특히 도장공장의 경우에는 페인팅 로봇들이 독일 혹은 일본 제품들이라 매뉴얼이 대부분 영어로 되어 있습니다. 간혹 설비 검수를 외국으로 가는 경우도 있어 외국어 역량이 있다면 큰 도움이 됩니다. 현장에서 있었던 문제를 통역사를 통해 전달하는 것보다는 전문적인 용어는 통역사가 잘 알지 못하므로 본인이 직접 영어로 전달할 수 있다면 의미 전달이 확실하게 될 것입니다. 나아가 주재원에 나갈 기회를 잡기 위해서도 외국어 역량은 중요합니다. SPA라는 시험 점수로 평가를 받게 되는데 토익스피킹 시험과 유사합니다.

06 현직자가 말하는 자소서 팁

1 일반적인 자소서 작성 팁

자소서를 작성하는 데 답은 없다고 생각합니다. 어떠한 글이든 검토하는 사람이 잘 읽을 수 있고 그 내용이 합격할 수 있는 근거를 검토자에게 제시한다면 첫 번째 관문인 서류 제출에서 합격을 할 수 있을 것입니다. 제가 자소서를 작성하면서 느꼈던 것들과 일반적으로 자소서를 작성할 때 중요하다고 생각하는 몇 가지를 적어 보겠습니다.

1. 자소서는 상대방이 원하는 답을 나의 경험에서 가독성 좋게 제시하는 것

간혹, 자소서에 본인에 대한 이야기를 풀어서 본인이 하고 싶은 이야기들을 나열하는 경우가 있습니다. 수많은 자소서를 검토하는 사람 입장에서는 많은 글들을 다 읽기도 어렵습니다. 읽다가 조금 지루해지거나 원하는 답이 안 나오면 도중에 멈추게 되어있습니다. 중요한 것은 주어진 문항에 대한 답을 제시하는 것입니다. 자소서를 자기소개서라기보다는 하나의 서류 시험이라고 생각하는 것이 좋습니다. 주어진 문항의 의도를 파악하고 거기에 맞는 답을 자신의 경험에서 찾아 제시해야 합니다. 적을 때도 가독성이 좋게 어떤 행동을 해서 어떤 결과를 가져왔다는 식의 정확한 답부터 서두에 제시하여 그다음을 읽게 만드는 것이 좋습니다. 주어진 몇 가지 항목들에 대한 답변을 읽으면서 본인이 보전기술에서 근무를 하고 싶은 사람이다가 아니라 본인이 보전기술에 적합한 사람이다라는 결론으로 도달할 수 있게 답들을 잘 적어 주면 됩니다. 최대한 설비와 관련된 경험들을 정리하고 경력이 없다면 일상생활에서라도 무언가를 수리해본 경험, 혹은 뒤의 현직자들이 자주 사용하는 용어들 중 관련이 있는 경험, 조직에서 일해 본 경험, 사람과의 갈등을 경험하고 해결해 본 일과 같은 답이 될 수 있는 소스들을 많이 정리해 두기를 바랍니다.

2. 구체적인 사례나 수치들을 활용

자소서에 들어가는 내용은 추상적인 '열정', '노력' 이런 단어들보다는 그 단어들을 알게 해주는 구체적인 사례나 수치들을 적어주는 것이 좋습니다.

예를 들어 '저는 열정이 많은 사람이고 열정적으로 무엇을 배워서 자격증을 취득했습니다.'라는 표현보다는 '저는 어떤 목표를 가지고 주 5일 하루 2시간씩 어떤 공부에 투자를 해서 상대적으로 단기간인 한 달 만에 어떤 자격증을 취득했습니다.'라는 표현이 검토자에게 조금 더 확실한 어필과 가독성을 높여 줄 수 있습니다. 몇 등을 했는지, 얼마나 원가를 절감했는지, 몇 퍼센트나 달성했는지 등의 수치를 많이 활용하는 것을 추천합니다. 그리고 가능하면 항목마다 문항에 맞는 자신의 구체적인 경험을 찾아서 사례를 통해서 내가 이렇다는 것을 보여 줄 수 있게 적는 것이 좋습니다. 본인이 가진 많은 경험들을 미리 잘 정리해 두면 자소서를 작성할 때 그 경험들을 골라 답변을 작성하는 데 도움이 될 것입니다.

보전기술 직무의 경우에는 경력이 없는 대학생들이라면 실험 수업이나 프로젝트 경험들을 잘 정리해서 활용하고 경력이 있는 사람이라면 전 직장에서 수행한 직무들 중 설비와 관련된 경험들을 잘 정리해 두면 도움이 될 것입니다.

3. 작성하기 어려운 지원동기

자소서 항목 중 지원동기는 필수적인 항목이면서도 회사마다 작성하기가 가장 어려운 항목으로 생각됩니다. 경력이 있는 취업준비생이라면 자신의 경력과 연결해서 경력개발이나 일을 하면서 자연스럽게 관심을 갖게 된 계기 등을 활용하면 작성하기가 수월할 것입니다. 경력이 없는 경우라면 물어보는 이유를 고려해서 적는 것이 좋습니다. 지원동기를 물어보는 이유는 지원한 회사와 본인이 선택한 직무에 대해서 이해하고 지원을 한 것인지, 쉽게 말해 무슨 일을 하는지 알고 지원한 것인지 물어보는 것입니다. 이에 대한 구체적인 설명을 위해,

① 지원한 직무에서 어떤 일을 해서 무엇을 이루고 싶은지 제시하고
② 관심을 가지게 된 계기나 해당 직무를 생각하게 된 이유
③ 직무와 관련된 성공 경험이나 직무와 관련된 전문성을 가지기 위한 공부 등
④ 간단한 포부

정도의 형식으로 적으면 좋습니다. 최근에는 직무에 대한 전문성을 가지고 있는지 혹은 직무에 적합한 사람인지가 가장 중요한 평가 요소이므로 그 점을 잘 고려해서 작성하기를 바랍니다.

4. 면접까지 연결되므로 면접을 염두에 두고 작성하자

자소서의 내용은 면접에서 면접관에게 제공되며 면접관들은 면접 전 자소서 내용을 어느 정도 읽어 본 후 면접에 임하게 됩니다. 따라서 자소서에 적은 내용에 대해서 면접관들은 자연스럽게 궁금한 내용을 물어보기도 하며 적은 내용이 사실이 맞는지, 자세히 알고 적은 내용인지에 대한 압박 질문을 가하기도 합니다. 따라서 자소서에 적을 내용은 자신이 확실하게 대답할 수 있는 내용을 적어야 합니다. 면접에 가기 전에는 자소서를 보고 할 수 있는 예상 질문을 만들어 본 뒤 모든 질문에 답변할 수 있도록 준비하는 것이 좋습니다.

2 현대자동차 보전기술 자소서 살펴보기

Q1 what makes you move? 무엇이 당신을 움직이게 하는지 기술해 주십시오.

해당 문항을 보고 진짜로 본인이 좋아하고 관심 있는 내용을 적으면 안 됩니다. 해당 문항은 지원동기와 동시에 직무에 대한 이해도와 관련 경험이나 경력을 물어보는 항목입니다. 먼저 서두에 보전기술 실무자들이 자소서를 검토할 때 관심을 끌 만한 내용이 나와야 합니다. 경력이 있는 분이면 설비 유지보수와 관련된 타이틀(로봇, PLC[16], 운반설비 등)을 먼저 적습니다. 처음 취업을 준비하는 학생이면 직무에 대한 내용을 임팩트 있게 적거나 취업준비를 하게 되면서 공부한 설비에 대한 내용 혹은 무엇인가를 고쳐본 경험 등을 먼저 적고, 그와 관련해서 본인이 한 노력을 설명할 수 있는 내용을 구체적인 수치를 넣어 작성합니다. 그리고 위의 자소서 작성 팁의 내용들을 참고해서 본인이 흥미를 느끼고, 흥미를 느끼게 해 줄 수 있는 보전기술 직무에서 일하면서 어떠한 결과를 도출하고 싶은지 간단한 포부까지 작성하면 좋을 것 같습니다.

Q2 당사 핵심 가치는 고객 최우선, 도전적 실행, 소통과 협력, 인재 존중, 글로벌 지향입니다. 이 중 한 가지를 택하여 당신이 왜 울산공장에 적합한 인재인지를 서술해 주십시오.

어떠한 항목을 선택해도 문제될 것은 없으나, 결국에는 울산공장 혹은 직무와 적합하다는 설명을 자신의 경험과 연결해서 적을 수 있는 항목을 선택해야 합니다.

예를 들면 자신의 핵심 가치가 도전적 실행이라면 어떤 도전을 해서 어떤 결과를 가져와서 나는 울산공장에 적합하다. 또는 소통과 협력이라면 어떤 소통 능력을 가지고 있으며 구체적 사례를 통해 그러한 능력이 실제로 있다는 것을 납득시켜야 합니다.

저자의 개인적인 추천은 소통과 협력입니다. 울산공장의 경우 현장직분들과 같이 일해야 하기 때문에 소통과 협력 능력이 굉장히 중요합니다. 어떤 단체에 속해서 다양한 세대와 소통을 해 본 경험, 나이가 많은 어른들과 갈등을 경험해보고 그 갈등을 어떤 방법을 통해서 해결했는지 등의 경험들을 활용해 울산공장에 나이가 많으신 현장직분들과 본인은 충분히 소통을 할 수 있는 사람이라는 것을 제시한다면 현직자 입장에서는 높은 점수를 줄 것 같습니다.

16 [9. 현직자가 많이 쓰는 용어] 10번, 49번 참고

생산 공장에서 생산보전기술의 중요성과 역할에 대하여 기술하고, 4차 산업혁명 시대에 생산보전기술이 어떠한 형태로 변화될지 본인의 생각을 기술해주십시오.

보전기술 직무를 경험해 보지 못한 사람이라면 작성하기 어려운 항목입니다. 해당 항목은 보전기술 직무에 대한 이해도와 관심에 대해서 물어보는 항목입니다. 인터넷을 통해 보전기술이라는 직무에 대해 많은 조사를 한 후에 작성하는 것이 좋을 듯합니다. 가이드라인을 제시하자면 생산 공장 안에는 수많은 생산설비들이 있고 이 설비들이 최적의 상태를 유지하지 못하면 차량 품질이 저하될 수 있으며 설비 고장으로 인한 계획된 차량생산을 하지 못해 생산성을 저하시킵니다. 보전기술은 이러한 설비들에 일상 유지/보수를 수행하고 예산을 마련해 투자를 해서 노후된 설비를 교체하고 비합리적인 요소를 개선하기도 합니다. 즉, 생산 공장의 정상적인 가동과 품질향상을 위해서 생산보전기술 직무는 필수적인 존재입니다. 최근 4차 산업혁명 시대가 오면서 생산 공장에도 많은 변화가 있었습니다. 사람이 작업하던 공정이 로봇 등을 통한 자동화가 많이 이루어지고 있습니다. 거기에 맞추어 생산보전기술은 인력관리와 신규 설비에 대한 기술력을 위해 꾸준한 교육 등의 노력이 필요합니다. 또한 일상점검이나 고장조치 등에도 4차 산업혁명 시대에 맞는 새로운 기술들을 도입해 효율성을 높여야합니다. 일상점검도 모바일 등을 활용해 스마트한 점검과 점검 데이터들이 축적되어 의미 있는 데이터를 만들어낼 수 있도록 시스템을 구축해야하며 설비에 고장이 발생했을 때도 고장의 원인을 사람이 분석하는 것이 아닌 세분화를 통해 고장의 내용만을 보고 직관적으로 판단하고 조치하면 설비가 정상적으로 가동될 수 있도록 시스템을 개선해 비가동 조치 시간을 최소화한다는 등의 내용들이 들어가면 좋을 듯 합니다. 이 책에서 소개한 보전기술 직무에 대한 내용과 조사한 내용들을 참고해서 본인의 생각을 적으면 좋을 것 같고 너무 추상적인 스마트팩토리[17]나 설비 자체적으로 유지보수가 된다는 현실성 없는 내용은 추천하지 않습니다.

17 [9. 현직자가 많이 쓰는 용어] 11번, 50번 참고

3 저자의 합격 자소서 3가지 대표 문항

Q1 자신에게 주어진 일이나 과제를 수행하는데 있어, 고정관념을 깨고 창의적으로 문제를 해결했던 사례에 대해 구체적으로 기술하시오 (대한항공 자소서)

경험한 내용을 최대한 구체적으로 서술하려고 했던 저자의 자소서 중 일부입니다.
경험을 토대로 기업에서 필요로 하는 부분을 어필하려고 했습니다.

[아이디어 제공자 '고객']

전기자전거라는 주제를 가지고 I.E 경진대회에 참여해 장려상을 수상하였습니다. (중략)

또한 팀원들과 토론을 하니 아이디어는 더욱 구체화되었고 한 발 더 나아갈 수 있었습니다. 자동으로 동작하는 것을 구현하기 위해 기울기센서를 이용하자는 의견이 나왔고 레버를 통해 수동으로도 모터를 제어할 수 있는 기능을 추가하자는 의견도 나왔습니다. 의견들을 참고해 과제를 진행하여 저절로 가는 자전거 줄여서 '저전거'라는 팀으로 전기자전거를 완성하였습니다. 이 경험을 토대로 대한항공에서 단순 업무처리 위주가 아닌 고객의 입장과 안전을 먼저 생각하는 그리고 팀원들과의 협력을 통해 최고의 서비스를 제공하는 인재가 되겠습니다.

Q2 과거 타인과의 인간관계에서 가장 힘들었던 갈등상황과 이를 슬기롭게 극복할 수 있었던 본인의 전략 및 노하우에 대해 기술하시오. (대한항공 자소서)

역시 구체적 경험을 통해 결론에 도달하려고 적었던 저자의 자소서 일부입니다.
지금 와서 보면 두괄식으로 적었으면 더 좋았을 듯 하네요. 그래도 합격은 했었으니 꼭 정답은 없는 듯 합니다.

[책임감=나의 역할]

대학시절 스킨스쿠버 동아리에서 활동했습니다. (중략)

문제는 선배들의 역할에 대한 의식의 부재였습니다. 자신의 역할을 모르니 왜 훈련에 자주 참석해야 하는지 이유를 잘 모르는 것 같았습니다. 안전이 핵심인 스포츠이므로 선배로서의 역할은 안전한 다이빙이 무엇인지 교육해 주고 사전의 철저한 장비 점검을 통해 장비로 인한 사고를 막는 것입니다. (중략)

한 조직에서 일할 때 그곳에서의 자신의 역할이 무엇인지를 확실히 알 때 작은 일에서라도 책임감이 나온다고 생각합니다. 대한항공 기술직에 입사하여 팀원들과 항상 소통하며 내가 혹은 우리 팀이 지금 하는 작은 정비가 많은 고객들의 안전을 책임진다는 사명감을 가지고 일하겠습니다.

Q3 직무 적합성을 나타내는 자소서 항목 (SK텔레콤 자소서)

관련 자격증을 취득한 사례를 통해 직무 적합성을 나타내려고 했습니다.
두괄식으로 자격증 취득한 내용부터 적었습니다.

[주파수와 놀아보다]

진동 분석 전문가 자격증을 취득하였습니다. SKF 진동분석 회사에 다니던 지인이 SK텔레콤 입사를 원하던 저에게 교육을 추천 해주었습니다. (중략)

주파수에 대한 경험은 네트워크 직무를 맡아 4G 통신을 운용하는 일에도 다가오는 초고대역 주파수를 이용한 5G 시대에도 큰 도움이 될 것이라고 생각합니다.

[多, 프로젝트 경험]

전과를 통해 컴퓨터과와 전자과 프로젝트를 모두 수행해 보았습니다. 기억에 남는 것은 온도가 표시되는 샤워기 프로젝트입니다. 저는 팀장을 하며 비교기 설계를 중점적으로 수행했고 조원들에게도 카운터와 발진기 설계를 직접 맡겼습니다. 각자 설계한 부분을 모아 PSPICE에서 성공한 것처럼 동작이 될 것이라고 생각했지만 실제 회로는 달랐습니다. 센서의 경우 온도 변화에 따른 전압 진폭 차이가 너무 작아 물의 온도 구간을 나누는 것이 거의 불가능했습니다. 이에 수업 시간에 배운 반전증폭 회로를 이용해 센서부 출력을 7배 증폭시켜 구간을 나눌 수 있도록 했습니다. (중략)

관련 전문성을 보이고 싶어 선택한 주제이며 구체적인 내용과 수치를 넣어 실제 경험이라는 것을 강조하고 싶었습니다.

07 현직자가 말하는 면접 팁

면접에는 다양한 외부적인 요소가 개입되어 뚜렷한 정답이 있는 것은 아닙니다. 아무리 준비를 많이 해도 말주변이 없는 사람이면, 원래 성향이 말을 잘하고 자신감 있는 사람과 경쟁해서 더 좋은 이미지를 남기기는 쉽지 않습니다. 그리고 면접관의 주관적인 평가 요소가 많이 들어가므로 본인과 맞는 면접관을 만나게 되는 것은 행운입니다. 이러한 외부적인 요소가 아주 중요하며 이를 제외하고 기본적으로 지켜야 하는 방법들에 대해서 적어 보겠습니다. 말주변이 없으면 직무에 대한 본인의 강점들을 잘 정리해서 내용으로 관심을 끌고 승부를 보는 수밖에 없습니다.

1 두괄식 답변

자소서나 면접이나 공통적으로 두괄식 답을 하는 것이 중요합니다. 다른 사람의 이야기를 들을 때 중요한 것은 무언가를 설명하려고 하면 귀에 잘 들어오지 않는 것입니다. 질문에 대한 명쾌한 답이 먼저 나와야만 그 이후의 이야기가 상대방에게 전달될 수 있습니다. 무언가 본인의 생각을 설명하려고 하는 것은 좋지 않습니다. 요즘 유튜브를 보면 면접 전문가들이 만들어 놓은 영상이 많이 있습니다. 영상들을 참고해 스터디나 친구들한테 모의 면접을 할 때 두괄식 답변을 하는 것을 많이 연습하면 좋습니다.

2 만능답변 스토리라인 정리해둘 것

면접 질문에는 두 가지 종류의 질문이 있습니다. 첫 번째는 인사팀에서 실무자에게 제공하는 필수적인 질문 리스트, 그리고 실무 면접자가 자소서를 보면서 궁금한 점이나 아니면 본인이 중요하게 생각하는 부분에 대해 하는 질문이 있습니다.

예를 들면 '갈등을 해결해 본 적 있나요?', '본인의 강점은 무엇인가요?' 이러한 포괄적인 질문은 보통 인사팀에서 제공하는 기본 질문이며 모범 답안이 어느 정도 정해져 있습니다. 이에 반해 실무자가 하는 질문은 자소서를 보면서 관심이 생기는 부분에 대한 질문이 이어질 수 있고 혹은 직무에 대해서 여러 가지 질문을 할 수 있습니다. 어떤 상황이든 예측할 수 없는 질문이 나올 수 있기 때문에 구체적인 답변을 할 수 있는 스토리들을 잘 정리해 두는 것이 중요합니다.

너무 많은 경험을 정리하면 오히려 기억이 나지 않을 수 있으므로 봉사활동 경험, 동아리 경험, 실험 경험, 프로젝트 경험 등 몇 가지 대표 경험을 정리해서 어떤 질문이 나오더라도 해당 경험을 바탕으로 질문에 대한 답을 할 수 있도록 준비하는 것이 중요합니다.

예를 들면 '본인의 강점이 무엇인가요?'라는 질문에 팀원들과 소통과 협력을 한 프로젝트 경험을 통해 소통과 협력이라는 강점을 이야기할 수 있고, '직무와 관련해서 노력한 것이 있나요?'라는 질문에도 같은 프로젝트 경험을 이야기하면서 직무와 연관 지어 답변을 할 수 있습니다. 이러한 경험을 정리해 두지 않으면 면접에서 경험이 아닌 추상적인 답변만 할 수 있으므로 꼭 정리하는 것을 추천합니다.

3 모르는 내용을 질문 받았을 때

면접을 아무리 많이 준비해도 막상 면접에 가면 전혀 답변이 생각나지 않는 순간이 있기 마련입니다. 가장 최악의 답변은 모르는 질문에 대해 아는 척 이상한 답변을 자신 있게 말하는 것입니다. 아무 답변을 하지 못하고 당황해서 어쩔 줄 몰라 하는 모습도 좋지 않습니다. 차분히 생각하면 경험이나 답이 생각날 수 있는 질문이면 솔직하게 '지금 답이 좀 잘 떠오르지 않아서 나중에 답변드려도 될까요?'라고 물어본 후 면접을 이어가다가 답변이 생각나면 적당한 타이밍에 답변하는 것이 좋습니다. 혹은 전혀 알 수 없는 질문이라면 계속 침묵을 유지하지 말고 그 부분에 대해서 '솔직하게 잘 모르겠습니다. 면접 후에 꼭 알아보도록 하겠습니다.'와 같이 본인만의 센스 있는 답변을 하는 것이 좋습니다. 답을 제시하는 것도 좋지만 면접은 어떠한 이미지를 남기느냐가 더 중요하므로 모르는 질문이 나왔을 때 대처할 방법을 미리 준비하여 활용하시길 바랍니다.

4 기본적인 질문리스트에 대한 답변은 미리 준비

위에서 이야기한 면접 질문 리스트 중 인사팀에서 준비하는 필수적인 질문들이 있습니다. 직무와 관련한 답변들이 물론 제일 중요하지만 아직까지도 기본적인 질문들은 유지되고 있으므로 인사팀에서 제시할 수 있는 기본적인 질문들에 대한 답변은 미리 준비해가는 것이 좋습니다.

예를 들면 현대자동차 인재상에 대해 조사하고 거기에 대해 고민을 하고 면접에 임하는 것이 좋습니다. 이를테면 '현대자동차 인재상 중 본인이 가장 적합하다고 생각되는 것은 무엇인가?'와 같은 질문이 제시될 수 있습니다. 본인의 강점/약점 등 기본적인 공통질문에 대한 답변은 준비해서 가기를 바랍니다. 또한 면접관에 따라서 회사에 대한 관심도를 파악하기 위해 혹은 그냥 개인적인 판단의 척도로 현대자동차의 최근 이슈와 관련된 내용이나 차량들에 대한 질문을 할 수 있으므로 위에서 언급한 것처럼 기본적인 기업 조사는 해서 가기를 바랍니다.

08 미리 알아두면 좋은 정보

1 취업 준비가 처음인데, 어떤 것부터 준비하면 좋을까?

1. 우선 본인의 상황부터 정확하게 인지하자

본인의 정량적 평가 요소인 학교, 학점, 영어점수 그리고 본인이 해온 경력이나 경험을 정리하여 현재 본인이 취직할 만한 기업이 어디인지 정확하게 인지할 필요가 있습니다. 정량적 평가 요소들이 최근 중요도가 많이 낮아지기는 했지만 그래도 기본적인 평가 요소 정도로는 활용되는 기업이 많기 때문에 정량적 요소를 기본으로 생각합니다. 그 후에 본인이 자소서나 면접에서 더욱 어필할 수 있는 경험/경력들을 고려해 현실적으로 목표로 잡을 수 있는 기업들을 정리해 보고 원하는 기업에 갈 수 없는 것으로 판단되면 목표로 하는 취업 시기까지 어느 것을 보완할지 결정하는 것이 중요합니다.

2. 본인에게 직장생활에서 중요한 것이 무엇인지 고민해 보자

처음 취업준비를 하면서 직장생활이라는 의미가 잘 와닿지 않을 것입니다. 보통 유명한 기업, 선배들이 많이 취직한 기업, 취업사이트에서 자주 볼 수 있는 기업들을 대상으로 본인의 학교, 학점, 영어점수 등을 고려해 상황에 맞게 갈 수 있는 회사에 취직을 하는 것이 대부분일 것입니다. 하지만 준비하는 것에 따라 우리가 아는 것보다 훨씬 더 많은 직업이 우리나라에 있습니다. 그리고 어느 직업을 갖게 되느냐는 개인의 삶에 엄청난 영향을 끼칩니다. 그래서 처음 방향을 잡을 때 본인에게 중요한 것이 무엇인지 많이 고민하고 방향을 정하는 것을 추천합니다. 큰 틀에서는 사기업/공기업/스타트업/공무원 정도로 고민할 수 있습니다. 대부분의 사기업은 초반 연봉이 높으며 업무강도는 다른 직업보다는 힘들 확률이 높습니다. 물론 어느 사기업의 어느 부서를 가느냐에 따라 차이는 있을 수 있습니다. 야근과 주말에도 근무하는 경우가 많을 수 있습니다. 근무시간 중에 처리해야 하는 업무의 양도 훨씬 많을 것입니다. 워라벨과 안정성을 중요하게 생각하는 취업준비생이라면 사기업은 추천을 하고 싶지 않습니다.

공기업에도 여러 가지 종류가 있습니다. 보통 이공계생들이 갈 수 있는 한전, 한수원 같은 유명 공기업부터 이공계가 접근할 수 있는 금융공기업도 있습니다. 공기업의 경우에는 평균적으로는 근무시간이나 업무강도가 많이 힘들다고 알려져 있지는 않으며, 주변 친구들의 이야기를 들어봐도 그렇다고 판단됩니다. 이공계 관련 지식을 살려서 석사나 박사 등의 공부를 좀 더 하게 되면 접근할 수 있는 공무원 직종들도 있습니다. 최근의 유명 기업들은 과거의 학벌이나 영어점수와 같은 부분보다는 실질적인 경험과 실력을 중요하게 평가하여 채용하는 시스템으로 실력 있는 스타트업이나 중견기업 또는 대기업에서 경험할 수 없는 실무들을 경험하여 경력을 쌓을 수 있습니다. 이후 큰 기업에서 본인이 배워온 것을 토대로 더욱 좋은 직무에 취직을 할 수 있기 때문에 길게 보면 이 방법도 좋을 것 같다고 생각합니다.

3. 1번에서 본인에게 중요하다고 생각되는 요소가 충족되는 회사와 직무를 고민하자

주변 아는 선배들과의 대화나 인터넷 카페, 최근에는 유튜브에 워낙 방대한 양의 정보가 있으므로 이들을 활용해 1번의 고민으로 본인의 방향을 어느 정도 설정했다면 그에 맞는 회사와 직무를 선택해야 합니다. 현대자동차를 선택했다는 가정하에 설명하도록 하겠습니다. 현대자동차는 우선 연구소, 공장이라는 선택지가 있습니다. 연구소를 가면 남양이나 의왕에서 근무를 하게 될 것이고 공장을 선택하면 울산, 아산, 전주 중에서 근무를 하게 될 것입니다. 자신이 어느 지역에서 근무를 할 것인가도 실제로 직장생활을 하게 되면 매우 중요한 요소이므로 처음부터 잘 선택하는 것이 좋습니다. 왜냐하면 공장으로 취직하게 되면 연구소로 직무를 바꾸게 되는 경우는 극히 드물기 때문입니다. 또 하나의 요소는 직무입니다. 첫 직장 선택만큼 중요한 것이 첫 직무 선택입니다. 현대자동차 안에는 수많은 직무가 있고 이공계를 전공한 취업준비생이 선택할 수 있는 직무 또한 많이 있습니다. 직장생활을 시작하게 되면 보통 시작한 일을 기준으로 업무 영역을 넓히게 되며 전혀 관련 없는 직종으로 가기 위해서는 다시 신입 사원으로 취업준비를 해야 합니다. 회사에 입사하고 나면 그러한 결정을 내리는 것은 어렵기 때문에 가능하면 직무를 충분히 고민하는 것이 중요합니다. 하지만 직무에 대한 정보가 많이 없기 때문에 정말로 궁금한 부분에 대한 정보를 얻는 것은 현실적으로 어려운 부분이라고 생각합니다. 대부분 아는 선배들을 통해서 조금 얻는 정보가 다였습니다. 최근 기업에서도 이런 정보를 최대한 제공하기 위해 여러 채널을 통해 노력하고 있으며 이 도서가 만들어지는 것도 그런 부분의 개선을 위해서라고 생각합니다.

2 현직자가 참고하는 사이트와 업무 팁

공장 관리업무를 하면서 한 분야의 전문적인 지식을 필요로 하는 경우는 많이 없기 때문에 대부분 그때그때 필요한 정보를 모으기 위해 구글과 같은 포털사이트에 검색하면 나오는 정도의 수준의 지식을 현업에서 사용합니다. 스패어파트를 사기 위해 해당 메이커 공식 홈페이지에 들어가서 카탈로그를 보고 현장에 적용된 제품을 찾아보는 정도가 있습니다. 아래는 취업준비생 입장에서 자소서나 면접 때 조금 더 현대자동차 보전기술이라는 직무에 대해 본인이 알고 있고 어떤 일을 하게 되는지 본인이 하고 싶은 직무가 맞는지를 어필하는 데 도움이 될 만한 유의미한 자료를 볼 수 있는 방법입니다.

1. 설비보전기사 자격증 관련 책자들

설비보전기사라는 자격증이 있습니다. 큰 틀에서 설비의 기본적인 원리는 산업군에 상관없이 비슷하기 때문에 자격증을 취득하는 것 또한 본인을 어필할 수 있는 수단이 되겠지만 취업준비생의 입장에서 시간 투자를 할 자격증은 아니라고 봅니다. 여기에 들어 있는 내용을 좀 읽어 보고 찾아보는 것만으로도 설비의 원리와 유지/보수한다는 것이 어떤 것인지 느낄 수 있으므로 가볍게 보면 도움이 될 수 있을 것입니다. 해당 책의 내용에는 설비진단 및 계측, 설비관리, 기계일반 및 기계보전, 공유압 및 자동화의 내용이 들어 있으며 전반적인 기계설비에 대한 이해도를 가질 수 있습니다.

2. 정보의 바다 유튜브, 구글

예전에는 선배들의 정보나 책, 홈페이지에 의존하는 방식으로 기업 관련 정보를 얻을 수 있었으나, 최근에는 구글이나 유튜브에 훨씬 방대한 양의 정보가 있고 특히나 유튜브는 영상을 보면서 들을 수 있기 때문에 훨씬 더 구체적인 정보를 얻을 수 있습니다. 유튜브에 '자동차 생산 공장' '자동차 생산설비' 등의 용어를 검색하면 국내는 물론 해외 자동차 생산 공장 및 설비를 소개하는 영상들이 수없이 나옵니다. 자동차 생산 로봇, 자동화라인 등의 연관검색어를 타고 들어가며 영상들을 보다 보면 보전기술 직무에 입사하고 나서 관리하게 될 설비들이 어떤 설비일지 감을 가질 수 있을 것입니다. 그 외에도 설비보전 엔지니어 등의 검색어를 입력하면 보전기술이 어떤 일인지 조금 더 자세하게 간접경험을 해 볼 수 있을 것입니다.

3 현직자가 전하는 개인적인 조언

● 회사도 중요하지만 직무가 중요한 시대

앞서 많은 이야기들을 했지만 정리해서 꼭 하고 싶은 말을 적어 보겠습니다. 일반적인 취업준비생들의 입장에서는 대부분 회사의 이름을 보고 직무 설명을 어느 정도 읽어 본 뒤 지원을 하는 경우가 많습니다. 회사의 네임벨류도 물론 중요하지만 실질적으로 본인의 삶에 영향을 더 많이 끼치는 것은 직무일 수 있습니다. 한 직무를 본인의 일로 시작하게 되면 경력이 쌓일수록 대학교 전공처럼 그 직무를 기준으로 다른 회사들을 바라보게 됩니다. 대학교 전공을 선택할 때 보통 학교 이름을 먼저 보고 그 학교에 들어갈 수 있는 자신의 성적에 맞추어 과를 선택해서 가게 되면 그 전공이 본인의 꼬리표가 되는 것처럼 직무 또한 비슷합니다. 일을 시작한 지 얼마 안 된 상태에서 여러 가지 이유로 다른 방향을 선택하게 된다면 다시 시작하면 되겠지만, 평균적인 사람들의 성향은 한번 일을 시작하게 되면 어느 정도 최선을 다해 보고 난 뒤 다른 생각을 합니다. 그 점을 생각하면서 직무를 선택할 때는 정말 신중했으면 좋겠습니다.

산업이 발전하면서 정말 다양한 직무가 생겼고 그 안에서 본인이 어떤 직무로 사회생활을 시작해야 유의미한 마무리를 지을 수 있을지에 대해 많은 고민을 하고 선택을 했으면 좋겠습니다. 보전기술이라는 직무는 매력적인 포인트도 있지만 많은 부분에서 힘들 수 있는 직무입니다. 매력적인 부분은 본인의 아이디어를 자동차 생산 공장 설비에 적용해서 개선이 되는 것을 눈으로 보며 보람을 느낄 수 있다는 것입니다. 또한 사무실에서만 근무하는 답답한 근무환경이 아닌 현장을 수시로 다니며 조금 더 활동적으로 업무에 임할 수 있습니다. 그에 비해 설비를 담당한다는 것은 업무 영역이 너무 포괄적으로 넓어질 수 있어, 자동차 생산설비를 유지보수하면서 현대자동차 내에서 다른 업무로 영역을 넓히기에는 유리한 직무는 아닙니다. 그보다는 보전기술 분야에서 설비 전문가가 되는 길이 일반적입니다. 그리고 남들이 쉬는 날 설비의 유지보수 공사를 위해 출근하는 경우도 많습니다. 이러한 단점들도 꼭 고려한 후에 본인이 원하는 직무가 맞는지 선택하는 것이 좋습니다. 빨리 취직하는 것도 중요하지만 원하는 일을 하게 되는 것이 지금에 와서 보면 훨씬 더 중요한 일입니다. 남들보다 1~3년 늦게 취직하는 것이 당장은 초조할 수 있으나 본인의 길을 조금 더 구체적으로 설정하고 타겟팅 한 후에 거기에 맞춰서 준비를 하면 더 좋은 결과를 얻을 수 있을 것입니다. 특별한 개인적인 사정이 없다면 여러 곳에 지원해서 어쩌다 합격하게 되는 곳에 취직을 하는 것보다는 많은 고민의 시간을 가진 후 본인이 원하는 회사/직무를 구체적으로 추려서 거기에 맞춰 준비를 하고 시간투자를 한다면 훨씬 더 좋은 결과를 가질 수 있을 것입니다.

09 현직자가 많이 쓰는 용어

1 익혀두면 좋은 용어

현업에서 많이 사용하는 용어를 자소서나 면접에서 활용하면 면접관의 관심을 끌기 쉽고 보전기술에 대해 경험이 있는 혹은 보전기술에 관심이 있는 취업준비생이라는 인상을 줄 수 있기 때문에 너무 많이는 말고 적절하게 본인이 충분하게 답변할 수 있는 용어는 조금 사용해 주는 것이 좋다고 생각합니다. 그리고 아래 용어들을 보면서 본인의 경험과 연관 지을 수 있는 내용이 있다면 자소서를 작성하는 데에도 도움이 될 것이라고 생각합니다. 아래의 용어를 전부 다 공부하고 익히려고 하기보다는 용어들을 보면서 본인의 스토리를 뽑아낼 수 있는 몇 가지 용어만 추려서 그 용어에 대해서 충분히 알고 취업 과정에 사용한다면 큰 도움이 될 것입니다.

1. 가동률 주석 1

가동률이란 계획된 생산 시간대비 고장이나 기타 비가동 시간을 제외하고 실제 자동차를 생산한 시간의 비율을 의미합니다. 보전기술 부서의 중요한 목표 중 하나는 설비 고장으로 인한 비가동 시간을 최소화하여 목표 가동률을 달성하는 것입니다.

2. 스페어파트(보전필수품) 주석 2

보전기술에서 가장 중요한 업무 중 하나가 스페어파트를 잘 준비해 두는 것입니다. 한 가지 설비만 해도 엄청 많은 부품이 있습니다. 신규 설비 도입 시 주요 스페어파트를 파악해서 미리 준비해두는 것이 중요하며 운영하면서도 필요한 부품들을 미리 잘 준비해서 고장 시 부품이 없어서 수리를 못 하는 일이 없도록 관리해야 합니다.

3. 펀치리스트 주석 3

발주가 난 공사에 대한 시공이 완료되고 시공 상태 점검 및 검사를 해서 문제점 리스트를 작성한 것을 보통 현장에서 펀치리스트라고 표현합니다. 현장에서는 설비 검수 시부터 설비 운영 후에도 시공 문제나 운영하면서 발생하는 문제점 등을 펀치리스트로 정리해 발주업체에서 해결할 수 있도록 관리합니다.

4. 자동화 주석 8

말 그대로 사람이 작업하던 공정을 사람 없이 로봇과 같은 설비로만 운영하는 것을 의미합니다. 자동화 공정은 계속해서 많아지고 있으며 주로 신체적인 부담을 주는 작업, 환경적으로 좋지 않은 작업, 사람이 너무 많이 필요한 작업 등을 자동화를 통해 무인공정으로 운영합니다.

[그림 4-6] 자동화 (출처: Seat)

5. 콘베어 주석 9

콘베어는 자동차 대량생산을 가능하게 한 근원적인 설비입니다. 모터와 같은 동력을 이용해 부품이나 사람을 연속적으로 운반하는 기계장치를 의미합니다. 콘베어의 구조는 구동축과 벨트, 체인, 이송장치, 지지대 등으로 구성되며 용도에 따라 다양한 콘베어가 있습니다.

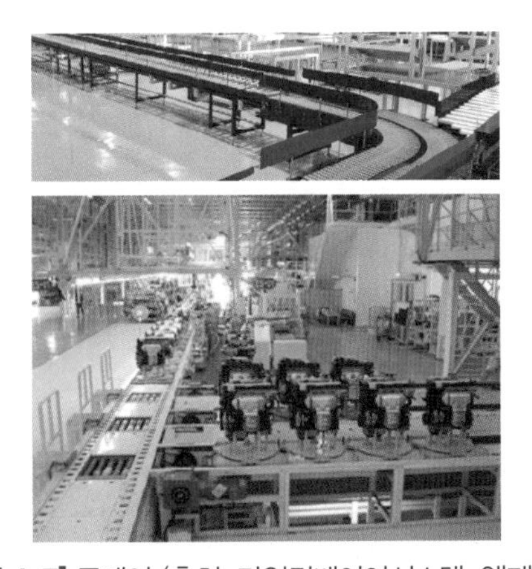

[그림 4-7] 콘베어 (출처: 라인컨베이어시스템, 엠제이씨)

6. 수평전개 주석 10

설비 고장 발생 시 유사한 설비에서 동일한 고장이 반복되지 않기 위해 고장이 난 내용을 전 공장에 전파하고 점검할 수 있도록 하는 활동을 수평전개 활동이라고 합니다. 예를 들면 2공장 의장 공장 D/L 벨트가 끊어지는 고장이 발생했으면, 2공장 내부적으로 동일 D/L에 대해서 수평전개를 하며 외부적으로는 다른 공장에서도 동일 D/L 대상으로 사전 점검을 실시합니다.

7. 벨트/체인 주석 11

설비에서 사용되는 구동부의 동력을 전달하기 위해 사용하는 대표적인 2가지 동력전달장치로 스프라켓이나 풀리 등에 연결되어 모터에서 발생한 동력을 실제 동작하는 부하로 전달해주는 역할을 합니다. 거의 모든 설비에 적용되어 있으므로 보전기술 부서에서는 가장 기본적으로 관리해야 하는 항목 중 하나입니다.

8. 시운전 주석 14

신규 설비를 설치하고 나서 라인 가동 전, 휴무에 설비 개조공사나 보수작업 등을 실시하고 나서 미리 설비를 시범적으로 가동해 양산할 때 설비에 문제가 생기지 않도록 확인하는 것을 의미합니다. 라인 상황에 따라 단독시운전을 하기도 하고 장기 휴무 시에는 라인 전체를 연동해 평소 양산 조건과 동일하게 연동시운전을 하기도 합니다.

9. 삼상유도전동기(모터) 주석 15

구동장치로 가장 폭넓게 사용되는 모터로 높은 신뢰도와 경쟁력 있는 비용 및 높은 효율성으로 여러 산업군에서 사용 중입니다. 모터에 전원을 공급하는 3상 교류는 모터를 시동하는 데 필요한 위상변화를 만들고 시동 후 모터의 동작상태를 유지시킵니다.

10. PLC 주석 16

Programmable Logic Controller의 약자로 외부신호(스위치, 센서)를 입력받아 본체에 저장된 프로그램(래더식)에 따라 외부로 신호를 출력하는 제어장치입니다. 자동차 생산 공장의 거의 모든 제어를 담당하는 필수적인 존재이며 설비에서 두뇌 역할이라고 여기면 됩니다.

[그림 4-8] PLC (출처: 미쓰비시)

11. 스마트팩토리 주석 17

스마트팩토리란 제품의 기획부터 판매까지 모든 생산과정을 ICT(정보통신)기술로 통합해 최소 비용과 시간으로 고객 맞춤형 제품을 생산하는 사람 중심의 첨단 지능형 공장을 의미합니다. 자동차 생산 공장에도 스마트팩토리에 관심이 많으며 다양한 프로젝트를 진행 중이지만 아직까지는 실제 라인에 ICT 기술을 적용한 설비는 현장에 적용하기 쉽지 않은 것이 현실입니다.

12. 릴레이(Relay)

계전기라고도 불리며 전자식 ON/OFF 스위치라고 생각하면 됩니다. 코일이 감긴 철심에 전류를 흘리면 철심이 전자석이 되어 철판을 당기며 스위치가 ON이 되는 원리입니다. 산업현장 전장품의 필수적인 구성품입니다.

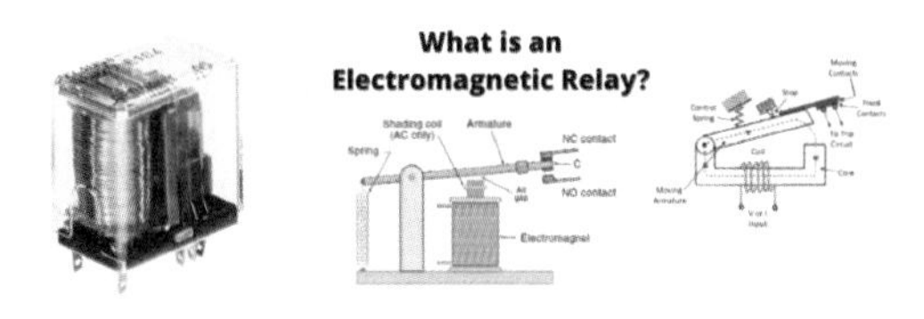

[그림 4-9] 릴레이(Relay) (출처: TE Connectivity, Electrical 4U)

13. SSR(무접점 릴레이)

반도체 소자를 이용해 소형, 경량화시킨 릴레이입니다. 기계적인 움직임이 없어서 반응속도가 빠르고 일반 릴레이 대비 노이즈도 적습니다. 가격이 비싸며 현재 많은 설비에 사용 중입니다.

14. M/C 전자접촉기

Magnetic Contactor의 약자이며 전자 릴레이처럼 전자 코일에 의하여 접점의 개폐가 이루어지는 것입니다. 릴레이와 기본적으로 원리 및 기능이 동일하고 차이는 전자접촉기는 대 전류를 처리하는 용도입니다. 자동차 공장에서는 모터 구동 스위치로 많이 사용 중입니다.

[그림 4-10] M/C 전자접촉기 (출처: LS일렉트릭)

15. M/S 전자개폐기

기능은 전자접촉기와 동일하며 여기에 전기설비의 과부하 보호 및 결상을 보호해 주는 과부하 계전기를 조합한 제품으로 주로 전동기 설비 보호를 위해 사용합니다.

16. 서보모터

일반적인 회전만 하는 모터에 위치, 속도, 가감속도를 제어시킬 수 있는 기능이 있는 모터로 일반적으로 로봇을 움직이는 각 축에 많이 사용됩니다.

[그림 4-11] 서보모터 (출처: Delta Electronics)

17. 인버터

DC를 AC로 변환하는 장치로 전력을 변환하여 주파수를 제어하고, 결과적으로 교류 모터 회전수를 제어하는 장치입니다. 수식으로 표현하자면 회전수=120×주파수/p [r/min]으로 모터의 회전수 제어를 위해 산업군에서 다양하게 사용 중입니다.

[그림 4-12] 인버터 (출처: LS일렉트릭)

18. 자기유지회로

자기유지회로는 A 접점과 B 접점을 직렬과 병렬로 연결하여 구성하는 회로입니다. 입력신호는 순간적으로만 센싱이 되지만 출력신호는 계속 출력되도록 유지시켜 별도의 OFF 신호가 오기 전까지 계속 출력을 살려두는 회로입니다.

19. EOCR

'Electronic Over Current Relay'의 약자로 전자식 과전류 계전기로 모터 등이 연결된 회로에서 과전류를 감지하고 차단하여 과전류에 의한 모터 소손을 방지합니다. 과전류를 일정 시간 무시하고 구동 전류를 계속 흘리거나 과전류에 대해서 차단하는 역할이 가능합니다.

20. HMI(인터치)

'Human Machine Interface'의 약자이며 MMI(Man Machine Interface)라고도 불립니다. 사람과 기계의 상호작용을 가능하도록 하는 터치스크린을 의미합니다. 이러한 소프트웨어는 주로 공장에서 컴퓨터와 연결된 외부 디바이스에 PLC의 메모리 값을 읽어 화면상에 읽어온 메모리 값을 그래픽으로 처리된 스크린에 색상의 변화, 수치값 등을 나타내주는 모니터입니다.

21. SCADA

'Supervisory Control And Data Acquisition'의 약자로 '집중 원격감시제어 시스템'이라 불리고 원격감시제어기능을 수행합니다. HMI기능은 SCADA 안에 포함되어 있으며 그 외에도 경보기능, 감시제어기능, 누산기능 등의 HMI에서 한 단계 상위단계에 있는 산업용 PC입니다.

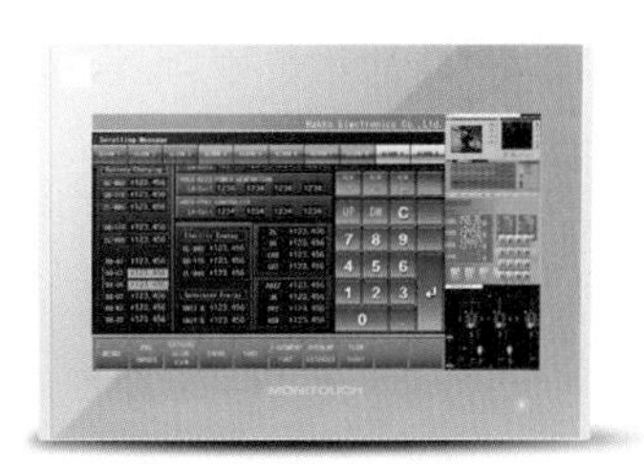

[그림 4-13] SCADA (출처: EFA Automazione)

22. 시리얼통신

직렬 통신이라고도 하며 주변장치와 컴퓨터 간에 한 번에 한 비트씩 순차적으로 전송하는 통신 방법입니다. 종류로는 RS-232C, RS-422A, USB 등이 있습니다.

23. RS-232

직렬 통신 표준으로 널리 사용하는 것입니다(최대 전송속도: 25kbps, 거리: 15m).

24. RS-422

RS-232C의 짧은 전송고리입니다. 늦은 전송속도 문제를 보완합니다(최대 전송속도: 10Mbps, 거리: 1,200m).

25. 판넬

보통 보전기술에서 판넬이라는 것은 전기판넬을 의미합니다. 설비를 구동하기 위해서는 수많은 전장품들이 필요하고 전장품들이 설치되는 함을 PANEL/판넬이라고 부릅니다.

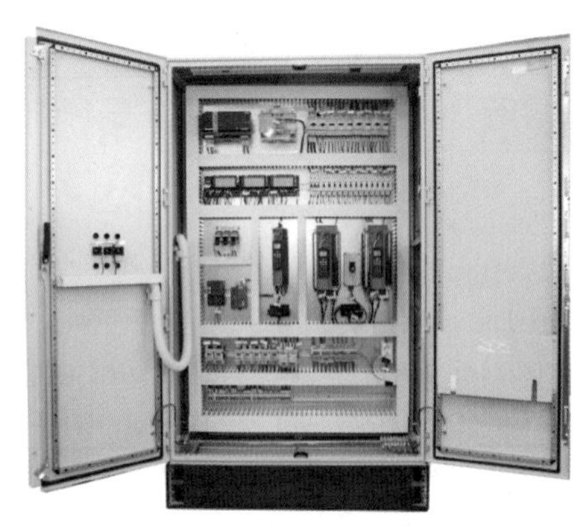

[그림 4-14] 판넬 (출처: 대광중전기)

26. 형강

단면의 형태가 일정하도록 압연해 만든 구조용 압연강재를 총칭해 일컫는 말로 주로 철골 구조용으로 사용됩니다. 단면형상에 따라 제품을 구분하고 ㄱ형강/ㄷ형강/H형강/I형강 등 다양한 종류와 규격으로 만들어지며 트러스재, 조건, 철골 구조 등 다양하게 현업에서 사용됩니다.

[그림 4-15] 형강 (출처: Depositphotos)

27. 몽키

볼트를 잡는 부분의 폭을 웜에 의해 자유롭게 바꿀 수 있는 렌치의 일종입니다.

외국에서는 영문 명칭 Adjustable angle wrenches로 규격화 되어 있지만 한국에서는 몽키 또는 몽키스패너라고 많이 부릅니다. 몽키스패너 하나로 여러 크기의 볼트를 돌릴 수 있어 현업에서 활용도가 굉장히 높습니다.

[그림 4-16] 몽키

28. 렌치/스패너

너트나 볼트 따위를 조이고 풀며 물체를 조립하고 분해할 때 사용하는 공구입니다. 영국, 호주 같은 나라에서는 스패너라고 부르며 미국식 영어로는 렌치입니다.

29. 토크렌치

볼트, 너트 등 나사의 체결 토크를 재거나 정해진 토크 값으로 조이는 경우에 사용하는 공구를 의미합니다. 여기서 토크란 볼트나 너트를 조이거나 풀 때 스패너, 렌치 등을 돌리기 위한 힘(회전력)을 의미합니다.

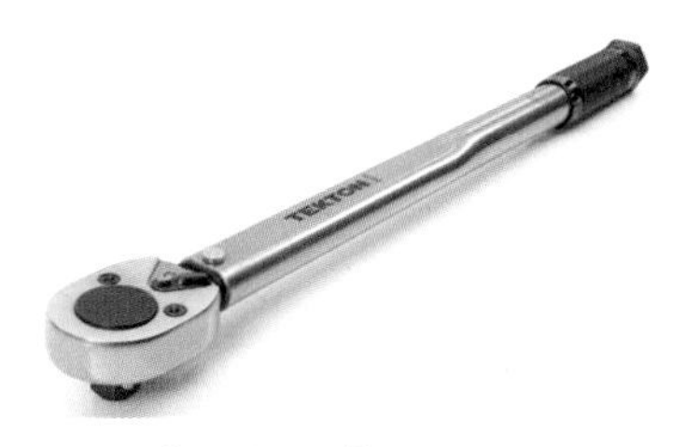

[그림 4-17] 토크렌치

30. 소켓렌치

손잡이와 분리되고 교체 가능한 소켓으로 구성되며 볼트나 너트 등을 조이고 푸는 데에 사용하는 공구입니다.

[그림 4-18] 소켓렌치 (출처: Crescent)

31. 절단기

원형톱이나 원형의 공업용 다이아몬드 디스크를 사용해 절단하는 도구입니다.

[그림 4-19] 절단기 (출처: 계양전기)

32. 체인블록

체인블록의 체인은「사슬」, 블록은「도르래」를 의미하고 지레와 도르래의 원리를 응용하여 중량물을 올리고 내리기 위한 도구입니다.

[그림 4-20] 체인블록 (출처: 대산)

33. 로봇

자동차 생산설비에서 로봇이라 함은 산업용 로봇을 의미합니다. 6축 로봇을 현장에서 많이 사용 중이며 6축은 구동하는 축이 6개라는 의미입니다. 로봇은 자동화에 있어 핵심 설비로 지금도 중요한 설비이고 시간이 지날수록 그 중요성이 계속해서 높아질 것입니다.

[그림 4-21] 로봇 (출처: YASKAWA)

34. 협동로봇

사람과 같은 공간에서 작업 할 수 있는 산업용 로봇입니다. 일반적인 로봇은 무인공정으로 운영하지만 협동로봇은 사람과 함께 물리적으로 협동하는 용도의 로봇이며 최근 자동차 생산 공장에서도 그 활용도가 많아지고 있습니다.

[그림 4-22] 협동로봇

35. 인체감지

자동화 설비가 많아지면서 인체감지에 대한 중요성이 계속해서 커지고 있습니다. 무인공정이 가동 중에 사람이 진입하면 안전사고가 발생할 수 있으므로 다양한 센서를 활용해 사람이 출입했다는 감지를 해서 무인공정을 비상정지하는 것을 의미합니다.

36. 드롭리프트(D/L)

D/L이라 부르는 드롭리프트 또한 자동차 생산 공장에 많이 설치되어 있는 설비 중 한 가지 종류입니다. 목표로 하는 대상을 아래에서 위로 혹은 위에서 아래로 높이를 변화시켜주는 설비입니다. 대상은 차량이 될 수도 있고 크러쉬패드나 엔진, 타이어 등 다양한 부품이 될 수도 있습니다.

[그림 4-23] 드롭리프트(D/L) (출처: HAMCO)

37. 구동부

주로 운반설비(콘베어, D/L 등)에서 많이 사용되는 단어이며 운반설비를 구동하기 위한 동력원(보통 모터)과 동력전달장치(체인/벨트), 스프라켓 등을 총칭해서 구동부라고 합니다. 현장에서는 주요 설비 구동부 고장 시 조치 시간이 오래 걸리므로 주요 구동부 이중화를 해서 문제 시 절환할 수 있도록 준비하는 것이 중요합니다.

38. 종동부

종동부는 운반설비가 회전할 수 있도록 구동부 반대편에 위치한 스프라켓, 동력전달장치 등을 총칭해서 부르는 단어입니다.

39. 실린더

실린더는 기하학적으로는 원기둥을 의미하며 기계 부품에서는 피스톤 운동하는 품목이라고 칭합니다. 공기의 힘으로 움직이는 공압실린더가 있고 유압으로 움직이는 유압실린더 등이 있습니다.

40. 패킹

보통 현장에서는 목표하는 대상(물, 가스, 공기, 페인트 등)이 누설 부위로 누설되지 않도록 기밀을 유지하는 용도로 사용되는 것을 의미합니다. 고무 패킹이나 가스켓을 많이 사용 중입니다. 패킹의 경우 주기적인 교체가 필요합니다.

41. 파렛트

파렛트는 보통 현장에서 차량에 장착할 부품을 운반하기 위해 부품을 안착시키는 대차 같은 것을 의미합니다. 복잡한 형상의 부품을 안착해 컨베어를 타고 목적지까지 떨어지지 않고 안전하게 운반해야 하는 중요한 요소입니다.

42. 성력화 설비

성력화는 일본에서 사용하는 말로 노동력을 줄이는 일이라는 의미입니다. 현장에서는 힘든 작업에 대한 작업자의 노동력을 줄여주는 설비를 보통 성력화 설비라고 부릅니다.

43. 아이마킹

현장에서 사용하는 아이마킹은 보통 기계적 풀림을 확인하기 위해 사용하는 방법입니다. 설비 신규 설치 시 각종 볼트에 보드마카 등으로 'I'로 마킹을 해서 시간이 지나고 풀림 등이 있는지 확인합니다.

44. 상한/하한

압력이나 온도 등과 같은 수치를 다루는 설비에는 관리 기준이라는 것이 있습니다. 보통 최대치를 상한, 최소치를 하한으로 정해서 게이지 등에 표시해서 정상범위 안에 수치가 유지될 수 있도록 설비를 관리하는 것이 중요합니다.

45. 4M법

공정이 불안정하거나 품질문제가 발생할 경우 원인을 찾기 위해 사용하는 방법입니다. 생산시스템의 투입요소 중 주요 4요소인 인력, 설비, 재료, 작업방법을 의미합니다.

- MAN : 작업장 내에 설치되어 있는 설비를 운전하는 운전요원
- MACHINE : 제품을 만들 때 필요하여 설치한 각종 기계
- MATERIAL : 생산하는 제품을 구성하고 있는 각종 원재료
- METHOD : 설비 및 공구를 이용하여 요구하는 제품을 생산하기 위해 필요한 검증된 작업기준 및 작업조건

46. 가스용접

아세틸렌, 수소, LPG 등의 가연성 가스를 연소열로 이용하여 가스 용접 토치를 사용, 금속을 가열하고 용접하는 방법입니다. 금속이나 박판 등의 용접에 적합하며 아크용접에 비해 열의 집중성은 떨어집니다.

47. 아크용접

모재와 전극 사이에 아크를 발생시켜 그 아크열로 모재와 용접봉을 녹여서 용접하는 것을 말합니다. 금속 아크용접과 탄소 아크용접이 있습니다.

2 현직자가 추천하지 않는 용어

현업에서 많이 쓰는 용어 중 면접 질문에 대비해 내용을 알고는 있어야하지만 현업에서 워낙 관심이 많은 용어로 굳이 먼저 사용해서 공격을 당하기 쉬운 용어는 '먼저' 사용하는 것은 추천하지 않는다는 의미로 두 곳 모두에 선정했습니다.

어떤 용어든 의미를 정확하게 알고 그 용어와 관련한 스토리를 풀어갈 소스가 있다면 사용해도 무관하다고 생각합니다. 아래의 표에서는 위에서 현직자들이 자주 사용하는 용어를 설명한 내용 중 애매하게 사용했다가 현직자들이 관심이 많은 내용이라 면접에서 공격당하기 쉬운 용어들을 소개하며 본인이 딱히 풀 스토리나 할 이야기가 없다면 사용하지 않는 것이 좋은 용어들을 소개하겠습니다. 물론 본인의 경험이 있고 잘 아는 내용이라면 자소서에 잘 활용하여 큰 도움이 될 수도 있을 것입니다.

48. 콘베어 주석 9

콘베어는 자동차 생산 공장의 핵심적인 요소로 많은 분들이 깊이 있게 내용을 알고 있고 관심이 많습니다. 애매하게 사용하면 큰 공격을 당할 수 있습니다.

49. PLC 주석 16

PLC는 생산 공장의 머리 역할을 하는 핵심적인 내용으로 많은 보전기술 현직자 분들이 관심을 가지고 있는 내용입니다. 본인이 잘 알고 활용한다면 100점짜리 용어가 되겠지만 애매하게 알고 사용했다가는 오히려 깊이 있는 질문으로 당황할 수 있습니다.

50. 스마트팩토리 주석 17

스마트팩토리는 현재 자동차 공장에서 아직 현실화하기는 어려우나 많은 부서에서 관심을 가지고 있는 내용입니다. 애매하게 사용했다가는 스마트팩토리에 대한 집중 공격을 당해서 추상적인 답변을 늘어놔 면접을 망칠 수도 있을 것으로 걱정됩니다. 스마트팩토리 시대가 왔을 때 보전기술에서 준비해야 하는 것 정도만 정리해 두는 것이 좋을 것 같습니다.

51. 리프트

리프트는 자동차 생산 공장 거의 모든 공정에 적용되어 있는 핵심설비로 많은 분들이 내용을 잘 알고 있어서 애매하게 사용하면 공격당하기 쉽습니다.

10 현직자가 말하는 경험담

1 저자의 개인적인 경험

1. 대학교 졸업하고 하는 일이 맞는가

보전기술이라는 직무는 대학교를 졸업한 취업준비생 입장에서는 정확히 무슨 일을 하고 그 일이 어떤 것인지 의미를 알기 어려운 직무입니다. 왜냐하면 대학에서 다루는 내용이 많이 없기 때문입니다. 오히려 기계공고나 전문대학에서 다루는 내용들이 초반에 큰 도움이 되는 직무입니다. 전자전기공학부를 졸업하고 처음 보전기술로 배치를 받았을 때 현장에 적응하기까지 많은 힘든 시간이 있었습니다. 몽키, 렌치, 롱노즈, 니퍼, 와셔, 볼트, 너트와 같은 기본적인 기계공구나 소모품 이름을 정확하게 알지도 못했고, 산업의 기초가 되는 PLC라는 것은 대학교에서 접해본 경험도 없었습니다. 하지만 현장에서는 대졸이라고 하면 이 정도는 기본으로 알 것이라는 기대심리를 가지고 있었습니다. 이러한 용어들을 배우기 위해서는 현장직 근무자분들이 점심시간이나 휴식시간 보수작업을 할 때, 자주 현장에 가서 옆에서 보면서 허드렛일을 도와주며 익히는 과정을 거쳐야 합니다. 그러다 보면 '대학교 졸업하고 왜 이런 일을 하나'라는 생각을 하게 되는 경우가 많습니다. 이러한 과정은 매우 힘들 것이나 시간이 지나면 공장 관리자 중에서 가장 전문적인 인력이 되어 있을 것입니다. 공장이 돌아가는 시스템과 원리를 알고 있으며 많은 사람들이 어떤 일을 해야 할 때 본인에게 물어봐야만 할 수 있는 그런 전문적인 인력이 되어 있을 것입니다.

2. 거칠고 터프한 사람들

보전기술은 위에서 다룬 내용들을 보면 알겠지만 현장직 근무자분들과 굉장히 밀접한 관계입니다. 현대자동차 현장직 근무자분들은 평균연령이 50대로 굉장히 나이가 많은 편입니다. 그리고 옛날부터 이어져 온 제조업 특성상 거친 분위기, 강성 노조, 100% 남성 직원들, 지방이라는 여러 가지 요소가 더해져 말투나 행동이 굉장히 거칠고 터프합니다. 친해지기 전 초반에 이러한 부분 때문에 현장 직원분들과 대화하기가 힘들고 상처를 받을 수도 있습니다. 특히 서울이나 경기권에서 지내다가 취직을 해서 온 직원분들의 경우 더 심할 수 있습니다. 처음에는 말을 잘 못 알아듣는 경우도 있습니다. 하지만 좋은 분들도 많기 때문에 이러한 과정을 거쳐서 이해심을 가지고 그분들과 좋은 관계를 만든다면 본인의 업무에 누구보다 큰 도움을 주는 존재가 되어 있을 것입니다.

3. 설비 고장 원인을 내가 밝혀내는 쾌감

보전기술 업무를 하면서 모든 분들이 공통적으로 느끼는 가장 보람찬 순간이 있습니다. 바로 사람들이 해결하지 못한 설비 문제를 원인을 찾아서 해결하는 순간입니다. 설비에 고장이 발생했는데 보전기술 현장 근무자분들이 해결하지 못해 생산라인 정지가 지속되는 상황들이 있습니다. 이 경우 보전기술 관리자들이 현장에 가서 같이 원인을 고민하지만 계속해서 정지시간이 길어진다면 부공장장님, 공장장님, 본관 직원들 등 수많은 직원들이 현장에 오게 될 것입니다. 모든 직원들이 이런저런 생각을 하면서 결국에는 보전기술에서 해결하기를 기다리고 있습니다. 이때 설비 계통도를 생각하며 하나씩 하나씩 의심되는 부품을 교체하다 보면 원인이 무엇인지 깨닫게 되는 순간이 옵니다. 그것을 얼마나 빨리 찾아내느냐가 관건인데 가장 먼저 그것을 찾아내는 순간의 쾌감과 그것을 교체한 후 설비가 정상이 되고 라인이 돌아갈 때 느끼는 보람은 보전기술 직무에서 느낄 수 있는 가장 큰 보람 중 하나입니다. 해당 설비에 대한 나름대로의 전문적 지식과 관심 그리고 짬밥이라는 것이 더해져야만 해낼 수 있는 일이기 때문에 이러한 일들로 주변사람들에게 큰 인정을 받게 될 것입니다. 이러한 상황들이 반복되면 본인은 보전기술 에이스 직원으로 거듭나 있을 것입니다.

4. 자동차 전문가가 되는 것은 아닙니다

현대자동차에 입사하면 보통 자동차와 연관된 일을 하면서 차에 대해서 전문가가 되고 많은 정보를 얻을 수 있을 것이라는 기대심리가 있습니다. 현대자동차 안에는 자동차와 크게 연관 없는 부서도 많이 있습니다. 그중에서 하나가 보전기술 직무입니다. 보전기술은 자동차를 생산하는 설비를 관리하는 직무이지 자동차를 만드는 직무는 아닙니다. 간접적으로 차의 품질이나 생산 공정에 관여하기는 하지만, 직접적으로 관여하는 곳은 공정기술이나 품질관련 부서들이기 때문에 보전기술은 설비가 차에 영향을 끼치는 부분에 대해서 설비를 포인트로 개선해 나가는 것이지 차를 개선하거나 자동차를 컨트롤하는 영역은 아닙니다. 따라서 보전기술 직무에서 일하면서 설비 전문가로 영역을 넓혀 나가는 것이지 자동차에 대해서 많이 알게 되고 자동차 전문가가 되고 그런 것은 전혀 아닙니다. 이런 부분에 대해서 실망하는 신입사원들도 많기 때문에 사전에 미리 알고 있으면 좋을 듯합니다. 보전기술과 연관된 직무는 에너지관리 쪽이나 시설관리 혹은 생산기술 등이며, 경력을 살리기 위해서는 보통 설비나 시설관리와 관련된 곳으로 이직을 하는 것이 도움이 될 것입니다.

2 지인들의 경험

Q 지금까지 직무 수행하면서 겪었던 경험 중에 가장 기억에 남는 경험이 뭐야?

미소천사
A 매니저

타이어자동장착 라인을 안정화시킨 경험이 가장 기억에 남습니다. 사양 검토부터 설치, 안정화까지 많은 유관부서와 부딪히고 힘들었지만 3달 정도의 시간에 걸쳐 로봇이 자동으로 안정적으로 타이어를 장착하는 결과를 봤을 때 엄청 뿌듯했어요~!

터프가이
B 매니저

입사한 지 1년 정도 밖에 되지 않았지만 설비 고장조치를 할 때 도움이 되었던 경험이 가장 기억이 남습니다. PLC 회로를 보고 현장분들이 조치할 때 고장 원인을 분석하는 데 도움을 주고 인정받았던 순간이 가장 기분 좋았던 경험입니다~!

분위기메이커
C 책임매니저

일본 출장을 갔던 기억이 생각납니다. 야스카와 신규 로봇을 도입하기 위해 생산기술 부서와 보전기술 현장분들과 일본 야스카와에 방문하여 교육을 받고 검수를 진행하며 지냈던 시간을 잊을 수 없어요~!

업무로봇
D 책임매니저

신입사원 시절 판넬 내부 전장품들에 대해 공부하던 순간이 기억납니다~! 아무것도 모르던 시절 릴레이부터 M/C, PLC 등 전기 계통도를 보며 공부한 그 순간의 시간들을 통해 지금까지 밥벌이 하고 있는 듯해요~

까칠한
E 책임매니저

과를 옮기던 순간이 가장 기억에 남습니다. 도장공장에서 도장 관련 설비들만 담당하다가 프레스 공장으로 담당을 옮긴 적이 있는데요. 원리는 비슷하지만 다양한 설비의 형태를 보면서 아직 배울 게 정말 많다고 느꼈습니다.

MEMO

11 취업 고민 해결소(FAQ)

Topic 1. 설비보전 직무에 대해 궁금해요!

Q1 설비보전 실무자가 자동차 생산라인에서 실제로 관리해야 할 설비는 어떤 것들이 있나요?

A 설비의 종류는 아래 2번 항목에서 설명한 것처럼 공장마다 다양합니다. 대표적인 설비로는 컨베어, 로봇, 급배기팬 등이 있습니다. 09 **현직자가 많이 쓰는 용어**에 설명된 설비들을 참고하면 좋을 듯합니다.

Q2 11페이지에서 "울산공장에는 소재, 변속기, 엔진, 프레스, 차체, 도장, 의장 공장이 있습니다. 어느 공장을 담당하게 되느냐에 따라서 설비의 종류가 많이 다르고 그 공장의 운영적인 부분의 특징이 모두 다르기 때문에 근무시간도 조금씩 차이가 있을 수 있습니다."라고 말씀해 주셨는데, 하는 일도 공장마다 조금 다른가요?

A 큰 틀에서 수행하는 업무는 어느 공장을 가게 되더라도 동일하다고 볼 수 있습니다. 업무 프로세스는 동일하나 설비들을 다루는 것에 있어서 차이가 발생합니다. 예를 들면 차체공장의 경우 로봇으로 이루어진 설비가 많고, 의장 공장의 경우 로봇 외의 컨베어나 성력화 설비 등이 많습니다. 소재공장은 주물 용해로, 여러 주조기와 같은 설비들을 대상으로 업무를 수행합니다. 수리를 할 때 컨베어를 수리할 건지 로봇을 수리할 건지는 공장에 따라 차이가 발생합니다.

그리고 의장 공장의 경우에는 작업자가 많기 때문에 사람에 따른 변수가 많이 발생합니다. 도장 공장의 경우에는 타 공장 대비 먼지, 오물을 관리하는 것이 아주 중요합니다. 이렇듯 공장마다의 특징이 있습니다.

Q3 '생산' 업무와 '설비관리' 그리고 '에너지관리' 직무의 공통점과 차이점은 어떤가요?

A 모든 직무의 공통점은 공장에서 차량생산이 원활하게 이루어지기 위한 목표를 가지고 일한다는 것입니다.

생산업무의 경우 공정 작업관리, 작업자관리, 품질관리 등 설비나 사람을 통해 수행되는 작업성 자체나 그 작업으로 인해 만들어진 부품의 품질 등을 대상으로 업무를 수행합니다.

설비관리의 경우 공정들에 있는 설비관리, 설비 투자 등 설비를 대상으로 업무를 수행합니다.

에너지관리의 경우에는 특정 공장에 소속되어 있지 않고 울산공장 전체에 공급되는 에너지 공급 설비/시스템을 관리합니다. 에너지로는 스팀, 에어, 전기 등이 있습니다. 공장 설비는 이 에너지를 바탕으로 동작됩니다.

Q4 생산 직무 업무를 수행하면서 필요한 역량은 무엇이라고 생각하나요?

A 개인적으로 생산 공장에서 업무를 하기 위해서 가장 필요한 능력은 소통 능력이라고 생각합니다. 자세한 설명은 01 **저자와 직무 소개** 내용을 참고 바랍니다.

Q5 우대사항에 자격증 내용이 있는데 실제로 자격증을 많이 우대해 주나요? 있으면 확실히 좋은지 궁금합니다.

A 채용 과정 중 서류 과정에서 도움이 될 수 있으며, 기사 자격증이 있다면 관련 부서로 이동할 때 도움을 받을 수 있을 것입니다. 그 외에 실무적인 부분에서는 큰 우대나 좋은 점은 없습니다.

Q6 전기/전자, 기계 전공자가 대부분인가요?

A 공채시절 채용된 사람들은 대부분 기계, 전기/전자 전공자입니다. 최근에 상시채용을 통해 입사한 직원분들은 경력을 중요하게 봐서 그런지 전공은 다양합니다.

Q7 취업 준비할 때 가장 노력한 부분으로 자소서나 면접에서 어떤 점을 많이 어필하셨나요?

A 저 같은 경우에는 좀 특별한 사항을 어필했습니다. 유럽 여행을 갔을 때 현대자동차 깃발을 가방에 꽂고 다녔습니다. 자소서에도 내용을 기입하고 면접 때는 사진을 포토폴리오로 만들어서 보여드렸습니다. 현대자동차라는 회사에 입사하고 싶은 열정을 강조했습니다. 지금은 이런 내용도 좋지만 관련 경력이 더 중요할 듯합니다.

Topic 2. 어디서도 들을 수 없는 현직자 솔직 답변!

Q8 업무의 장단점은 무엇인가요?

A 제가 생각하는 업무의 장점은 타 직무 대비 나름 전문적이고 생각을 실제로 구현하는 업무를 수행하는 것에서 재미를 느낄 수 있다는 점입니다. 자세한 내용은 02 **현직자와 함께 보는 채용공고** 내용을 참고 바랍니다. 단점은 업무 스케줄입니다. 필요에 따라서 출근 시간이 빠르거나 공사를 위해 주말에 출근하는 등의 유동적인 스케줄이 힘들 수 있습니다.

Q9 교대근무를 하는지, 워라벨, 업무 강도 등등에 대해 궁금합니다!

A 교대근무는 현장직 근무자가 하는 근무 형태입니다. 공장마다 다르지만 설비 관리 부서의 경우 필요에 따라 교대근무를 돌발적으로 하거나 아니면 돌아가면서 2~3달에 일주일 정도씩 할 수도 있습니다. 업무 강도는 큰 부담을 가질 필요 없을 것 같습니다.

Q10 설비보전 실무자가 되면 커리어를 어떻게 쌓아 나가야 되나요?

A 설비보전 실무자가 되면 우선은 담당하는 설비부터 시작해 설비에 대한 공부와 커리어를 쌓아야 합니다. 시스템 구성도, 설비의 특징, 고장사례 등을 경험하며 커리어를 쌓고 향후에는 그 커리어를 활용해 설비관리 전문가가 되는 길도 있고, 생산부서나 생산기술부서로 부서를 옮겨서 또 다른 커리어를 쌓아 갈 수도 있습니다. 자동화 라인이 많아지고 있는 추세라 자동화관련 커리어를 쌓을 수 있으면 좋은 기회를 많이 가질 수 있을 듯합니다. 자세한 내용은 04 **연차별, 직급별 업무** 내용을 참고 바랍니다.

Q11 설비보전 구성원들 간의 분위기는 어떤가요?

A

아무래도 설비를 다루다 보니 남성 위주의 팀이고 연령대도 높은 편입니다. 현장 직과의 관계가 긴밀하기 때문에 분위기가 선구적인 조직 문화는 아닙니다. 그러다 보니 옛날 문화가 많이 남아 있고 요즘 시대의 분위기를 가진 팀은 아닙니다. 울산공장의 대부분의 팀이 그러하다고 생각이 듭니다. 그래도 팀원들 간의 정은 많습니다.

Q12 타 기업과 비교할 때 H사만의 강점/장점은 무엇이라고 생각하시나요?

A

① 타사대비 물론 부서마다 다르겠지만 평균적으로 워라벨이 좋다고 생각됩니다.
② 현재 기준으로 큰 문제가 없다면 정년까지 일하는 것이 가능해 보입니다.
③ 현재 회사의 투자 및 연구개발 방향성을 봤을 때 비전 있는 회사로 생각됩니다.

MEMO

PART 03
현직자 인터뷰

Chapter

01

차체 설계

자기 소개

기계공학과 학사 졸업
자동차 와이퍼 개발 A사 인턴

前 아웃사이드미러 부품 B사 기구 설계
1) 자동차 아웃사이드 미러 개발/설계

現 완성차사 C사 차체 설계
1) 차체 오프닝 시스템 개발/설계

Topic 1. 자기소개

Q1 간단하게 자기소개 부탁드릴게요!

A 안녕하십니까. 기계공학과 졸업 후 인턴 기간을 포함하여 약 5년 정도 자동차 산업에 종사하고 있는 쌤킴이라고 합니다. 이번 기회를 통하여 여러분에게 자동차 산업과 설계 직무에 대해 소개하고, 저의 그간 발자취를 공유하는 기회를 갖게 되어 영광으로 생각합니다. 저는 약 5년간 자동차 부품 업계에서 기구 설계 직무로 근무하였으며, 최근 완성차 업체로 이직하여 현재는 차체 설계팀에서 오프닝 시스템 파트를 담당하고 있습니다.

Q2 다양한 이공계 산업 중 현재 재직 중이신 산업에 관심을 가지신 이유가 있으실까요?

A 저는 아주 어린 시절부터 자동차에 관심이 정말 많았습니다. 평소 독서를 좋아하는 편은 아니지만, 유년 시절부터 지금까지 자동차 관련 서적만큼은 자주 찾아서 읽는 편입니다. 또한 자동차 산업은 대한민국을 대표하는 산업 중 하나이고, 진로 탐색 시 금전적인 측면도 고려하지 않을 수 없었습니다. 무엇보다 자동차를 자세히 들여다보고 연구해 보면 정말 흥미로운 부분이 참 많습니다.

Q3 많은 직무 중 해당 직무를 선택하신 이유는 무엇인가요?

A 처음에는 CATIA나 Solid Works 등 설계 Tool을 사용하여 모델링하는 것에서부터 관심을 가졌던 것 같습니다. 또한 학부 시절 가장 좋아했던 과목도 기계설계였습니다. 미래에 많은 직업을 로봇이나 기계가 대체한다고 합니다. 하지만 설계는 반드시 사람이 해야 한다는 점에서 유망하고 취업을 하거나 이직을 할 경우에도 지원할 수 있는 폭이 넓다는 점에서 설계 직무를 택하게 되었습니다.

Q4 취업 준비를 하셨을 때 회사를 고르는 기준이나 현재 재직 중이신 회사에 지원하게 된 계기가 있으실까요?

A 회사 선택 시 가장 중요하게 생각하는 부분은 '경험'입니다. 내가 이 회사에 입사하여 무엇을 배우고 어떤 성과를 낼 수 있는지가 가장 중요한 것 같습니다. 사회 생활을 하면서 자신의 일에 대해 보람을 느끼는 것이 얼마나 중요한지 알게 되었습니다. 그리고 지원하고자 하는 회사의 아이템이나 직무도 매우 중요한 선택 요소 중 하나입니다. 저는 좀 더 폭넓고 다양한 경험을 하고자 완성차 업계에 이직을 하였습니다.

Topic 2. 직무 & 업무 소개

Q5 현재 재직 중이신 직무에 대해 좀 더 자세하게 설명 부탁드리겠습니다!

A 저는 부품 업계와 완성차 업계 모두 경험이 있기 때문에 각각 설명하도록 하겠습니다. 일단 부품 업계의 경우 기구 설계, 전자 설계, 금형 설계 등 다양한 분야가 있습니다. 저는 그 중 기구 설계 직무에서 자동차 부품인 아웃사이드미러를 담당했습니다.

부품 설계의 시작은 Design Skin Data에서부터 시작합니다. 쉽게 말해 Skin이란 부품의 껍데기라고 생각하면 됩니다. 이 Skin Data를 완성차 업계 디자인 팀으로부터 접수를 받아서 외부 디자인을 검토하고 내부 레이아웃을 구성을 검토하는 것이 기구 설계의 가장 기본입니다. 기본적으로 CATIA 활용 능력이 뒷받침되면 업무에 큰 도움이 됩니다. 현업 경험이 없는 분의 경우 "그럼 설계 직무는 Tool만 잘 활용하면 되나요?"라는 질문을 많이 합니다. 당연히 아닙니다. 설계의 업무는 생각보다 복잡하고 많은 업무를 합니다. 업무에 임하면 품질, 구매, 영업, 개발 등 유관 부서와 협업 업무도 많고, 품질 문제가 발생할 경우 개선 방안을 탐색하는 것도 쉬운 일이 아닙니다. 설계는 항상 품질, 원가, 납기를 항상 고려하여 설계하는 것이 아주 중요한 요소 중 하나입니다.

> 자동차 업계의 경우 GM을 제외하고 대부분 CATIA를 사용합니다.

반면 완성차 업계의 설계 직무는 비슷하면서 좀 다른 점이 있습니다. 솔직히 말하자면, 디자인이나 차체를 직접 설계하는 부서 외에는 높은 수준의 설계 Tool 능력을 요하지 않습니다. 각 부품 설계는 위에서 설명했듯이 부품 업체에서 설계를 진행하고 완성차 설계 담당자들은 각 담당 파트를 꼼꼼하게 점검하는 것이 중요합니다. 쉽게 말해서 담당 부품에 대해서 전체적인 Management를 하는 Project Manager(PM)로 생각하면 될 것 같습니다. 또한, 차량 개발에 있어서 좀 더 폭넓고 다양하고 어려운 업무도 많이 접하게 됩니다. 업무를 하면서 가장 쉽지 않은 부분은 품질 문제가 발생했을 때 원가 절감 방안을 고민하는 것이었습니다. 저는 오프닝 시스템 파트인 글라스, 선루프, 와이퍼, 미러 등 주로 외장 부품을 담당하고 있으며, 대부분 사출 부품으로 사출 금형에 대한 지식과 문제 해결에 적극적으로 임하는 태도, 항상 궁금증을 가지는 습관, 스케줄 관리 능력 등이 이 직무에서 필요로 하는 역량인 것 같습니다.

Q6 취업을 준비할 때 가장 먼저 접하게 되는 공식 정보는 채용공고입니다. 그런데 정작 채용공고가 간단하게 나와 있어서 궁금하거나 이해가 되지 않는 내용이 생기는 경우가 많은데, 현직자 입장에서 직접 같이 보면서 설명해주실 수 있으실까요?

A

채용공고 도어 메커니즘 파트 설계/개발

주요 업무	자격 요건
• 도어 오프닝 기구의 락&오프닝 시스템 및 부품 개발 • Quality, Cost & Schedule 관리 • 엔지니어링 리더로 글로벌 프로젝트 관리 • 국내외 협력업체와 협업을 통한 프로젝트 수행	• 도어 메커니즘 부품 개발 경력 5년 이상 • 자동차공학/기계공학 또는 관련 전공 (학사 이상) • CATIA V5 & MS Office 활용 능력 보유

[그림 1-1] 르노코리아자동차 차체 설계 채용공고

위 채용공고를 보면 주요 업무로는 도어 **오프닝 기구의 락&오프닝 시스템 및 부품 개발**이 있는데, 이에 대한 내용은 5번 질문의 답변을 참고하면 될 것 같습니다. 저는 전 직장에서 담당하였던 파트와 유사한 쪽으로 배치되어 약간의 직무 변경이 있었습니다.

Quality, Cost & Schedule 관리에서 설계자라면 품질은 우수하게, 금액은 저렴하게 설계하는 것이 가장 이상적인 설계입니다. 하지만 품질과 금액은 반비례한 경우가 많기 때문에 이러한 부분에 대하야 고민하고 참신한 생각을 가지고 설계하는 역량이 정말 중요합니다. 이러한 점에서 설계자는 설계뿐만 아니라 품질, 구매, 개발 직무와 관련된 지식도 어느 정도 알아야 합니다.

마지막으로, **일정 준수**도 매우 중요합니다. 프로젝트를 담당하면 마스터 플랜이 항상 존재하고, 단계별로 일정을 준수해야 자동차 생산에 문제가 없겠죠? 모든 개발 단계에서 설계자가 관여되지 않는 단계는 거의 없기 때문에 항상 일정을 준수하는 것이 매우 중요합니다.

엔지니어링 리더로서 글로벌 프로젝트 관리, 국내외 협력업체와 협업을 통한 프로젝트 수행관련해서, 완성차 업계의 설계 담당자는 각 부품사를 관리하고 주도적으로 이끌어야 하는 프로젝트의 리더라고 할 수 있습니다. 자신의 프로젝트 관리는 물론 부품 업계까지 Management 해야 하고 전체적인 진행을 주도해야 합니다. 또한 외국계 기업인 경우 글로벌 업체나 글로벌 본사와 소통/협력하는 기회가 잦습니다. 이러한 부분에서 어느 정도의 Communication(영어 회화) 능력도 필요합니다.

Q7 회사에서 주로 하루를 어떻게 보내시나요?

A

출근 직전 (07:40~07:55)	오전 업무 (08:00~12:00)	점심 (12:00~13:00)	오후 업무 (13:00~17:00)
• 그날의 일정, 할일 정리	• 회의 참석 • 주간 업무 작성 • 데이터 점검 • BOM 수정	• 점심 식사	• 회의 참석 • 원가 절감안 작성 • 문제점 개선 • 미결 업무 체크

사실 하루의 일과가 매일 동일하지 않고, 오전/오후에 해야 할 일이 항상 일정하지 않은 것도 사실입니다. 그때그때 유동적으로 해야 할 일의 순서가 항상 바뀌곤 합니다. 설계자로서 가장 많이 접하게 되는 업무의 경우, 품질 문제 개선이나 원가 절감 방안을 고민하는 경우가 정말 많습니다. 특히 원가 절감은 자신의 실적과 연관되는 부분이기 때문에 정말 열심히 해야 하면서도 쉽지 않은 업무입니다. 문제점이 발생하면 개선 방안을 고민해야 하고, 그에 따라 도면 수정이 발생할 수도 있고, 개선 방안에 대해 차량 테스트 등 평가가 필요한 경우도 있습니다. 평가에서 한 번에 OK를 받으면 다행이지만, 아니라면 또 다시 방안을 고민해야 하는 반복의 연속이 찾아오기도 합니다. 저 같은 경우 회의가 많은 편입니다. 회의 참석은 곧 할 일 추가로 생각하면 될 것 같습니다.

Q8 연차가 쌓였을 때 연차별/직급별로 추후 어떤 일을 할 수 있나요?

A

저희 연구소 같은 경우 크게는 연구원 / 책임연구원 / 수석연구원으로 직급이 구성되어 있습니다. 연구원, 책임연구원의 경우 실제 프로젝트를 진행하는 실무진으로서 프로젝트에서 발생하는 모든 업무에 관여합니다. 반면 수석연구원의 경우, 연구원과 책임연구원들이 진행하는 프로젝트를 관리, 감독, 코칭하는 역할을 담당합니다. 경우에 따라서는 연구원과 책임연구원이 협업하거나 수석연구원이 직접 프로젝트를 진행하는 실무진으로서 역할을 하는 분들도 있습니다. 사실 요즘 시대에는 연차나 나이에 따라 업무가 달라지는 사회가 아니기 때문에 직급이 올라가거나 또는 현 직급이 낮다고 해서 업무가 정해지는 경우는 없다고 생각합니다.

Topic 3. 취업 준비 꿀팁

Q9 해당 직무를 수행하기 위해 필요한 인성 역량은 무엇이라고 생각하시나요?

A 설계 직무뿐만 아니라 모든 직무에서 중요한 역량은 바로 '사회성'이 아닐까 싶습니다. 요즘 시대에 회사에서 인정받는 사람은 일 잘하는 사람보다도 동료와 잘 어울릴 수 있는 사람을 더 선호하는 경향이 큽니다. 그리고 문제 발생 시 문제 해결을 위해 적극적으로 고민하고 생각하는 역량도 중요하며, 유관 부서 또는 파트너와 원만한 커뮤니케이션 능력, 협업하는 능력도 매우 중요합니다. 설계자 또는 연구원이라면 업무를 진행하는 데 있어서 어느 정도의 고집과 집착도 필요한 것 같습니다. 자신이 생각하고 주장하는 것에 대해서 분명하게 확신을 가져야 하며, 항상 궁금증을 가지는 것도 가져야 할 습관 중 하나라고 생각합니다.

Q10 해당 직무를 수행하기 위해 필요한 전공 역량은 무엇이라고 생각하시나요?

A 솔직히 말하자면, 전공은 중요하지 않다고 생각합니다. 극단적일 수 있으나 사실입니다. 물론 취업 준비를 하면서 또는 학부 시절 본인의 성적과 스펙을 잘 관리한다면 취업에 큰 도움이 될 것입니다. 하지만 취업 준비 과정에서 도움이 될 뿐 현업과 전공 역량은 전혀 다르다는 것이 저의 견해입니다.

저는 전공 역량보다는 경험을 추천하고 싶습니다. 내가 이 직무를 희망하는 사유와 이 직무를 위해 무엇을 그동안 준비했는지, 어떠한 역량을 쌓아 왔는지가 가장 중요하며 가능하다면 인턴 활동이나 계약직, 아르바이트라도 하는 것을 적극 추천합니다. 물론 요즘 인턴 활동하는 것도 쉽지가 않은 것은 사실입니다. 그리고 시간적 여유가 된다면 어학 능력도 반드시 향상시키는 것을 권장합니다. 어학 성적 외에 외국어 소모임이나 원어민 교육 등을 추천합니다.

Q11 위에서 말씀해주신 인성/전공 역량 외에, 해당 직무 취업을 준비할 때 남들과는 다르게 준비하셨던 특별한 역량이 있으실까요?

A 저는 서류에서 돋보일 수 있는, 면접관이 관심을 가질 만한 경험이나 자격증을 이력서에 많이 기재했습니다. 직무 관련 내용이 아니더라도, 예를 들어 자신의 독특한 취미나 자격증을 기입하면 실제로 면접관이 관심을 갖고 그 내용에 대해 질문하는 경우가 많았습니다. 저의 사례를 실례로 들면 저는 축구 심판 자격증, 매년 마라톤 대회 참가, 요리 대회 수상 등 독특한 경험을 기재하니 대부분의 면접에서 독특한 경험에 대해 질문을 받았고, 그동안 면접에서 8할 이상의 확률로 좋은 결과를 얻을 수 있었습니다.

Q12 해당 직무에 지원할 때 자소서 작성 팁이 있을까요?

A 자기소개서는 자신을 처음으로 홍보하는 단계입니다. 직접 마주한 상태에서 평가하는 첫인상이 아닌 글로 첫인상을 표현하는 단계라 쉽지 않은 단계라고 생각합니다. 따라서, 제가 생각하는 가장 중요한 Key Point는 자기소개서에 관심을 끄는 요소가 있어야 한다고 생각합니다. 여러분도 알겠지만, 평가자는 수백, 수천 명의 자기소개서를 확인하는 데 흥미로운 내용이 없으면 좋은 평가를 내릴 수 없을 것입니다.

두 번째 Key Point는 아무래도 기업의 입장에서는 일을 할 수 있는 사람을 뽑는 것이 목표이기 때문에 자신이 지원한 업무에 대해 내가 어떻게 무엇을 준비하였는지가 매우 중요한 것 같습니다. 인턴이나 대외활동, 공모전 수상 등 이러한 경험이 있으면 물론 좋겠지만, 자신이 살아온 과정을 돌이켜보면서 특별한 활동이 없더라도 자신이 이 업무에 왜 적합한지를 잘 표현해낸다면 어필하는 데 큰 문제가 없을 것으로 생각합니다.

마지막으로 주의해야 할 점은 나의 경험을 통해 내가 어떤 역할을 했고, 문제점이 발생하였을 경우 어떻게 대처하였는지, 결과는 무엇인지가 평가자가 궁금해하는 부분이기 때문에 이 부분은 명확하게 표현해주는 것이 좋습니다. 만약 수치로 표현될 수 있다면 더 좋을 것 같습니다.

Q13 해당 직무에 지원할 때 면접 팁이 있을까요? 면접에서 가장 기억에 남는 질문은 무엇이었나요?

A

최근에는 조금 없어지고 있는 추세이기도 하지만 아직도 일부 기업은 인성 검사를 채용 전형에 포함하고 있습니다. 만약 지원하는 기업에 인성검사 전형이 있다면, 나 자신 그대로의 성격을 보여주기보다는 기업이 원하는 인재상에 맞춰서 자신을 캐릭터화 할 필요가 있습니다. 그리고 인성 검사를 토대로 반드시 인성 면접에서도 그 캐릭터를 그대로 면접에서도 보여주는 것이 중요한 것 같습니다. 만약 인성 검사 결과와 인성 면접에서의 평가가 다를 경우 불이익을 받을 수 있을지도 모릅니다. 별도의 인성 검사가 없다면, 앞서 말한 것과 마찬가지로 기업이 원하는 인재상에 맞춰서 나 자신을 있는 그대로 드러내기보다는 캐릭터화 하는 것도 좋은 점수를 받을 수 있는 노하우 중 하나입니다.

직무 면접의 경우 요즘은 대학교 전공 지식을 물어보는 경우는 점점 줄어드는 추세입니다. 전공보다는 자신이 지원한 업무에 대해서 어떠한 노력을 기울였고, 또 무엇을 준비하였는지 그리고 이 직무는 어떤 업무를 하는지 조금은 알아둘 필요성이 있습니다. 다만 신입 사원의 경우 면접관도 지원자가 이 업무에 대해서 100% 알고 있다고 생각하지 않습니다. 당연히 모른다는 것을 알고 면접 평가를 진행하지만, 면접관 입장에서 '이 지원자가 그래도 직무에 대해서 알고 지원했구나' 또는 '모르고 지원했구나'라는 것을 판가름할 수 있는 척도가 될 수 있습니다. 추가로 이 회사가 개발하고 있는 아이템에 대해서 조금 알고 가는 것이 무조건 좋습니다. 이 분야에 대한 지식이 없더라도 인터넷 서칭을 통하여 공부하고 가는 것을 적극 추천하고 공부하면서 '내가 이 분야에서 어떤 것을 진행하고 이루고 싶다'라는 포부도 생각하면 더욱 좋은 점수를 얻을 수 있을 겁니다.

마지막으로 가장 기억에 남는 질문은 모 대기업 면접에서 이렇게 물어본 적이 있었습니다. "어떤 위험한 정글에서 앞에는 사자가 있고 뒤에는 절벽이 있다. 여기서 살아남을 수 있는 방법은 무엇인가요?"라는 질문이었고 어떠한 방법이든 상상력이든 상관없었습니다. 물론 정답은 없지만 순간적인 상상력, 순발력을 평가하려는 질문인 것 같았고, 저는 "현재 이 상황이 꿈이라고 생각하며 꿈을 깨면 상쾌한 아침을 맞이할 것 같습니다."라고 대답을 한 경험이 있습니다. 면접에서 절대 기죽지 말고 편안하게 면접관하고 담소를 나눈다고 생각하고 다녀오길 바라며, 면접관도 여러분을 평가하지만 여러분도 기업을 평가하는 자리이니 긴장하지 말고 여러분 자신의 역량을 마음껏 펼치기 바랍니다.

앞에서 직무에 대한 많은 이야기를 해주셨는데, 머지않아 실제 업무를 수행하게 될 취업준비생들이 적어도 이 정도는 꼭 미리 알고 왔으면 좋겠다! 하는 용어나 지식을 몇 가지 소개해주시겠어요?

A

사실 전문적인 용어보다는 본인이 이 직무에 적합한지, 왜 지원하였고 무엇을 준비하였는지에 대해 면접관은 더 초점을 맞추기 때문에 용어를 물어보는 경우는 그렇게 많지 않았던 것 같습니다. 하지만 제가 현재 재직 중인 자동차 산업에 대해서 조금 이야기해 보자면 자동차 개발 프로세스에 대해서 조금은 알고 있는 것도 나쁘지 않을 것 같습니다.

예를 들어보자면, 자동차의 개발 프로세스는 간략하게 이렇게 됩니다. 최초 디자인이 확정되는 단계를 Concept Fix 또는 Concept Freeze라고 합니다. 컨셉이 확정되면 자동차 부품 금형 개발을 하게 되는 금형 착수 단계에 접어들고, 금형이 착수되어 부품이 생산되고 차량에 조립되어 평가가 진행되는 Proto 단계에 진입합니다. 이 단계에서 개발 단계 초기의 품질 문제점, 개선 사항에 대해 논의가 이루어지고 적용되는데, 이후 다시 한 번 검증을 하고 이 단계를 Pilot라고 합니다. Pilot 단계에서는 대부분의 문제점이 개선되고 정말 양산 가능한 수준의 차가 생산되어야 하며, 이후 본격적인 양산 단계인 SOP(Starting Of Production)에 이릅니다. 보통 자동차는 5년 주기로 완전 변경 모델(Full Change)이 개발되며, 양산 후 2.5년~3년 후 부분 변경인 Face Lift를 거칩니다. 자동차 개발 프로세스에 대해서 아주 간략하게 알고 가면 좋을 것 같고, 가장 중요한 것은 본인이 지원한 직무에 대해서 숙지를 하고 가는 것이 중요합니다.

Topic 4. 현업 미리보기

Q15 회사 분위기는 어떤가요? 다니고 계신 회사를 자랑해주세요!

A 근무 중인 C사는 외국계 기업답게 매우 수평적인 근무 환경과 자신의 역량을 충분히 발휘할 수 있는 그런 환경이 아주 잘 형성되어 있는 것이 장점입니다. 그 밖의 장점이 있다면 타 OEM보다 여름휴가가 매우 깁니다. 최소 2주에서 보통 3주까지 쉬며, 유럽 회사다 보니 일주일 간 겨울 휴가도 주어집니다. 그리고 탄력근무제라는 점과 주 1~2회 재택 근무를 진행하고 있다는 점도 나름 장점인 것 같습니다.

Q16 해당 직무를 수행하면서 생각했던 것과 달랐던 점이나 힘들었던 일이 있으신가요?

A 신입사원으로 입사하는 경우 내가 그동안 학업에서 열심히 배웠던 것은 도대체 어디에서 적용할 수 있는 것인지 의문이 들 것입니다. 맞습니다. 학업과 현업은 달라도 너무 다릅니다. 그렇다고 공부를 열심히 하지 않아도 된다는 말은 아닙니다. 학업도 중요하지만 입사 전 지원 분야에 대해 확실히 정하고 그 분야에 대해 준비를 하는 것이 매우 중요합니다.

입사 후 가장 힘들었던 점은 통상적으로 사수 · 부사수 또는 멘토 · 멘티 관계가 형성되는 것이 기본이나 그렇지 않은 경우도 있습니다. 저 같은 경우 첫 회사에서 이러한 관계가 잘 형성되지 않아서 누가 잘 알려 주지도 않았고, 스스로 물어봐서 알아내고 혼자 헤쳐 나아가야 하는 상황이라 정말 힘들었습니다. 여러분에게도 이러한 상황이 발생하지 않을 것이라고는 장담할 수 없습니다. 많은 현직자들이 회사는 배우는 곳이 아니니 알아서 잘 알아내고 헤쳐 나아가라 라고 생각하는 경우가 은근히 많습니다. 물론 멘토 · 멘티 관계가 잘 형성되어 있어야 하는 것이 맞지만, 상황이 그렇지 않을 경우도 있으니 이럴 경우 잘 모르는 것에 대해서는 확실히 정리해서 물어보는 것을 추천합니다. 물어본다고 해서 뭐라고 하는 사람은 없으며, 오히려 업무에 적극적인 모습을 보일 때 좋은 인식을 받을 수 있습니다.

Q17 해당 직무에 지원하게 된다면 미리 알아두면 좋은 정보가 있을까요?

A 회사에 대한 정보를 검색해 보거나 기업에 대한 뉴스 기사를 보는 것을 추천합니다. 기업이 진행하고 있는 프로젝트나 향후 비전 등 정보를 알아가는 것이 중요합니다. 기업의 홈페이지를 참고하는 것은 기본 중 기본이니 숙지하기 바랍니다.

Q18 이제 막 취업한 신입사원들이나 취업을 준비하고 있는 학생들이 오해하고 있는, 해당 직무의 숨겨진 이야기가 있을까요?

A 설계 직무의 경우 '설계 Tool만 사용하겠구나'라고 생각하는 학생들이 의외로 많습니다. 절대 아닙니다. 설계 Tool을 사용할 줄 알면 업무에 도움은 되나, 이 외에도 구매, 품질, 영업, 개발 등 유관 부서와 연관된 업무를 정말 많이 합니다. 설계자가 하루 종일 Tool만 사용하는 직무는 아니니 이 점 참고 바랍니다.

Q19 해당 직무의 매력 Point 3가지는?

A

1. 고민을 많이 하게 된다.
2. 새로운 생각을 많이 하게 되고, 쉽지 않다는 것을 느낀다.
3. 어렵지만 문제를 해결하면 보람도 느낀다.

Topic 5. 마지막 한마디

마지막으로 해당 직무를 준비하는 취업준비생에게 하고 싶은 말씀 있으시다면 말씀해주세요!

기업의 브랜드 측면도 중요하겠지만 자신이 하고 싶은 업무를 하고 일을 통해 보람을 느끼는 것이 가장 중요하다고 생각합니다. 그리고 기업도 여러분을 평가하지만, 여러분도 기업을 평가할 충분한 자격이 있고 직장은 여러분이 선택합니다. 너무 기죽지 말고 있는 그대로 발휘할 수 있는 역량을 모두 보여 준다면 그것만으로도 충분히 대단하고 최선을 다한 겁니다. 여러분 모두가 충분한 재능과 능력을 가진 인재라는 점 항상 잊지 말고 좋은 결과 있기를 바라겠습니다.

Chapter

02

배터리 개발

저자 소개

노석우

화학공학 학사 졸업
배터리 성능개발 석사

現 H사 배터리셀 설계 책임연구원
1) 배터리셀 소재 및 차세대 배터리 사양 설계
前 L사 배터리소재 개발 연구원
1) 신소재적용 배터리 양극소재 개발

Topic 1. 자기소개

Q1 간단하게 자기소개 부탁드릴게요!

A 안녕하세요. 저는 배터리셀 개발연구와 시스템 평가 업무를 담당하고 있는 노석우입니다. 대학교 열역학 수업 중 배터리 작동원리에 흥미가 생겨 배터리 해석 관련 연구실로 진학해 석사 학위를 마쳤습니다. 이전 회사에서 차세대 배터리 양극소재의 활성화 및 소재평가 업무를 담당하다 자동차 회사로 이직하여 10년 동안 배터리 셀 설계 업무를 수행하고 있습니다. 배터리 산업의 다양한 경험이 있어 전기차 관련 배터리 분야로 취업을 준비하는 분들께 조금이나마 도움을 주고 싶습니다.

Q2 다양한 이공계 산업과 직무 중 현재 재직 중이신 산업/직무에 관심을 가지신 이유가 있으실까요?

A 내연기관 차량이 점차적으로 친환경차로 대체되리라는 믿음이 있었습니다. 당시 여러 산업에서 태양광, 풍력 등 친환경 에너지 투자가 활발히 시작되던 시점이었고 자동차 산업도 예외는 아닐 것이라고 생각했습니다. 각 국가에서 기후변화 문제가 대두되었고 자동차의 연비 규제를 통해 탄소 배출권을 제한하려는 움직임도 있었습니다. 국내외 자동차 회사에서 하이브리드 및 전기차, 수소차 개발을 시작하여 점진적으로 투자가 시작되고 있었고 미래의 친환경 차량산업의 성장성이 무궁무진해 보였습니다. 그 중 전기차에서 가장 큰 비중을 차지하는 배터리를 연구개발하여 산업에 기여하고 싶어 이 길을 선택했습니다. 2000년도 초반의 배터리는 내구수명이 짧고 안정성에 우려가 있어 전기차용으로는 적합하지 않았습니다. 하지만 최근 전기차

시장이 급속히 성장하면서 배터리 회사들의 집중적인 투자와 다양한 신기술들이 접목되어 내구수명과 안정성이 획기적으로 증가하였습니다. 배터리는 전공이 무관하고 다양한 기술이 필요한 산업으로 기계, 재료, 화학, 물리, 소프트웨어까지 다방면의 기술이 필요합니다. 이런 매력이 저를 배터리 산업으로 이끈 것 같습니다.

Q3 **취업 준비를 하셨을 때 회사를 고르는 기준이나 현재 재직 중이신 회사에 지원하게 된 계기가 있으실까요?**

A 회사를 고르는 기준은 개인별로 다를 수 있는데 저의 경우 위치, 연봉, 적성을 고려했었습니다. 위치는 경기도여서 출퇴근이 용이했고 연봉은 그 당시 초봉으로 가장 높은 회사 중 하나였습니다. 그리고 가장 중요했던 건 회사가 다수의 개인을 상대로 상품을 판매하는 회사였기 때문에 일이 즐거워 보였습니다. 기업 대 기업 거래(B2B)가 수입모델인 회사는 일부 고객사에 의존적일 수밖에 없어 업무가 제한적일 것이라고 생각했고, 현재 직장은 완성차를 직접 개발하여 탈 수 있어 매력적으로 느꼈습니다.

Topic 2. 직무 & 업무 소개

Q4 현재 재직 중이신 직무에 대해 좀 더 자세하게 설명 부탁드리겠습니다!

A 배터리 시스템을 개발하기 위해 필요한 모든 부품과 기술을 다룬다고 이해하면 쉬울 것 같습니다. 배터리 시스템은 일반적으로 '배터리'라고 이야기하는 배터리 셀이 있고, 배터리 셀들을 모아 용접하여 배터리 셀 그룹으로 만든 배터리 모듈이 있습니다. 배터리 모듈들과 냉각부품, 배터리 제어기 등의 전장품을 합쳐 차량 탑재 바로 직전 시스템을 배터리 시스템이라고 이야기합니다.

저희 회사에서는 배터리 셀을 직접 개발하는 업무, 셀들을 연결해 모듈을 만드는 설계 업무, 만들어진 모듈을 차량 탑재에 필요한 시스템으로 개발하는 업무들로 나누어져 있습니다. 배터리 시스템을 구성하는데 필요한 냉각장치, 배터리 제어기와 제어 로직도 직접 개발하거나 협력사와 공동으로 개발하고 있습니다. 이 외에도 시스템에 필요한 릴레이, 와이어, 차량에서 오는 배터리 상태 데이터를 분석하고 제어하는 등 차량에서 배터리 사용에 필요한 모든 일련의 작업들을 수행합니다. 더불어 미래 기술로 전고체 배터리 등 차세대 배터리를 연구할 수도 있습니다. 차량 화재 발생 시 배터리가 불에 붙지 않아야 운전자의 안전을 확보할 수 있으므로 불에 타지 않는 전고체전지를 중심으로 연구개발되고 있습니다. 배터리셀에 들어가는 소재들을 믹싱해 전극형태로 만드는 슬러리 제조 기술부터 음극(−), 양극(+)과 분리막을 합쳐 와인딩하고 전해질 용매를 투입하는 제조 양산기술까지, 전 부분을 연구개발 한다고 보면 됩니다.

Q5

취업을 준비할 때 가장 먼저 접하게 되는 공식 정보는 채용공고입니다. 그런데 정작 채용공고가 간단하게 나와 있어서 궁금하거나 이해가 되지 않는 내용이 생기는 경우가 많은데, 현직자 입장에서 직접 같이 보면서 설명해주실 수 있으실까요?

A

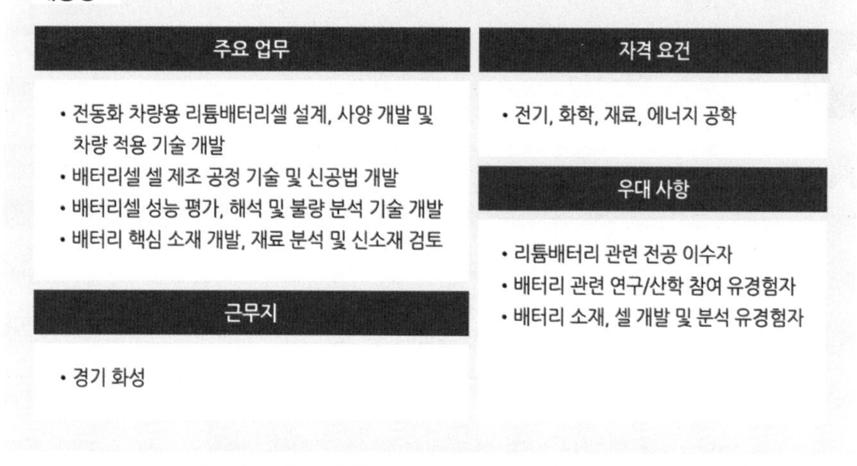

직무소개 리튬배터리셀 개발

친환경 톱 티어 브랜드가 되기 위한 배터리 기술을 연구하고 있습니다.
최고의 친환경차량(EV, HEV, PHEV, FCEV)과 미래 모빌리티 개발을 위해 배터리 핵심기술에 대한 기초연구/설계/시험/선행연구를 다양한 조직들이 유기적으로 수행하고 있습니다.

채용공고

주요 업무

- 전동화 차량용 리튬배터리셀 설계, 사양 개발 및 차량 적용 기술 개발
- 배터리셀 셀 제조 공정 기술 및 신공법 개발
- 배터리셀 성능 평가, 해석 및 불량 분석 기술 개발
- 배터리 핵심 소재 개발, 재료 분석 및 신소재 검토

근무지

- 경기 화성

자격 요건

- 전기, 화학, 재료, 에너지 공학

우대 사항

- 리튬배터리 관련 전공 이수자
- 배터리 관련 연구/산학 참여 유경험자
- 배터리 소재, 셀 개발 및 분석 유경험자

[그림 2-1] 현대자동차 리튬배터리셀 개발 채용공고

리튬배터리 셀 개발의 목표는 성능과 원가 두 가지로 정의됩니다. 성능은 배터리의 내구, 온도별 성능, 출력, 용량, 안정성 배터리셀의 전반적인 성능을 의미하며, 결국 양산에 적용하기 위해서는 가격이 합리적이어야 하기 때문에 저렴하게 생산할 수 있는 방법과 신소재 발굴 등을 연구합니다. 어떤 일을 하게 되는지는 지원하는 분야에 따라 다를 수 있는데 예를 들어 전극업무의 경우, 전극소재를 믹싱하여 슬러리를 만들고 슬러리의 물성 평가를 하는 업무를 할 수 있고, 만들어진 전극을 다양한 방법으로 성능을 평가하는 일을 할 수도 있습니다. 전극의 두께, 로딩량(전극이 고르게 발려 있는지), 전극에 구멍이 있는지 등의 불량검출 기술 등을 연구개발 합니다.

배터리의 경우 여러 협력 업체를 통해 소재를 공급받기 때문에 각 업체들의 소재 상태를 검증하는 일을 할 수도 있고, 협력사 샘플 품질에 특이점이 있는지, 샘플 제조과정에 변경이 있을 때 어떤 평가들을 통해 소재를 검증하는지를 결정해야 합니다. 우대사항으로 리튬배터리 관련 경력이 적혀 있는데 만약 배터리 관련 활동이 없어도 관심을 가지고 다양한 매체를 통해 학습하면 기본적인 배터리 구조나 제조 공법을 손쉽게 학습할 수 있습니다. 경험이 없거나 전공이 달라도 학습하다 보면 배터리 산업에 기여할 만한 일을 찾을 수 있을 것입니다. 실제 회사에서도 특정 업무가

주어지기보다는 서로 다른 연구원분들의 개별 역량을 발휘해 배터리 셀 개발을 하므로 다양한 전공을 오히려 선호하는 편입니다. 실제로 배터리 전공을 하지 않은 연구원 분들도 공정개발 등에서 두각을 나타내며 업무를 하고 있는 사례가 있습니다. 제가 만약 취업을 준비하는 입장이라면 현존하는 전기차들을 쭉 나열하고 각각 전기차들이 사용하고 있는 배터리 타입과 특징들을 정리해, 각 회사의 개발방향을 비교해 보며 학습을 해 볼 것 같습니다. 이런 과정에서 차량에서 요구하는 배터리 성능에 대한 이해도가 높아지고 전공 면접에서 우위를 점할 수 있을 것 같습니다.

Q6 회사에서 주로 하루를 어떻게 보내시나요?

A

출근 직전 (06:00~07:00)	오전 업무 (08:00~12:00)	점심 (12:00~13:00)	오후 업무 (13:00~17:00)
• 기상 및 통근버스 탑승준비	• 이메일 확인 • 주요 회의일정 확인 및 협의 참석	• 맛있는 식사	• 배터리셀/시스템 • 표사양평가 • 협력사 기술자료 검토

업무는 큰 틀에서 보면 프로젝트 양산 일정에 맞추어 일을 하지만 품질 불량 등 예측하지 못하는 업무도 자주 발생할 수 있습니다. 자동차 양산 일정에 맞춰 유관팀과 협업하여 개발 일정을 맞춰야 하기 때문에 개발 일정을 준수하며 업무를 하고 있는지 주기적으로 확인하여야 하고, 유관 부서의 설계나 사양 변경사항에 따른 본인의 담당 부품의 영향도도 검토하여야 합니다. 따라서 오전부터 팀 간 회의가 많고, 회의에 필요한 시험 데이터를 정리해 데이터를 타 부서에 이해시키려는 자료 작성에 많은 시간을 쓰기도 합니다. 협력사가 제시한 시험 결과를 검토하거나 자체적으로 검증한 시험 결과를 해석하는데 많은 시간을 사용합니다. 자동차 회사는 협력사에 사양을 배포하고 협력사가 완성한 부품의 완성도도 검증하여야 하기 때문에, 사양과 시험 절차서 작성하여 배포하기도 하고 협력사로부터 받은 시험의 결과를 직접 재검증하는 일도 합니다.

업무 분위기는 저희 회사도 다른 회사들과 비슷하게 유연근무제를 도입하고 있어 업무 시작 시간과 종료 시간이 자유로운 편입니다. 장시간의 업무 시간보다 효율을 중요시 여기는 분위기로 회사 문화가 변하고 있어 야근이 잦은 편은 아닙니다. 재택근무도 제도화되어 있어 혼자 집중하여 해결해야 할 일이 있으면 재택근무를 하기도 합니다. 팀원들과 커피를 마시면서 업무 이야기를 하며 아이디어를 얻는 경우도 많고 이때 제안한 아이디어로 프로젝트가 생성되는 경우도 있습니다.

Q7 연차가 쌓였을 때 연차별/직급별로 추후 어떤 일을 할 수 있나요?

A 신입 사원 때는 회사에서 진행하고 있는 자동차 개발 프로세스를 익히고 경쟁사와 당사의 부품을 이해하는데 많은 시간을 사용합니다. 2~3년 차 연구원이 되면 본격적으로 업무를 시작하는데, 스스로 주도하여 새로운 프로젝트를 시작하기보다는 기존에 진행되던 프로젝트에 팀원으로 참여하는 경우가 많습니다. 배터리 셀 개발의 경우, 현재 개발하고 있는 차세대 배터리의 성능/내구를 향상시키는 데 필요한 소재나 생산 공법을 검토할 수 있고, 신규 사양으로 제작된 배터리 셀을 직접 평가 장비에 물려 다양한 기술 평가를 진행합니다. 기존 차량에 적용되었던 협력사의 배터리 셀의 성능을 교차 검증하거나 취약점을 찾는 일도 진행합니다.

책임 연구원이 되면 주도적으로 일을 시작합니다. 배터리 셀의 사양을 선정하고 셀 개발에 필요한 프로젝트를 직접 계획해야 합니다. 프로젝트가 회사로부터 주어지는 경우도 많지만 보통 필요한 업무를 찾아 프로젝트를 만들고 회사로부터 예산을 얻어 성과를 내야 하는 방식입니다. 예를 들어, 새로운 소재 A를 양극에 적용하면 배터리 셀의 성능이 향상되는 시험 결과를 얻었다면 해당 기술을 적용 시 어느 정도 성능 효과가 있을지, 가격은 어느 정도 올라갈지, 개발 일정과 투자비가 얼마일지 기획 보고를 통해 예산을 확보해야 합니다. 프로젝트를 생성해 예산을 확보한 후에는 기술을 완성하고 유관 부서와 협의하여 사업성 검토 후 양산에 적용하게 됩니다.

Topic 3. 취업 준비 꿀팁

Q8 해당 직무를 수행하기 위해 필요한 인성 역량은 무엇이라고 생각하시나요?

A 유관 부서 또는 협력사와 협업할 수 있는 소통 능력이 가장 중요한 것 같습니다. 자동차 회사 특성상 혼자서 일을 하기보다는 여러 사람과 같이 일하는 경우가 대부분으로 여러 부문과 소통할 수 있는 능력이 매우 중요합니다. 예를 들어 배터리 사양에 변경이 생기면 효과적인 수단을 통해 유관 부서에 알리고 사양 변경에 따른 다른 부서의 의견을 경청해 담당 아이템의 변경이 차량에 가져올 수 있는 잠재적 문제점을 예측할 수 있어야 합니다. 소통 능력 향상을 위해서는 전공 분야나 관심 분야를 논리적이고 구체적으로 설명하는 연습이 필요합니다. 자기와 의견이 다른 사람의 의견을 경청하는 능력도 중요합니다. 연구원들은 종종 자기 분야의 독립적인 전문성을 쌓고 이 지식을 성역처럼 만들어 타인이 접근하기 어렵게 만드는 경우가 있습니다. 이보다는 되도록 쉽고 명확하게 지식을 개방하여 동료들에게 설명하고 한계와 개선점을 수시로 피드백 받아 프로젝트에 도움이 되도록 해야 합니다.

다음으로 중요한 역량은 완벽함을 추구하는 성격입니다. 자동차는 볼트, 너트 하나의 결함으로 수십 만 대를 리콜해야 할 수도 있는 매우 민감하고 거대한 기계장치입니다. 따라서 모든 부품은 보수적으로 안정적으로 설계되고, 약간의 빈틈도 허용되지 않습니다. 배터리는 자동차에 들어가는 몇 안 되는 화학 제품이지만 성능은 기계장치처럼 반복적이고 예측 가능한 수준으로 제조되어야 합니다. 따라서 완벽함을 추구하는 성향이 업무에 도움이 될 것입니다.

Q9 해당 직무를 수행하기 위해 필요한 전공 역량은 무엇이라고 생각하시나요?

A

배터리의 작동 원리를 이해하기 위해 전기화학을 비롯한 다양한 관련 도서를 읽어 보는 것을 추천합니다. 최근에는 배터리를 전반적으로 설명해 주는 도서와 미디어가 많이 존재합니다. 대학교에 전공으로는 열역학, 전기화학, 재료분석, 유기화학, 제조공학 정도가 도움이 될 것 같습니다. 또 여러 매체를 통해 다양한 산업군의 제조 장치의 작동 원리를 공부하여 배터리 셀 제조 공법에 개선점을 찾을 수 있을 것 같습니다. 더불어 배터리 산업에서도 인공지능을 접목하려는 다양한 시도가 이루어지고 있는데, 배터리의 수명을 예측하거나 구조적으로 취약한 점을 기계/화학적으로 시뮬레이션 할 수 있는 능력이 있으면 더욱 도움이 될 것 같습니다. 자동차에서 수집된 배터리 데이터를 빅데이터 해석을 통해 운전자에게 유의미한 정보를 제공할 수도 있으므로 만약 전공이 해석이나 데이터 처리 쪽이어도 배터리 산업에서 큰 역할을 할 수 있을 것이라고 생각합니다.

Q10 위에서 말씀해주신 인성/전공 역량 외에, 해당 직무 취업을 준비할 때 남들과는 다르게 준비하셨던 특별한 역량이 있으실까요?

A

배터리와 전기차의 역사에 대해 공부를 많이 했던 것 같습니다. 과거에 리튬 배터리는 차량에서 안전성 문제로 사용하지 않았었는데, 특정 기술이 개발된 이후로 차량에서 사용 가능할 정도로 안정성이 증가했습니다. 리튬 배터리는 여러 가지 타입이 존재하고 각 타입마다 한계가 존재합니다. 이런 한계에 대해 공부하고 개선 가능한 아이디어를 도출해 보는것도 좋을 것 같습니다.

전기차 또한 최근 들어 관심이 높아지고 있지만 아주 오랜 과거부터 개발되었던 역사가 있습니다. 산업에 대한 관심을 가지고 공부를 시작한다면 재미있게 학습하며 준비할 수 있을 것 같습니다.

 해당 직무에 지원할 때 자소서 작성 팁이 있을까요?

A 현업에서 일을 배워 시작하는 경우도 많지만, 기본적으로 배터리 이해도가 높아 짧은 수련 기간 후 일을 시작할 수 있는 지원자를 선호하는 것 같습니다. 기본적인 배터리 평가 방법과 소재들의 특성, 제조 공법, 기초 전기화학 정도를 알고 있다거나 공부 중이라고 작성하는 것이 유리합니다. 전공이 전기화학이나 배터리라면 논문이나 학위 내용을 최대한 구체적으로 작성하는 것이 중요합니다. 만약 다른 부분의 강점이 있다면 이러한 강점을 활용해 배터리 산업에 어떻게 활용할 수 있을지 고민하여 적는 것도 좋은 전략으로 보입니다. 배터리와 전혀 관계없는 분야에서의 경험만 있다면 배터리 산업에 대한 관심과 흥미도를 어필하는 것이 좋아 보입니다. '관심과 흥미가 있다' 정도에 그치지 않고 관심과 흥미가 있어 어떤 공부를 했고 어떤 경험을 해 보았는지 구체적으로 적는 것이 중요하다고 생각합니다. 자소서는 최대한 구체적으로 작성하고 경험에 대한 예시가 있다면 논리적으로 적는 것이 필요합니다. 읽는 사람은 자소서를 통해 지원자의 정보를 최대한 많이 알고 싶어 하므로 가능한 많은 정보를 담는 것이 유리합니다. 팀에서 같이 일하고 싶고, 당장 당면한 문제를 해결할 수 있을 것 같은 사람을 보통 선발하게 됩니다.

Q12 해당 직무에 지원할 때 면접 팁이 있을까요? 면접에서 가장 기억에 남는 질문은 무엇이었나요?

A

인성 면접은 자소서를 기반으로 질문이 이루어집니다. 지원자가 회사에 입사했을 때 마찰 없이 팀원들과 협업할 수 있는지를 면접관이 확인하는 절차입니다. 팀이나 조직마다 선호하는 인재상은 조금씩 다르지만 공통적으로 공격적이거나 불만이 많고 부정적인 사람은 선호하지 않습니다. 되도록 부정적인 단어를 삼가야 합니다. 본인 성격에 단점이 있다고 생각하면 극복할 수 있는 방법을 제안하고, 최대한 본인은 발전적인 성향의 사람이라는 점을 어필하면 좋을 것 같습니다. 면접에 앞서 자신이 어떤 사람인지 이해하고 있고 자신을 투명하게 개방하고 소통할 준비가 되어 있다는 정도만 말하면 인성면접에서 큰 어려움은 없을 것 같습니다.

전공 면접에서는 배터리 셀을 전반적으로 이해하는 것이 중요합니다. 업계에서 배터리 성능을 정의하는 방법을 이해하고, 성능을 향상시키기 위해 어떤 연구들이 진행되어 왔는지 조사를 통해 이해하고 있으면 도움이 될 것 같습니다. 최근 들어 배터리 안정성의 문제가 언론을 통해 대두되고 있는데 이에 대한 지원자분의 생각을 정리해 두는것도 좋을 것 같습니다. 학술적인 내용이 아니더라도 조사를 통해 충분히 알 수 있으니 약간의 노력을 하면 도움이 될 것 같습니다.

면접에서 가장 기억에 남는 질문은 “우리 회사에 지원하는 특별한 이유가 있나요?”입니다. 질문의 답은 구체적으로 하는 것이 좋습니다. 대부분 완성차 업체에서는 배터리 회사에게 기술 주도권을 내어 주지 않기 위해 자체적으로 배터리 기술 개발을 하는 경우가 많습니다. 이와 같은 사례를 참고하여 준비하시면 좋을 것 같습니다.

앞에서 직무에 대한 많은 이야기를 해주셨는데, 머지않아 실제 업무를 수행하게 될 취업준비생들이 적어도 이 정도는 꼭 미리 알고 왔으면 좋겠다! 하는 용어나 지식을 몇 가지 소개해주시겠어요?

A

아래는 현업에서 매일 사용하는 용어로 쉽게 접할 수 있고 정확한 이해가 필요한 용어들입니다. 아래 용어뿐 아니라 해당 용어를 검색하며 연관된 용어들을 이해하는 노력이 필요합니다.

1. 배터리 전압(V)

배터리의 양극(+)과 음극(−)의 전위 차이를 의미합니다. 전압은 상대적인 차이를 의미한다는 걸 기억해야 합니다.

2. 배터리 전류(A)

배터리에서 공급할 수 있는 시간당 전하의 양을 의미합니다. 전류가 클수록 차량에서 사용해야 하는 퓨즈 용량이나 전선의 굵기가 굵어집니다. 높은 전류를 공급하기 위해서는 굵은 전선이 필요하므로 충전 시간을 줄이기 위해서는 전압을 높이는 게 유리합니다.

3. 배터리 출력(W)

전압과 전류의 곱으로 단위는 와트(Watt)를 사용합니다. 출력이 클수록 차량에 순식간에 공급할 수 있는 에너지의 양이 많습니다. 따라서 하이브리드 차량 같이 짧은 시간에 높은 에너지가 요구되는 경우 출력을 높게 설계하고 낮은 출력에 장거리 운행이 필요한 경우 낮은 출력, 고에너지로 설계하게 됩니다.

4. 용량(Wh)

출력과 시간의 곱셈입니다. 일정 시간 동안 배터리가 공급할 수 있는 출력의 총 에너지량입니다. 전기차의 경우 용량이 클수록 긴 주행거리를 가지고 있습니다.

5. 직렬 · 병렬 연결

배터리를 연결하는 방식에 따라 같은 에너지 안에서 전압을 증가시키거나 전류를 증가시킬 수 있습니다. 직렬로 배터리를 연결하는 경우 전압이 상승하지만 병렬로 연결하면 공급할 수 시간이 증가합니다. 예를 들어 직렬로 연결된 배터리에 전구를 연결하면 밝기는 증가하지만 전구를 켤 수 있는 시간은 배터리 한 개나 여러 개나 동일합니다. 만약 병렬로 연결한다면 밝기는 한 개나 여러 개나 동일하지만 사용 시간이 증가하게 됩니다.

6. SOC(State Of Charge)

배터리의 충전이 몇 % 되어 있는지 나타내는 용어입니다.

7. C-rate

한 시간에 충전을 마칠 수 있는 전류의 크기를 의미합니다. 예를 들어 1C-rate의 전류로 배터리를 충전하면 0%에서 100%까지 충전이 1시간 걸린다는 의미입니다. 마찬가지로 2C-rate 충전을 하면 30분 안에 충전이 완료됩니다. 0.5C-rate로 충전하면 충전에 2시간이 걸립니다.

8. 절연

자동차는 도전체이므로 고전압 배터리와 자동차 간 전기가 통하지 않게 절연이 필요합니다.

9. 파우치 셀

알루미늄 필름으로 제작된 마치 파우치 같이 생긴 셀로 국내 메이저 배터리 업체에서 주로 생산하는 형태입니다.

10. 원통형 셀

주변에서 흔히 볼 수 있는 AA, AAA 등의 배터리 형태를 의미하며 2차 전지도 원통형 셀이 존재합니다. 최근 다양한 자동차 메이커에서 전기차에 적용한 사례가 있고 에너지 밀도와 안정성 향상 연구를 진행 중입니다.

11. 각형 셀

직육면체 형태의 배터리를 말합니다.

12. 배터리 모듈

배터리 셀들이 직렬 병렬로 연결되어 있는 배터리 그룹 부품을 이야기합니다.

13. 배터리 시스템

배터리 모듈 + 냉각부품, 와이어, BMS 등을 포함한 전체 시스템을 말합니다.

14. BMS(Battery Management System)

배터리의 충 · 방전 상태를 모니터링하고 관리해주는 매니저 역할을 하는 부품입니다. 전압, 전류, 온도 등을 모니터링하는 동시에 타 제어기로 배터리 정보를 제공하여 차량의 다양한 상황에서 배터리를 보호하고 배터리의 최고 효과를 낼 수 있도록 설계됩니다.

Topic 4. 현업 미리보기

Q14 회사 분위기는 어떤가요? 다니고 계신 회사를 자랑해주세요!

A 제조업이지만 분위기는 자유로운 편입니다. 분위기는 팀마다 다른 편이지만 회사 지침은 자유를 기반으로 한 책임을 중요시합니다. 유연근무제가 가능해 일을 시작하는 시간과 종료하는 시간을 스스로 정할 수 있고 동료들도 친절합니다. 힘든 일이 있으면 발을 벗고 나서 도와주는 동료가 많고 프로젝트 담당자를 존중해주는 분위기입니다. 업무 성격상 같이 해야 하는 일이 많아 동료들과 끈끈한 편입니다. 야근은 없는 편이지만 원하는 연구원분들은 늦게까지 남아 야근을 합니다. 야근에 따른 수당도 주어집니다.

Q15 해당 직무를 수행하면서 생각했던 것과 달랐던 점이나 힘들었던 일이 있으신가요?

A 차량 개발 프로세스가 갖추어져 있지만 배터리와 연관된 부품과 사양이 너무나 다양하기 때문에 타 부품의 사양 변경 시, 변경 사양의 검토가 제때 제대로 이루어지지 않는 경우가 발생할 수 있습니다. 한 번은 주요 부품은 아니지만 특정 부품의 사양이 변경된 지 모르고 시스템 사양 개발을 진행했는데, 변경 사항을 양산 임박 때 알아차리고 서둘러 개발 방향을 변경한 적이 있습니다. 여러 부문이 다 같이 일하기 때문에 개발 계획과 실제 개발 사양의 차이가 발생하면 프로젝트 매니저에게 고지하고 유연하게 대처하는 자세가 필요합니다.

Q16 해당 직무에 지원하게 된다면 미리 알아두면 좋은 정보가 있을까요?

A 배터리 관련 기본 도서와 전기차 잡지 등을 정독하는 것을 추천합니다. 최근에는 배터리 소재와 제조 기술이 범용적으로 널리 알려져 있어 시중에 출판된 도서를 통해 전반적인 배터리 개발 방법을 쉽게 학습할 수 있습니다. 또 친환경 차량 매거진 등을 통해 산업 동향부터 기술 트렌드까지 손쉽게 학습할 수 있습니다. 셀 개발은 결국 자동차의 요구 사양에 맞춰 개발되므로 충전 속도, 주행거리, 차량 성능 등의 소비자 요구가 어떻게 변화하고 있는지 미리 파악하고 있다면 우위를 점할 수 있을 것 같습니다.

Q17 이제 막 취업한 신입 사원들이나 취업을 준비하고 있는 학생들이 오해하고 있는, 해당 직무의 숨겨진 이야기가 있을까요?

A 신입 사원들과 이야기를 나누다 보면 배터리 개발은 힘들고 지저분한 일이라는 편견을 가지고 있는 분들을 종종 만납니다. 하지만 배터리는 이물질과 수분에 매우 민감하기 때문에 철저하게 관리되고 있어 건강에 영향을 줄 만한 입자와의 접촉을 완벽하게 차단하고 있습니다. 또 조직문화가 경직되어 있다는 소문을 듣고 오는 분들도 있는데, 생각보다 배터리 개발 연구소는 자유롭고 개방적입니다. 배터리의 수명도 오해가 많은데, 실제 언론에서 이야기하는 수명보다 설계 수명은 오히려 더 길고 오래가도록 설계하고 있습니다.

Q18 해당 직무의 매력 Point 3가지는?

A 첫 번째, 도로에서 개발에 참여한 전기차를 발견하면 뿌듯하기도 하고 옛날 생각도 나는 등 복잡 미묘한 감정을 가질 수 있습니다. 주변 지인들에게 전기차 관련 다양한 차량 구매 문의를 받을 수 있습니다. 모르는 분야를 물어봐도 성실히 답해 주게 됩니다.

두 번째, 자동차 회사에서는 드문 커리어를 가질 수 있습니다. 자동차 회사는 일반적으로 부품을 개발할 때 협력사를 통해 개발한 제품을 구매하는 형식을 취하는데, 배터리 셀 개발의 경우 직접 개발을 하기 때문에 요소 기술에 대한 이해도가 높아집니다. 따라서 전문가로 성장하는데 도움이 됩니다.

세 번째, 이직이 쉽습니다. 국내 자동차 회사가 많지 않아 다른 분야는 이직이 어렵지만 셀 개발은 배터리 회사로의 이직이 쉽습니다. 따라서 연봉을 올리거나 근무지를 변경하는데 다른 직무보다 용이합니다.

Topic 5. 마지막 한마디

Q19 마지막으로 해당 직무를 준비하는 취업준비생에게 하고 싶은 말씀 있으시다면 말씀해주세요!

A 중요한 선택을 앞둔 취업 준비생 여러분! 취업을 하나 개인 사업을 하거나, 시험을 준비하나 어떤 선택에 관계없이 지금의 감정과 마음을 잊지 않고 지금처럼 앞으로도 도전하는 삶을 살았으면 합니다. 만약 취업을 선택했다면, 고민 없이 저희 직무에 지원하고 전문가가 되어 새로운 산업에서 새로운 세상을 여는 데 동참했으면 합니다. 일을 한다는 건 커다란 사명감과 열정을 가지고 시작해도 금방 지루함을 느낄 수 있고, 부당한 사건들이나 부정적인 생각 때문에 번아웃이 되거나 지칠 때도 있습니다. 조직으로 일하기 때문에 부품처럼 느껴질 수도 있고 재미가 없을 수도 있습니다. 그럼에도 힘들지만 조금씩 매일매일 발전해 나가면 게으르거나 나태한 나 자신도 어제보다는 나은 사람이 되어 있을 것이라는 믿음을 가지고 인생의 의미를 부여하며 살아갈 수 있을 것 같습니다. 취업을 하여 일하는 대부분의 사람들도 취업준비생들의 고민이나 생각과 크게 다르지 않습니다. 솔직하게 같은 고민을 가지고 현명하게 인생에 대한 고민을 나눈다면, 전공이나 능력과 관계없이 같이 일하며 팀으로 일할 수 있을 것 같습니다.

Chapter

03

연료전지 개발

저자 소개

김미래

수도권 K대 화학과 학사 졸업

대기업 H사 연료전지사업부 연구개발

Topic 1. 자기소개

Q1 간단하게 자기소개 부탁드릴게요!

A 안녕하세요, 김미래 책임 연구원입니다. 저는 수소전기차의 부품 연구개발 업무를 담당했습니다. 주요 업무로는 제품 설계, 개발, 평가 업무가 있습니다. 제품의 재질, 크기, 물성 등을 결정하는 설계 업무, 어떤 형태로 부품을 확보할지 결정하는 개발 업무, 부품의 품질이 좋은지 확인하는 평가 업무를 경험했습니다. 운이 좋게도 양산 업무 기회까지 일부 가질 수 있어 연구개발의 한 사이클을 경험했습니다.

저의 경험이 이 글을 읽는 분들께 도움이 될 수 있었으면 좋겠습니다.

Q2 다양한 이공계 산업 중 현재 재직 중이신 산업에 관심을 가지신 이유가 있으실까요?

A 이 산업에 관심을 가진 첫 번째 이유는 연봉 때문입니다. H사는 제가 입사할 당시 가장 핫한 회사였습니다. 노조 영향으로 유연한 근무 환경, 고액의 성과금 등으로 언론에 보도가 되었습니다. 자연스레 관심을 가질 수밖에 없었습니다.

친환경차 분야에 대한 관심은 그 이후였습니다. 환경문제가 심각해짐을 느끼면서, 기존 내연기관차보다는 효율 좋은 하이브리드 차, 배출가스 없는 전기차, 수소차 개발에 관심이 있었습니다. 학부 수업 중에서는 환경을 주제로 한 발표도 많았기에 입사를 하면 이 분야에서 일하고 싶다는 생각이 있었습니다.

이 산업에 관심을 가진 마지막 이유는 근무 환경이었습니다. 보통 연구실은 사무실보다 공간을 더 많이 필요로 하기 때문에 땅값이 비교적 저렴한 지방에 위치하는 경우가 많습니다. 경제적 여유가 있는 일부 대기업이나 공간을 적게 사용하는 IT 기업만이 수도권에 연구소를 갖고 있습니다. 자라온 연고지를 바꾸고 싶지 않아 수도권 연구소를 가진 기업에 관심을 갖게 되었습니다.

Q3 현재 재직 중이신 산업에서 많은 직무 중 해당 직무를 선택하신 이유는 무엇인가요?

A 저는 화학을 전공했습니다. 자동차 회사에서 화학 전공이 할 수 있는 분야는 많지 않았습니다. 저의 선택지는 재료 분석팀, 연료전지 개발팀, 특허팀 중 고르는 것이었습니다. 저는 미래 성장성에 연료전지 개발 업무가 끌렸고, 사실 근무지가 수도권이라는 점에서 더욱 마음이 기울었습니다. 마침 연료전지 개발팀에서 인력을 필요로 하여 최종 배정받았습니다. 배치 받던 날, 선배님이 수소전기차로 연구소까지 픽업해 주던 게 떠오릅니다. 소음 하나 없이 정숙해서 고급 차 느낌을 받았습니다. 이 차의 심장을 직접 만들 수 있다고 하니 굉장히 만족스러웠습니다.

Q4 취업 준비를 하셨을 때 회사를 고르는 기준이나 현재 재직 중이신 회사에 지원하게 된 계기가 있으실까요?

A 첫째는 연봉입니다. 회사의 존재 이유는 이윤 추구입니다. 개인의 취업 이유는 당연히 급여가 우선입니다. 입사 당시 가장 높은 연봉 수준을 자랑했기에 선택에 후회는 없었습니다.

둘째는 근무지입니다. 직주근접이라는 말이 있습니다. 직장과 주거가 가깝다는 뜻입니다. 이는 근무 만족도와 크게 영향을 미칩니다. 서울에 거주하는데 직장이 부산에 있으면 연봉이 아무리 높아도 유지할 수가 없습니다. 대기업 연구소의 경쟁률이 높은 이유는 직주근접과 연관이 있습니다. 대부분의 연구소는 지방에 있지만, 몇몇 대기업 연구소는 수도권에 있습니다. 경쟁률을 확인해 보면 수도권일수록 경쟁률이 치열하다는 것을 확인할 수 있습니다. 제가 지원한 부서는 수도권에 위치해서 출퇴근이 1시간이었습니다. 그래서 만족도가 아주 높았습니다.

셋째는 성장 가능성입니다. 친환경 기조가 계속되면서 이 산업은 팽창할 것이라고 확신했습니다. 이 일이 환경에 도움이 된다는 점이 더욱 만족스러웠습니다. 이 산업은 계속 발전하니 오래 다닐 수 있고, 향후 더 큰 기회를 얻을 수 있는 장점이 있습니다.

 **Topic 2. 직무 & 업무 소개**

Q5 전기차 개발과 수소차 개발에 있어 각 부서마다 하는 일이 많이 다른가요? 전기차 배터리 개발과 수소차 연료전지 개발 업무에서도 어떠한 차이점이 있는지 궁금합니다!

A 전기차와 수소차 개발 업무에 있어 큰 차이는 없습니다. 모든 업무의 큰 틀은 비슷합니다. 업무는 설계, 개발, 평가, 분석으로 나눌 수 있습니다. 어떤 부품을 설계할 것인지, 어떻게 만들 것인지, 재료는 어떻게 검증할 것인지, 제품은 어떻게 평가할 것인지, 어떤 분석을 통해 어떤 점을 개선해 나갈지를 찾는 업무입니다.

연구개발은 선행연구, 선행개발, 양산 순서로 진행됩니다. 전기차는 현재 활발히 양산되고 있는 제품이기 때문에 좀 더 양산 측면에 가까운 업무를 할 가능성이 높습니다. 사양이 정해진 제품을 더 생산성 있고 안전한 제품으로 만들어 낼 것인지 개발하는 업무가 주가 될 것으로 예상됩니다. 실제 제품을 직접 생산해 볼 수 있는 기회가 있는 장점이 있지만, 그와 비례하게 높은 책임감이 요구되기도 합니다.

반면에 수소차 개발의 경우는 아직 선행연구, 선행개발 측면에 더 가깝다고 볼 수 있습니다. 새로운 소재들을 개발하거나 신기술을 접목하는 연구를 하고자 한다면 수소차 개발 쪽에 관심을 가지는 것이 좋습니다. 운이 좋다면 직접 개발한 제품이 양산 과정까지 이어질 수 있는 경험을 할 수도 있습니다. 아직 양산을 하고 있는 기업이 몇 개 되지 않은 만큼 참고할 만한 기술이 많지 않아서 힘겨울 때도 있기는 합니다. 본인이 선행 연구가 적성에 맞는지 양산 업무가 적성에 맞는지 고민해 보고 결정하면 좋을 듯합니다.

전기차는 지금 시대의 혁신이라고 보시면 됩니다. 스마트폰과 같은 맥락입니다. 초기와 지금의 스마트폰을 비교하면 어떤가요? 아마 전기차도 이렇게 발전할 것이라고 생각합니다. 시스템은 더 간단해지고 견고해질 것입니다. 향후 10년은 전기차가 자동차 시장을 이끌 것이라고 믿어 의심치 않습니다.

수소전기차는 다음 세대의 먹거리라고 생각합니다. 남는 에너지를 수소로 저장하고 이를 동력으로 이용하는 수소전기차는 단연코 궁극의 친환경차입니다. 다만 재료가 비싸고 시스템이 복잡하다는 단점이 있습니다. 규모의 경제가 발생하면 발전 속도는 더욱 가속화될 것이며, 결국에는 저렴하고 안전하고 효율적인 수소전기차가 개발될 것입니다. 이는 전기차와 더불어 친환경 기술을 대표할 것이라고 생각합니다.

Q6 연료전지개발 부서 내에서 직무가 다양하게 나누어져 있는데 현재 재직 중이신 직무에 대해 좀 더 자세하게 설명 부탁 드리겠습니다!

A

- **차세대 양산화용 전해질막/촉매전극/MEA구조 설계 기술 개발**

저는 MEA를 개발하는 업무를 수행했습니다. MEA는 'Membrane Electrode Assembly'라고 합니다. 전해질막(Membrane)에 양극(Cathode)과 음극(Anode)이 붙어있는 형태를 말합니다. MEA와 가스확산층(GDL, Gas Diffusion Layer), 분리판(Bipolar plate)이 합쳐지면 연료전지 셀이라고 부릅니다. 저는 전해질막과 전극, 그리고 MEA를 개발하는 업무를 수행했습니다. 각자의 수행해야 할 업무는 아래와 같습니다.

전해질막은 연료전지 셀의 중심입니다. 전해질막은 3가지 역할을 합니다. 첫째, 전해질막 내부는 물과 수소이온만을 선택적으로 이동시킵니다. 둘째, 전기화학반응의 연료인 수소와 산소 가스가 전해질막을 통과하지 못하게 합니다. 셋째, 양극(Cathode)과 음극(Anode) 가운데에 위치하여 전기적으로 절연시킵니다.

> 음극(Anode) → 양극(Cathode)으로 이동

전해질막은 위 3가지 역할을 효율적으로 수행하도록 최적화하는 연구 및 개발을 합니다. 어떻게 하면 더 높은 성능과 내구성을 나타낼지 고민합니다. 목표한 결과가 이뤄지면 어떻게 더 싸게 만들 수 있을지 고민합니다. 최종적으로는 어떻게 소재를 제어해서 항상 같은 물성을 나타내게 할지를 고민합니다.

촉매전극은 반응이 일어나는 곳입니다. 음극(Anode)에서는 수소 가스가 수소이온과 전자로 나뉘어집니다. 수소이온은 이온 채널을 통해 양극(Cathode) 쪽으로 이동합니다. 전자는 회로를 통해 일을 하고 양극(Cathode) 쪽으로 이동합니다. 그리고 산소 가스와 반응하여 물로 바뀝니다. 이 반응을 더 빠르고 안정적으로 일어날 수 있게 하는 업무를 합니다. 구성요소가 많기 때문에 각각의 소재 연구, 그것을 포괄하여 전극으로 만드는 기술, 전해질막과 조합하여 최적의 MEA를 만드는 일들을 합니다.

MEA는 촉매전극, 전해질막을 접합한 제품입니다. 별도로 가스켓을 접합하여 최종 제품이 됩니다. MEA는 어떠한 공법을 통해 제조할지, 어떤 조건으로 제조할지, 생산성은 얼마나 될지, 수율을 어떻게 더 높일지에 관해 연구합니다. 주로 공정개발 업무를 수행하게 됩니다. 단순히 공정개발뿐만 아니라, 이 제품이 양품/불량인지 판단해야 하기 때문에 평가나 분석 기술 연구도 병행하게 됩니다. 실제로 셀을 만들어 평가해 보고 더 나은 제품을 만드는 아이디어를 고안하게 됩니다. MEA 부서는 선행 연구뿐만 아니라, 양산 업무와도 근접하여 다양한 업무 영역을 경험할 수 있다는 장점이 있습니다.

Q7

취업을 준비할 때 가장 먼저 접하게 되는 공식 정보는 채용공고입니다. 그런데 정작 채용공고가 간단하게 나와 있어서 궁금하거나 이해가 되지 않는 내용이 생기는 경우가 많은데, 현직자 입장에서 직접 같이 보면서 설명해주실 수 있으실까요?

A

채용공고 연료전지 시스템 개발

주요 업무

- **연료전지 셀/스택 및 슈퍼캡 설계**
  - 연료전지 스택 구조 및 구성 부품, 셀 구조 및 구성 부품(분리판, 기체확산층) 설계
  - 슈퍼캡 단전지/모듈/팩 개발
- **연료전지 시스템 및 운전장치 설계**
  - 수소전기차(승용/상용), 신사업분야 연료전지 시스템 사양 연구 및 패키징 설계
  - 연료전지 시스템 조립 및 활성화, CAE해석(열 유동 및 구조해석)
  - 연료전지 공기공급시스템, 열/물 관리시스템, 수소공급시스템 설계 및 관련 부품 개발
- **수소저장시스템 설계 및 액화 수소저장시스템 개발**
  - 수소저장시스템 및 부품(수소탱크, 고압 수소밸브) 설계, 검증 기술 개발, 수소 안전 설계
  - 액화 수소 및 액화 기체 저장 시스템, 극저온 기체 저장 요소 기술 개발
- **연료전지시스템 평가**
  - 연료전지 시스템 출력 성능, 효율, 내구 평가
  - 연료전지 시스템 모델링(HILS) 및 성능 예측 기술 개발, 시험계획법 수립/평가
- **수소전기차(승용/상용) 성능개발 및 시스템 검증**
  - 수소전기차 동력성능 및 실도로 운전성능 시험
  - 고온/저온/고지 환경 시동성, 운전성 평가 및 개발, 국내외 연비 인증 업무 등
  - 수소전기차(승용/상용) Fail-safe 검증 및 기능 안전 개발
- **차세대 양산화용 전해질막/촉매전극/MEA구조 설계 기술 개발**
  - PEMFC용 전해질막 및 이오노머 구조/물성 분석, 지지체 구조 및 제조공정
  - PEMFC용 저백금계 신촉매 합성 및 전극 구조 설계, 촉매용 비탄소계 지지체 합성
  - 막/전극 접합체 구조 설계 및 제조 공정 최적화, 고분자 박막 필름 제조/접합/접착공정 기술
- **청정 수소생산 기술 개발**
  - PEM 수전해용 금속 부식 억제 기술, PEM 수전해 폭굉방지 안전 설계 기술
  - 청정 수소 및 고품질탄소 제조를 위한 Methane 열분해 신촉매 · 공정 기술

지원 자격

- 학사/석사 학위를 취득하였거나, 21년 8월 졸업예정이신 분
  ※ 박사 학위 소지자는 경력직 채용에 지원하세요.
- 최종 합격 후, 회사가 지정하는 입사일에 입사 가능하신 분
- 해외 여행에 결격 사유가 없는 분 (남성의 경우 병역을 마쳤거나 면제되신 분)
- 19년 2월 23일 ~ 21년 2월 22일 내 취득한 다음의 영어 성적을 보유하고 있는 분
  : SPA, TOEIC SPEAKING, TEPS SPEAKING, OPIC(영어)
  : 청각장애인의 경우, 청각장애인을 위한 TEPS 성적 점수로 대체가 가능합니다.

※ 영어권 국가에서 학위를 취득한 경우, 영어 성적이 불필요합니다.

우대 사항

- 기계, 재료, 화학, 화공, 고분자, 전기전자 계열의 학위를 취득하신 분
- CATIA, CAD 등 설계 프로그램의 사용이 가능하신 분
- 다양한 분석 장비를 활용한 물성 분석이 가능하신 분

[그림 3-1] 현대자동차 연료전지개발 채용공고

1. 설계 업무

① **연료전지 셀/스택 및 슈퍼캡 설계**
② **연료전지 시스템 및 운전장치 설계**

설계 업무는 제품의 규격, 구조, 재질 등을 결정합니다. 기계, 재료, 화공 등의 공과대학 학생들이 많이 유리한 직군입니다. 구조와 규격은 CAD 같은 프로그램을 이용하기 때문에 3D 설계 프로그램 경험이 있으면 유리합니다. 이와 유사한 경험이 있다면 어필하면 좋을 것 같습니다.

최근에는 전산을 이용한 개발업무 비중이 높기 때문에 해석 프로그램, 머신러닝, MATLAB, 전산화학, 미니탭 등 다양한 툴 중에서 경험한 내용들을 어필해도 좋습니다.

2. 개발 업무

③ **수소저장시스템 설계 및 액화 수소저장시스템 개발**
④ **차세대 양산화용 전해질막/촉매전극/MEA구조 설계 기술 개발**
⑤ **청정 수소생산 기술 개발**

개발 업무는 목표한 제품을 만들어 내는 역할을 수행합니다. 기계, 재료, 화공, 고분자, 전기전자 계열의 이공계 학생들이 유리합니다. 설계 목표치를 달성하기 위해 적절한 소재를 발굴해야 하고, 그 소재를 이용해서 원하는 제품을 만들어야 합니다. 자체적으로 만들어 볼 수도 있고, 주변 협력업체를 찾아 의뢰하여 만들어 낼 수 있습니다.

제품이 잘 만들어졌는지 확인하기 위해서는 다양한 분석 방법 등을 익혀야 합니다. 그렇기 때문에 다양한 분석 장비를 활용한 물성 분석이 가능한 분을 우대합니다. 직접 측정이 어렵더라도 기본적인 원리를 알고 있어서 원하는 물성을 확인하기 위해서는 어떤 분석을 해야 하는지 아는 정도면 충분합니다. 분석은 직접 분석과 외부 분석을 병행할 수 있기 때문입니다.

연료전지는 전기화학을 기반으로 하고 있기 때문에 전기화학적 분석 경험이 있다면 가산점을 받을 수 있습니다. 최근에는 실험계획법, 머신러닝 등 전산을 통해 실험하는 툴을 경험한 이력을 높이 평가합니다. 효율적으로 실험을 설계하고 수행했던 경험을 작성하면 좋습니다.

3. 평가 및 검증 업무

⑥ **연료전지시스템 평가**
⑦ **수소전기차 성능개발 및 시스템 검증**

평가 및 검증 업무는 완성된 시스템 전체를 최종 인증하는 역할을 합니다. 각 부서에서 만든 제품들을 조합하여 최종품을 만들고, 이 제품이 최종 설계치에 만족하는지 검증합니다. MATLAB 기반의 프로그램을 경험해보신 분이나, 또는 통계 프로그램의 경험이 있으신 분들은 유리할 것으로 생각됩니다.

인증 업무 경우에는 실제 차량을 운전, 시험하며 국내외 인증까지 수행합니다. 연료전지뿐만 아니라 차량 개발에도 관심이 있는 분들은 이쪽 분야에 적성이 맞을 것으로 생각합니다.

Q8 회사에서 주로 하루를 어떻게 보내시나요?

A

출근 직전 (06:00~08:00)	오전 업무 (08:00~12:00)	점심 (12:00~13:00)	오후 업무 (13:00~17:00)
• 기상 및 출근 준비 • 아침 식사	• 일일 회의 • 오전 실험 • 보고서 작성	• 같은 부서 동료와 식사	• 유관부서 회의 참석 • 오후 실험 • 데이터 정리

대다수 대기업은 8시~17시 근무가 보편적입니다. 최근에는 자율 출퇴근제 시행으로 아침 10시~오후 3시까지 코어시간에는 필히 출근해야 합니다. 그 외 시간은 마음대로 조정하여 주 40시간만 채우면 됩니다.

저는 아침 6시에 기상합니다. 6시 30분까지 지정된 정류장을 가면 통근버스를 탈 수 있습니다. 그날의 컨디션에 따라 자차를 이용합니다. 통근버스를 타면 아침 7시 15분에 회사에 도착합니다. 아침 식사를 같이하는 동료와 함께 간단히 식사를 합니다. 아침 식사는 950원입니다. 간단하게 빵과 우유, 바나나 세트인 간편식을 고르거나, 밥과 반찬으로 이루어진 일반식을 고를 수 있습니다. 식사를 마치고 8시까지 자리에 앉아 하루를 준비합니다.

아침 8시가 되면 밀린 이메일을 확인합니다. 8시 10분이 되면, 파트원들이 모여 그날 해야 할 일을 간단히 공유합니다. 업무가 과중된 사람은 일을 분배하여 나눕니다. 주로 책임연구원이 일정에 여유 있는 연구원들과 일을 나누어 수행하곤 합니다. 책임급 이상 연구원들은 갑자기 생긴 지시사항들이 있으면 누구와 할지 정합니다. 업무 분장이 완료되면, 서로 그 일을 수행하러 뿔뿔이 흩어집니다.

오전에 실험을 시작하면 장비 세팅, 샘플 준비 등으로 아주 분주합니다. 한번 시작되면 지루함과의 싸움이 시작됩니다. 그래서 실험 준비가 완료되면 간단히 티타임을 갖습니다. 이 시간이 오전의 마지막 휴식 시간이 됩니다. 휴식이 끝나자마자 실험을 속히 시작합니다. 결과는 예측대로 나오는지 반복해서 같은 값을 나타내는지 확인합니다. 시간이 촉박하기 때문에 동시에 여러 개의 실험을 진행합니다. 연구소에는 다양한 분석/평가 장비들이 구비되어 있어서 여러 실험을 동시에 진행할 수 있습니다. 정신없이 오전을 보내고 나면 점심시간이 찾아옵니다.

점심은 주로 같은 파트원이나 친한 동료와 따로 먹습니다. 시간은 12시부터 1시까지입니다. 저는 밥을 천천히 먹는 편이라서 밥 먹고 커피 한 잔 마시면 끝납니다. 주변 동료들은 이 짧은 시간을 이용해서 게임을 하거나 산을 뛰거나 체력단련실을 가서 운동을 하고 샤워까지 하고 옵니다. 같은 1시간인데 활용하는 방법이 달라 신기합니다.

오후가 되면 오전에 끝내지 못한 실험들을 마무리합니다. 시간이 늦어지면 데이터들을 모아서 보고서를 작성합니다. 여러 데이터들을 수집해서 유의미한 의견을 도출해 내고 그것을 주간업무 회의 시간에 보고합니다. 매주 좋은 결과를 발표할 수는 없어서 실패한 내용들도 대략적으로 보고합니다.

데이터 정리가 늦어져서 야근을 하게 되면 다음 날이나 또는 급한 일이 있을 때 그 시간만큼 단축근무를 할 수 있습니다. 주 40시간만 맞추면 되니까요. 주로 금요일에 1~2시간 일찍 퇴근할 수 있어서 좋습니다.

Q9 연차가 쌓였을 때 연차별/직급별로 추후 어떤 일을 할 수 있나요?

A 사원/대리는 연구원 직급, 과장/차장/부장은 책임연구원 직급을 받게 됩니다.

사원급 연구원의 경우, 책임연구원의 지시사항을 직접 수행합니다. 대리급 연구원이나 과장급 책임연구원에게 일의 노하우를 전수받습니다. 재료를 분석하는 방법, 데이터 수집하는 방법, 보고서 작성하는 방법, 회사의 시스템 이해하는 것 등 전반적인 내용을 교육받습니다. 이 일을 반복하다 보면, 소재 분석은 기본으로 습득하게 됩니다.

대리급 연구원이 되면, 각자의 개발 아이템이 정해집니다. 가장 많은 업무를 빠르게 처리하는 직급이기 때문에 갑작스러운 지시사항이나 돌발 업무가 생기면 이 직급이 수행하는 경우가 많습니다. 사원급 연구원일 때 겪었던 다양한 변수들로 인해 빠르고 정확하게 일을 수행합니다. 각자의 아이템에 대해 실험 분석/평가까지 할 수 있으며, 제품의 성능이나 내구성 개선 아이디어를 제안하거나 완성해내기도 합니다.

과장급 책임연구원부터는 주로 유관 부서와의 회의가 많습니다. 제품 하나를 만들기 위해서는 여러 개의 소재가 필요로 합니다. 각 소재의 담당자가 모두 다르기 때문에 이들을 하나로 모아서 제품화하는 일을 하게 됩니다. 더 저렴하고 좋은 제품을 만들기 위해서 각 부서별로 매일같이 아이디어를 짜내면서 실험 계획을 설계합니다. 그리고 이를 연구원들과 수행해서 그 결과들을 정리해서 보고합니다.

차장/부장급 책임연구원부터는 의사결정을 하는 관리업무를 맡습니다. 간혹 직접 실무를 수행하는 책임연구원도 있습니다. 대부분 부서에서 나온 보고서를 확인하고 의사결정을 하게 됩니다. 부족한 점이 있으면 더 추가적인 데이터를 요청하여 결정을 늦추거나, 데이터가 충분하다면 빠른 의사결정으로 개발 속도를 가속화합니다.

Topic 3. 취업 준비 꿀팁

Q10 해당 직무를 수행하기 위해 필요한 인성 역량은 무엇이라고 생각하시나요?

A 대기업은 여러 사람이 모여 하나의 팀으로 일합니다. 본인의 성과가 아무리 좋아도 주변 사람들을 힘들게 한다면 팀원으로서 배제될 가능성이 높습니다. 팀을 이기는 개인은 없습니다. 한 예로, 제가 속한 팀은 학력이 아주 높았습니다. 심지어 학위과정 중에 이미 해당 업무 관련한 지식도 해박한 사람들이 많았습니다. 개인의 학업 성적은 실무에 도움이 되는 것은 분명합니다. 그리고 성실함을 대변하기도 합니다. 하지만 팀을 위해서는 팀워크가 가장 기본이 되어야 합니다.

한 신입사원의 예인데, 학벌은 모두 출중했습니다. 지원자 한 명은 실무적 경험이 있어서 프레젠테이션의 완성도가 아주 높았습니다. 경험이 많은 만큼 발언권을 쟁취하고 본인의 어필을 충분히 한 친구였습니다. 반면에 다른 지원자는 직접적인 실무 경험은 없지만, 본인이 아는 범위에서만큼은 분명하게 말하지만 조금은 신중한 태도를 보였습니다. 발언권도 본인에게 올 때만 그 기회를 활용하여 이야기를 했습니다. 어떻게 보면 소극적으로 보였을 수 있지만, 결과적으로 후자가 합격해서 의아했었습니다. 이후에 면접관에게 물어봤는데, 우리 팀원들과 잘 어울릴 것 같아서 선발했다고 했습니다.

큰 조직에서 가장 중요한 것은 팀워크라는 것을 기억하고 다른 동료와 좋은 관계를 이끌어 냈던 경험이 있다면 어필하면 좋을 것 같습니다. 리더는 개인뿐만 아니라 조직을 위하는 방향으로 선택할 수밖에 없습니다.

Q11 해당 직무를 수행하기 위해 필요한 전공 역량은 무엇이라고 생각하시나요?

A 수소전기차는 전기화학 반응을 기반으로 움직입니다. 전기화학 과목은 기계과, 화공과, 화학과, 전자과 등 이공계 학생이라면 필수로 들었으면 합니다. 전기화학은 연료전지, 배터리, 수전해, 태양광 등 최근 친환경 기술과 아주 밀접한 관련이 있으니 공부해서 손해를 볼 것은 없습니다. 이 과목을 이해하면 연료전지 소재 개발, 분석, 평가 업무에 큰 도움을 받을 수 있습니다.

더 원론적으로 들어가면, 열역학, 유체역학, 열전달, 촉매화학, 분석화학, 유기화학, 무기화학, 유기합성 등의 과목 등이 도움이 될 수 있습니다. 이 과목들은 연료전지 효율 개선, 소재 개발, 분석 업무에 큰 도움을 받을 수 있습니다.

최근에는 전산화학 분야의 수요가 많아지고 있으니 이 전공 역량을 확보하는 것도 엄청난 메리트가 있을 것으로 보입니다. 실험 효율 증가, 속도 개선 등의 이유로 프로그램 툴을 이용하는 회사들이 늘고 있습니다. 여러 프로그램을 다룬 경험을 강점으로 어필하면 좋을 것 같습니다.

Q12 해당 직무에 지원할 때 자소서 작성 팁이 있을까요?

A 먼저 학사와 석사 졸업생을 나눠야 할 것 같습니다.

학사 졸업생들은 어떤 업무라도 잘 적응할 수 있다는 것을 어필하는 것이 좋습니다. 실제로 입사한 후에 얼마간은 온갖 잡무를 수행할 가능성이 높습니다. 그 일들을 수행하면서 회사 시스템을 이해하고 이후 본인에게 프로젝트가 부여되었을 때 그 시스템을 이용하여 성공하면 됩니다. 분석 장비나 각종 프로그램을 경험할 수 있는 좋은 기회이니 이때 많이 배운다는 생각을 가지면 좋습니다. 주어진 역할에 긍정적인 면을 보이면 리더들이 선택할 가능성이 높습니다.

대학교 4학년 때 주로 발표 수업에서 팀장 업무를 했을 것입니다. 이때 팀원들을 이끌면서 힘든 부분이 있었을 겁니다. 리더가 이런 부분을 힘들어 하니, 막내로 입사하여 이런 힘든 부분들을 서포트해서 프로젝트를 좋은 방향으로 이끌겠다는 내용이 좋을 것 같습니다. 향후 리더가 되었을 때는 팀원들의 고충을 파악해서 좋은 조직을 만들고 싶다는 포부도 어필하면 좋습니다.

석사 졸업생들은 해당 직무와 직접적인 연관이 있었던 경험을 적는 것이 좋습니다. 실제 신입 사원 중에 현업과 아주 유사한 일을 수행한 경험이 있어 놀란 적이 있습니다. 별다른 교육 없이 바로 실무에 투입되었습니다. 기업 입장에서는 엄청난 이득이죠. 석사 논문이나 특허 또는 연구 경험을 어필하면 큰 도움이 될 것입니다. 또한 이 과정 중에 다뤄 봤던 장비들을 어떻게 현업에서 적용할 수 있는지 아이디어를 제시하면 더욱 좋을 듯합니다.

학사, 석사 졸업생 공통점으로는 목표 달성의 키워드를 꼭 기입했으면 좋겠습니다. 아이디어를 실현했던 경험은 본인의 역량을 어필할 수 있는 가장 좋은 키워드입니다. 만약 실패했더라도 아주 오랜 시간에 걸쳐 결국에는 목표를 달성했다면 이런 경험들은 꼭 넣었으면 합니다.

Q13 해당 직무에 지원할 때 면접 팁이 있을까요? 면접에서 가장 기억에 남는 질문은 무엇이었나요?

A 인성 면접은 경청의 자세, 웃는 자세, 신중한 자세를 보였습니다. 다른 팀원들과의 관계를 얼마나 조화롭게 이루어 내는지를 알아보는 시간입니다. 저는 질문을 자르지 않고 끝까지 듣는 태도를 보였습니다. 경청의 자세가 기본이기 때문입니다. 면접관의 질문이 당황스러우면 웃으면서 당황스럽다고 솔직하게 말했습니다. 그러면 의외로 더 당황하지 않은 모습처럼 보이는 모순이 있습니다. 나중에는 긴장이 풀렸는지 면접관과 장난까지 주고받았습니다. 생각해 보면 이런 밝은 분위기가 좋은 결과로 이루어진 경우가 많았습니다. 너무 심각하거나 진지해지는 것보다 딱딱하지 않고 유연하게 대처하는 모습이 합격의 키였다고 생각합니다.

전공 면접은 조금은 어이없더라도 자신의 아이디어를 당당하게 말했습니다. 자동차 시트에 관해 전혀 지식이 없었습니다. 아마도 면접 문제는 딱딱한 시트와 푹신한 시트 중 어떤 것을 선호하는지에 관해 물어봤던 것 같습니다. 준비했던 의견을 말하고 면접관이 혹시 다른 할 말이 있으면 해 보라고 기회를 주었습니다. 마침 제가 지난주 TV에서 머리카락이 한 방향으로만 미끄러지고 역방향은 껄끄러운 구조로 되어 있다는 것을 보았습니다. 그래서 시트의 가죽 구조를 머리카락 구조로 만들면 앞으로 미끄러지는 문제를 줄일 수 있을 것 같다고 제안했습니다. 아마도 면접 질문보다 이 아이디어를 제시했던 것이 더 높게 평가했던 것 같습니다. 틀리더라도 본인의 논리에 맞게 제시해보는 자세가 좋은 결과로 이루어지는 것 같습니다.

앞에서 직무에 대한 많은 이야기를 해주셨는데, 머지않아 실제 업무를 수행하게 될 취업준비생들이 적어도 이 정도는 꼭 미리 알고 왔으면 좋겠다! 하는 용어나 지식을 몇 가지 소개해 주시겠어요?

A

연료전지는 수소와 산소를 이용하여 물과 전기를 만드는 장치입니다. 연료전지 효율이나 내구성을 높이는 방법들에 대한 논문들이 많으니, 그 중 하나 이상을 정리해서 기억해 놓으면 좋을 것 같습니다.

아래는 기본적으로 연료전지 업무에서 쓰이는 용어들이니 한번쯤 읽고 자소서나 면접 때 사용하면 도움이 될 것 같습니다. 그리고 수소차의 부품 명칭에 대해서도 설명하겠습니다. 현업에서 보고서를 작성하거나 유관 부서/외부 업체와 협업할 때도 본 용어를 사용합니다. 그럼 논문에도 쓰일 정도로 범용적인 단어부터 소개하겠습니다.

다음은 수소차 개발하는 부품에 관한 명칭입니다. 가장 기본적인 부품의 명칭입니다. 큰 단위에서 작은 단위로 설명하겠습니다.

1. PMC(Power Module Complete)

스택과 BOP, 전력변환장치까지 포함한 부품입니다. 여기에 모터까지 포함하면 PFC(Powertrain Fuelcell Complete)라고 합니다.

2. Stack(스택)

MEA, GDL, 분리판으로 이루진 셀이 여러 장 적층된 제품입니다. 내연기관의 엔진과 같은 곳입니다.

3. BOP(Balance Of Plant)

연료공급시스템(FPS, Fuel processing system), 공기공급시스템(APS, Air Processing system), 열관리 시스템(TMS, Thermal management system)을 BOP라고 합니다.

아래는 더 작은 단위의 부품과 소재에 관한 용어들입니다.

1. MEA(Membrane Electrode Assembly, 막전극접합체)

연료전지 핵심부품으로 연료와 반응하여 물이 생성되는 부품입니다. 전해질막을 중심으로 양극과 음극이 접합된 형태입니다.

2. CCM(Catalyst Coated Membrane)

촉매가 전해질막에 접합된 MEA 형태입니다. 연료전지에서는 주로 CCM 방식의 MEA가 선호됩니다.

3. CCS(Catalyst Coated Substrate)

촉매가 GDL에 접합된 MEA 형태입니다. 연구기관이나 학교에서 학술적 연구 시 주로 CCS 방식의 MEA가 선호됩니다.

4. Ionomer(이오노머)

Ion+polymer 합성어로 이온전달이 가능한 고분자로 쓰입니다. 전해질막의 재료이며, 전극의 바인더로 쓰입니다.

5. GDL(Gas Diffusion Layer)

가스확산층으로 공기와 수소가 MEA로 확산을 용이하게 하는 부품입니다.

6. 분리판(BP, Bipolar Plate)

전자의 이동 통로이며, 공기와 수소를 MEA로 공급하고, 미반응된 공기와 수소, 생성된 물을 배출하는 역할을 합니다.

보고서나 회의를 할 때, 제한된 공간/시간에 많은 내용을 공유해야 하기 때문에 줄임말을 많이 사용합니다. 면접 시에 의외로 줄임말로 질문할 가능성이 있습니다. 대략적인 내용을 숙지하고 당황하지 않았으면 합니다.

Topic 4. 현업 미리보기

Q15 회사 분위기는 어떤가요? 다니고 계신 회사를 자랑해주세요!

A 코로나 상황에서도 회사는 최근 매출액 및 영업 이익의 성장을 보이고 있습니다. 반도체나 배터리 분야보다 성과 분배는 약한 편이라 직원들의 서운함은 있는 편입니다. 하지만 높은 수준의 복지와 연봉은 유지되고 있습니다. 자동차 회사에서 가장 큰 복지는 차량 할인입니다. 최근 신설된 첫차 할인 복지를 꼭 이용하는 것을 추천합니다.

업무적인 관점에서는 우리의 성과만큼 친환경에 기여한다는 점이 가장 큰 장점입니다. 다양한 재료와 연구 장비가 있기에 아이디어를 실제로 구현해낼 수 있다는 장점이 있습니다. 그만큼 다른 곳보다 빠른 성과를 만들 수 있습니다. 이점은 회사의 발전뿐만 아니라 개인의 발전에도 좋습니다. 또한 실제 연구원들이 직접 만든 부품이 실제 차량으로 만들어지는 경험을 하게 됩니다. 이는 어느 곳에서도 쉽게 갖지 못할 핵심 경험입니다.

Q16 해당 직무를 수행하면서 생각했던 것과 달랐던 점이나 힘들었던 일이 있으신가요?

A 연구개발의 최종 목적지는 양산입니다. 아무리 뛰어난 성능을 내는 제품을 개발했다고 해도 만드는 방법이 어려우면 양산화할 수 없습니다. 그래서 연구원들은 더 쉽게 만드는 방법들을 연구합니다. R&D에 오랜 근무 끝에 깨달은 것이 있다면, 단순한 것이 가장 좋다는 것입니다. 단순하게 만드는 것이 가장 어렵다는 것도 곧 깨달을 것이라고 생각합니다.

R&D의 힘든 점은 대부분의 현상이 트레이드오프(Trade-off) 관계에 있다는 점입니다. 한 예로, 성능을 높이기 위해 구현했던 아이디어들이 실제로는 목표를 달성했을지라도 내구성이 현저하게 낮춰지는 경우가 있었습니다. 모두를 만족하는 아이디어는 찾기가 힘듭니다. 그래서 최적점을 찾는 노력을 합니다. 이는 굉장한 노력과 인내가 필요로 하는 작업입니다. 이를 극복하면 좋은 제품을 개발할 수 있을 것입니다.

Q17 해당 직무에 지원하게 된다면 미리 알아두면 좋은 정보가 있을까요?

A

[그림 3-2] 현대모터그룹 홈페이지

첫째로, 이론적인 부분에서 도움을 받을 수 있는 자료입니다. 현대자동차에서 만든 수소전기차 설명 사이트입니다. 굉장히 쉽게 자료를 만들었습니다. 궁금한 내용은 위 사이트를 참고하여 하나씩 읽어보면 좋습니다. 최근 전략이나 성과들이 게시되므로 취업 준비할 때 알아두면 큰 도움을 받을 수 있습니다. 기본 지식을 넘어서 최근 전략과 성과까지 알고 있다면 면접자에게 우리 회사에 관심이 얼마나 있는지 판단할 근거가 될 수 있습니다.

둘째로, 취업을 준비하면서 도움받을 수 있는 팁입니다. 학사 출신의 장점은 업무 유연성, 높은 인내심 등이 있습니다. 어떠한 일이라도 기초부터 쌓아 전문가로 성장하겠다는 포부를 어필하는 것이 좋습니다. 일을 가리지 않는다는 것은 엄청난 장점입니다. 중요도가 낮은 업무를 맡을지라도 그 업무에서도 목표를 달성하겠다는 의지를 보여주면 좋습니다. 이후에는 가장 중요한 일을 맡기고 싶은 팀원으로 성장할 거라는 점도 덧붙이면 더욱 좋습니다. 연구개발의 핵심은 인내심입니다. 처음 입사하게 되면 방대한 양의 단순 업무가 기다리고 있습니다. 대기업이다보니 학교에서 실험한 스케일과는 차원이 다릅니다. 샘플 준비부터 테스트까지 샘플의 크기와 개수가 수십 배, 수백 배 차이가 납니다. 한 예로, 저는 8개월간 2만 장이 넘는 샘플을 직접 만든 적도 있습니다. 인내의 시간이 지나고 나면 현업 지식이 저절로 생깁니다. 지루함에서도 견디는 끈질김을 어필하면 좋습니다.

Q18 이제 막 취업한 신입 사원들이나 취업을 준비하고 있는 학생들이 많이 궁금해하는 질문들을 뽑아왔습니다! 현직자로서 직접 답변 부탁드려요!

A

[질문 1] 연료전지개발 직무에서 학사/석사/박사가 차지하는 비율이 각각 어느 정도인가요?

▸ 학사는 약 10%, 석사는 약 50%, 박사는 약 40% 정도 됩니다.

[질문 2] 학사생이 신입으로 들어가기 어려울까요?

▸ 최근 공개채용이 없어지면서 많이 어려워진 것은 사실입니다. 하지만 밑져야 본전입니다. 자신감 있게 지원해 보는 것을 추천합니다.

[질문 3] 석사생은 대학원에서 연구한 내용을 어떻게 어필하면 좋을까요?

▸ 석사 논문을 준비하면서 사용했던 분석 장비 경험을 강조하고, 현업에서 어떻게 응용해서 사용할지 아이디어를 제시하면 좋을 것 같습니다.

[질문 4] 아무래도 화공/화학과가 대부분일 것 같은데 그 외 다른 과는 확실히 많이 뽑지 않나요? 다른 과라면 어떤 직무에 지원하거나 어떤 것을 어필하면 좋을까요?

▸ 화학/화공이 대략 80%, 기계과가 10%, 전자과가 10% 정도 수준으로 판단됩니다. 기계과의 경우 시뮬레이션 프로그램, 장비/공정 설계 경험 등을 어필할 수 있습니다. 전기화학 과목을 수강했다면 이 점도 강조하는 것이 좋습니다. 전자과 역시 위와 동일합니다. 설계/개발/평가 업무 모두 해당합니다.

[질문 5] 연료전지개발 직무에 대한 앞으로의 전망에 대해 어떻게 생각하시는지 궁금합니다!

▸ 세계 이상기후 현상이 증가되면서 친환경 기조가 계속될 것으로 보입니다. 연료전지 시장의 성장은 계속될 것으로 보입니다.

Q19 해당 직무의 매력 Point 3가지는?

A

1. 재료와 실험 장비, 분석 장비들이 풍부합니다. 아이디어를 실제로 구현해볼 수 있다는 점이 아주 큰 매력입니다. 다양한 실험 설계, 제조, 평가까지 수행하면서 제품 개발의 전반적인 것을 경험할 수 있다는 장점이 있습니다.
2. 연구개발을 넘어 양산 업무까지 경험할 수 있습니다. 연구한 제품이 실제 제품화되는 것을 보면 형용할 수 없는 뿌듯함이 있습니다. 회사를 다니면서 월급 받는 것 외에 또 하나의 기쁨이라 할 수 있습니다.
3. 연료전지 시장은 국내뿐만 아니라 해외까지 글로벌하게 형성되어 있습니다. 국내외 출장을 경험할 수 있는 장점이 있습니다. 차량개발 직무는 아주 더운 사막이나 아주 추운 지역에서 차량을 운전하는 이색적인 출장도 있습니다. 또한 학회나 전시회 같은 것이 많아서 연구원들에게 참석 기회가 자주 주어진다는 것이 이 직무의 매력 포인트라 할 수 있습니다.

Topic 5. 마지막 한마디

Q20 마지막으로 해당 직무를 준비하는 취업준비생에게 하고 싶은 말씀 있으시다면 말씀해주세요!

A

최근 수소시장이 확장되면서 많은 취업 준비생들께서 친환경 분야에 관심이 많아진 것 같습니다. 배터리, 연료전지, 수전해, 태양광 발전 등을 연구하는 전기화학회에 다녀온 동료들도 규모가 날로 커지는 것을 체감한다고 합니다. 이 일은 돈을 버는 것뿐만 아니라 환경을 살린다는 점에서 이 분야에서 일을 시작하고자 하시는 분들께 존경의 말씀을 전하고 싶습니다.

지금까지 소중히 경험한 것 중 회사의 인재상과 부합한 내용을 자소서에 잘 녹여서 꼭 필요한 인재라는 것을 어필했으면 합니다. 면접에서는 자소서에 적은 스토리를 기반으로 명확히 의사전달 한다면 좋은 평가를 받을 거라고 생각합니다.

한 가지 당부드릴 점은 평소에 상대방을 존중하는 자세는 항상 유지해야 한다는 점입니다. 회사는 타인과 잘 어울릴 수 있는 사람을 채용해야 하기 때문입니다. 면접을 끝으로 생각하지 말고 입사해서도 그 모습은 늘 유지하기를 바랍니다.

그럼 모두 좋은 결과 있기를 기원합니다.

Chapter

04

생산 기술

저자 소개

기계공학 학사 졸업

국내 대기업 자동차 K사 생산기술

Topic 1. 자기소개

Q1 간단하게 자기소개 부탁드릴게요!

A 안녕하세요! 저는 기계공학을 전공한 후 현재 국내 완성차 회사에서 선행생산기술 직무로 근무 중인 김하늘이라고 합니다. 차량개발 프로세스의 초기 단계에 투입되어 차량의 도면을 검토하고, 파일롯트 차량을 직접 제작하는 과정을 통해 조립/품질 관련 문제점들을 사전에 해결하여 3D 도면 상의 자동차가 공장에서 잘 생산될 수 있도록 책임지는 일을 하고 있습니다.

Q2 다양한 이공계 산업과 직무 중 현재 재직 중이신 산업과 직무에 관심을 가지신 이유가 있으실까요?

A 기계공학을 전공하면서 처음부터 자동차에 관심을 가졌던 것은 아닙니다. 1학년을 마치고 군대에서 차량정비병으로 근무하며 직접 엔진을 정비하고 공구를 다루면서 점점 자동차라는 분야에 관심이 갔습니다. 그래서 복학 후엔 본격적으로 자동차 관련 수업을 찾아 듣기 시작했고 그런 관심을 가지고 자동차의 본 고장인 독일로 교환학생을 가게 되었습니다. 가서 직접 자동차를 운전/평가해 보는 수업, 차량 진동학/유체역학 등 관련 전공 수업도 들을 수 있었고 시간이 날 땐 BMW, 메르세데스-벤츠 같은 세계적인 자동차 회사에 직접 방문해 보기도 했습니다. 그러면서 점점 자동차라는 분야에 빠져들게 됐던 것 같습니다.

교환학생을 마치고 돌아와 취업 준비를 하던 중 Netflix 시리즈 'F1: 본능의 질주'에 빠지게 되었는데, F1 팀의 드라이버, 인스트럭터, 연구개발자 등 팀 내 다양한 역할들 중에 저는 직접 차를 제작하는 엔지니어들이 가장 멋있게 느껴졌습니다. 군대에서 직접 공구를 들고 기름때를 묻히며 차를 정비했던 경험들 역시 재미있었기에 제 손으로 직접 차를 제작해 볼 수 있으면서 동시에 신차 개발에 직접 참여할 수 있는 선행생산 기술 직무에 매력을 느껴 지원하게 되었습니다.

Q3 취업 준비를 하셨을 때 회사를 고르는 기준이나 현재 재직 중이신 회사에 지원하게 된 계기가 있으실까요?

A 회사를 선택할 때 가장 중요했던 기준은 '회사가 끊임없이 도전하는가'였습니다. 평소 다양한 활동에 도전하는 제 성격과도 잘 맞고 그런 도전 정신이 없으면 회사가 도태될 거라고 생각했습니다. 독일 교환학생 시절, 자율주행/전기차 등 각종 신기술을 가진 자동차를 직접 운전해보는 수업이 있었는데 거의 매주 빠지지 않고 등장했던 회사가 있었으니 바로 K사였습니다. 전기차/하이브리드뿐 아니라 ADAS, 자동주차 등 각종 신기술을 가진 차로 늘 소개되어 많은 외국인 친구들에게 한국 차라고 자랑했던 기억이 있는데 이때 '이 회사라면 빠르게 변하는 자동차 시장에서 살아남을 수 있겠다!'라고 확신했던 것 같습니다.

Topic 2. 직무 & 업무 소개

Q4 생산/품질 관련 직무가 다양하게 나누어져 있는데 어떤 직무들이 있는지 소개와 함께 현재 재직 중이신 생산 직무에 대해 좀 더 자세하게 설명 부탁드리겠습니다!

A 자동차 생산 공장은 크게 4개의 공장으로 나뉩니다. 자동차의 뼈대가 되는 판넬을 찍어내는 프레스공장, 각 판넬을 용접하여 차의 형태를 만드는 차체공장, 그렇게 찍어낸 차에 색을 입히는 도장공장, 마지막으로 차체에 내장/외장/샤시 등의 부품을 장착하는 의장(조립)공장. 이렇게 총 4개의 공장을 효율적으로 운영하기 위해 공장 내 많은 팀들이 구성이 되어 있습니다. 공장 내에는 크게 제조부서, 생산관리, 보전, 생산기술 등의 팀들이 있습니다.

우선 '제조부서'는 컨베이어 형식으로 이루어진 제조 공정의 순서나 작업 방식을 관리하고, 각 공정에 배치된 인적 자원을 관리하는 팀입니다. 맨아워(M/H)를 고려하여 공정을 적절하게 편성함으로써 차를 적기에 양산할 수 있도록 책임지는 팀입니다.

'생산관리' 팀은 말 그대로 생산 계획 및 진도를 관리하는 팀입니다. 회사 내/외부 상황들을 고려하여 연구개발/판매/상품 등의 팀들과 협업하여 다양한 변수에 대응할 수 있는 유연한 생산 계획을 수립하는 팀이죠. 차를 얼마나 생산할지, 그 계획에 따라 적절한 부품 공급을 어떻게 할지 등 전반적인 생산 관련 계획을 세우는 팀입니다.

'생산기술' 팀은 차를 생산할 수 있는 환경을 준비하는 팀입니다. 4M(Man, Machine, Material, Method)을 관리한다고 하는데 몇 명의 사람을 투입하고, 적절한 설비를 설치하고, 어떤 부품을 어떤 방식으로 조립할지에 대한 계획을 세움으로써 신차 개발을 준비하는 팀입니다. 설비/공법/작업자에 대한 계획을 바탕으로 차 구조/성능을 파악하고 양산 준비를 해내는 팀입니다.

'설비관리'팀은 공장 내의 설비 유지/보수를 담당하는 팀입니다. 요즘 자동차 공장은 점점 스마트팩토리화 되면서 다양한 설비들이 설치가 되어 있습니다. 적절한 유지보수가 없으면 양산에 차질이 생길 수 있기 때문에 설비의 수명과 안정성을 고려하여 설비의 유지보수를 담당하는 팀입니다.

양산을 담당하는 많은 팀들이 있지만, 점점 신차 개발 주기가 짧아지고 차종이 다양해지면서 차량 개발 초기 단계에 양산성/조립성을 검토해 줄 팀이 필요하게 됩니다. 그 역할을 하는 팀이 선행생산기술 팀으로서 차량 개발 초기 단계에 투입되어 차량 도면을 바탕으로 생산성, 조립성을 검토합니다. 이때 CATIA를 통해 차의 구조를 파악하기도 하고 직접 차량을 제작해 봄으로써 구조의 적합성을 판단하기도 합니다. 요즘은 VR/AR 기술을 활용해 직접 차를 만들지 않고도 차를 제작해 보고 성능 테스트까지 할 수 있도록 다양한 신기술을 투입해 보고 있습니다.

Q5 취업을 준비할 때 가장 먼저 접하게 되는 공식 정보는 채용공고입니다. 그런데 정작 채용공고가 간단하게 나와 있어서 궁금하거나 이해가 되지 않는 내용이 생기는 경우가 많은데, 현직자 입장에서 직접 같이 보면서 설명해주실 수 있으실까요?

A

채용공고 생산기술

주요 업무	자격 요건
신차 생산 준비 • 구조검토/공법/생산설비 검토, 신차 품질/가동률 저해요인 선행 검증, 작업공수/표준인원 검토 **신 공장건설/양산공장 개선** • 신공장 건설 및 기존공장, 합리화(개선)위한 상세 검토/추진 - 공장건설 투자비 산출, 공장 레이아웃, 공정수, 표준인원 및 공장 운영관리 프로세스 수립 등 **신기술/신공법/스마트팩토리** • 신기술/신공법 및 빅데이터/AI 활용기술 개발/적용 • 스마트팩토리 구축/확대 적용 **품질 생산성 향상 활동** • 양산공장 가동률 저해요인 검토/분석 및 개선 활동 • 고객중심 품질 개선 및 생산성/수익성 개선 활동	• 이공 계열에서 학사/석사 학위를 취득한 22년 2월 졸업예정자 또는 기졸업자 • 최종합격 후, 회사가 지정하는 날짜에 입사 가능하신 분 • 공인영어회화 성적 보유하신 분 (공고 마감일 기준 유효한 성적) : TOEIC Speaking, OPIC(영어), TEPS Speaking, SPA 中 1개 이상 **우대 사항** • 기계공학계열(기계, 자동차, 항공)/화학공학/전기전자공학/컴퓨터공학/산업공학을 전공하신 분 • 창의적인 문제해결능력/기획능력/추진 및 실행능력/위기대응능력/협업 및 소통 능력을 갖추신 분 • 프로젝트 PM 수행, 공장자동화, 스마트팩토리, PLC설계/운용, 빅데이터/AI 관련 경험을 보유하신 분

[그림 4-1] 현대자동차 생산기술 완성차부문 채용공고

생산기술 공고를 보면 담당 업무가 크게 4가지로 설명되어 있는 걸 확인할 수 있습니다.

첫째, **신차 생산 준비**. 신차의 디자인과 도면이 나오면 이를 바탕으로 생산에 용이한 구조인지, 해당 구조를 양산하기 위해 어떤 공법(작업순서, 방식 등)을 선택해야 할지, 또 사람이 하기 힘든 작업에 대해선 어떤 설비를 설치해야 하는지 고민함으로써 신차 생산 준비를 하게 됩니다. 이를 통해 신차를 생산하는데 필요한 인력 수라든지 작업 시간 등을 산출하게 됩니다.

둘째, **설비**, 공법, 인원, 차량의 구조 등 4M을 관리하는 직무인 만큼 국내외 신공장을 지을 때 꼭 필요한 직무가 생산기술 직무입니다. 공장에 설비를 어떻게 배치하고 작업 순서를 어떻게 정할지 큰 그림을 그립니다. 또한 전기차, PBV 등 미래 차 투입을 위해 기존 공장 개선 공사에도 적극적으로 참여합니다.

셋째, **신기술/신공법 도입.** 기존에 인력 중심의 생산 공장이 이제는 로봇/AI 등과 결합해 똑똑한 공장으로 진화하고 있습니다. 생산기술 담당자들은 공장에 신기술/신공법을 도입하기 위해 타사의 공법을 조사하기도 하고, 스마트팩토리 등 박람회에 참여하여 세계 스마트팩토리 트렌드를 익히게 됩니다. 로봇, AI 등의 기술을 도입함으로써 위험한 작업을 더 안전하게, 품질적으로도 더 우수한 자동차를 안정적으로 생산할 수 있게 됩니다.

마지막으로, 생산기술 직무는 양산이 시작되었다고 끝나는 것은 아닙니다. 양산에 들어간 신차에 대해서도 꾸준한 모니터링을 통해 양산 저해 요소, 품질 육성을 위해 라인을 관찰합니다. 또한 소비자들 반응을 바탕으로 클레임이 발생한 부분들에 대해 품질을 육성하기 위한 노력까지 이어집니다.

위와 같은 직무들을 수행하는 과정에서 설비의 거동이나 차량 구조에 대한 이해가 필요합니다. 그래서 많은 생산기술직무 담당자들이 공학(기계,전기,산업)을 전공하였습니다. 해외 신공장을 건설하거나 해외 공장에 신차를 투입할 경우 현지 작업자들과의 소통은 필수이기 때문에 영어로 의사소통할 수 있는 능력을 면접에서 확인하기도 합니다.

앞서 말씀드린 것처럼 점점 더 다양한 자동차(전기차, PBV)를 투입하면서 공장에서도 더 많은 기술들이 필요하게 되는 추세입니다. AI나 기본적인 프로그램, 혹은 설비를 제어할 수 있는 PLC 역량들이 점점 필요하게 되어 많은 현직자들이 사내 외에서 관련 공부를 하고 있습니다. 그렇기 때문에 혹시 관련 지식이나 경험이 있다면 면접/자소서에서 큰 강점이 될 것 같습니다.

마지막으로 생산기술 직무 특성상, 공장 내의 생산/보전/생산관리뿐 아니라 연구소의 설계, 디자인 팀과 차량 컨셉 개발 단계부터 양산 이후까지 끊임없이 협업하고 소통해야 합니다. 그렇기 때문에 꾸준하게 책임감을 가지고 일한 경험, 다른 분야의 사람들과 협업한 경험들이 있다면 해당 경험들을 입사 후에 어떤 강점으로 발휘할 수 있을지 고민해 보면 좋을 것 같습니다.

Q6 회사에서 주로 하루를 어떻게 보내시나요?

A

출근 직전 (07:30~08:00)	오전 업무 (08:00~12:00)	점심 (12:00~13:00)	오후 업무 (13:00~17:00)
• 메일 확인 • 당일 회의/미팅 등 일정 확인	• 파일롯트 차량 제작 및 조립 문제점 발췌 • 3D 프로그램 통한 도면 구조 검토 • VR 활용 차량 구조 검토	• 점심 식사	• 조립 문제점 해결 위한 설계/디자인/생산 부서 협의

사무실에 업무 시간보다 10분~30분 일찍 도착하려고 합니다. 미리 그날 해야 할 일이나 유관 부서와의 미팅 일정 등을 확인하고 회의실을 예약한다든가 참석자 명단을 미리 확인합니다. 차종 개발 일정에 따라 업무가 달라지는 선행생산기술 팀의 업무에 대해 간략하게 설명하겠습니다. 오전에는 연구소 내 파일롯트 라인에서 직접 차를 제작하며 조립성/양산성을 검토합니다. 이 과정에서 품질 이슈나 조립성이 좋지 않은 부분들을 체크하고 리스트를 작성합니다. 같은 과정을 3D 프로그램을 활용하기도 합니다. 요즘은 VR 장비를 활용해 실제 차를 제작하지 않고, 가상환경을 통해 차량 구조를 검토하기도 합니다.

오후엔 오전에 확인한 차량 구조 문제들을 취합하여 설계/디자인 등 유관 부서와 협의를 통해 차량 구조를 최적화하게 됩니다. 효율적인 양산을 위해 차의 구조를 변경하는 경우도 있지만, 꼭 들어가야 하는 옵션이나 차의 성능을 위해 변경이 힘든 구조는 공장에서 감수해야 하기도 하는데 이런 협의 과정을 이끌어 내는 팀이 선행생산기술 팀입니다.

Q7 연차가 쌓였을 때 연차별/직급별로 추후 어떤 일을 할 수 있나요?

A 선행생산기술 직무 신입 사원의 경우, 자동차 양산 과정 및 환경을 경험하기 위해 공장에서 1년 내외의 파견 수행하게 될 것입니다. 저 역시 1년간 공장 소속 차량생기팀에서 1년간 신차 공법 준비, 설비 준비 업무를 수행했습니다. 이후 선행생기팀으로 복귀하여 기본적인 차량 구조나 CATIA와 같은 3D 프로그램 활용 방법을 배우게 될 것입니다. 저연차 때는 신차 개발 업무를 수행하며 차량 구조에 익숙해지고, 양산성 향상을 위해 어떤 부분을 개선할지에 대한 노하우를 쌓게 될 겁니다. 그런 경험을 통해 책임급의 연차가 되었을 땐 해외 공장으로 주재원의 기회도 주어질 것이고 AI/스마트팩토리 등 신기술 트렌드에 대한 공부를 꾸준히 한다면, 팀 내 신기술 전문가로서 각종 박람회나 행사에 참여하기도 하고 신기술 전파 교육을 담당하기도 합니다.

Topic 3. 취업 준비 꿀팁

Q8 생산과 품질 직무를 수행하기 위해 필요한 인성 역량은 무엇이라고 생각하시나요?

A 생산관련 직무를 수행하기 위해 필요한 인성적 역량은 책임감과 협업 능력이라고 할 수 있어요. 뻔한 말 같지만 고객과의 약속으로 정해진 날짜에 신차를 문제없이 생산해내기 위해선 앞서 말씀드린 바와 같이 정말 많은 준비가 필요합니다. 이 과정에서 공장 내에서 준비해야 할 부분들, 연구소와 협업하며 풀어내야 할 부분들이 생각보다 어려운 경우가 많습니다. 이때 '고객들에게 좋은 차를 전달하겠다'라는 사명감/책임감을 가지는 것이 중요합니다. 이 과정에서 PM/설계/공장 내 타 부서와 끊임없이 소통하고 협력해야 하기 때문에 협업 능력, 정말 중요합니다.

Q9 생산과 품질 직무를 수행하기 위해 필요한 전공 역량은 무엇이라고 생각하시나요?

A 차를 생산하기 위해 차의 구조를 분석하고, 그에 필요한 설비를 준비하다 보면 대학교 때 공부한 기계공학이 도움이 될 때가 있습니다. 공학을 공부한 사람이 가질 수 있는 감각적인 부분들이 있기 때문에 재료역학, 유체역학 등의 지식이 있으면 좋고, 혹 타 전공을 공부하셨다면 기사시험 등을 통해 필요한 부분을 만회할 수 있을 거라 생각합니다. 또한 차의 구조를 파악하는데 자주 쓰이는 3D 프로그램 관련 스킬, 해외 공장 건설이나 해외 작업자와의 소통을 위한 영어 소통 능력, 다양한 설비 제어에 필요한 PLC 관련 지식들이 도움이 될 듯합니다.

Q10 위에서 말씀해주신 인성/전공 역량 외에, 해당 직무 취업을 준비할 때 남들과는 다르게 준비하셨던 특별한 역량이 있으실까요?

A 평소에 자동차 산업에 관심이 많아서였을까요? 차량 관련 트렌드에 대해 많이 알고 있었고 그 부분이 면접에서도 많은 도움이 되었습니다. 예를 들면 전기차 구조의 특징과 기존 내연기관과의 차이에서 발생하는 생산 측면에서 필요한 변화에 대해 고민했던 부분들을 면접에서 말씀드렸더니 좋아하셨습니다. 그리고 군대에서 직접 차량을 정비했던 경험에 대해 면접 때 많이 여쭤보셨는데, 지금 생각해보니 실제로 신차 개발을 하다 보면 직접 차를 제작해 보는 경우도 있고 설비를 다루는 경우가 많기 때문이었던 것 같습니다. 제가 면접관이라면 기계설비와 친숙하고 공구를 잘 다룰 수 있는 지원자에게 가산점을 줄 것 같습니다.

 생산과 품질 직무에 지원할 때 자소서 작성 팁이 있을까요?

A 현재 회사에 취업하기 위해 제가 가장 많은 준비를 했던 부분은 지원동기('내가 왜 자동차 회사에 다니고 싶은지', '많은 자동차 회사 중에 왜 이 회사인지')였습니다. 비슷한 직무 지원자들과 스터디를 하면서 느꼈던 부분은 많은 지원자들이 정말 우수한 스펙을 가지고 있고, 그 스펙을 어필하다 보니 본인이 왜 그 일을 하고 싶은지, 또 그 분야에 얼마나 열정을 가지고 있는지에 대해 자기소개서나 면접에서 놓치는 경우가 많았습니다. 다들 비슷한 역량을 가지고 있다면 혹은 조금 부족한 스펙을 가지고 있다고 하더라도, 내가 왜 이 분야에 지원했고 이 분야에서 일을 하기 위해 관심을 가져왔다는 걸 스토리로 어필하는 것이 더 진정성 있어 보일 거라고 생각합니다. 즉 스펙이나 역량을 강조하는 것에 매몰되어서 본인의 스토리를 놓치지 않았으면 좋겠습니다.

많은 분들이 자소서/면접을 준비하면서 "저는 직무 관련 경험이 없는데 어떡하죠?", 혹은 "산업 관련 경험이 없는데 합격할 수 있을까요?"라는 걱정을 많이 합니다. 저도 사실 대학생 때, 자동차 회사에 다니고 있을 줄 몰랐습니다. 혹시 이런 걱정을 하는 지원자분들은 다른 경험을 통해 얻은 역량을 어떻게 이 회사에서 펼칠 수 있을지 고민해 보면 조금 더 쉽게 이야기를 풀 수 있을 것 같습니다. 생산 직무라고 꼭 생산 관련 경험이 있어야 하는 건 아닙니다. 예를 들어, 교양 수업 팀 프로젝트를 하며 갈등을 해결했던 경험을 바탕으로 생산 직무에서 품질/연구소/본사 등의 팀들과 어떻게 갈등을 해결해 나가겠다고 설명할 수도 있을 것이고, 전공자가 아니지만 자동차에 대한 이해를 위해 자동차 잡지/유튜브 등을 구독하며 자동차 트렌드에 관심 가져왔고 다른 전공을 가졌기 때문에 타 팀의 소통에 조금 더 넓은 시야를 가지고 소통할 수 있다고 어필할 수도 있을 것 같습니다.

시간적 여유가 있다면 정말 관련 직무 경험을 쌓고 필요한 역량을 기르면 좋겠지만, 그럴 수 없다면 지금까지 내가 해 왔던 경험과 거기서 배운 점들을 입사 후 어떻게 활용할 수 있을지 정리한다면 조금 더 쉽게 자기만의 스토리를 작성할 수 있을 것입니다.

자기소개서/면접의 과정이 저는 소개팅이라고 생각합니다. 소개팅에서 마음에 드는 이성에게 단순히 키가 몇이고, 영어 점수가 몇 점이고, 이런 걸 잘하고 등등 자기 역량만 나열한다면 아마 그 소개팅은 망할 것입니다. 나는 당신의 이런 가치관이 마음에 들고, 당신의 이런 가치관과 나의 이런 경험이 잘 맞을 것 같고, 나는 이런 비전/목표를 가지고 있다고 스토리를 잘 말해야 합니다. 그런 것처럼 회사와의 소개팅을 위해 필요한 회사/직무/산업에 대한 공부를 조금 한 후에 소개팅에서 이야기하듯 회사의 이런 가치가 왜 내 가치관과 맞는지, 내가 지원한 직무와 내 스토리와 만나면 어떤 시너지 효과를 낼 수 있는지 생각해 보면 좋을 것 같습니다. 이때 본인이 가진 스펙, 역량을 자연스럽게 어필할 수 있을 것 같습니다.

> 생산 관련 직무에 필요한 역량은 소통/협업 능력, 책임감, 기계공학(설비)에 대한 이해, 차량 구조에 대한 이해 등등 앞에서 설명한 내용을 참고하면 될 것 같습니다.

Q12 생산과 품질 직무에 지원할 때 면접 팁이 있을까요? 면접에서 가장 기억에 남는 질문은 무엇이었나요?

A 전공 면접(1차)과 인성 면접(2차)의 가장 큰 차이는 면접관을 보면 조금 알 수 있을 것 같습니다. 전공 면접의 경우 함께 일할 팀의 실무자와 팀장님이 참여하는 편이고, 인성 면접의 경우엔 해당 팀의 임원과 인사팀에서 관여하는 경우가 많습니다. 그러다 보니 전공 면접에서는 해당 팀 업무에 대해 얼마나 알고 있고, 그 업무를 수행하는데 필요한 역량(전공 지식, 영어, 업무 이해도) 등을 중점적으로 물어보는 편입니다. 인성 면접의 경우, 업무나 전공에 관한 디테일한 질문보다는 지원자의 가치관, 인생관, 직업관을 파악하기 위한 질문이 많고, 어떤 태도/자세로 회사 생활을 해 나갈지 파악하려는 질문들이 많았던 것 같습니다.

예를 들어 전공 면접에서 제가 실제로 받았던 질문은 "설계와 생산의 중간 다리 역할을 해야 하는 선행생산기술 팀원이 되면 어떤 식으로 생산 가능성을 검토할 것인가?", "설계와 생산팀 사이에 의견 충돌이 있을 때 어떻게 해결할 수 있을 것인가?" 등이었습니다. 이와 같이 해당 팀의 업무를 얼마나 이해하고 있고 본인이 거기서 어떤 마음가짐과 자세로 임할 건인지 잘 설명한다면 면접관에게 좋은 인상을 줄 수 있을 것입니다.

인성 면접의 경우 말 그대로 지원자의 인성(가치관, 직업관, 인생관)을 보는 면접이었던 만큼 제가 자기소개서에 작성했던 경험들에 대해 많이 여쭤보셨던 기억이 납니다. 입사 전 왜 이런 활동을 했고 거기서 어떤 걸 배웠으며 거기서 배웠던 것을 입사 후에 어떻게 활용할 것인지 논리적으로 설명하는 것이 중요한 것 같습니다. 꼭 직무와 관련된 경험들이 아니더라도 본인들이 해 왔던 경험들을 논리적으로 정리해서 본인이 쌓아온 가치관을 잘 설명한다면 면접관들이 좋게 봐 줄 거라 생각됩니다. 또한 지원한 회사에 대한 관심과 본인이 이 회사에 얼마나 입사하고 싶은지도 함께 설명할 수 있다면 금상첨화입니다. 회사의 최근 이슈, 산업 동향, 또 그러한 산업 동향에서 본인이 어떤 역량을 쌓아 회사에 기여할 수 있을지 생각해서 어필할 수 있다면 단순히 스펙에 대한 나열이 아니라 정말로 이 회사에 오기 위해 많은 준비를 했다는 것을 눈치챌 것 같습니다.

개인적인 면접의 팁을 하나 드리자면 모든 질문에 제 강점을 하나씩 녹이려고 했습니다. 많은 면접에서 항상 받았던 질문 중 하나가 '살면서 가장 힘들었던 순간이 있었나'라는 질문입니다. 첫 면접에서 이 질문을 받고 정말로 제가 힘들었던 순간을 설명했던 기억이 나는데 면접은 결국 본인을 잘 포장해서 면접관의 마음을 사로잡는 과정입니다. 그걸 깨닫고 나니 힘들었던 순간에 대한 질문에 대한 답도 바뀌었습니다. "가장 힘들었던 순간은 미국 워홀을 가서 원어민들의 다양한 억양과 빠른 속도의 말을 이해하지 못해 아르바이트를 하면서 혼났던 기억이었습니다. 이를 극복하기 위해 매주 쇼핑몰에 들러 모든 매장에 들어가 사지도 않을 옷 사이즈를 물어보고, 길

위치를 물어보며 직원들의 다양한 엑센트를 들었고, 이를 통해 영어 실력뿐 아니라 처음 보는 사람들과 살갑게 대화하는 능력을 길렀습니다. 이 경험을 살려 회사에 입사하여…(중략)" 힘들었던 순간을 물어보는 질문에 '이러이러해서 힘들었습니다'로 답이 끝나면 안 됩니다. 본인을 어필하는 면접이니까요. 그 과정을 어떻게 극복했고, 그 과정에서 어떤 역량들을 기를 수 있었는지, 무엇을 느꼈는지 꼭 면접관에게 어필하기를 바랍니다. 30분이 채 안 되는 면접에서 본인을 어필하기 위해선 모든 질문에 본인의 모습 중 긍정적인 부분을 넣어서 답변하면 좋을 것 같습니다.

Q13 **앞에서 직무에 대한 많은 이야기를 해주셨는데, 머지않아 실제 업무를 수행하게 될 취업준비생들이 적어도 이 정도는 꼭 미리 알고 왔으면 좋겠다! 하는 용어나 지식을 몇 가지 소개해주시겠어요?**

A

1. UPH

Unit Per Hour, 공장에서 한 시간에 생산하는 차량 대수로 각 공장에 따라 다름(각 UPH를 알면 차 한 대를 만드는 데 필요한 시간을 알 수 있고, 이에 따라 몇 명의 인원을 어떻게 배치할지 계산 가능. 생산기술 업무 수행 시, 각 공정에 필요한 시간/인원을 산정하는데 많이 쓰임)

2. 작업 공수

한 작업을 수행하는 데 걸리는 시간(생산 준비 시 필요 인원/시간 산정에 사용)

3. 모답스

작업 공수를 계산하는 기준표(공수 산정 시 필요한 기준표로, 예를 들어 '공구를 쥔다', '무릎을 구부린다' 등 다양한 행동에 기준 시간이 정해져 있어, 한 작업자가 한 작업을 하는데 필요한 시간을 산정하는 데 필요한 기준표)

4. IQS

Initial Quality Study, 신차 초기 품질 관련 지표

5. VDS

Vehicle Dependability Study, 내구성/품질 관련 지표(품질 지표는 양산 이후 소비자 클레임 분석에 많이 쓰입니다. 이때 자주 쓰는 약자로 알아두면 좋은 용어! 현대/기아 자동차는 매년 해당 품질 조사에서 우수한 성적을 거두고 있음)

6. NVH

Noise, Vibration, Harshness 차량소음진동 관련 내용으로 차량 성능의 중요한 요소 중 하나(성능에 초점을 둔 설계팀/생산성에 초점을 둔 생산팀이 차량 구조에 대해 협의를 할 때 많이 사용되는 용어)

7. DT,DX

Digital Transformation, 많은 생산 공장/연구소에서 디지털 트랜스포메이션를 핵심 트렌드로 선정(스마트팩토리뿐만 아니라 가상 환경에서 차를 시험/평가하는데 필요한 시스템 환경으로 중요한 미래 산업 트렌드 용어)

8. KPI

Key Performance Indicator 핵심성과지표로 팀, 조직, 개인별 성과 관리 시 자주 사용(많은 회사/조직에서 사용하는 성과지표로 면접/자소서에서 면접관들이 사용하는 경우가 있어 선정)

9. UAM

Urban Air Mobility, 미래 자동차의 모습 중 하나로 도심형 항공 운송 모빌리티. 미래 자동차 트렌드 용어

10. PBV

Purpose Built Vehicle, 목적기반 모빌리티로 사용목적에 따라 차의 형태를 바꿀 수 있는 미래 자동차 플랫폼(신차 생산을 준비하는 생산 직무 지원자로서 현재 현대/기아자동차가 어떤 미래차 전략을 가지고 있는지 이해하는데 필요한 용어)

Topic 4. 현업 미리보기

Q14 회사 분위기는 어떤가요? 다니고 계신 회사를 자랑해주세요!

A 자동차회사 하면 떠오르는 경직되고 딱딱할 것이라는 선입견과 다르게 굉장히 자유롭고 유연한 근무 환경을 가지고 있습니다. 대표적으로 하이브리드 근무제를 통한 주 2회 원격근무 가능(재택근무 or 거점근무), 자율출퇴근제가 가능하여 본인의 업무 스케줄이나 개인일정 관리가 용이합니다. 또한 연차/월차/여름 휴가 등 타 회사보다 많은 휴가를 통해 자기계발이나 리프레쉬 할 기회가 많습니다. 그리고 자기계발을 적극적으로 응원해주는 편이라 주변에도 석사 진학, 영어공부 등 자기계발에 매진하는 동료들이 많습니다.

Q15 생산 직무를 수행하면서 생각했던 것과 달랐던 점이나 힘들었던 일이 있으신가요?

A 입사 후에 실제로 신차를 개발하면서 느꼈던 것이 2가지 있습니다.

첫 번째는 한 차를 개발하기 위해 정말 많은 사람이 연관되어 있다는 것인데요. 기획, 디자인, 설계, 생산 외에도 시험평가, 홍보, 전략 등등 너무 많은 팀이 연관되어 있다 보니 때때로 업무 관련해서 담당자를 찾는 게 일이라고 느껴질 정도였습니다. 그만큼 다양한 사람들과 협업해야 하고 때로는 모르는 부분에 대해 도움을 요청하기 때문에 타 부문과의 협업 능력이 정말 중요하다고 느꼈습니다.

두 번째는 생산 관련 업무를 하다 보면 책임감을 요하는 경우가 정말 많습니다. 양산이라는 것이 결국 고객과 약속한 날짜이기 때문에 이 날짜를 지키기 위해선 정해진 일정 안에 모든 문제를 해결하고 업무를 수행해야 하는데 이 과정에서 본인이 맡은 업무에 책임감을 가지는 게 정말 중요하다고 느꼈습니다. '단순히 차를 디자인하고 생산하면 되는 것 아닌가?'라고 생각했었는데 실제로 수개월, 수년 동안 힘든 과정을 통해 차를 생산하고 나면, 본인이 개발에 참여한 차를 도로에서 만났을 때의 그 성취감을 말로 표현할 수 없을 정도로 뿌듯합니다.

Q16 생산과 품질 직무에 지원하게 된다면 미리 알아두면 좋은 정보가 있을까요?

A 생산 관련 직무가 하는 업무나 필요한 역량들은 많이 아실 거라고 생각합니다. 추가로 생산 직무를 준비하시는 분들은 완성차 회사의 미래 트렌드나 생산 관련 신기술들에 대해 조금은 알고 있으면 좋을 것 같습니다. 스마트팩토리나 AI, VR 같은 생산 관련 기술들 혹은 전기차, UAM 같은 미래 자동차에 대해 조금 조사를 하다 보면 본인이 완성차 회사에 입사 후 어떤 커리어를 쌓아갈지 그리고 그 커리어를 위해 어떤 부분들을 준비할지 큰 그림을 그릴 수 있을 것 같습니다. 취업을 하는 것도 중요하지만 나아가서 본인의 10년 뒤, 20년 뒤 그림도 그리는 게 중요할 것 같습니다. 유튜브나 '현대모터그룹 tech' 사이트 등을 활용해서 자동차, 생산공장 관련 신기술 동향을 어느 정도 파악한 후에 본인의 커리어 패스를 정리를 해 보면 면접 때도 분명 도움이 될 겁니다.

Q17 이제 막 취업한 신입 사원들이나 취업을 준비하고 있는 학생들이 오해하고 있는, 생산 직무의 숨겨진 이야기가 있을까요?

A 생산 관련 직무를 준비하는 친구들이 걱정하는 것 중 하나가 회사에서 어떤 커리어를 쌓을 수 있는지에 대한 부분이 있었습니다. 제가 말하고 싶은 건 생산만큼 다양하게 미래 커리어를 쌓을 수 있는 부분은 없을 것입니다.. 무엇보다 차의 구조나 생산 방식에 대해 가장 잘 알고 있기 때문에 생산과 관련해서 해외 공장 주재원, 미래 생산 기술 관련 팀뿐 아니라 기획이나 마케팅, 미래 신 공장 기획 등 정말 많은 분야로 진출할 수 있는 분야가 생산입니다.

Q18 생산 직무의 매력 Point 3가지는?

A 첫째, 신차 개발에 직접 참여한다는 점입니다. 직접 차 구조를 검토하고 생산에 직접 연관되어 있는 직무들이 많다 보니 나중에 내가 개발한 차를 도로에서 마주쳤을 때 오는 뿌듯함이 굉장히 큽니다.

둘째, 신차 개발 초기 단계에 참여하는 점입니다. 선행생산기술의 경우 차의 디자인 단계에부터 개발에 참여하기 때문에 신차의 디자인을 미리 확인할 수 있다는 점이 차를 좋아하는 저에게 큰 매력으로 다가왔습니다.

마지막으로 다양한 기회가 많은 직무입니다. 생산 분야의 전문가가 되면 해외 공장 주재원뿐 아니라 신차 기획, 생기개발, 투자분석 등 다양한 팀으로의 이동이 가능합니다. 그만큼 향후 커리어를 발전시켜 나가는 데 유리한 직무입니다.

Topic 5. 마지막 한마디

Q19 마지막으로 해당 직무를 준비하는 취업준비생에게 하고 싶은 말씀 있으시다면 말씀해주세요!

A 취업 준비를 하다 보면 끝이 없는 터널이라고 느껴질 때가 있습니다. 돌이켜보면 내가 준비해 온 것들과 이 직무가 맞을지에 대한 고민부터 내 역량을 어떻게 어필하면 좋을지에 대한 고민들이 넘쳤던 시기였던 것 같습니다. 하지만 여러분들이 지금껏 살아왔던 다양한 스토리들과 그 과정에서 느꼈던 것들을 차분하게 정리하고, 지원하고자 하는 회사/직무와 어떻게 매칭시킬 수 있을 지 고민해 보면 여러분들의 가치를 분명 면접/자기소개서에서 어필할 수 있을 겁니다. 나아가서 단순히 취업을 위한 취업 준비가 아니라 앞으로 취업이라는 터널부터 시작될 인생에 대해서 어떤 커리어를 쌓을 것이고, 미래에 본인이 지원하는 분야에서 어떤 역할을 해나갈 수 있을지 고민해 보면 취업 준비라는 터널이 그렇게 지루하고 막막하기만 한 과정은 아닐 것입니다. 그 고민들이 언젠가 충분히 가치 있는 시간들이라는 것을 느낄 수 있을 겁니다.

이런 것도 있어요!